节 能 减 排 技 术 丛 书

企业节能减排管理

第 2 版

杨申仲　岳云飞　吴循真　编著

机 械 工 业 出 版 社

本书是"节能减排技术丛书"之一，是在上版《企业节能减排管理》的基础上，增加了行业节能减排技术与能耗考核、节能减排监督管理等新的内容，以更适用于企业需求。

本书共分5章，主要包括：新时期节能减排要求，企业节能减排管理体系，节能减排新机制、新思路、新方法，典型节能减排技术，行业节能减排与能耗考核等内容，并附有实用实例。从企业节能减排的管理、监督、考核角度，进行了全面、具体的实操性介绍，针对性与实用性强。本书汇集了大量企业节能减排和能源管理的实际应用图表和节能管理、节能技术成功案例。

本书可供广大企事业单位能源管理工作者和科技人员，以及相关院校师生参考、借鉴。同时，对从事节能减排和能源管理的政府部门管理人员、各地节能服务中心及企事业在职培训都具有参考价值。

图书在版编目（CIP）数据

企业节能减排管理/杨申仲，岳云飞，吴循真编著 . —2 版 . —北京：机械工业出版社，2017.10（2024.7 重印）

（节能减排技术丛书）

ISBN 978-7-111-57877-2

Ⅰ. ①企… Ⅱ. ①杨… ②岳… ③吴… Ⅲ. ①企业管理—节能—研究—中国 Ⅳ. ①F279.23

中国版本图书馆 CIP 数据核字（2017）第 213051 号

机械工业出版社（北京市百万庄大街 22 号 邮政编码 100037）

策划编辑：沈 红 责任编辑：沈 红
责任校对：肖 琳 封面设计：陈 沛
责任印制：李 昂

北京中科印刷有限公司印刷

2024 年 7 月第 2 版第 3 次印刷

169mm×239mm · 23.25 印张 · 457 千字

标准书号：ISBN 978-7-111-57877-2

定价：89.00 元

第 2 版前言

随着我国工业化进程的加快推进，经济社会可持续发展、能源需求不断增加，我国的资源（能源）、环境承载能力已经达到或接近上限。特别是高能耗、高污染行业相对集聚，使我国面临的环保减排压力倍增。在新时期中，国家仍大力坚持资源（能源）节约和环境保护的基本国策，坚持绿色发展，以及推动建立绿色循环低碳的产业发展体系。故在新形势下，对节能减排工作提出了更高的要求。

在"十三五"规划开元年，以及国家大力推进中国制造 2025 的新形势下，为了保证国民经济可持续向前发展，除加强新能源开发外，还要以节能减排为重点，大力开展全面能源管理，并发动全社会的力量来做好节能减排工作，使有限的能源取得更好的经济效益。

工业是我国能源消费的大户，能源消费量占全国能源资源总量的 70% 左右。重点耗能行业中的高能耗企业又是工业能耗消费的大户。据统计，我国欠佳企业综合能耗总量占全国能耗消费总量的 33%，占工业能源消费量的 47%。突出抓好高能耗行业中的高消耗企业的节能工作，强化提高能源利用率，对提高企业经济效益、缓解经济社会发展面临的能源和环境约束，确保实现"十三五"规划"达成和全面建设小康社会"的目标，具有十分重大的意义。

本书包括大量企业节能减排和能源管理应用实践案例，读者能够更有针对性地了解和学习，并加以利用，起到更好地促进工作的作用。本书是编者多年来从事节能减排及能源管理的经验总结，也是作者近年深入企业长期培训中针对节能减排实际问题的总结。本书取材广泛，由较新的管理资料、实践应用图表汇集而成，可供企业节能减排管理和技术改造工作者参考借鉴。同时对政府管理人员、各地节能服务中心相关人员、大专院校相关专业师生也是颇有价值的参考资料和培训教材。

本书编写中得到中国机械工程学会宋天虎、张彦敏、陆大明、徐小力等专家指导，在此表示真挚的感谢。

本书共分 5 章，即新时期节能减排要求，企业节能减排管理体系，企业节能减排新机制、新思路、新方法，典型节能减排技术，行业节能减排与能耗考核等内容，针对性与实用性强。

编　者

第 1 版前言

为了保证国民经济适度向前发展，除加强新能源开发以外，还要以节能减排为重点，大力开展全面能源管理，并发动全社会的力量来做好节能减排工作，使有限的能源取得更好的经济效益。

工业是我国能源消费的大户，能源消费量占全国能源消费总量的 70% 左右。重点耗能行业中的高能耗企业又是工业能源消费的大户。据统计，我国千家企业综合能耗总量占全国能源消费总量的 33%，占工业能源消费量的 47%。突出抓好高耗能行业中高耗能企业的节能工作，强化政府对重点耗能企业节能减排的监督管理，促进企业加快节能技术改造，不断提高能源利用效率，对提高企业经济效益、缓解经济社会发展面临的能源和环境约束，确保实现"十二五"规划目标和全面建设小康社会目标，具有十分重要的意义。

本书包括大量节能减排和能源管理企业应用实践案例，读者能够更快地了解，并加以应用，起到更好地促进工作。本书是编者多年来从事节能减排及能源管理的经验总结，也是编者对节能减排工作的实践总结。本书取材广泛，由最新管理资料以及实践应用图表汇集而成，可供企业能源管理工作者参考借鉴，同时对政府管理人员、各地节能服务中心相关人员、大专院校相关专业师生也是颇有价值的参考书籍和培训教材。

本书编写中得到中国机械工程学会宋天虎、张彦敏等专家指导，以及安华、廖品华等的大力支持，在此表示衷心感谢。

由于编者水平有限，书中不足之处在所难免，请读者指正。

编　者

目　　录

第 2 版前言

第 1 版前言

第一章　新时期节能减排要求 …………………………………………………… 1
　第一节　当前能源使用的严峻形势 ………………………………………… 1
　第二节　中国制造 2025——节能减排要求 ……………………………… 17
　第三节　经济发展与节能减排 …………………………………………… 23
　附件：工业节能管理办法 ………………………………………………… 41
第二章　企业节能减排管理体系 ……………………………………………… 47
　第一节　节能减排基础工作 ……………………………………………… 47
　第二节　节能减排保证体系 ……………………………………………… 50
　第三节　贯彻 GB/T 23331—2012《能源管理体系　要求》 ………… 63
　第四节　全面能源管理 …………………………………………………… 77
　第五节　能源及动能计量管理 …………………………………………… 78
　第六节　能源统计管理 …………………………………………………… 84
　第七节　能耗定额管理 …………………………………………………… 95
　第八节　企业综合能耗计算与考核 …………………………………… 104
　第九节　能源供应、贮存、运输 ……………………………………… 110
　第十节　节能减排规划与项目可行性分析 …………………………… 112
第三章　节能减排新机制、新思路、新方法 ……………………………… 120
　第一节　合同能源管理 …………………………………………………… 120
　第二节　循环经济 ………………………………………………………… 131
　第三节　清洁生产 ………………………………………………………… 152
　第四节　能源审计 ………………………………………………………… 164
　第五节　节能评估 ………………………………………………………… 176
第四章　典型节能减排技术 …………………………………………………… 193
　第一节　工业锅炉节能减排技术 ……………………………………… 193
　第二节　热能回收和余热利用技术 …………………………………… 206
　第三节　供电运行合理化 ……………………………………………… 223
　第四节　绿色照明技术 ………………………………………………… 236
　第五节　保温技术 ……………………………………………………… 250

第六节　润滑油添加剂应用技术 ·· 262

第七节　工业用水与节水技术 ·· 271

第八节　发展清洁新能源 ·· 286

第五章　行业节能减排与能耗考核 ·· 299

第一节　强化行业能耗考核 ·· 299

第二节　石油化工行业节能减排与能耗考核 ················ 301

第三节　冶金行业节能减排与能耗考核 ···················· 315

第四节　有色金属行业节能减排与能耗考核 ················ 329

第五节　电力行业节能减排与能耗考核 ···················· 338

第六节　建材及水泥行业节能减排与能耗考核 ·············· 348

参考文献 ·· 363

第一章 新时期节能减排要求

新时期节能减排总体要求:

深入贯彻节约资源和保护环境基本国策,坚持绿色发展和低碳发展。坚持把节能减排作为落实科学发展观、加快转变经济发展方式的重要着力点,加快构建资源节约、环境友好的生产方式和消费模式,增强可持续发展能力。在制订实施国家有关发展战略、专项规划、产业政策及财政、税收、金融、价格和土地等政策过程中,要体现节能减排要求,发展目标要与节能减排约束性指标衔接,政策措施要有利于推进节能减排。

近几年,政府下更大决心、花更大力气,克服重重困难,打好节能减排攻坚战,基本形成以政府为主导、企业为主体、全社会共同推进的节能减排工作格局。

第一节 当前能源使用的严峻形势

尽管近期我国能源发展取得了巨大成绩,但也面临着能源要求压力巨大、能源供给制约较多,能源生产和消费对生态环境损害严重,能源技术水平总体落后等挑战。我们必须从国家发展和安全的战略高度,审时度势,借势而为,做好全社会的节能减排工作。

当前能源使用的严峻形势具体表现为:能源供需矛盾突出、能源结构亟须调整、能源利用水平不高、能源环境亟待改善、能源安全重视不够等方面。

一、能源供应矛盾突出

1. 能源消耗仍逐年增长

2008 年我国能源消费总量为 28.2 亿 t 标煤,占世界能源消费总量 15.2%;2009 年为 30.68 亿 t 标煤;2010 年为 32.50 亿 t 标煤,同比增长 6%;2011 年为 34.78 亿 t 标煤,同比增长 7%;2012 年为 36.5 亿 t 标煤,同比增长 4.9%;2013 年为 37.6 亿 t 标煤,同比增长 3.01%;2014 年为 42.6 亿 t 标煤,同比增长 13.3%;2015 年能源消费总量为 43.0 亿 t 标煤,同比增长 0.9%,其中煤炭消费量下降 3.7%,原油消费量增长 5.6%,天然气消费量增长 3.3%,电力消费量增长 0.5%,如图 1-1 所示。

随着国民经济 GDP 不断增长,能耗强度进一步下降,单位产值能源消费量继续在下降,图 1-2 为 2011～2015 年万元国内生产总值能耗降低率。从图 1-2 中可以看到,"十二五"节能呈现下降幅度逐渐趋好的态势,2015 年应是最好成绩,"十二五"累计节能降耗 19.71%，完成既定指标。但仍要看到我国能源消耗密度（万元国内生产总值能耗）仍偏高，是美国的 3 倍、日本的 5 倍。从 1985 ~ 2014 年，我国能源消费弹性系数为 0.6 降到 0.48，也就是说国民经济翻了两番，而能源消费翻了一番；我国经济发展更依赖于能源消费增长，能源消费增速已大大提升。近几年来，我国经济连续高速增长，2011 年 GDP 增长 18.4%，2012 年 GDP 增长 10.1%，2013 年增长 9.53%，2014 年增长 11.5%，但每年能源消费总量要增加 2 亿多 t 标煤，给能源供应增加了巨大的压力。

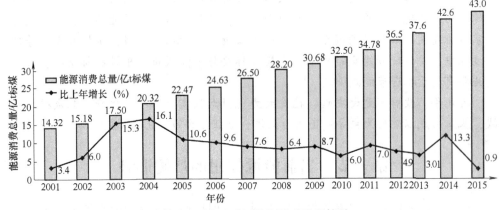

图 1-1　近年来我国能源消费增长情况

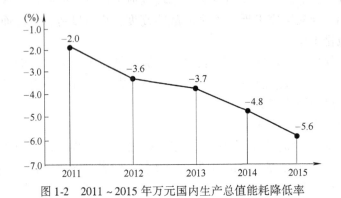

图 1-2　2011 ~ 2015 年万元国内生产总值能耗降低率

如果按目前能源消费增长趋势的发展，2020 年我国能源消耗需求量将要超过 48 亿 t 标煤，如此巨大的需求，在煤炭、石油、天然气、电力供应上，对能源结构、能源环境、能源安全等方面都会带来严重问题。

从 1981 ~ 2005 年的 25 年间，我国一次能源消费平均年增长 6.21%，比生产增长平均快一个百分点，而同期全球一次能源消费平均年增长约 2%，我国的增长速度高于全球的 3 倍以上，但是，同期我国的经济增长高于全球 6.9 个百分点。到了 2014 年，全球一次能源消耗仅仅增长了 0.9%，与 2013 年（ +2% ）相比有着显著下降，也显著低于过去 10 年的平均水平（ +2.1% ）。在亚太地区、欧洲及欧亚大陆、美洲中部及南部，能源消耗增速显著低于过去 10 年水平。尽管新兴经济体持续主导全球能源消耗增长，但这些国家的增长率（ +2.4% ）也低于过去 10 年的平均水平（ +4.2% ）。我国（ +2.6% ）和印度（ +7.1% ）是全球能源消耗增速最大的两个国家。OECD 则降低了 0.9% ，这相对于最近历史平均水平来说有一个大落差，强大的美国（ +1.2% ）连续两年被欧盟（ -3.9% ）和日本（ -3.0% ）所抵消。2014 年欧盟能源消耗的下降是有记录以来的第二大下跌，仅次于 2009 年（受金融危机余波影响）。表 1-1 为 1981 ~ 2015 年全球与我国能源使用情况对比。

表 1-1　1981 ~ 2015 年全球与我国能源使用情况对比

期　　　间	全球 GDP 平均年增长（%）	全球能源消费平均年增长（%）	全球能源消费弹性系数	我国 GDP 平均年增长（%）	我国能源消费平均年增长（%）	我国能源消费弹性系数
1981 ~ 1985 年	2.64	1.95	0.74	10.78	3.02	0.280
1986 ~ 1990 年	3.59	2.31	0.64	7.92	5.5	0.694
1991 ~ 1995 年	2.25	1.64	0.73	12.26	6.38	0.520
1996 ~ 2000 年	3.44	1.57	0.46	8.63	4.77	0.553
2001 ~ 2005 年	2.74	2.61	0.95	9.54	11.39	1.194
2006 ~ 2010 年	2.50	2.00	0.80	9.80	7.60	0.775
2011 ~ 2015 年	2.5	1.7	0.68	8.0	4.3	0.53

注：仅供参考。

2. 供需矛盾仍存在

随着全球经济的发展，能源消费量逐年增加。我国在高速 GDP 增长之下，能源消费也随之不断增加，增速保持在世界平均增速之上，供需矛盾突出。自 2010 年起，我国超越美国成为世界上一次能源消费第一大国。2012 年一次能源消费量为 2735 百万吨油当量，占世界总消费量 21.9%。2014 年我国能源消费总量为 42.6 亿 t 标煤，增速为 2.2%，仍占世界总消费量的 20%。2015 年，受工业用电量下行、产业结构调整及气温降水等因素影响，我国能源消费首次回落，增长仅为 1.5%，增速不到过去 10 年平均水平 5.3% 的 1/3，并且是自 1998 年以来的最低值。尽管如此，预计到 2020 年我国人均能源消费达 3t 标煤左右，比 2006 年增长 60%，但也仅相当于目前美国平均消费水平的 38%。图 1-3 为 2010 ~ 2012 年世界一些国家（地区）人均能源消费量比较。随着今后我国 GDP 仍保持在 6% 左右增幅，能源供需

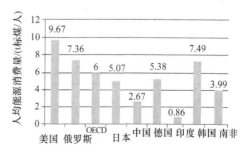

图 1-3　2010 ~ 2012 年世界一些国家（地区）人均能源消费量比较

矛盾仍然存在。

3. 能源价格不断上涨

1）随着国际原油价格上升，国内汽柴油价格出现较大涨幅。

2）我国主要一次能源煤炭价格与 2000 年相比，已上涨 3 倍。

3）我国电价涨幅低于煤炭价格上涨幅度，造成煤电企业长期亏损。

4）未来电价、油价、水价面临较大的补涨压力。

二、能源结构亟须调整

据世界能源统计（BP）公布的数据，2015 年全球一次能源消费仅增加了 1.0%，低于 2014 年增长 1.1% 的水平，更低于 10 年间平均水平的 1.9%。世界部分国和地区的一次能源消费结构见表 1-2。我国 1980～2015 年间的一次能源消费结构见表 1-3。

表 1-2　2015 年世界部分国家和地区的一次能源消费结构　　　　（%）

国别和地区	原　油	天　然　气	原　煤	核能、水电、再生能源及其他
中国	18.6	5.9	63.7	11.8
印度	27.9	6.5	58.1	7.5
日本	42.3	22.8	26.6	8.3
新西兰	35.7	19.5	6.7	38.1
韩国	41.1	14.2	30.5	14.2
亚太地区	27.3	11.5	50.9	10.3
美国	37.3	31.3	17.4	14.1
北美地区	37.1	31.5	15.3	16.1
巴西	46.9	12.6	5.9	34.6
中南美地区	46.1	22.5	5.3	26.1
法国	31.9	14.8	3.6	49.7
德国	34.4	21.0	24.4	20.2
俄罗斯	21.4	52.8	13.3	12.5
瑞典	26.6	1.5	4.0	67.9
英国	37.4	32.1	12.2	18.3
欧洲地区	30.4	31.9	16.5	21.2
非洲地区	42.1	28.0	22.3	7.6
世界平均合计	32.9	23.8	29.2	14.1

表 1-3　我国一次能源消费结构（%）

年　份	占能源消费总量的比重			
	煤　炭	石　油	天　然　气	水电、核电、风电
1980 年	72.2	20.7	3.1	4.0
1985 年	75.8	17.1	2.2	4.9
1990 年	76.2	16.6	2.1	5.1

（续）

年　份	占能源消费总量的比重			
	煤　炭	石　油	天然气	水电、核电、风电
1995 年	74.6	17.5	1.8	6.1
2000 年	67.8	23.2	2.4	6.7
2001 年	66.7	22.9	2.6	7.9
2002 年	66.3	23.4	2.6	7.7
2003 年	68.4	22.2	2.6	6.8
2004 年	68.0	22.3	2.6	7.1
2005 年	69.1	21.0	2.8	7.1
2006 年	69.4	20.4	3.0	7.2
2007 年	68.3	21.1	3.4	7.2
2008 年	70.2	18.8	3.6	7.4
2009 年	71.2	17.7	3.7	7.4
2010 年	70.5	17.6	4.0	7.9
2011 年	70.5	17.7	4.5	7.4
2012 年	68.5	17.7	4.7	9.1
2013 年	67.5	17.8	5.1	9.6
2014 年	66.0	17.5	5.6	10.9
2015 年	63.7	18.6	5.9	11.8

2015 年我国能源消费具体情况：①我国仍是世界上能源消费最多的国家，消费 3014.0Mtoe，而美国消费 2280.6Mtoe，相差 32%。②我国原油生产居世界第 4 位，仅次于沙特阿拉伯、美国和俄罗斯，而原油进口量居世界第二，仅次于美国，但我国原油消费在一次能源消费中比例为 18.6%。低于世界平均水平 32.9%。③我国天然气生产居世界第 6 位，天然气消费居世界第 3 位，但在一次能源消费占 5.9%，低于世界平均值 23.8%。④我国是原煤生产和消费大国，但原煤在一次能源消费中占 63.7%。⑤我国是世界上在建的核反应堆最多的国家，但目前核能在我国一次能源消费中仅占 1.3%。⑥水力发电是各国发展再生能源的重点，我国水力发电支撑着我国的再生能源发展，但在一次能源消费中仅占 8.5%。而挪威 66%、瑞典 31.9%、瑞士 30.4%、巴西 27.9%、新西兰 26.7%、加拿大 26.3%。⑦尽管再生能源在我国一次能源消费中仅占 2.1%，但再生能源装机容量和发电量均居世界第一，另外水力发电、光伏发电、风力发电、太阳能热水器、地热加热等都居世界第一。

目前，我国人口众多，一次能源资源的特点是"富煤、贫油、少气"，且能源资源很贫乏，在满足经济发展需求的同时，应加速朝向清洁能源发展。煤炭在我国化石能源资源储量中占比约 94%，石油、天然气合计不足 6%。但是，在一次能源消费结构中，煤炭占比不足65%，石油、天然气则高达24.7%。资源储量和消费结构上的不平衡不仅使得能源产业发展面临着安全保障、经济性等诸多挑战，同时也给能源结构调整带来了"硬着陆"的危机。因此，坚持未来大力发展清洁能源、积极实施能源结构调整的同时，也应充分考虑我国的国情和发展阶段。从能源安全的角度来看，2015年我国石油消费量约为5.43亿t，对外依存度首次突破60%，远超过50%的警戒线。我国"富煤、贫油、少气"的能源结构特点决定了在今后相当长时期内，煤炭仍将是我国的主体能源。且随着我国工业化、城镇化的加快推进，能源消费需求仍将持续刚性增长。

在我国能源结构调整的进程中，发展煤炭清洁高效利用是一个不可或缺的重要内容，它与清洁能源发展密切相关，相辅相成，是能源结构调整实现"软着陆"的必然选择。值得关注的是盲目的"去煤化"、急刹车在近阶段并不符合目前我国的实际国情，政府相关部门应在严控煤矿产能增长的同时，大力支持发展煤炭清洁生产，推动煤炭清洁高效利用，促进煤炭消费量的合理增长，从而尽快破解煤炭产能过剩困局，以促进行业健康持续地发展⊖。

1. 优质能源比重逐年上升

从近年的历史数据显示（表1-3），我国煤炭消费总体呈下降趋势，但其占比仍然维持在65%左右；石油消费总体呈缓慢上升的趋势，但其上升幅度不是太大，近年来都在18%上下浮动；天然气占比没有明显的上升或下降趋势，长时间内在4%左右徘徊；水电、核电及其他能源所占比重总体上呈现出缓慢上升的趋势。由此可见，我国能源消费严重依赖煤炭，石油消费及其他优质能源消费占比虽有增长，但与发达国家的占比相差仍很大。

尽管如此，近年我国能源结构发生的积极变化还是非常明显的，即光伏、风电、水电、核电等清洁优质能源跨越式的发展。2015年，我国非化石能源消费比重持续上升，达到12%，较2014年再度提高0.8个百分点，即"十二五"规划提出2015年非化石能源消费占一次能源消费的比重达到11.4%的目标已经超额完成。同时，我国油气替代煤炭、非化石能源替代化石能源双重更替正在加快。目前，我国可再生能源装机容量占全球总量的24%，新增装机占全球增量的42%，我国也成为世界节能和利用新能源、可再生能源第一大国。

2. 能源消费以煤为主

当前，我国已成为世界最大的能源消费国，煤电装机容量和发电量均居世界首位。基于我国一次能源资源的特点是"富煤、贫油、少气"，虽然清洁能源取得了较快发展，但煤炭作为我国的主要能源在相当长时间内不会改变，所以高效清洁利用煤炭等化石能源至关重要。我国目前的能源结构如图1-4所示。

⊖ 摘自韩建国：我国能源结构调整如何"软着陆"。（神华之声2016.02.22 http：//www.wtoatiao.com）

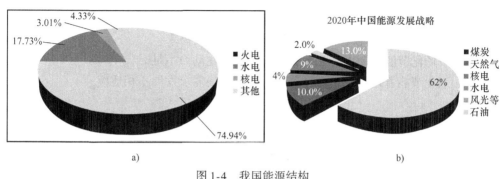

图 1-4　我国能源结构

a）2015 年在役发电占比　b）2020 年预计能源结构

3. 工业用电仍为主流，产业调整初见成效

2015 年，受宏观经济尤其是工业生产下行、产业结构调整、工业转型升级及气温等因素影响，全社会用电量同比增长 0.5%，增速同比回落 3.3 个百分点。固定资产投资特别是房地产投资增速持续放缓，导致黑色金属冶炼和建材行业用电同比分别下降 9.3% 和 6.7%，第二产业用电量同比下降 1.4%，呈现 40 年来首次负增长。第三产业和城乡居民生活用电比重同比分别提高 0.8 个和 0.6 个百分点，分别拉动全社会用电量增长 0.9 和 0.6 个百分点。虽然服务业耗电量只有工业耗电量的八分之一到十分之一，但也反映出国家经济结构调整效果明显，工业转型升级步伐加快，拉动用电增长的主要动力正在从传统高耗能产业向新兴产业、服务业和生活用电转换，以及电力消费结构在不断调整。2015 年全国万元国内生产总值能耗下降 5.6%。"十二五"期间，我国单位 GDP 能耗累计下降 18.2%，非化石能源消费比重提高了 2.6 个百分点。2015 年第三产业增加值占国内生产总值的比重为 50.5%，比上年提高 2.4 个百分点，高于第二产业 10.0 个百分点。表 1-4 为近年我国与国际三大产业 GDP 占比比较。图 1-5 为我国三大产业单位产值能耗比较。尽管近两年能耗下降，第三产业 GDP 贡献比已超过第二产业，但仍面临如下实际情况：

表 1-4　近年我国与国际三大产业 GDP 占比比较

产业比例	我　　国						国际 GDP 均值占比（%）≈
	能耗占比（%）≈	GDP 占比（%）					
		2011 年	2012 年	2013 年	2014 年	2015 年	
第一产业	2.5	10.12	10.09	10.00	9.20	9.00	16
第二产业	69.5	46.78	45.31	43.90	42.60	40.50	27
第三产业	28.0	43.10	44.60	46.10	48.20	50.50	57

1）产业结构调整进展缓慢，高耗能产业增长过快，工业能耗增速过高。

2）行业和企业间发展不平衡，先进生产力和落后的产能并存，总体技术装备水平不高，单位产品能耗水平参差不齐。

3）企业技术创新能力不强，无法支撑节能发展需求。

4）市场化节能机制尚待完善，企业节能内在动力不足。

5）工业节能管理基础薄弱，节能服务与市场需求发展不相适应。

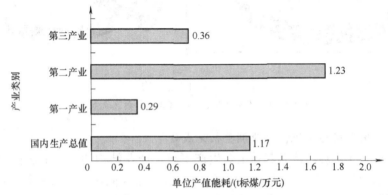

图1-5　我国三大产业单位产值能耗比较

4. 用能水平仍需继续提高

2015年，我国全社会用电量55500亿kWh，同比增长0.5%。第一产业用电量1020亿kWh，同比增长2.5%；第二产业用电量40046亿kWh，同比下降1.4%；第三产业用电量7158亿kWh，同比增长7.5%；城乡居民生活用电量7276亿kWh，同比增长5.0%。随着城镇化进程的发展，城乡居民生活用能（天然气）必将大幅度提高，为此，能源结构调整方向为：逐步降低煤炭消费比例，加速发展天然气，依靠国内外资源满足国内市场对石油的基本需求，积极发展水电、核电和清洁新能源，用20年时间初步形成能源结构多元化局面。图1-6为我国主要资源人均占有水平与世界平均

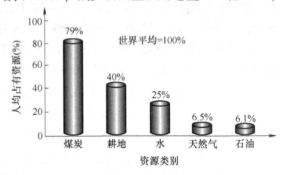

图1-6　我国主要资源人均占有水平与世界平均水平比较

水平比较；表1-5为全国人均、农村人均用电及发展趋势。

表1-5　全国人均、农村人均用电及发展趋势

项　目	2005年	2010年	2020年（预计）	2050年（预计）
人均用电量/(kWh/人·a)	1907	2882	>5000	11503
农村人均用电量/(kWh/人·a)	461	711	1406	4397
人均电量比（%）	24.2	25.2	29.7	38.2

（续）

项　　目	2005 年	2010 年	2020 年（预计）	2050 年（预计）
总人口/百万	1 308	1 370	1 500	1 600
农村总人口/百万	949	840	750	700
总用电量/（TWh）	2 494	3 948	7 109	18 405
农村总用电量/（TWh）	437	585	1 055	3 078
总电量比（%）	17.5	15.4	14.8	16.7
当量装机容量/GW	499	790	1 422	3 681
农电当量装机容量/GW	87	122	211	616
容量比（%）	17.5	15.4	14.8	16.7

5. 我国服务业已取得初步发展

2012 年 12 月 12 日，国务院印发《服务业发展"十二五"规划》（以下简称《规划》）。这是我国首个关于服务业的专项规划。表明国家对服务业特别重视，服务业将成为未来中国经济增长的新引擎。

根据统计表明，近年来我国第二产业与第三产业都有所增长，如图 1-7 所示为 2002 年、2015 年产业结构变化情况。而 2015 年，服务业增加值占国内生产总值的比重较 2010 年提高 4 个百分点，它成为三次产业中比重最高的产业。"十二五"期间，服务业增加值年均增速超过国内生产总值年均增速，且服务业固定资产投资年均增速超过全社会固定资产投资和第二产业固定资产投资年均增速。

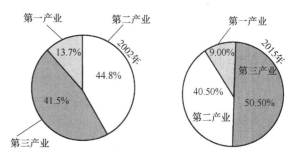

图 1-7　2002 年、2015 年第一产业、第二产业、第三产业结构发生变化

就服务业的发展重点，国家提出要加快发展生产性服务业，大力发展生活性服务业，提升农村服务业水平，以及拓展海洋服务业领域。其中生产性服务业是重中之重，包括金融服务业，交通运输业、现代物流业、高技术服务业等 12 类。

我国产业升级和新型工业化需要生产性服务业支撑，特别是要改变国际代工模式，嵌入全球价值链，就必须大力发展生产性服务业。发达国家的产业结构普遍存在"两个 70%"现象，即服务业占 GDP 的 70%、生产性服务业占服务业的 70%。在我国，生产性服务业统计的国家标准刚刚建立，目前还没有权威的统计数字。估计我国服务业占国内生产总值 50%，生产性服务业占 GDP 的比重大概在 15% 左右，差距十分明显。

"十三五"时期，我国服务业发展将努力实现以下目标：到 2020 年，服务业增加值占 GDP 比重上升到 55% 以上，比 2015 年提高 6 个百分点左右。生产性服务业增加值占 GDP 比重达到 21% 以上，并成为我国重要、稳定、具有较强竞争力的经济增长点；流通性服务业增加值占 GDP 比重大体保持在 15%；个人服务业、社会服务业的增加值占 GDP 比重分别达到 4% 和 15% 左右。

三、能源利用水平不高

1. 单位产值能耗

单位 GDP 由 2010 年的 1.034t 标煤下降到 2015 年的 0.869t 标煤，下降 16%，"十二五"期间，实现节约能源 6.7 亿 t 标煤。2000 年按当时汇率计算的每百万美元国内生产总值能耗，我国为 1274t 标煤，比世界平均水平高 2.4 倍，分别是美国、欧盟、日本、印度的 2.4 倍、4.9 倍、8.7 倍和 0.43 倍，能源利用产出效益远远低于发达国家。我国国内生产总值用"GDP"表示，万元国内生产总值能耗亦可用单位产值能源消耗量或能源消耗强度表示。

2. 单位产品能耗

2000 年与 2015 年相比，我国火电供电煤耗由 392g/kWh 下降到 325g/kWh；煤油综合加工能耗下降到 63kg 标准油/t。吨钢综合能耗由 906kg 标煤/t 下降到 580kg 标煤/t；水泥综合电耗由 118kWh/t 下降到 86kWh/t；乙烯综合能耗由 0.75t 标煤/t 下降到 0.58t 标煤/t，详见表 1-6。但与国际水平相比尚存较大差距，如火电供电煤耗平均约高 22.5%；大型企业吨钢可比能耗平均约高 21.4%；铜冶炼综合能耗约高 65%；水泥综合能耗约高 45.3%；大型企业综合能耗约高 31.2%；纸和纸板综合能耗约高 120%。

表 1-6　主要产品单位能耗指标及趋势

能耗指标	2000 年	2005 年	2010 年	2015 年	2020 年（预测）
火电供电煤耗/(g 标煤/kWh)	392	377	360	325	320
吨钢综合能耗/(kg 标煤/t)	906	760	720	580	700
电解铝耗电/(kWh/t)	16 500	15 100	14 400	14 300	13 500
铜综合能耗/(t 标煤/t)	4.707	4.388	4.256		4.14
合成氨综合能耗/(t 标煤/t)	1.78	1.59	1.49	1.42	1.41
乙烯综合能耗/(t 标煤/t)	0.75	0.69	0.65	0.58	0.56
烧碱综合能耗/(t 标煤/t)	1.55	1.44	1.34		1.31
水泥综合电耗/(kWh/t)	118	110	102	86	84
平板玻璃综合能耗/(kg 标煤/重量箱)	24	22	19		18
建筑陶瓷综合能耗/(kg 标煤/t)	320	295	270		260
印染布可比综合能耗/(kg 标煤/100m)	50	42	35		32
卷烟综合能耗/(kg 标煤/箱)	40	36	32		30
炼油单位能耗/(kg 标煤/t)	14	13	12		10
铁路运输综合能耗/(t 标煤/tkm)	1.04	0.97	0.94		0.90

3. 能源利用率

2014 年，我国能源利用率 36.3%，比 2000 年，我国能源利用率为 33%，提高了 10%，但是比国际先进水平低 10 个百分点。

4. 主要耗能设备效率

"十二五"期间，燃煤工业锅炉平均运行率约为 70%，比国际先进水平低 10% ~ 25%；中小电动机平均效率为 87%；风机、水泵平均设计效率为 75%，均比国际先进水平低 5%，系统运行效率低 20%；机动车燃油经济性水平比欧盟低 25%，比日本低 20%，比美国低 10%；载货汽车百吨千米油耗 7.6L，比国外先进水平高 1 倍以上，内河运输船舶油耗比国外先进水平高 10% ~ 20%。表 1-7 为主要耗能设备能耗指标。

表 1-7 主要耗能设备能耗指标

名 称	2000 年	2010 年
燃煤工业锅炉运行效率（%）	65	72
中小电动机设计效率（%）	87	90
风机设计效率（%）	75	82
泵设计效率（%）	75	85
气体压缩机设计效率（%）	75	82
汽车（乘用车）平均油耗/（L/100km）	9.6	9.0
房间空调器（能效比）	2.4	3.2
电冰箱能效指数（%）	—	62
家用燃气灶热效率（%）	55	65
家用燃气热水器热效率（%）	80	92

5. 单位建筑面积能耗

目前，我国单位面积采暖能耗相当于气候条件相近发达国家的 2 ~ 3 倍。总之，我国能源利用效率低下的主要原因除产业结构不合理、能源消费结构中优质能源比例较低外，还在于工艺技术和装备落后，重点行业中落后工艺所占比重仍然较高，如大型钢铁联合企业吨钢综合能耗比小型企业低 200kg/t；火电厂 30 万 kW 机组比 5 万 kW 机组供电煤耗低 100g/kWh；大中型合成氨综合能耗比小型企业低 300kg 标煤/t。此外，还存在管理水平低，统计、计量、考核制度不完善，信息水平低、浪费严重等问题。

四、能源环境亟待改善

2015 年全年能源消费总量 43.0 亿 t 标煤，比上年增长 0.9%，"十二五"年均增长 3.6%。其中，煤炭消费量占能源消费总量的 64.0%，比 2010 年下降 5.2 个百分点；石油占 18.1%，比 2010 年上升 0.7 个百分点；天然气占 5.9%，比 2010 年上升 1.9 个百分点；非化石能源消费比重达到 12.0%，比 2010 年上升 2.6 个百分点。

全国万元国内生产总值能耗比2014年下降5.6%。"十二五"期间，全国万元国内生产总值能耗累计下降18.2%；火电供电标准煤耗由2010年的333g标煤/kWh下降至2015年的315g标煤/kWh。

2015年，全国338个地级以上城市中，有73个城市环境空气质量达标，占21.6%；265个城市环境空气质量超标，占78.4%。338个地级以上城市平均达标天数比例为76.7%；平均超标天数比例为23.3%，其中轻度污染天数比例为15.9%，中度污染为4.2%，重度污染为2.5%，严重污染为0.7%。480个城市（区、县）开展了降水监测，酸雨城市比例为22.5%，酸雨频率平均为14.0%，酸雨类型总体仍为硫酸型，酸雨污染主要分布在长江以南—云贵高原以东地区。

目前，我国所面临的环境污染问题比世界上其他经济体所遭遇的环境问题更为复杂。即：长期以来，我国的生态环境质量一直是"局部改善、整体恶化"的发展态势。在当前全面建成小康社会的历史阶段，实现生态环境质量总体改善，需要全面改善范围和领域，并从改善程度上落实。

随着汽车的快速增长，城市的空气污染已由煤烟型向煤烟、机动车尾气混合型发展，污染源由点型向面型发展，如图1-8和图1-9所示。我国农村人口众多，由于商品能源短缺，农村能源大部分燃用生物质能源，其数量估计为商品能源的22%，这种落后的用能方式带来的生物质能源过度消耗，森林植被不断减少，水土流失和沙漠化严重，农田有机质下降等问题。燃烧中SO_2、CO_2、CO等温室气体的大量排放已造成臭氧层破坏，气候发生变化，全球变暖，对人类生存构成极大影响，已成为21世纪能源领域面临挑战的关键因素。因此，采用先进燃烧技术、改变落后用能方式、强化节能减排、减轻能源消费的增长给环境保护带来的巨大压力、改善环境质量，已成为亟待解决的问题。

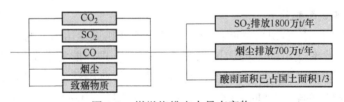

图1-8　煤燃烧排出大量有害物

立足于国内资源，走以煤炭为主、多源化、高效清洁的能源发展道路，在适当提高石油和天然气及水电、核电的比例的同时，改变目前煤炭的生产和消费方式，提高能源利用技术水平和利用率，强化节能，加快开发新能源和可再生能源，已成为我国能源

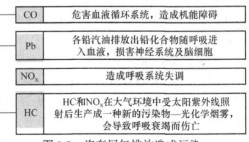

图1-9　汽车尾气排放造成污染

结构调整的重点。

在能源消费方式上，不断提高煤炭用于发电的洁净技术，提高电力占终端能源消费比例；对小型燃煤锅炉在有天然气丰富资源的地区，应鼓励使用天然气进行替代；在无天然气或天然气资源不足的地区应鼓励使用优质洗选加工煤或其他优质能源，并采用先进的节能环保型锅炉，减少燃煤污染。

因此，积极开展清洁生产，发展循环经济，建设生态工业园是实现可持续发展的重要途径，也是当前节能降排的有效措施。

五、重视能源安全

1. 能源安全主要是指石油供应的可靠度

石油、天然气是当今世界最主要的能源，也是涉及国家安全的战略物资。战略石油储备已成为世界各国能源保障体系的重点。预计到 2020 年，世界石油产量将逐步下降，而消费仍将不断增加，将出现供不应求局面，世界油气资源争夺将加剧。中东地区的石油运抵我国需要经过漫长的海路，运输通道能否畅通将成为能源安全的隐患。由于我国对石油进口的依存度递增，石油输出国的稳定与否、运输安全及不可抗拒的自然灾害等均会带来隐患。因此扩大供应渠道（如从俄罗斯、印度尼西亚、南美及非洲进口石油）已成为石油安全保障的重要措施之一。

能源供应暂时中断、严重不足或价格暴涨对一个国家的经济损害，主要取决于经济对能源的依赖程度、能源价格和国际能源市场及应变能力（包括战略储备、备用资源、替代能源、能源效率、技术能力等）。为争夺油气资源，各国都付出了沉重代价，能源购买的外部成本即远远高于能源售价。例如美国为确保中东石油，在该地区投入了巨额军事和经济援助，每桶原油平均支出的费用约为原油市场价格的 3 倍。我国原油净进口量 2015 年已达到 3.28 亿 t，进口依存度突破 60%。油源的安全、运输通道的畅通，都要通过外交努力，势必增长外交附加成本；油源远距离运输加大了运输成本；多方面的因素均会增加原油购买成本。油气价格的攀升已成为必然趋势，这将严重影响我国产品成本及国民经济发展，以及国防安全。

解决石油问题，一方面要注重开发，充分利用国外资源，加强国内油气资源开发，积极发展替代产品（当前古巴及一些南美国家，他们利用国内丰富的生物资源——甘蔗、玉米生产乙醇，已形成规模生产，并已部分替代汽油，已引起世界各国的关注）；另一方面必须节约优先，积极提倡公交优先，以减少汽车用油，降低消耗，提高利用效率。

2. 合理控制能耗总量

2016 年我国单位 GDP 能耗强度下降 5%，使草原生态环境恶化、土地沙化基本得到遏制。

改革开放 30 多年来，我国经济社会发展取得了举世瞩目的成绩，但是随着工业化、城镇化、市场化、国际化的快速发展，经济发展过程中逐步暴露出不协调、不平衡、不可持续的问题，特别是能源、资源、生态环境的压力日益增加。经过努力"十二五"期间我国资源利用效率明显提高。

火电供电的能耗、吨钢可比能耗、水泥综合能耗等单位产品能耗与国际先进水平的差距明显缩小；全国主要污染物排放总量也持续下降。

另外，我国在生态保护和建设方面成效显著，全国森林面积和森林蓄积量实现了双增长，基本遏制了草原生态环境恶化、土地沙化和水土流失加剧的态势。

合理控制能源消费总量是今后发展的战略任务，而控制能源消费总量的重点是控制煤炭消费的过快增长。

随着我国经济发展，各地对能源的需求，不管是煤炭、电力还是油气都会持续增长，我国原油对外依存度也年年攀高。预计到 2020 年我国能源供应总量最多在 40 亿 t 标煤左右，无论如何也支撑不了过高的增长速度。所以按照国家经济工作会议的部署，要求各省份统筹考虑，实事求是，合理地确定今后发展目标。要转变经济增长方式，淘汰落后产能，合理控制能源消费总量，提高能源利用效率，是今后能源工作的一项重大任务。如果不对能源消费总量进行合理的控制而任其自由发展，不仅会造成环境能源危机，能源安全无法保障，转变经济发展方式也会落空。

3. 加快建立节能减排长效机制

我国是发展中国家，正处于工业化、城镇化加快发展的阶段，面临发展经济、改善民生、保护环境、应对气候变化的多重挑战，转变经济发展方式，发展绿色经济、循环经济，大力调整经济结构，用绿色低碳技术改造传统产业，提高可持续发展能力实现科学发展，是我们唯一、必然的选择。

1）目前，世界经济正在发生重大的变革和调整，许多国家纷纷寻求振兴经济的新途径和新引擎。如美国、日本、韩国等纷纷提出绿色新政，制订未来发展战略，支持节能、环保、新能源、生物医药等领域创新发展。绿色经济、低碳技术正在兴起。在这些领域，只要把握趋势，措施得当就可能实现跨越式的发展。

近年来，国家提出加快培育和发展战略性新兴产业的决定，将节能环保、新一代信息技术、互联网 + 、高端装备制造、新能源、新材料和新能源汽车作为现阶段重点发展的战略性新兴产业。我们应紧紧抓住绿色经济发展和产业转型升级的历史机遇，加大政策支持力度。明确攻关重点，突破核心技术，支持市场推广，努力形成先导型、支柱型产业，抢占未来技术和产业的制高点，促进整个产业结构优化升级。

国家已明确提出要以科学发展观为主题，以加快转变经济发展方式为主线，坚持把建设资源节约型、环境友好型社会作为加快转变经济发展方式的重要着力点，积极应对气候变化，大力发展循环经济及加强资源节约和管理，加大环境保护的力度，加强生态保护和防灾减灾体系。

2）把大幅度地降低能源消耗强度、CO_2 排放强度和主要污染物的排放总量作为重要的约束性指标，强化各项政策措施，加快建立健全政府为主导、企业为主体，适应市场经济要求的节能减排长效机制。

一要依法节能。要认真落实节能法、公共机构节能条例等法律法规，确保各项制度的落实，使节能由劝导、鼓励逐步转向依法强制执行的硬性要求。坚决制止各种浪费能源资源的行为，这也是社会进步的重要表现。

二要强化目标责任，要科学确定、分解落实节能减排和应对气候变化的各项目标任务，合理控制能源消费总量，加强评价考核，实行严格的责任制和问责制。

三要加快结构调整，实行固定资产投资项目节能评估审查和环境影响评估审查。火力淘汰落后产能，严控"两高"行业盲目扩张，加快发展服务业，拓宽新领域，发展新业态，培育新热点。积极有序地发展节能环保新能源、新材料和新能源汽车等战略性新兴产业，调整能源的消费结构，增加非化石能源的比重。

四要加大技术推广力度。大力支持先进节能技术产业化、节能技术改造、节能产品惠民工程，城镇污水垃圾处理配套设施建设，烟气脱硫、清洁生产、重金属污染治理等重点工程建设。积极推广合同能源管理、基础设施、特许经营等新机制。

五要完善政策机制，理顺煤、电、油气、水、矿产等资源类产品价格关系，严格落实差别电价、惩罚性电价和脱硫电价。加大财政金融支持力度，全面改革资源税，研究开征环境税，建立生态补偿机制，逐步建立碳排放交易市场，更多地采用鼓励性的经济政策，发挥市场机制，起到促进节能减排的作用。

六要引导绿色消费，要在城乡居民当中大力倡导节约意识，反对铺张浪费，减少使用塑料袋等一次性产品，抵制过度包装，鼓励使用节能节水的认证产品、环境标志产品和再生利用产品。

4. 全球气候治理的中国责任

2016 年 11 月 7～18 日，《联合国气候变化框架公约》第 22 届缔约方会议暨《巴黎协定》正式生效后的第一次缔约方会议在摩洛哥的马拉喀什召开。马拉喀什会议是国际气候进程中一次重要的会议，标志着国际气候治理掀开新篇章。我国作为负责任大国，肩负起了新的担当。

随着世界经济、能源消费和碳排放格局的变化，国际气候治理格局也发生了不少重要的变化。即快速崛起的新兴国家在世界经济中的地位上升，对现有国际秩序的影响已不容忽视。发达国家、新兴国家和欠发达国家三大板块将长期并存。即使在发达国家内部，因发展需求不同，在某些问题上出现立场分歧在所难免。而在发展中国家内部，以我国为代表的人口趋稳的新兴经济体、以印度为代表的人口快速增长的新兴经济体、低收入的欠发达经济体，未来的发展趋势和发展需求也会有很大差异，新兴国家在国际气候治理中有了更多影响力和话语权，也要肩负更多的国际责任。

对气候变化而言，2015 年全球平均气温再创新高，是自 1880 年有现代气象观测以来最热的一年。全球大气中 CO_2 平均浓度首次突破 400×10^{-6}，也是自有仪器观测以来最高值。2015 年，巴黎气候大会达成了《巴黎协定》，是国际气候治理进程中一座重要的里程碑。不仅确立了国际气候治理新范式，也开创了全球绿色低碳发展的新阶段。我国作为大国，在《巴黎协定》的谈判、达成、签署、生效各环节都发挥了重要作用，还积极与各方沟通协调，特别是中美三次发表联合声明，给世界各国带了好头。《巴黎协定》能够生效实施，成果来之不易，原联合国秘书长潘基文先生曾在不同阶段和场合赞誉我国为《巴黎协定》做出了历史性的贡献、基础的贡献、重要的贡献、关键的贡献。

《巴黎协定》是气候谈判的一个新的起点。继续推进国际气候治理，落实《巴黎协定》，仍面临诸多严峻挑战。11 月 4 日，联合国环境规划署（UNEP）发布排放差距 2016 年报告，根据按各国在 2030 年的预期温室气体排放水平测算，即使《巴黎协定》充分落实，全球在 21 世纪末仍可能升温 2.9 至 3.4℃。要在 21 世纪末实现控制全球温升不超过 2℃目标，在 2030 年之前尚有 120 亿～140 亿 t CO_2 当量的减排差距，需在 2030 年预期排放总量基础上进一步减排 25%。

绿色低碳发展是全球发展大趋势，不会因为局部和暂时的困难而改变方向。日前，我国谈判代表"四个不变"的表态，即我国气候政策立场不变、我国谈判原则不变、我国减排行动力度不变、国际气候合作方向不变，给弥漫失望忧虑情绪的国际气候谈判增强了信心。

我国要在国际气候治理中发挥积极主动的引领作用，首先要做好自己的事。我国"十二五"期间碳强度累计下降 20%，超额完成了"十二五"规划确定的 17% 的目标任务。能源结构进一步优化，如 2015 年非化石能源占一次能源消费比重达到 12%，超额完成 11.4% 的"十二五"规划目标；森林蓄积量增加到 151.37 亿 m^3，提前实现与 2020 年增加森林蓄积量的目标。"十三五"是我国经济转型和能源革命的关键期，必须以促进绿色低碳转型为导向。我国《"十三五"控制温室气体排放工作方案》，明确了到 2020 年单位国内生产总值 CO_2 排放比 2015 年下降 18%，碳排放总量得到有效控制的目标。并具体部署了低碳引领能源革命、打造低碳产业体系、推动低碳城镇化、加快区域低碳发展、建设和运行全国碳排放权交易市场、加强低碳科技创新、强化基础能力支撑、广泛开展国际合作、强化保障落实等九个方面的重点工作。

改革开放 30 多年来，我国经济虽然获得了巨大成就，也成为全球最大的碳排放国家。目前单位 GDP 能耗仍是美国、日本等发达国家的数倍，减排空间很大。我国国土辽阔，有不少经济欠发达地区处于气候敏感多灾区域，更能深刻体会到气候变化的严重影响。气候变化关乎国民福祉和全人类未来。当前，我国应坚持共同但有区别的责任原则、公平原则、各自能力原则，按照巴黎大会授权，稳步推进后续谈判。气候变化已经成为中美双边关系的一根支柱，我国应尽力保持双方在碳捕集和封存技术、建筑能效和清洁汽车等领域的技术合作。

如今，雾霾已成为长时段笼罩我国大片国土，积极做好减排工作并向低碳和气候适应型经济转型，信守在 2030 年左右达到碳排放峰值的承诺，与国际社会互惠共赢。

我国在国际气候治理中发挥更大的作用，是我国在更广阔的国际舞台走向全球治理核心的一个组成部分。面对更大更广阔的国际舞台，我国将为世界贡献更多中国智慧。

第二节　中国制造 2025——节能减排要求

2015 年 5 月由国务院颁布"中国制造 2025"，主要从创新能力、质量效益、两化融合、绿色发展四个方面提出今后制造业主要发展方向，其中明确到 2020 年与 2025 年分别应达到节能环保目标。

一、未来能源发展趋势

1. 全球未来能源发展趋势

（1）能源版图发生深刻变化

1）能源消费增长重心加速向发展中国家转移。

2）油、气供应呈现出中东、亚洲、非洲等多点供应局面。

3）随着全球供需形势变化，使用方有更多选择权。

（2）世界能源格局不变

1）油气作为战略资源与国际政治经济矛盾交织格局没有改变。

2）金融资本对石油价格波动影响力没有改变。

3）发达国家能源科技的优势地位没有改变。

2. 我国未来能源发展趋势

1）继续实施节约优先战略，依靠能源绿色、低碳、智能发展，走清洁、高效、安全、可持续发展之路。

2）传统能源要清洁发展，清洁能源要规模发展。强调煤炭集中高效利用代替粗放使用。

3）建设一批重大能源工程，提高能源保障能力。

① 适时东部沿海地区启动核电重点项目建设。

② 加强陆上、海洋油气勘探开发，促进页岩气、页岩油、煤层气等开发。

③ 加强风能、太阳能发电基地建设。

4）鼓励各类投资主体有序进入能源开发领域，电力体制改革实现厂网分开，深化煤炭资源税改革。

根据资料表明：2000 ~ 2010 年我国能源消费年均增速为 9.4%，2011 ~ 2014 年平均增速降至 4.3%，预计"十三五"期间能源消费增速将进一步回落至 3% 左右。

二、节能减排的目标

根据我国经济发展的情况，分别在"十五""十二五"期间提出节能减排的目标。"十五"期间国家明确提出万元国内生产总值能耗（t 标煤/万元国内生产总值）目标值下降 20%，表 1-8 和表 1-9 分别是"十一五"和"十二五"节能减排的目标，"十三五"期间节能减排正在制定中，在"中国制造 2025"中反映了节能环保的目标要求，具体见表 1-10。

表 1-8 "十一五"期间节能减排目标

项目（目标值）		2005 年	2010 年
万元国内生产总值能耗（t 标煤/万元国内生产总值）目标值下降 20%		1.22	0.976
主要污染物排放总量：目标值减少 10%	CO$_2$ 排放量	2 549 万 t	2 295 万 t
	化学需氧量（COD）	2 414 万 t	2 273 万 t
全国设市城市污水处理率不低于 70%		58%	70%
工业固体废物综合利用率达到 60% 以上		51%	60%
单位工业增加使用水量降低 30%		—	—

表 1-9 "十二五"期间节能减排目标

项目（目标值）	2010 年	2015 年
万元国内生产总值能耗下降 16%（按 2005 年价值计算）	1.034	0.869
化学需氧量排放总量下降 8%	2 551.7 万 t	2 347.6 万 t
SO$_2$ 排放总量下降 8%	2 267.8 万 t	2 086.4 万 t
氨氮排放总量下降 10%	264.4 万 t	238 万 t
氮氧化物排放总量下降 10%	2 273.6 万 t	2 046.2 万 t

表 1-10 中国制造 2025——节能环保目标

项目（目标值）	2020 年	2025 年
规模以上单位工业增加值能耗下降幅度	2020 年比 2015 年下降 18%	2025 年比 2015 年下降 34%
单位工业增加值 CO$_2$ 排放量	2020 年比 2015 年下降 22%	2025 年比 2015 年下降 40%
单位工业增加值使用水量	2020 年比 2015 年下降 23%	2025 年比 2015 年下降 41%
工业固体废物综合利用率（2013 年为 62%；2015 年为 65%）	73%	79%

　　总之，"十三五"是我国全面深化改革的攻坚期。随着国内经济步入新常态，能源发展也将增速换档。目前我国能源消费总量约占全球 22.9%，居全球第一。我国能源消费总量、速度和结构的变化，必将对全球能源市场产生三个方面的重要影响：一是全球化石能源市场供需形势和格局将面临新的调整；二是我国有责任引领全球可再生能源的发展，同时进一步拓展清洁能源发展空间；三是加快传统化石能源的高效清洁利用，为世界能源科技革命提供巨大的市场空间。

　　在"十三五"能源规划中强化了规划引导，弱化项目审批，并阐述了油气，煤炭，可再生能源，核电等能源领域发展方向和目标。

　　（1）弱化项目审批　优化能源结构　近年来，我国能源生产能力稳步提高，但能源形势依然复杂严峻，能源利用方式粗放问题突出。数据显示，2013—2016年，我国单位 GDP 能耗从为世界平均水平的 1.8 倍回落到 1.2 倍，但仍是发达国家平均水平的 2.1 倍。我国能源结构中化石能源比重偏高，非化石能源占能源消费总量的比重仅为 13.2%。面对这些矛盾，遵照"十三五"能源规划，推进能源节约，大力优化能源结构，增强能源科技创新能力，推动能源消费革命，供给革命，技术革命和体制革命。

　　（2）清洁高效开发利用煤炭　煤炭作为我国主体能源的地位近期不会改变，而清洁高效利用煤炭是保障能源安全的重要基石。积极实施煤电节能减排升级改造行动计划，如新建燃煤机组供电煤耗低于每千瓦时 300g 标煤，污染物排放接近燃气机组排放水平；现役 60 万 kW 及以上机组力争 5 年内供电煤耗降至每千瓦时 300g 标煤。要制订煤炭消费总量中长期控制目标，加快淘汰分散燃煤小锅炉。因地制宜稳步推进"煤改电""煤改气"替代改造。

　　此外，在油气方面，要创新勘探体制机制，大幅提高油气储采比。同时，重点突破页岩气等非常规油气资源和海洋油气勘探开发。力争到 2020 年，页岩气和煤层气产量分别达到 300 亿 m^3。

　　（3）大幅提高可再生能源比重　大力发展可再生能源是推动能源结构优化的重要方面。截至 2015 年末，全国发电装机总量达 15.08 亿 kW，其中，水电装机 3.2 亿 kW，火电 9.9 亿 kW，核电 2 717 万 kW，并网风电 1.28 亿 kW，并网太阳能发电装机容量 4 158 万 kW。

　　发展可再生能源具体要求：一是在做好生态环境保护和移民安置的前提下，积极发展水电。到 2020 年，力争常规水电装机达到 3.5 亿 kW 左右。

　　二是坚持集中式与分布式并重、集中送出与就地消纳相结合，在资源丰富地区规划建设大型风电基地和光伏基地，在其他地区加快风能分散开发和分布式光伏发电。到 2020 年，风电和光伏发电装机分别达到 2 亿和 1 亿 kW 以上；风电价格与煤电上网电价相当，光伏发电与电网销售电价相当。

三是积极发展地热能、生物质能和海洋能等其他可再生能源。到2020年，地热能利用规模达到5 000万t标煤。

四是加强电源与电网统筹规划，积极发展智能电网，科学安排调峰、调频、储能配套能力，切实解决弃风、弃水、弃光问题。

（4）安全发展核电　推进核电建设，对于保障能源安全、保护环境等有重要意义。数据显示，截至2015年末，我国核电发电量1 689.93亿kWh，占全国发电总量的3.01%。投入运行的机组30台，装机容量2 848万kW，在建核电机组达到24台，装机2 655万kW。

今后，要在采用国际最高安全标准，确保安全的前提下，稳步推进核电建设，到2020年，核电运行装机容量达到58GW、在建达30GW。

要坚持引进消化吸收再创新，按照我国三代核电技术路线，重点推进华龙1号、AP1000、CAP1400、EPR核电技术、VVER核电技术，同时加快国内自主技术工程验证，重点建设好大型先进压水堆、高温气冷堆重大专项示范工程。加强国内天然铀资源勘查开发，完善核燃料循环体系。此外，要积极推动核电"走出去"，提前布局，系统谋划。

三、积极推动我国能源生产和消费革命

通过制订我国能源生产和消费革命长期战略，确保我国能源安全。能源安全是关系国家经济社会发展的全局性、战略性问题，对国家繁荣发展、人民生活改善、社会长治久安至关重要。面对能源供需格局新变化、国际能源发展新趋势，保障国家能源安全，必须推动能源生产和消费革命。推动能源生产和消费革命是长期战略，必须从当前做起，加快实施重点任务和重大举措。

尽管我国能源发展取得了巨大成绩，但也面临着能源需求压力巨大、能源供给制约较多、能源生产和消费对生态环境损害严重、能源技术水平总体落后等挑战。我们必须从国家发展和安全的战略高度，审时度势，借势而为，找到顺应能源大势之道。

推动能源生产和消费革命具体要求：

1）推动能源消费革命，抑制不合理能源消费。坚决控制能源消费总量，有效落实节能优先方针，把节能贯穿于经济社会发展全过程和各领域，加快形成能源节约型社会。

2）推动能源供给革命，建立多元供应体系。立足国内多元供应保安全，大力推进煤炭清洁高效利用，着力发展非煤能源，形成煤、油、气、核、新能源、可再生能源多轮驱动的能源供应体系，同步加强能源输配网络和储备设施建设。

3）推动能源技术革命，带动产业升级。立足我国国情，紧跟国际能源技术革命新趋势，以绿色低碳为方向，分类推动技术创新、产业创新、商业模式创新，并同其他领域高新技术紧密结合，把能源技术及其关联产业培育成带动我国产业升级的新增长点。

4）推动能源体制革命，打通能源发展快车道。坚定不移推进改革，还原能源商品属性，构建有效竞争的市场结构和市场体系，形成主要由市场决定能源价格的机制，转变政府对能源的监管方式，建立健全能源法治体系。

5）全方位加强国际合作，实现开放条件下能源安全。在主要立足国内的前提条件下，在能源生产和消费革命所涉及的各个方面加强国际合作，有效利用国际资源。

四、推进提质升级发展，强化应对气候变化行动

通过不断推进国民经济产业结构提质升级发展，强化全社会应对气候变化行动。

应对气候变化是国际社会的共同任务，也是我国科学发展的内在要求。我国高度重视应对气候变化问题，把绿色低碳循环经济发展作为生态文明建设的重要内容，主动实施一系列举措，取得明显成效。我国已成为世界节能和利用新能源、可再生能源第一大国，为全球应对气候变化做出了实实在在的贡献。今后需进一步具体做好：

1）积极应对气候变化，不仅是我国保障经济、能源、生态、粮食安全及人民生命财产安全，促进可持续发展的重要方面，也是深度参与全球治理、打造人类命运共同体、推动共同发展的责任担当。我国作为负责任的大国，将坚持共同但有区别的责任原则、公平原则和各自能力原则，承担与自身国情、发展阶段和实际能力相符的国际义务，我国将按照 2030 年左右 CO_2 排放达到峰值且将努力早日达峰的目标，继续积极主动加大节能减排力度，大幅降低单位国内生产总值 CO_2 排放量，进一步提高非化石能源占一次能源消费比重和森林蓄积量，不断提高减缓和适应气候变化能力，为促进全球绿色低碳转型与发展路径创新做出自身最大努力。

2）我国是一个发展中国家，发展是第一要务。面对当前经济下行压力和应对气候变化等多重挑战，关键是要通过结构调整和提质升级发展，拓宽经济增长与环境改善的双赢之路。必须坚持节约资源和保护环境基本国策，实施积极应对气候变化国家战略，研究制订长期低碳发展路线图。必须坚持深化改革、创新驱动，通过大众创业、万众创新，催生新技术、新产品、新模式，壮大节能环保产业，严控高耗能、高排放行业扩张，形成节能低碳的产业体系，培育新的增长点，推动经济健康发展。必须大力实施"中国制造 2025"，积极推进"互联网＋"行动，提升传统产业和社会生活的智能化、绿色化水平。必须加大政府对生态环保等公共产品和基础设施投入，探索政府与社会资本合作等投融资新机制。必须在对接全球绿色低碳需求中扩大国际产能合作，倒逼我国产业迈向中高端水平。

3）我国致力于《联合国气候变化框架公约》全面、有效和持续实施；愿与各方一道携手努力推动巴黎会议达成一个全面、平衡、有力度的协议。我国将积极开展多边和双边国际磋商，特别是进一步加大气候变化南南合作力度，建立应对气候变化南南合作基金，在资金、技术和能力建设上为小岛屿国家、最不发达国家和非洲等发展中国家提供力所能及的帮助和支持，共同推动形成公平合理、合作共赢的全球气候治理体系，共同建设人类美好家园。

五、环保"十三五"规划提出 12 项具体指标

《"十三五"生态环境保护规划》（以下简称《规划》）。《规划》突出了环境质量改善与总量减排、生态保护、环境风险防控等工作的系统联动，将提高环境质量作为核心评价标准，将治理目标和任务落实到区域、流域、城市和控制单元，实施环境质量改善的清单式管理。

1）《规划》提出了 12 项约束性指标，分别是地级及以上城市空气质量优良天数、细颗粒物未达标地级及以上城市浓度、地表水质量达到或好于 III 类水体比例、地表水质量劣 V 类水体比例、森林覆盖率、森林蓄积量、受污染耕地安全利用率、污染地块安全利用率；以及化学需氧量、氨氮、二氧化硫、氮氧化物污染物排放总量。

这里涉及的环境质量指标，也是第一次进入五年规划的约束性指标。

2）根据"十三五"规划纲要，地级及以上城市空气质量优良天数的比率要由 2015 年的 76.7% 提高到 2020 年的 80% 以上，到 2020 年细颗粒物未达标的级及以上城市浓度累计下降 18%。

从 2013 年"大气十条"实施以来，全国环境空气质量总体改善。就全国而言，重污染天气发生的频次、峰值都在明显下降。

3）我国目前大气污染防治要打好攻坚战，还要打好持久战。就是把应对重污染天气作为当前特别是北方冬季大气污染防治工作的重中之重，力争用最短的时间解决老百姓的"心肺之患"。

4）根据"十三五"规划纲要，地表水质量达到或好于 III 类水体比例要由 2015 年的 66% 达到 2020 年的超过 70%，劣 V 类水体比例要由 2015 年的 9.7% 下降到 2020 年的低于 5%。水环境质量和人民群众不断增长的环境需求相比，仍然存在着不小的差距。如水污染防治工作不平衡，流域生态破坏的现象目前还比较普遍，面源污染应该说现在还没有得到有效遏制，部分支流污染严重，部分湖泊富营养化问题突出，水环境承载能力已经达到或者接近上限，不少流经城镇的河流、沟渠"黑臭"问题突出。

5）全国水环境目前呈现出三个特点：一是地表水质总体上稳中趋好，但是部分水体污染问题突出；二是良好水体保护形势严峻；三是主要的污染因子出现分化，COD 出现了下降，但是氮磷目前看此消彼长。为解决群众最关心和反映强烈的突出水污染问题，提出了'1 + 2'个工作重点：

　　一是要狠抓饮用水的安全保障；二是从好水和差水两头抓起。所谓好水就是现在没有被污染的Ⅲ类以上水体，要加强保护；差水就是所谓"黑臭"水体、劣Ⅴ类水体；要抓紧治理。

第三节　经济发展与节能减排

　　能源是经济的命脉，人类社会对能源的需求，首先表现为经济发展的需求。同时能耗消耗的方式改变促进人类社会进步，也促进经济的发展。反过来，经济发展又促进能耗的不断增加，由于能耗增长又带来了环境污染和资源短缺。所以，节能减排是经济发展的中心内容之一。

一、能源使用特点

　　从能源的使用角度和管理角度来看，能源具有以下五个特点。

1. 必需性和广泛性

　　无论在生产和生活中，都离不开能源。随着社会现代化的进展，对能源的需求量越来越大，能源的必需性和广泛性就越来越突出。

2. 一次性和辅助性

　　能源只能使用一次，当使用过后，原来的实体立即消失，无法反复使用。同时能源作为燃料动力，并不构成产品的实体，而是发挥辅助性的功能，加上我国能源价格偏低，在企业生产成本中所占百分比较少。因此对能源和能源管理、节能技术，往往被放在从属地位，没有引起应有的重视。

3. 连续性

　　能源不同于其他物质资源，它在使用过程中必须保证供应的连续性，特别是电力、自来水等。如果供应中断，即使是短暂的一刻，也会迫使生产停顿，甚至造成严重事故。

4. 替代性和多用性

　　各种形态的能源之间都可以相互转换，因此各种能源在使用上可以彼此替代。而大多数能源既可作为燃料动力之用，又可作为工业原料或辅助材料的使用，不同用途的能源，所得到的经济效果也是不同的。

5. 不可存储性

　　某些二次能源如电、蒸汽、压缩空气等，它们的生产过程就是使用过程，因此要求它们在生产、使用、输送等过程中，在时间上和数量上保持一致。

二、能源利用突破促进经济发展

　　自改革开放30多年来，我国能源生产已取得显著成绩，2015年全国生产原煤36.8亿t；石油2.1亿t；天然气1271亿m³；发电56183亿kWh（其中：水电9959亿kWh；核电1707亿kWh）；原煤是1980年（1980年为6.2亿t）的5.9倍；

石油产量比 1980 年（1980 年为 1.05 亿 t）提高了 200%；天然气是 1980 年（1980 年为 142.7 亿 m^3）的 9.06 倍；发电量是 1980 年（1980 年为 3006 亿 kWh）的 18.6 倍。保证了国民经济高速发展，但随着经济发展和人民生活水平的提高，对能源需求量越来越大，能源供需矛盾依然相当突出。

1. 能源利用突破

回顾人类社会的发展，每当人类利用新的能源或在能源利用上有新的突破，就既促进了工业发展的飞跃，也替代出更多人力去从事更高一级或更有价值的活动，从而使社会的经济得到更快的发展。人类对能源的利用经历了以下三个时期。

(1) 薪柴时期　在 18 世纪以前人类利用薪柴作为主要燃料，当时整个社会的生产力水平很低，人和畜是主要动力。

(2) 煤炭时期　18 世纪到 20 世纪 50 年代，煤炭逐步代替薪柴，特别是瓦特发明了蒸汽机，推动了世界第一次工业革命，使社会生产力得到了飞速的发展。

(3) 石油时期　19 世纪末人类开始使用石油。20 世纪五六十年代，工业发达国家利用当时大规模开采廉价石油和天然气，努力发展工业、农业及交通运输业，使世界能源结构从以煤为主，转为以油、气为主，形成了 20 世纪 60 年代西方经济的繁荣时代。1973 年，爆发了中东战争，引发了世界第一次能源危机，严重地影响经济的发展，以至引起了政治危机和经济危机，为此成立了国际能源机构（IEA），这是发达国家保障能源的安全行动，其宗旨是：成员国共同采取措施，控制石油的需求，在紧急情况下统一分配石油，并规定各成员国有义务储备相当于 90 天石油用量，从而缓解了第一次能源危机。

我国石油、天然气资源相对较少，人均石油探明剩余可采储量仅为世界平均值的 10%。20 世纪 90 年代以来，国内石油开发和生产已经不能满足经济和社会发展需要，从 1993 年起，我国已成为石油净进口国。1996 年我国石油净进口量仅为 1393 万 t，2000 年达 6960 万 t，2004 年达 1.1 亿 t（2004 年我国自产石油仅 1.7 亿 t），净进口量占国内消费量的比重（国际上称进口依存度）已达 40%，超过了国际惯例的警戒线（1/3）。随着经济发展，特别是工业化和城镇化进程加快，石油需求将持续增长，不断增加石油进口将是大势所趋。但大量进口石油，已引起石油市场的振荡和油价攀升，油源及运输通道问题日益增多，以及我国石油及天然气资源现状，石油安全问题已引起我国政府极大的关注。

2. 能源消费弹性系数

1) 一个国家能源消耗水平，直接关系到国民经济发展水平和速度，发达国家人口占世界总人口的 20%，而能源消费总量即占世界总能源消费量的 2/3 以上。尽管世界各国的经济结构、生产水平、地理条件和自然资源条件不同，但在能源消费与国民经济之间却存在明显的趋势和规律，这就是能源消费的增长与国民经济发展之间，存在着一定的比例关系，这个关系称为能源弹性系数指标，国家统

计的计算公式为

$$能源消费弹性系数 = \frac{能源消费量平均增长速度}{国民经济平均增长速度}$$

它的数学表达式为能源消费增长率与经济增长率之比，即

$$\tau = \frac{G}{E} \times \frac{dE}{dG}$$

式中，τ 为能源消费弹性系数；E 为前期能源消费量；dE 为本期能源消费量的增量；G 为前期的经济产量；dG 为本期的经济产量的增量。

能源消费弹性系数表示一个国家或地区某一年度能源消费增长率与经济增长率之比。经济增长率通常采用国民生产总值或国内生产总值的增长率。

能源消费弹性系数，又可分为一次能源消费弹性系数和电力消费弹性系数两种。

一次能源消费弹性系数，一般简称为能源消费弹性系数。换言之，能源消费弹性系数是指一次能源消费增长与经济增长的关系，一次能源的范围仅限于商品能源。

电力消费弹性系数，一般采用发电量作为电力消费指标，它是表示电力消费增长率与经济增长率之比。

弹性系数的概念应用很广，可根据研究问题的需要灵活选择。例如电力与经济增长的关系应选择与能源消费弹性系数相同的指标，电力与工业生产的关系应选择工业总产值指标等。能源消费弹性系数也适合于分析某一部门、行业或某一地区能源消费与经济增长的关系。这样，只需把系数分子和分母相应调整为该部门和地区能源消费增长率和经济增长指标即可。

一般来说，工业发达国家，能源消费弹性系数小于 1，发展中国家能源消费弹性系数大于 1。表 1-11 为 1980 ~ 2010 年不同类型国家能源消费弹性系数。

表 1-11　1980 ~ 2010 年间各类国家能源消费弹性系数

国 家 类 别	弹 性 系 数
低收入国家（人均收入 <200 美元）	1.26
中等收入国家（人均收入 500 美元）	1.24
石油输出国	1.17
发达国家	0.95

2）国内生产总值（GDP）数据，从全球角度分析经济发展与能源消费的基本规律，需要有一个能够有效对比各个国家实际经济发展水平（GDP 或 GNP）的统一货币尺度。也就是说衡量各个国家的 GDP 水平既无法使用各国不变价格的本币，也不能沿用受控于政府的不变价格汇率。倘若以各个国家自行确定的汇率计算 GDP，那么世界各国的 GDP 很难互相比较，如 2000 年我国 GDP 总量为 9 977.265 亿美元（中国政府公布的数据），排在美国、日本、德国、英国和法国之后，位居世界第六位，如图 1-10a 所示。如果根据世界银行以可比价格（Purchasing Power

Parity，简称 PPP）计算各国的 GDP，则我国 GDP 总量为 4.8 万亿美元，列世界第二位，如图 1-10b 所示，两个数据相差近 5 倍。众所周知，本币对美元的汇率由各国政府视国内外经济情况而定，并非实际价值的体现。亚洲发生经济危机期间，我国政府曾以一个负责任的大国承诺人民币不贬值，实际上就说明了这个道理。因此，根据各个国家自行确定的汇率计算的 GDP 很难在全球的尺度上客观地评估不同国家实际国内生产总值的多少及其水平的高低。国际货币基金组织和世界银行通过国际对比项目研究建议提出的以可比价格折算的国际元（PPP），鉴于国际元给出的时间尺度相对较短，以下的分析将采用盖凯美元作为国家间经济发展水平对比的指标，并利用《世界经济 200 年回顾》1995 年版本和《世界经济 1000 年回顾》2001 年版本提供的以盖凯美元表示的世界主要国家 GDP 和人均 GDP 数据，作为国家间经济发展水平对比的基础。尽管由于国家间经济水平的差异、价格体系的不同，特别是市场经济不完善的国家，要准确评价其 GDP 水平实在很难，但是与 PPP 给出的数据对比研究表明（见表 1-12）盖凯美元给出的可操作和可比的

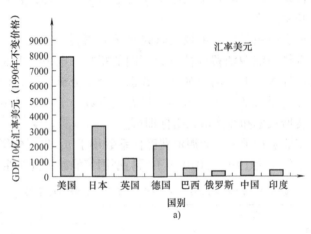

a)

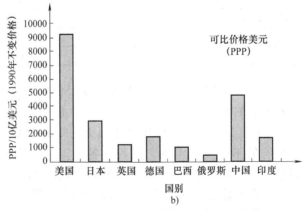

b)

图 1-10　部分国家汇率 GDP 与 PPP 比较

货币系统是可靠和可行的。

表 1-12　一些国家 GDP 水平的三种表示方法及对比（2000 年）

国　　家	人口/千人	GDP 水平（汇率美元）		GDP 水平（PPP 美元）		GDP 水平（盖凯美元）	
		总量/百万美元	人均/美元	总量/百万美元	人均/美元	总量/百万美元	人均/美元
美国	278 357	7 947 469	28 551	9 255 000	33 248	8 096 313	28 990
日本	126 714	3 361 551	26 528	2 950 000	23 280	2 673 543	21 089
英国	58 830	1 209 106	20 552	1 290 000	21 927	1 201 842	20 149
德国	82 220	1 959 130	23 827	1 864 000	22 670	1 627 792	19 605
巴西	170 115	596 576	3 506	1 075 000	6 213	932 000	5 500
俄罗斯	146 933	364 221	2 478	620 300	4 221	646 000	4 400
中国	1 277 558	997 726	780	4 800 000	3 757	5 950 000	4 640
印度	1 013 662	507 877	501	1 805 000	1 780	1 850 000	1 800

3）近百年来，世界工业化历史表明，与人均 GDP 一样，主要能源的人均消费量是衡量一个国家经济社会发展水平的重要标志，人均 GDP 与主要能源的人均消费量具有可遵循的相关关系。目前的发达国家无一例外的以发展中国家人均数倍、甚至数十倍的强度消耗能源。

表 1-13 显示了我国人均能源占有状况及与几个主要大国的对比。表 1-14 则显示了我国主要能源的人均产量消费量及与世界平均水平的比较。可以看出，我国的大部分资源人均占有量远低于世界平均水平，其中石油的人均占有量只有世界人均的 11%，天然气不足 5%，化石能源（包括石油、煤炭、天然气）只有世界平均的 58%。大部分能源的人均消费量也低于世界平均水平，与发达国家相比就更低。

表 1-13　我国一些主要能源人均占有储量及与几个大国的对比

能　源　项　目	中　　国		美国	俄罗斯	加拿大	印度
	人均储量/t	占世界人均（%）	人均储量/t	人均储量/t	人均储量/t	人均储量/t
化石能源总量	67	58	468	893	207	39
石油	1.8	11	14.8	44.2	22.4	0.55
天然气	1 063m³	4.5	17 527m³	320 733m³	60 253m³	548m³
煤炭	125	79	913	772	288	77

表 1-14　我国一些主要能源人均产量消费量及占世界人均的比例

能　源　项　目	产　　量		消　费　量	
	人均产量/kg	占世界人均（%）	人均消费量/kg	占世界人均（%）
石油	125	22	181	26
天然气	22m³	4.8	16.8m³	4.6
煤炭	822	110	990	133

三、我国能源管理体制

以科学发展观为指导，坚持节能减排的方针，以大幅度提高能源利用率为核心，调整经济结构、加快技术进步为根本，以法治为保障，以提高终端用能效率为重点，健全法规、完善政策，深化改革、创新机制、强化宣传、加强管理，逐步改变生产方式和消费方式，形成企业和社会自觉节能机制，加快建设节能型社会，以能源有效利用促进经济社会的可持续发展。

1. 节能减排是我国经济发展重要政策

（1）遵循的原则　节能减排工作应遵循的原则：一是要从根本上改变单纯依靠外延发展。忽视挖潜改造的粗放型发展模式，走新型工业化道路。二是坚持节能与结构调整、技术进步和加强管理相结合。通过调整产业结构、产品结构和能源消费结构，淘汰落后技术和设备，加快发展低能耗的第三产业和高新技术产业，用高新技术和先进适用技术改造传统产业，促进产业结构优化升级。三是坚持发挥市场机制作用与政府宏观调控相结合。以市场为导向，以企业为主体，通过深化改革、创新机制，充分发挥市场配置资源的基础作用。四是坚持依法管理与政策激励相结合，增量要严格市场准入，加强执法监督检查，辅以政策支持，从源头控制高能耗企业和低效设备（产品）的发展。存量要深入挖潜，在严格执法的前提下，通过政策激励和信息引导，加快结构调整和技术进步。五是坚持突出重点、分类指导、全面推进，对年耗能万吨标准煤以上重点用能单位要严格依法管理，强化监督检查。六是坚持全社会共同参与，节能涉及各行各业、千家万户，需要全社会共同努力，积极参与。

（2）节能减排是经济发展重要国策　节能重点领域是工业、交通运输、建筑、商用和民用。其中工业节能重点是电力、钢铁、有色金属、石油化工、化学、建材、煤炭和机械等高能耗行业，交通运输节能的重点是新增机动车，建筑节能重点是严格执行节能标准，商用和民用的节能重点是提高用能设备能效标准。

根据能源的供需形势和利用现状，国家提出在加强能源开发的同时，大力降低能源消耗的发展战略，在近期内要把节能减排放在优先地位。

2. 我国的能源管理体制

能源管理工作涉及各行各业和城乡的人民生活，既有综合性的管理知识，又具有较强的专业技术，也是国家进行宏观控制的一个重要方面。

1）2013 年 6 月国务院已正式下发能源局"三定"方案，《国家能源局主要职责内设机构和人员编制规定》落定，重组后的国家能源局也已正式成立。"三定"方案显示，不再强调能源局"负责煤炭、石油、天然气、电力（含核电）、新能源和可再生能源等能源的行业管理"职能，并将按照《国务院机构改革和职能转变方案》下放相应管理职责。国务院加强能源局在"拟订并组织实施能源发展战略、规划和政策,提高国家能源安全保障能力,推进能源体制改革,完善能源监督管理,推进能源市场建设,维护能源市场秩序"等方面的职能。

2)机构改革后,能源局市场监管职能从电力市场向油气领域拓展,负责监管油气管网设施的公平开放,并增加能源局在天然气储备、进口天然铀方面的职责。在能源价格管理上,国务院再强调"国家发改委调整涉及能源产品的价格,应征求国家能源局意见",并在输配电价格成本核算、跨区电网输配电价、大用户用电直供的输配电价格等方面给予能源局一定话语权。

3)根据国务院赋予能源局的职责,能源局增加市场监管司、电力安全监管司,原政策法规司改制为法制和体制改革司。相较2008年国家能源局设立之初,与国家电监会重组后的能源局职能出现重大调整。

国务院"三定"方案赋予能源局的职责共十二项。除能源战略实施、推动能源改革、能源预测预警、节能和资源综合利用、核电管理等既定职责外,增加能源局在能源消费总量控制、能源市场监管、电力安全监管等方面职责,并负责国家能源发展战略决策的综合协调和服务保障。能源局的首要职责是:"起草能源发展和有关监督管理的法律法规和规章,拟定并组织实施能源发展战略、规划和政策,推动能源体制改革,拟定有关改革方案,协调能源发展和改革中的重大问题。""三定"方案加强能源局在能源消费总量控制方面的职责。由能源局参与研究能源消费总量控制目标建议,指导、监督能源消费总量控制有关工作,衔接能源生产建设和供需平衡。具体工作安排上,能源局规划司负责参与全国能源消费总量控制方案的研究。

4)在此轮改革中,能源局与电监会职责整合,新能源局增加电力市场监管、电力安全监管的职能。包括监管电力市场运行、规范电力市场秩序、监督检查电价、拟定各项电力辅助服务价格、研究提出电力普遍服务政策的建议并监督实施及负责电力行政执法。

5)在油气管理领域,除一直以来所强调的国家石油储备外,能源局将增加对天然气储备规划、政策并实施管理,提出国家石油、天然气储备订货、轮换和动用建议并组织实施,按规定权限审批或审核石油、天然气储备设施项目,监督管理商业石油、天然气储备,以及负责进口天然铀的国家能源储备工作。

6)根据国务院赋予能源局的职责,能源局内设机构相应调整,共设12个机构。分别是:综合司、法制与体制改革司、发展规划司、能源节约和科技装备司、电力司、核电司、煤炭司、石油天然气司(国家石油储备办公室)、新能源和可再生能源司、市场监管司、电力安全监管司、国际合作司。

7)能源局仍归国家发改委管理,两者职责分工如何,"三定"方案有明确表述:"能源局负责拟定并组织实施能源发展战略、规划和政策,研究提出能源体制改革建议,负责能源监督管理等;发改委主要是做好国民经济和社会发展规划与能源规划的协调衔接。"在具体业务上,能源局接受发改委管理。国家能源局拟订的能源发展战略、重大规划、产业政策和提出的能源体制改革建议,由国家发改委审定或审核后报国务院。

8) 国家能源局按规定权限核准、审核能源投资项目,其中重大项目报国家发改委核准,或经国家发改委审核后报国务院校准。能源的中央财政性建设资金投资,由国家能源局汇总提出安排建议,报国家发改委审定后下达。在价格管理方面,国家能源局提出调整能源产品价格的建议,报国家发改委审批或审核后报国务院审批;国家发改委调整涉及能源产品的价格,应征求国家能源局意见。

9) 输配电价格成本核算办法由国家发改委会同能源局制定,共同颁布实施。电力辅助服务价格由国家能源局拟定,经发改委同意后颁布实施。跨区域电网输配电价由国家能源局审核,报国家发改委核准。

大用户用电直供的输配电价格、区域电力市场发电容量电价,均由能源局提出初步意见,报国家发改委核批。

10) 各省、市、自治区和国务院各部委要建立相应的会议制度和机构,配备一定的人员,负责节能工作的组织实施。

11) 县级以上地方人民政府应通过建立会议制度和配备相应的专职人员,负责节能工作的实施。县级以上地方人民政府管理节能工作的部门主管本行政区域内的节能监督管理工作。县级以上地方人民政府有关部门在各自的职责范围内负责节能监督管理工作。

3. 我国能源管理的主要做法

近年来,从行政、立法、技术、经济等方面,采取了一系列措施,加强了节能工作,政府有关部门也利用对能源弹性系数的分析,预测本期能源的需要量。

(1) 行政指导　国务院和地方各级人民政府应当加强对节能工作的领导,每年部署、协调、监督、检查、推动节能工作。

国务院和省、自治区、直辖市人民政府应当根据能源节约与能源开发并举,把能源节约放在首位的方针,在对能源节约与能源开发进行技术、经济和环境比较论证的基础上,择优选定能源节约、能源开发投资项目,制订能源投资计划。

国务院和省、自治区、直辖市人民政府应当在基本建设、技术改造资金中安排节能资金,用于支持能源的合理利用及新能源和可再生能源的开发。

市、县人民政府根据实际情况安排节能资金,用于支持能源的合理利用以及新能源和可再生能源的开发。

1) 计划指导。为了搞好经济和社会发展的能源平衡,节约和合理用能。提高能源利用效率,推动节能工作,从1981年起,政府把节能列入国家五年计划和年度计划。在五年计划和年度节能计划中,大部分是指导性指标,包括节能量、产品单耗、农村能源增产和节约的目标,向各地区、部门以及企业提出了要求。还有部分是指令性指标，主要是节能技术改造项目、节能应用科研项目。为了编制好节能计划，采取的主要做法是：①搞好调查研究，明确主攻方向，提出具体的政策和措施。对重大节能技术改造项目，进行周密的可行性研究和论证，选择最佳方案。②全面规划，将节能计划尽可能同工业结构、技术改造、城市建设、环境保护、人民生活等结合起来，避免重复建设，以全面提高企业的经济效益。③积极利用电子计算机技术，进行能源需求预测，编制节能规划。我国能源部门专家研制了国家能源模型、地区省市能源模型、专项模型及基础分析模型等，通过实际运用，对计划、管理部门起到较好的工具、助手作用。

用能企业：由分管领导主管节能工作，并建立相应的机构，负责贯彻执行国家有关节能的方针、政策、法规、标准以及地方、部门发布的有关节能的规定，制定并组织实施本企业的节能技改措施，完善节能科学管理，降低单位产品能耗，完成节能工作任务。

2）加强基础工作。基础工作的中心是加强定额管理。搞好综合能耗和产品单耗考核，国家制定了能源基础、管理、专业技术和产品能耗标准等，国务院各部委制定节能设计规范及合理用能规定。各省、市、自治区建立了地区能源平衡制度，建立了重点企业能源消耗报表；机电、冶金、轻工等部门制定了工业炉窑站房能耗分等标准、工序定额，加强了对企业的能耗控制。同时各地区各企业普遍开展了能源计量、能量平衡、能源审计、能耗定额管理等基础工作，使企业能源管理得到了加强。

（2）立法建规　国家和有关综合部门制定各种法规、规定，见表1-15。一些地区、行业部门也结合了具体情况，进一步制定了能源管理具体实施规定、细则，使能源管理立法建规更加规范化。

（3）节能技术进步　从我国的国情出发，节能技术推广以先进、适用为主，并多层次展开。

表1-15　有关法律、法规、产业政策、行业标准

类　　别	名称及发布日期
（一）相关法律和法规	1. 中华人民共和国节约能源法 2. 中华人民共和国可再生能源法 3. 中华人民共和国电力法 4. 中华人民共和国建筑法 5. 中华人民共和国清洁生产促进法 6. 中华人民共和国循环经济促进法（2009年1月1日起施行） 7. 清洁生产审核暂行办法（国家发展改革委、国家环保总局令第16号） 8. 重点用能单位节能管理办法（原国家经贸委令第7号） 9. 民用建筑节能管理规定（建设部2006年1月1日颁布） 10. 中华人民共和国车船税法（2012年1月1日实施） 11. 节能减排"十二五"规划（国务院2012年8月6日颁布国发〔2012〕40号） 12. 电力监管条例（国务院令第432号2005年）

（续）

类　　别	名称及发布日期
（二）产业 政策、准 入条件	1. 国务院关于发布促进产业结构调整暂行规定的通知（国发〔2005〕40 号） 2. 产业结构调整指导目录（2011 年版）（国家发改委） 3. 国家重点节能技术推广目录（第三批）（国家发改委公告 2010 年第 33 号） 4. 铁路节能技术政策（铁道部 1999 年 9 月 7 日颁布） 5. 固定资产投资项目节能评估和审查暂行办法（国家发改委第 6 号令〔2010 年〕） 6. 钢铁产业发展政策（国家发改委第 35 号令） 7. 水泥工业产业发展政策（国家发改委第 50 号令） 8. 电石行业准入条件（国家发改委公告 2004 年第 76 号） 9. 铁合金行业准入条件（国家发改委公告 2004 年第 76 号） 10. 焦化行业准入条件（国家发改委公告 2004 年第 76 号） 11. 铜冶炼行业准入条件（国家发改委公告 2006 年第 40 号） 12. 电解金属锰企业行业准入条件（国家发改委公告 2006 年第 49 号） 13. 关于加快铝工业结构调整指导意见的通知（发改运行〔2006〕589 号） 14. 关于规范铅锌行业投资行为加快结构调整指导意见的通知（发改运行〔2006〕1898 号） 15. 印发关于加快水泥工业结构调整的若干意见的通知（发改运行〔2006〕609 号） 16. 关于加强热电联产管理的规定（计基础〔2000〕1268 号） 17. 关于进一步做好热电联产项目建设管理工作的通知（计基〔2003〕369 号） 18. 国家鼓励发展的资源节约综合利用和环境保护技术（国家发改委 2005 第 65 号） 19. 关于规范煤化工产业有序发展的通知（发改产业〔2011〕635 号） 20. 关于印发《循环经济发展规划编制指南》的通知（发改委环资〔2010〕3311 号） 21. "十一五"资源综合利用指导意见（2007 年 1 月 16 日国家发改委发布） 22. 工业节能"十二五"规划（工业和信息化部 2012 年 2 月 27 日颁布） 23. 国务院关于进一步加强淘汰落后产能工作的通知（国发〔2010〕7 号） 24. 服务业发展"十二五"规划（国务院 2012 年 12 月 12 日颁发） 25. 国务院关于加快培育和发展战略新兴产业的决定（国务院 2010 年颁布） 26. "十二五"节能减排综合性工作方案（2011 年 8 月 31 日国务院印发国发〔2011〕26 号） 27. 国务院办公厅转发发展改革委等部门关于加快推行合同能源管理促进节能服务产业发展意见的通知（2010 年 4 月 2 日国务院办公厅印发国办发〔2010〕25 号） 28. 关于印发淘汰落后产能工作考核实施方案的通知（工信部联产业〔2011〕46 号） 29. 节能技术改造财政奖励资金管理办法（2011 年 6 月 21 日财政部、国家发展改革委颁发财建〔2011〕367 号） 30. 循环经济发展专项资金管理暂行办法（财政部、国家发展改革委印发财建〔2012〕616 号）
（三）工业 类管理 的标准 和规范	1. 工业企业能源管理导则（GB/T 15587—2008） 2. 火力发电厂节约能源规定（试行）（能源节能〔1991〕98 号） 3. 火力发电厂和变电所照明设计技术规定（DL/T 5390—2014） 4. 风电场风能资源评估方法（GB/T 18710—2002） 5. 水力发电厂照明设计规范（NB/T 35008—2013） 6. 电力行业一流火力发电厂考核标准（修订版）（电综〔1997〕577 号） 7. 火力发电厂能量平衡导则　第 2 部分：燃料平衡（DL/T 606.2—2014） 8. 火力发电厂能量平衡导则　第 3 部分：热平衡（DL/T 606.3—2014） 9. 火力发电厂电能平衡导则（DL/T 606.4—1996） 10. 热电联产项目可行性研究技术规定（计基础〔2001〕26 号）

（续）

类　　别	名称及发布日期
（三）工业 类管理 的标准 和规范	11. 油田地面工程设计节能技术规范（SY/T 6420—2016） 12. 石油库节能设计导则（附条文说明）（SH/T 3002—2000） 13. 石油化工厂合理利用能源设计导则（附条文说明）（SH/T 3003—2000） 14. 药用玻璃窑炉经济运行管理规范（YY/T 0248—1996） 15. 高密度聚乙烯外护管聚氨酯泡沫塑料预制保温管（CJ/T 114—2000） 16. 机械行业节能设计规范（JBJ 14—2004） 17. 工业设备及管道绝热工程设计规范（GB 50264—2013） 18. 医药工业企业合理用能设计导则（YY/T 0247—1996） 19. 工业设备及管道绝热工程施工质量验收规范（GB 50185—2010） 20. 气田地面工程设计节能技术规定（SY/T 6331—2013） 21. 石油工业加热炉型式或基本参数（SY/T 0540—2013） 22. 输油管道工程设计节能技术规范（SY/T 6393—2016） 23. 用能单位能源计量器具配备和管理通则（GB 17167—2006） 24. 橡胶工厂节能设计规范（GB 50376—2015） 25. 渔船冰鲜鱼舱绝热结构型式（SC/T 8075—1994） 26. 节能服务公司备案名单（第一批）（国家发改委公告［2010 年］第 22 号） 27. "节能产品惠民工程"高效电机推广目录（国家发改委公告［2011 年］第 4 号） 28. 关于印发《电力需求侧管理办法》的通知（发改运行［2010］2643 号） 29. 节能服务公司备案名单（第二批）（国家发改委公告［2011 年］第 3 号）
（四）工业 产品能 耗定（限） 额标准	1. 九种高耗电产品电耗最高限额（国经贸资源［2000］1256 号）* 2. 重有色金属矿山生产工艺能耗（YS/T 108—1992） 3. 铝生产能源消耗（YS/T 103—2004） 4. 镍冶炼企业单位产品能源消耗限额（GB 21251—2007） 5. 锌冶炼企业单位产品能源消耗限额（GB 21250—2007） 6. 锡冶炼企业单位产品能源消耗限额（GB 21348—2008） 7. 油田生产主要能耗定额编制方法（SY/T 6472—2000） 8. 水泥单位产品能源消耗限额（GB 16780—2012） 9. 建筑卫生陶瓷单位产品能源消耗限额（GB 21252—2013） 10. 平板玻璃单位产品能源消耗限额（GB 21340—2013） 11. 乘用车燃料消耗量评价方法及指标（GB 27999—2014） 12. 重型商用车燃料消耗量测量方法（GB/T 27840—2011）
（五）工业合理 用能标准	1. 综合能耗计算通则（GB/T 2589—2008） 2. 评价企业合理用电技术导则（GB/T 3485—1998） 3. 热处理节能技术导则（GB/Z 18718—2002） 4. 合理润滑技术通则（GB/T 13608—2009） 5. 用能设备能量平衡通则（GB/T 2587—2009） 6. 设备热效率计算通则（GB/T 2588—2000） 7. 企业能源审计技术通则（GB/T 17166—1997） 8. 企业能量平衡通则（GB/T 3484—2009） 9. 用能设备能量测试导则（GB/T 6422—2009） 10. 用能单位能源计量器具配备和管理通则（GB 17167—2006） 11. 节水型企业评价导则（GB/T 7119—2006） 12. 节电技术经济效率计算与评价方法（GB/T 13471—2008） 13. 设备及管道绝热技术通则（GB/T 4272—2008） 14. 设备及管道施温效果的测试与评价（GB/T 8174—2008） 15. 设备及管道施温设计导则（GB/T 8175—2008）

(续)

类　　别	名称及发布日期
（六）工业设备 能效标准	1. 清水离心泵能效限定值及节能评价值（GB 19762—2007） 2. 中小型三相异步电动机能效限定值及能效等级（GB 18613—2012） 3. 容积式空气压缩机能效限定值及能效等级（GB 19153—2009） 4. 三相配电变压器能效限定值及能效等级（GB 20052—2013） 5. 通风机能效限定值及能效等级（GB 19761—2009） 6. 冷水机组能效限定值及能效等级（GB 19577—2015）
（七）建筑类 标准和规范	1. 公共建筑节能设计标准（GB 50189—2015） 2. 绿色建筑评价标准（GB/T 50378—2014） 3. 绿色建筑技术导则（建科 [2005] 199 号） 4. 夏热冬冷地区居住建筑节能设计标准（JGJ 134—2010） 5. 夏热冬暖地区居住建筑节能设计标准（JGJ 75—2012） 6. 工业建筑供暖通风与空气调节设计规范（GB 50019—2015） 7. 城镇供热管网设计规范（CJJ 34—2010） 8. 通风与空调工程施工质量验收规范（GB 50243—2002）* 9. 外墙外保温工程技术规程（JGJ 144—2004） 10. 地源热泵系统工程技术规范（GB 50366—2005） 11. 民用建筑太阳能热水系统应用技术规范（GB 50364—2005） 12. 民用建筑热工设计规范（GB 50176—2016） 13. 建筑照明设计标准（GB 50034—2013） 14. 建筑采光设计标准（GB 50033—2013） 15. 城市道路照明设计标准（CJJ 45—2015） 16. 城镇供热管网工程施工及验收规范（CJJ 28—2014） 17. 城镇燃气设计规范（GB 50028—2006） 18. 居住建筑节能检测标准（JGJ/T 132—2009） 19. 辐射供暖供冷技术规程（JGJ 142—2012） 20. 民用建筑电气设计规范（JGJ 16—2008） 21. 宾馆、饭店合理用电（GB/T 12455—2010） 22. 生活锅炉热效率及热工试验方法（GB/T 10820—2011） 23. 空调通风系统运行管理规范（GB 50365—2005）
（八）交通类 标准和规范	1. 交通部关于交通行业基本建设和技术改造项目工程可行性研究报告增列"节能篇（章）"暂行规定（交体法发 [1995] 607 号） 2. 交通部《关于交通行业基本建设和技术改造项目工程可行性研究报告增列"节能篇（章）"暂行规定》实施细则（交体法发 [1996] 354 号） 3. 交通部关于贯彻落实国办通知认真做好交通行业能源节约工作的通知（交体法发 [2000] 306 号） 4. 港口基本建设（技术改造）工程项目设计能源综合单耗评价（JT/T491—2014） 5. 铁路工程节能设计规范（TB 10016—2016）

注："*"表示正在修订。

（4）发挥经济杠杆作用

1）部分调整和放开能源价格。

2）资助节能项目。采取的主要方式：一是除地方、部门、企业拿出一部分自筹资金外，国家拨出基本建设投资，对那些社会效益好但缺乏偿还能力的项目，给予"定额"补贴；二是银行按照国家规定，以低利率贷款，支持企业进行节能技术改造；三是国家对节能减排应用科研项目，实行资金有偿使用或给予拨款。

四、努力推进新时期节能减排工作

充分认识新时期节能减排工作的重要性、紧迫性和艰巨性。"十三五"时期，我国发展仍处于可以大有作为的重要战略机遇期。随着工业化、城镇化进程加快和消费结构持续升级，我国能源需求呈刚性增长，受国内资源保障能力和环境容量制约及全球性能源安全和应对气候变化影响，资源环境约束日趋强化，节能减排形势仍然十分严峻且任务艰巨。

1．强化节能减排目标责任

（1）合理分解节能减排指标　综合考虑经济发展水平、产业结构、节能潜力、环境容量及国家产业布局等因素，将全国节能减排目标合理分解到各地区、各行业，以及明确下一级政府、有关部门、重点用能单位和重点排污单位的责任。

（2）健全节能减排统计、监测和考核体系　加强能源生产、流通、消费统计，建立和完善建筑、交通运输、公共机构能耗统计制度及分地区单位国内生产总值能耗指标季度统计制度，完善统计核算与监测方法，提高能源统计的准确性和及时性。修订完善减排统计监测和核查核算办法，统一标准和分析方法，实现监测数据共享。加强氨、氮及氮氧化物排放统计监测，建立农业源和机动车排放统计监测指标体系。完善节能减排考核办法，继续做好全国和各地区单位国内生产总值能耗、主要污染物排放指标公报工作。

（3）加强目标责任评价考核　把地区目标考核与行业目标评价、五年目标与完成年度目标、年度目标考核与进度跟踪相结合。国务院每年组织开展省级人民政府节能减排目标责任评价考核，考核结果向社会公告。强化考核结果的运用，即将节能减排目标完成情况和政策措施落实情况作为领导班子和领导干部综合考核评价的重要内容，且纳入政府绩效和国有企业业绩管理。实行问责制和"一票否决"制，并对成绩突出的地区、单位和个人给予表彰奖励。

2．调整优化产业结构

（1）抑制高耗能、高排放行业过快增长　严格控制高耗能、高排放和产能过剩行业新上项目，进一步提高行业准入门槛；强化节能、环保、土地、安全等指标约束；依法严格节能评估审查、环境影响评价、建设用地审查及贷款审批。建立健全项目审批、核准、备案责任制，严肃查处越权审批、分拆审批、未批先建、边批边建等行为，依法追究有关人员责任。中西部地区承接产业转移必须坚持高标准，严禁污染产业和落后生产能力转入。

（2）加快淘汰落后产能　抓紧制订重点行业"十三五"淘汰落后产能实施方

案，将任务按年度分解落实到各地区。完善落后产能退出机制，指导、督促淘汰落后产能企业做好职工安置工作。对未按期完成淘汰任务的地区，严格控制国家安排的投资项目及其核准、审批和备案手续；对未按期淘汰的企业，依法吊销排污许可证、生产许可证和安全生产许可证；对虚假淘汰行为，依法追究企业负责人和地方政府有关人员的责任。

（3）推动传统产业改造升级　加快运用高新技术和先进适用技术改造提升传统产业，促进信息化和工业化深度融合，重点支持对产业升级带动作用大的重点项目和重污染企业搬迁改造。调整《加工贸易禁止类商品目录》，提高加工贸易准入门槛，促进加工贸易转型升级。合理引导企业兼并重组，提高产业集中度。

（4）调整能源结构　在做好生态保护和移民安置的基础上发展水电，在确保安全的基础上发展核电，加快发展天然气，因地制宜大力发展风能、太阳能、生物质能、地热能等可再生能源。到2020年，非化石能源占一次能源消费总量比重达到15%。

（5）提高服务业和战略性新兴产业在国民经济中的比重　到2020年，服务业增加值和战略性新兴产业增加值占国内生产总值比重分别达到50%和12%左右。

3. 实施节能减排重点工程

（1）实施节能重点工程　积极安排实施锅炉窑炉改造、电机系统节能、能量系统优化、余热余压利用、节约替代石油、建筑节能、绿色照明等节能改造工程，以及节能技术产业化示范工程、节能产品惠民工程、合同能源管理推广工程和节能能力建设工程。到2020年，工业锅炉、窑炉平均运行效率比2015年分别提高3个和2个百分点；电机系统运行效率提高2个百分点；新增余热余压发电能力2000万kW；北方采暖地区既有居住建筑供热计量和节能改造4亿m^2以上。高效节能产品市场份额要大幅度提高，"十三五"时期，将形成2亿t标煤的节能能力。

（2）实施污染物减排重点工程　推进城镇污水处理设施及配套管网建设，改造提升现有设施，强化脱氮除磷，大力推进污泥处理处置，加强重点流域区域污染综合治理。到2020年，实现所有县和重点建制镇具备污水处理能力，全国新增污水日处理能力4000万t，新建配套管网约10万km，城市污水处理率达到85%，形成化学需氧量和氨氮削减能力180万t，20万t。实施脱硫脱硝工程，推动燃煤电厂、钢铁行业烧结机脱硫，形成SO_2削减能力200万t；推动燃煤电厂、水泥等行业脱硝，形成氮氧化物削减能力200万t。

（3）实施循环经济重点工程　实施资源综合利用、废旧商品回收体系、"城市矿产"示范基地、再制造产业化、餐厨废弃物资源化、产业园区循环化改造、资源循环利用技术示范推广等循环经济重点工程，建设资源综合利用示范基地。

（4）多渠道筹措节能减排资金　节能减排重点工程所需资金一般由项目实施主体通过自有资金、金融机构贷款、社会资金解决。同时，地方各级人民政府要切实承担城镇污水处理设施和配套管网建设的主体责任，严格城镇污水处理费征收和管理。另外，提请国家对重点建设项目给予适当支持。

4. 加强节能减排管理

（1）合理控制能源消费总量　建立能源消费总量控制目标分解落实机制，制订实施方案，把总量控制目标分解落实到地方政府，且实行目标责任管理，以及加大考核和监督力度。将固定资产投资项目节能评估审查作为控制地区能源消费增量和总量的重要措施。建立能源消费总量预测预警机制，跟踪监测各地区能源消费总量和高耗能行业用电量等指标，对能源消费总量增长过快的地区及时预警调控。在工业、建筑、交通运输、公共机构及城乡建设和消费领域全面加强用能管理，切实改变敞开口子供应能源、无节制使用能源的现象。在大气联防联控重点区域开展煤炭消费总量控制试点。

（2）强化重点用能单位节能管理　依法加强年耗能万吨标煤以上用能单位节能管理，进一步开展万家企业节能低碳行动。落实目标责任，实行能源审计制度，建立健全企业能源管理体系；实行能源利用状况报告制度，加快实施节能改造，提高能源管理水平。对未完成年度节能任务的企业，强制进行能源审计，限期整改。

（3）加强工业节能减排　重点推进电力、煤炭、钢铁、有色金属、石油石化、化工、建材、造纸、纺织、印染、食品加工等行业节能减排。如发展热电联产，推广分布式能源；开展智能电网试点。推广煤炭清洁利用，提高原煤入洗比例，加快煤层气开发利用。实施工业和信息产业能效提升计划，推动信息数据中心、通信机房和基站节能改造。新建燃煤机组全部安装脱硫脱硝设施，现役燃煤机组必须安装脱硫设施；单机容量30万kW及以上燃煤机组全部加装脱硝设施。钢铁行业全面实施烧结机烟气脱硫，新建烧结机配套安装脱硫脱硝设施。石油石化、有色金属、建材等重点行业实施脱硫改造。新型干法水泥窑实施低氮燃烧技术改造，配套建设脱硝设施。

5. 大力发展循环经济

（1）加强对发展循环经济的宏观指导　编制全国循环经济发展规划和重点领域专项规划，指导各地做好规划编制和实施工作。制订循环经济专项资金使用管理办法及实施方案。深化循环经济示范试点，推广循环经济典型模式。建立完善循环经济统计评价制度。

（2）全面推行清洁生产　编制清洁生产推行规划，修订清洁生产评价指标体系，发布重点行业清洁生产推行方案。如重点围绕主要污染物减排和重金属污染治理，全面推进农业、工业、建筑、商贸服务等领域清洁生产示范。发布清洁生产审核方案，公布清洁生产强制审核企业名单。实施清洁生产示范工程，推广应用清洁生产技术。

（3）推进资源综合利用　加强共伴生矿产资源及尾矿综合利用，建设绿色矿山。如煤矸石、粉煤灰、工业副产石膏、冶炼和化工废渣、建筑和道路废弃物及农作物秸秆综合利用、农林废物资源化利用，大力发展利废新型建筑材料。到 2020 年，工业固体废物综合利用率达到 73% 以上。

（4）加快资源再生利用产业化　加快"城市矿产"示范基地建设，推进再生资源规模化利用。培育一批汽车零部件、工程机械、矿山机械、办公用品等再制造示范企业，完善再制造旧件回收体系和再制造产品标准体系。加快建设城市社区和乡村回收站点、分拣中心、集散市场"三位一体"的再生资源回收体系。

（5）促进垃圾资源化利用　健全城市生活垃圾分类回收制度，完善分类回收、密闭运输、集中处理体系。鼓励开展垃圾焚烧发电和供热、填埋气体发电、餐厨废弃物资源化利用，以及在工业生产过程中协同处理城市生活垃圾和污泥。

（6）推进节水型社会建设　确立用水效率控制红线，实施用水总量控制和定额管理，制定区域、行业和产品用水效率指标体系。推广普及高效节水灌溉技术，提高工农业用水循环利用率及再生水、矿井水、海水等非传统水资源利用。加强城乡生活节水，推广应用节水器具。到 2020 年，实现单位工业增加值用水量下降 23%。

6. 加快节能减排技术开发和推广应用

（1）加快节能减排共性和关键技术研发　加大对节能减排科技研发的支持力度。即继续推进节能减排科技专项行动，组织高效节能、废物资源化及小型分散污水处理、农业面源污染治理等共性、关键和前沿技术攻关。加强资源环境高技术领域创新团队和研发基地建设。

（2）加大节能减排技术产业化示范　实施节能减排重大技术与装备产业化工程，重点支持稀土永磁无铁心电机、半导体照明、低品位余热利用、地热和浅层地温能应用、生物脱氮除磷、烧结机烟气脱硫脱硝一体化、高浓度有机废水处理、污泥和垃圾渗滤液处理处置、废弃电器电子产品资源化、金属无害化处理等关键技术与设备产业化，以及产业化基地建设。

（3）加快节能减排技术推广应用　通过编制节能减排技术政策大纲，宣传推广国家重点节能技术推广目录、国家鼓励发展的重大环保技术装备目录产品，以及建立节能减排技术遴选、评定及推广机制。如具体重点推广能量梯级利用、低温余热发电、先进煤气化、高压变频调速、干熄焦、蓄热式加热炉、吸收式热泵供暖、冰蓄冷、高效换热器，以及干法和半干法烟气脱硫、膜生物反应器、选择性催化还原氮氧化物控制等节能减排技术。

7. 强化节能减排监督检查

（1）健全节能环保法律法规　推进环境保护法、大气污染防治法、清洁生产促进法、建设项目环境保护管理条例的修订工作；加快制定城镇排水与污水处理条例、排污许可证管理条例、畜禽养殖污染防治条例、机动车污染防治条例；完善及修订重点用能单位节能管理办法、能效标识管理办法、节能产品认证管理办法等部门规章。

（2）严格节能评估审查和环境影响评价制度　应把污染物排放总量指标作为环评审批的前置条件，对年度减排目标未完成、重点减排项目未按目标责任书落实的地区和企业，实行阶段性环评限批。加强能评和环评审查的监督管理，严肃查处各种违规审批行为。

（3）加强重点污染源和治理设施运行监管　严格排污许可证管理；强化重点流域、重点地区、重点行业污染源监管；列入国家重点环境监控范围的电力、钢铁、造纸、印染等重点行业的企业，要安装运行管理监控平台和污染物排放自动监控系统，定期报告运行情况及污染物排放信息；加强城市污水处理厂监控平台建设，提高污水收集率，做好运行和污染物削减评估考核，考核结果作为核拨污水处理费的重要依据；对城市污水处理设施建设严重滞后、收费政策不落实、污水处理厂建成后一年内实际处理水量达不到设计能力60%，以及已建成污水处理设施但无故不运行的地区，暂缓审批该城市项目环评，暂缓下达有关项目的国家建设资金。

（4）加强节能减排执法监督　各级人民政府要组织开展节能减排专项检查，严肃查处违法违规行为；加大对重点用能单位和重点污染源的执法检查力度，加大对高耗能特种设备节能标准和建筑施工阶段标准执行情况、国家机关办公建筑和大型公共建筑节能监管体系建设情况及节能环保产品质量和能效标识的监督检查力度。对严重违反节能环保法律法规，未按要求淘汰落后产能、违规使用明令淘汰用能设备、虚标产品能效标识、减排设施未按要求运行等行为，公开通报或挂牌督办，限期整改，并对有关责任人进行严肃处理。实行节能减排执法责任制，对行政不作为、执法不严等行为，严肃追究有关主管部门和执法机构负责人的责任。

8. 推广节能减排市场化机制

（1）加大能效标识和节能环保产品认证实施力度　扩大终端用能产品能效标识实施范围，加强宣传和政策激励，引导消费者购买高效节能产品。继续推进节能产品、环境标志产品、环保装备认证，规范认证行为，扩展认证范围，建立有效的国际协调互认机制。加强标识、认证质量的监管。

（2）建立"领跑者"标准制度　研究确定高耗能产品和终端用能产品的能效先进水平，制定"领跑者"能效标准，明确实施时限。将"领跑者"能效标准与新上项目能评审查、节能产品推广应用相结合，推动企业技术进步，加快标准的更新换代，促进能效水平快速提升。

（3）加强节能发电调度和电力需求侧管理　改革发电调度方式，电网企业要按照节能、经济的原则，优先调度水电、风电、太阳能发电、核电及余热余压、煤层气、填埋气、煤矸石和垃圾等发电上网，优先安排节能、环保、高效火电机组发电上网。电力监管部门要加强对节能发电调度工作的监督，落实电力需求侧管理办法，制订配套政策，规范有序用电。

（4）加快推行合同能源管理　落实财政、税收和金融等扶持政策，引导专业化节能服务公司采用合同能源管理方式为用能单位实施节能改造，并扶持壮大节能服务产业，同时培育第三方审核评估机构。还要引导和支持各类融资担保机构提供风险分担服务。

（5）推进排污权和碳排放权交易试点　完善主要污染物排污权有偿使用和交易试点，建立健全排污权交易市场；推进碳排放权交易市场建设。

（6）推行污染治理设施建设运行特许经营　总结燃煤电厂烟气脱硫特许经营试点经验，完善相关政策措施。实行环保设施运营资质许可制度，推进环保设施的专业化、社会化运营服务。完善市场准入机制，规范市场行为，为企业创造公平竞争的市场环境。

9. 推进实施税收优惠政策

认真落实促进节能减排的各项税收政策。目前，我国已出台了支持节能减排技术研发与转让，鼓励企业使用节能减排专用设备，倡导绿色消费和适度消费，抑制高耗能、高排放及产能过剩行业过快增长等一系列税收政策。同时加强对政策执行情况的调研分析，努力建立健全税收促进节能减排的长效机制，充分发挥税收调控作用。进一步加大执法督察力度，纳入税收执法责任制考核内容，并列入税收执法检查的必查项目和重点工作。

（1）完善节能减排的经济政策　深化资源性产品价格改革，理顺煤、电、油、气、水、矿产等资源类产品价格关系，建立充分反映市场供求、资源稀缺程度及环境损害成本的价格形成机制；完善差别电价、峰谷电价、惩罚性电价，全面推行居民用电阶梯价格；全面实施热计量收费制度；完善污水处理费政策；改革垃圾处理收费方式，提高收缴率，降低征收成本；完善节能产品政府采购制度；完善促进节能环保服务的政府采购政策；落实国家支持节能减排的税收优惠政策，改革资源税，加快推进环境保护税立法工作；建立企业节能环保水平与企业信用等级评定、贷款联动机制，探索建立绿色银行评级制度；推行重点区域涉重金属企业环境污染责任保险。

（2）加大政策支持力度　强化财税政策。通过节能减排专项资金专项计划，对工业节能技术研发及工程建设提供支持，对鼓励发展的节能项目需进口先进节能装备，在规定范围内免除进口关税；研究完善企业实施节能技术改造的税收优惠政策；完善热电联产项目的建设投资、电价、热价等政策；研究完善鼓励企业建设利用余热余压发电、生物质能发电、热电联产项目等的电力上网政策。完善能源资源价格政策。加大差别电价、惩罚性电价实施范围和力度，将收缴的差别电费、惩罚性电费重点用于支持当地节能技术改造和淘汰落后产能工作；鼓励企业利用低碳能源和可再生能源。

（3）依法加强对"两高"及产能过剩行业和企业税收征管　密切监控相关行业和企业依法纳税情况。要把"两高"及产能过剩行业作为税收专项检查项目的重点，对虚假申报骗取出口退（免）税、偷逃税款等违法行为，要依法加大查处力度。

10. 促进我国节能减排融资贷款

许多银行从2006年开始已经注意在信贷方向上限制高耗能、高污染企业，加大对节能减排企业的信贷力度。如建立一系列的办法与激励机制，即政策性贷款、环境补偿基金、环境保险违规罚款等。

（1）节能减排纳入财政金融决策体系，完善节能减排投入机制　加大中央预算内投资和中央节能减排专项资金对节能减排重点工程和能力建设的支持力度，继续安排国有资本经营预算支出支持企业实施节能减排项目。完善"以奖代补""以奖促治"及采用财政补贴方式推广高效节能产品和合同能源管理等支持机制，强化财政资金的引导作用。

完善财政补贴方式和资金管理办法，强化财政资金的安全性和有效性，提高财政资金使用效率。

（2）强化金融支持力度　加大各类金融机构对节能减排项目的信贷支持力度，"鼓励金融机构创新"适合节能减排项目特点的信贷管理模式。引导各类创业投资企业、股权投资企业、社会捐赠资金和国际援助资金增加对节能减排领域的投入。提高高耗能、高排放行业贷款门槛，将企业环境违法信息纳入人民银行企业征信系统和银监会信息披露系统，与企业信用等级评定、贷款及证券融资联动。推行环境污染责任保险，重点区域涉重金属企业应当购买环境污染责任保险。建立银行绿色评级制度，将绿色信贷成效与银行机构高管人员履职评价、机构准入、业务发展相挂钩。

附件：工业节能管理办法

中华人民共和国工业和信息化部令，第33号

《工业节能管理办法》已经2016年4月20日工业和信息化部第21次部务会议审议通过，现予公布，自2016年6月30日起施行。

工业节能管理办法

第一章　总　则

第一条　为了加强工业节能管理，健全工业节能管理体系，持续提高能源利

用效率，推动绿色低碳循环发展，促进生态文明建设，根据《中华人民共和国节约能源法》等法律、行政法规，制定本办法。

第二条　本办法所称工业节能，是指在工业领域贯彻节约资源和保护环境的基本国策，加强工业用能管理，采取技术上可行、经济上合理以及环境和社会可以承受的措施，在工业领域各个环节降低能源消耗，减少污染物排放，高效合理地利用能源。

第三条　本办法适用于中华人民共和国境内工业领域的用能及节能监督管理活动。

第四条　工业和信息化部负责全国工业节能监督管理工作，组织制定工业能源战略和规划、能源消费总量控制和节能目标、节能政策和标准，组织协调工业节能新技术、新产品、新设备、新材料的推广应用，指导和组织工业节能监察工作等。

县级以上地方人民政府工业和信息化主管部门负责本行政区域内工业节能监督管理工作。

第五条　工业企业是工业节能主体，应当严格执行节能法律、法规、规章和标准，加快节能技术进步，完善节能管理机制，提高能源利用效率，并接受工业和信息化主管部门的节能监督管理。

第六条　鼓励行业协会等社会组织在工业节能规划、节能标准的制定和实施、节能技术推广、能源消费统计、节能宣传培训和信息咨询、能效水平对标达标等方面发挥积极作用。

第二章　节能管理

第七条　各级工业和信息化主管部门应当编制并组织实施工业节能规划或者行动方案。

第八条　各级工业和信息化主管部门应当工业节能减排的产业政策，综合运用阶梯电价、差别电价、惩罚性电价等价格政策，以及财税支持、绿色金融等手段，推动传统产业绿色化改造和节能产业发展。

各级工业和信息化主管部门应当推动高效节能产品和设备纳入政府采购名录，在政府性投资建设项目招标中优先采用。

第九条　工业和信息化部建立工业节能技术、产品的遴选、评价及推广机制，发布先进适用工业节能技术、高效节能设备（产品）推荐目录，以及达不到强制性能效标准的落后工艺技术装备淘汰目录。加快先进工业节能技术、工艺和设备的推广应用，加强工业领域能源需求侧管理，培育工业行业能效评估中心，推进工业企业节能技术进步。

鼓励关键节能技术攻关和重大节能装备研发，组织实施节能技术装备产业化示范，促进节能装备制造业发展。

第十条　工业和信息化部依法组织制定并适时修订单位产品能耗限额、工业用能设备（产品）能源利用效率等相关标准以及节能技术规范，并组织实施和监督。

鼓励地方和工业企业依法制定严于国家标准、行业标准的地方工业节能标准和企业节能标准。

引导行业协会等社会组织和产业技术联盟根据本行业特点制定团体节能标准。

第十一条　工业和信息化部组织编制工业能效指南，发布主要耗能行业产品（工序）等工业能效相关指标，建立行业能效水平指标体系并实行动态调整。

第十二条　各级工业和信息化主管部门根据工业能源消费状况和工业经济发展情况，研究提出本行政区域工业能源消费总量控制目标和节能目标，实行目标管理。

第十三条　各级工业和信息化主管部门应当依据职责对工业企业固定资产投资项目节能评估报告开展有关节能审查工作。对通过审查的项目，应当加强事中事后监管，对节能措施落实情况进行监督管理。

第十四条　各级工业和信息化主管部门应当定期分析工业能源消费和工业节能形势，建立工业节能形势研判和工业能耗预警机制。

第十五条　各级工业和信息化主管部门应当建立工业节能管理岗位人员和专业技术人员的教育培训机制，制定教育培训计划和大纲，组织开展专项教育和岗位培训。

各级工业和信息化主管部门应当开展工业节能宣传活动，积极宣传工业节能政策法规、节能技术和先进经验等。

第十六条　各级工业和信息化主管部门应当培育节能服务产业发展，支持节能服务机构开展工业节能咨询、设计、评估、计量、检测、审计、认证等服务，积极推广合同能源管理、节能设备租赁、政府和社会资本合作模式、节能自愿协议等节能机制。科学确立用能权、碳排放权初始分配，开展用能权、碳排放权交易相关工作。

第三章　节能监察

第十七条　工业和信息化部指导全国的工业节能监察工作，组织制定和实施全国工业节能监察年度工作计划。

县级以上地方人民政府工业和信息化主管部门应当结合本地区实际情况，组织实施本地区工业节能监察工作。

第十八条　各级工业和信息化主管部门应当加强节能监察队伍建设，建立健全节能监察体系。

节能监察机构所需经费依法列入同级财政预算，支持完善硬件设施、加强能力建设、开展业务培训。实施节能监察不得向监察对象收取费用。

第十九条　各级工业和信息化主管部门应当组织节能监察机构，对工业企业执行节能法律法规情况、强制性单位产品能耗限额及其他强制性节能标准贯彻执行情况、落后用能工艺技术设备（产品）淘汰情况、固定资产投资项目节能评估和审查意见落实情况、节能服务机构执行节能法律法规情况等开展节能监察。

各级工业和信息化主管部门应当明确年度工业节能监察重点任务，并根据需要组织节能监察机构开展联合监察、异地监察等。

工业和信息化部可以根据需要委托地方节能监察机构执行有关专项监察任务。

第二十条　工业节能监察应当主要采取现场监察方式，必要时可以采取书面监察等方式。现场监察应当由两名以上节能监察人员进行，可以采取勘察、采样、拍照、录像、查阅有关文件资料和账目，约见和询问有关人员，对用能产品、设备和生产工艺的能源利用状况进行监测和分析评价等措施。

第二十一条　节能监察机构应当建立工业节能监察情况公布制度，定期公开工业节能监察结果，主动接受社会监督。

第四章　工业企业节能

第二十二条　工业企业应当加强节能减排工作组织领导，建立健全能源管理制度，制定并实施企业节能计划，提高能源利用效率。

第二十三条　工业企业应当设立可测量、可考核的年度节能指标，完善节能目标考核奖惩制度，明确岗位目标责任，加强激励约束。

第二十四条　工业企业对各类能源消耗实行分级分类计量，合理配备和使用符合国家标准的能源计量器具，提高能源计量基础能力，确保原始数据真实、准确、完整。

第二十五条　工业企业应当明确能源统计人员，建立健全能源原始记录和统计台账，加强能源数据采集管理，并按照规定报送有关统计数据和资料。

第二十六条　工业企业应当严格执行国家用能设备（产品）能效标准及单位产品能耗限额标准等强制性标准，禁止购买、使用和生产国家明令淘汰的用能设备（产品），不得将国家明令淘汰的用能工艺、设备（产品）转让或者租借他人使用。

第二十七条　鼓励工业企业加强节能技术创新和技术改造，开展节能技术应用研究，开发节能关键技术、促进节能技术成果转化，采用高效的节能工艺、技术、设备（产品）。

鼓励工业企业创建"绿色工厂"，开发应用智能微电网、分布式光伏发电、余热余压利用和绿色照明等技术，发展和使用绿色清洁低碳能源。

第二十八条　工业企业应当定期对员工进行节能政策法规宣传教育和岗位技术培训。

第五章 重点用能工业企业节能

第二十九条 加强对重点用能工业企业的节能管理。重点用能工业企业包括：

（一）年综合能源消费总量一万吨标准煤（分别折合 8 000 万 kW 时用电、6 800t 柴油或者 760 万立方米天然气）以上的工业企业；

（二）省、自治区、直辖市工业和信息化主管部门确定的年综合能源消费总量五千吨标准煤（分别折合 4 000 万 kW 时用电、3 400t 柴油或者 380 万立方米天然气）以上不满一万吨标准煤的工业企业。

第三十条 工业和信息化部加强对全国重点用能工业企业节能管理的指导、监督。

省、自治区、直辖市工业和信息化主管部门对本行政区域内重点用能工业企业节能实施监督管理。

设区的市和县级人民政府工业和信息化主管部门在上级工业和信息化主管部门的指导下，对重点用能工业企业实施属地管理，并可以根据实际情况，确定重点用能工业企业以外的工业企业开展节能监督管理。

第三十一条 重点用能工业企业应当根据能源消费总量和生产场所集中程度、生产工艺复杂程度，设立能源统计、计量、技术和综合管理岗位，任用具有节能专业知识、实际工作经验及中级以上技术职称的企业高级管理人员担任能源管理负责人，形成有岗、有责、全员参与的能源管理组织体系。

重点用能工业企业能源管理岗位设立和能源管理负责人任用情况应当报送有关的工业和信息化主管部门备案。

第三十二条 鼓励重点用能工业企业开展能源审计，并根据审计结果制定企业节能规划和节能技术改造方案，跟踪、落实节能改造项目的实施情况。

第三十三条 重点用能工业企业应当每年向有关的工业和信息化主管部门报送上年度的能源利用状况报告。能源利用状况报告包括能源购入、加工、转换与消费情况，单位产品能耗、主要耗能设备和工艺能耗、能源利用效率，能源管理、节能措施、节能效益分析、节能目标完成情况以及能源消费预测等内容。

第三十四条 重点用能工业企业不能完成年度节能目标的，由有关的工业和信息化主管部门予以通报。

第三十五条 重点用能工业企业应当积极履行社会责任，鼓励重点用能工业企业定期发布包含能源利用、节能管理、员工关怀等内容的企业社会责任报告。

第三十六条 重点用能工业企业应当开展能效水平对标达标活动，确立能效标杆，制定实施方案，完善节能管理，实施重大节能技术改造工程，争创能效"领跑者"。

第三十七条 鼓励重点用能工业企业建设能源管控中心系统，利用自动化、信息化技术，对企业能源系统的生产、输配和消耗实施动态监控和管理，改进和优化能源平衡，提高企业能源利用效率和管理水平。

第三十八条 重点用能工业企业应当建立能源管理体系，采用先进节能管理方法与技术，完善能源利用全过程管理，促进企业节能文化建设。

第六章 法 律 责 任

第三十九条 各级工业和信息化主管部门和相关部门依据职权，对有下列情形之一的工业企业，依照《中华人民共和国节约能源法》等法律法规予以责令限期改正、责令停用相关设备、警告、罚款等，并向社会公开：

（一）用能不符合强制性能耗限额和能效标准的；

（二）能源统计和能源计量不符合国家相关要求的；

（三）能源数据弄虚作假的；

（四）生产、使用国家明令淘汰的高耗能落后用能产品、设备和工艺的；

（五）违反节能法律、法规的其他情形。

第四十条 各级工业和信息化主管部门及节能监察机构工作人员，在工业节能管理中有下列情形之一的，依法给予处分；构成犯罪的，依法追究刑事责任：

（一）泄露企业技术秘密、商业秘密的；

（二）利用职务上的便利谋取非法利益的；

（三）违法收取费用的；

（四）滥用职权、玩忽职守、徇私舞弊的。

第七章 附 则

第四十一条 县级以上地方人民政府工业和信息化主管部门可以依据本办法和本地实际，制定具体实施办法。

第四十二条 本办法自 2016 年 6 月 30 日起施行。

第二章　企业节能减排管理体系

工业是我国实现经济发展方式转变的主战场，在节能减排中发挥着关键性作用。新时期国家按照建设资源节约型、环境友好型社会的战略要求，大力推进节能技术进步，积极提升企业能源管理水平，为实现国家"十三五"节能减排目标做出更大的贡献。

国家主管部门一直坚持把重点用能企业节能作为抓好节能降耗的重中之重，故加强重点用能企业节能管理，对于提高整个工业领域能源利用效率和经济效益，确保国家节能减排目标的实现具有重要意义。

第一节　节能减排基础工作

加强企业能源管理，建立节能减排保证体系的工作，不但是社会的要求，而且是企业自身的需要，做好节能减排工作，对提高企业经济效益有重要意义。

加强企业节能减排的各项基础工作，是节能减排工作实施的必要条件。基础工作是否扎实，将直接关系到节能减排工作效果的好坏。

一、加强节能减排基础工作

加强节能减排基础工作，树立五个基本观点。

（1）资源观点　能源是自然界的重要资源，然而对于自然界来说，能源毕竟是有限的，而且大多数属于非再生的，目前全世界部分能源寿命估计值见表2-1。因此，要树立资源观点，要节约使用已被开发的有限资源。

表 2-1　世界部分能源寿命估计值

能 源 名 称	储 量 寿 命	潜在储量寿命
铀	到 2020 年将消耗现有储量的87%	
天然气	到 2020 年将消耗现有储量的73%	
石油	不超过 60 年	
煤	不超过 200 年	150～250 年
油页岩	不超过 60 年	110～200 年

（2）全局观点　对于能源的合理分配利用、耗能企业的合理布局、耗能产品的合理设计等，都必须从全局观点出发。合理组织生产是合理利用能源的重要途径，如把单耗高的分散生产改组为单耗低的集中生产，利用能源资源较多的地区优势合理配置耗能大的工业等。

（3）系统观点　能源领域包括了一次能源、二次能源等各种对象，且包括能源的勘探、开采、加工、转换、运输、分配、贮存、使用等一系列环节，还包括资金、技术、供需、地区、时间等许多条件。这些对象、环节和条件相互联系、相互制约，组成了错综复杂、十分庞大的能源系统。在这一系统内部，存在着十分密切的纵向和横向联系，构成了纵横交错的能源网络。总体来说，能源管理的目的是为了使能源系统内部平衡。然而对于如此关系复杂、变量众多、结构庞大的系统，为了获得在各种约束条件下的合理化和最优化方案，就必须在系统观点的指导下，运用系统工程的方法来解决。例如企业内能源的使用，也要用系统观点来弄清企业的全部能源流向和能源收支平衡状况，找出节能的潜力和途径，确定合理使用能源的最佳方案。

（4）效益观点　企业要想提高经济效益，就要以尽量少的劳动力消耗和物资、能源消耗，生产出更多符合社会需要的优质产品。所以，搞好产品的质量、降低产品使用中的能源消耗是提高经济效益的重要途径。

（5）环境观点　做好节能工作，减少和降低能源消耗，可以降低有害物的排放，减少对环境的污染。为了人类的生存，要充分利用优质能源清洁生产，如采用太阳能、风能等。

二、基础工作的内容

基础工作的内容，除了建立保证体系、建立完善的规章制度和标准外，还需要进行能源计量、定额考核、统计分析、节奖超罚、有害物排放控制和教育培训等方面的工作。

1. 能源计量工作

能源计量是指应用仪器仪表和衡器对各类能源消耗进行测定。它是取得可靠及完整数据的唯一手段，是开展经济核算的依据，是提高经济效益的重要环节。

2. 能耗定额工作

能耗定额是指企业在一定的生产工艺、技术装备和组织管理条件下，为生产单位产品或完成某项任务而规定的能源消耗数量标准。它包括定质与定量两个方面：定质是确定能源所需品种、规格和质量的要求；定量是确定能源消耗所需要的数量。

3. 能源统计分析工作

能源统计分析是能源从进厂到终端消耗全过程的管理，是能源管理有关信息传递及反馈的主要方式，是企业领导在能源管理决策中的重要"参谋"和"助手"。

能源统计分析包含两个方面内容：一是对历史资料和现状资料的系统统计，包括对企业各类能源购进、消耗、库存进行分门别类的统计；二是对各种原始记录进行系统分析，以掌握企业各部门能源消耗情况，不断提高企业能源管理水平。

（1）统计分析工作要求　统计工作必须具有及时性、准确性、有用性，而其最本质的要求是统一性。没有统一性，就会使纵向、横向联系的统计指标之间不能衔接，失去数据的可比性。统计分析的统一性，主要是指统一统计范围，统计指标、原始记录、表格和统一计算分析方法等。为实现统计分析的统一性，必须注意从体制、制度、人员上加以保证，设立专职或兼职统计人员，实行统一领导、分级负责的体制，从制度上明确各环节、各部门的统计内容，统计指标和报表汇总时间，各种能源报表由专职部门统一归口管理，在实践中逐步做到"五统一"：即对外各种能源消耗报表与厂各种能源消耗台账统一；各车间（科室）能源消耗报表与车间内各耗能班组（机台）台账、原始记录统一；厂各种能源消耗台账与各车间（科室）能源报表统一；各车间（科室）各种能源领用及使用量与供应部门、仓库的各种能源发放量及财务部门的结算相统一；企业工业炉窑和站房能耗量、有关产品产量（数量）与厂内各相关部门数据统一。

原始记录和台账是统计工作的基础，确保原始记录和台账各种数据的准确性是极为重要的。

（2）做好原始记录　原始记录是能源统计的最初记录，如燃料的进、耗、存原始记录，蒸汽、压缩空气和电能消耗的原始记录等。原始记录不仅是台账、报表的基础，也是成本经济核算的基础。填写原始记录的要求：真实记录各种能源计量的数值；填写数字要整齐、清晰，不随意涂改，更不要伪造数字；数据填报必须由主管负责人定期审核。

（3）统计台账、报表　为了积累能源管理的历史资料和向上级部门呈报各种能源统计报表时提供内容，需要把各种能源统计报表（或原始记录）反映出来的有关资料加以科学地整理、计算、汇总，使之条理化、系统化、档案化，并采用一定的表格形式按时间顺序定期登记。

统计台账、报表在能源管理中的作用如下：

1）便于及时向领导、业务部门和专业人员提供系统资料，有利于指导节能工作开展。

2）便于将系统的资料前后对比、全面分析，掌握其变化规律。

3）将零散的资料收集成册，避免流失，便于保存查阅。

4. 有害物排放控制

做好企业有害物排放控制是十分重要的，需要做到以下几点：

1）对企业设备、设施进行普查，然后对排放物进行测定，根据历史资料和现状资料，通过排查列出主要设备、设施的有害物排放清单。

2）根据清单对主要设备、设施的运行进行调查，通过运行参数调整，再次测定有害物排放变化情况。

3）每季、每年对主要设备、设施排放装置进行维护或修理一次，以确保排放装置完好运行。

4）每年安排计划对环保装置、排放装置进行更新改造，以确保排放物达到国家或行业，又或地方标准。

5）对操作环保装置、排放装置的员工加强培训，并做好运行记录，测定有关参数的仪器仪表需完好运行。

5. 教育培训工作

能源管理是一门综合性的学科，它既包含一定的专业知识，又包含相当的社会科学。通过对能源管理干部、技术人员和操作工人的培训，能够不断地提高能源政策水平、能源管理水平和知识水平，这样不但可以促进节能降耗的实现，而且是一项智力投资，应该使之经常化、制度化。

（1）教育/培训方式　根据培训对象、内容的不同，采用不同的培训方式，主要有：

1）短训班：参加者为短期脱产学习，教学内容比较系统，往往辅之一些参观活动，培训对象主要是从事能源管理的干部及有关工程技术人员。

2）专题讲座：一般根据企业实际情况，例如结合企业情况开展统计分析、节能减排规划工作，组织有关人员举办节能减排、测试技术方面的讲座及能源审计、清洁生产审核等。

3）专业培训班：针对某一专题从理论到实际进行较为深入细致的讲授。例如对于工业炉窑的节能减排技术改造，可围绕该专题讲述有关基础理论知识、实际操作的具体要求，选择有代表性的炉窑、锅炉进行现场示范教学。

4）专业院校进修：择优选送从事能源工作的人员进入专业院校进修。

（2）教育培训内容

1）国家、部、省的节能减排方针、政策、法规、标准。

2）企业的能源管理制度。

3）能源管理的基本知识和能源专业知识。

4）节能减排的主要途径。

5）国内外先进的节能减排经验和节能技术。

（3）做好教育培训考核　不管是何种形式的教育培训，都要注重效果。检验效果比较有效的办法是对教育培训工作进行认真的考核。合格者颁发结业证书，考核成绩记入本人档案，对学习成绩优异的要给予精神和物质奖励。

第二节　节能减排保证体系

节能减排保证体系是为了提高企业管理水平和降低能源消耗，而运用统计的观点把节能减排各个方面、阶段、环节的职能有机地组织起来，形成一整套具有明确目标、职责、权限的保证管理机制。该机制由全员参加并贯穿于企业生产经营活动的全过程，且要求信息反馈及时、协调控制有力，这也是系统论、信息论在节能减排中的具体应用。

一、建立保证体系

加强企业的能源管理，必须通过建立和健全节能减排的组织机构、规章制度和管理方法来实现。

1. 建立能源管理网络

加强能源的统一管理，是实现能源统筹安排和合理管理使用的重要保证。对一个企业来说，必须有统一的专门从事能源管理工作的网络和人员，才能把企业的能源有效地统管起来，为此要设立由厂部直接领导的能源管理机构，并建立能源管理网。

耗能重点企业（是指年耗标准煤 5 000 ~ 10 000t 以上、耗电（500 ~ 1 200）× 10^4kWh 以上或耗油 1 500 ~ 3 000t 以上的企业）需要指定一位生产副厂长或副总工程师负责抓节能，设置能源管理机构（能源管理科或能源管理办公室），并配备能源工程师和有关专业人员（能源技术人员、熟悉能源业务的管理人员、了解生产及能耗情况的调度人员），建立和形成发挥实效的厂部、车间、班组三级能源管理网络，大型集团同样需要建立能源管理网络。

能源管理机构的主要职责：

1）贯彻执行国家节能减排方针政策、法律及法规、标准，管理和监督企业合理使用能源。

2）进行全厂的能源管理和能源审计。

3）制订并组织实施企业的节能长远规划和年度计划。

4）制定本企业的能耗定额和有关部门、车间、班组的能源单耗定额，并实施考核。

5）总结推广节能减排的新技术，组织开展节能教育和培训工作。

6）组织企业能源工作的评比、竞赛和奖励。

一般企业可根据其耗能数量和具体条件，设置能源管理机构或指定专人负责节能工作。

2. 建立健全节能减排管理制度

为了使管理科学化、制度化、规范化，必须建立和健全一套管能、用能、节能的规章制度；明确企业内能源管理组织及有关人员的分工及岗位责任制；明确企业内各有关部门在能源管理工作中的相互关系；要从企业能源的供、销、购、存、用等各方面（包括能源加工转换、传递输送、使用及排放、回收各环节），以及设备、工艺、操作运行、有害物排放测定、维修及管理等各个领域，全面建立规章制度，实现能源管理由人治到法治的转变。

企业节能减排管理制度主要有：

（1）定量供应制度　把电力、煤炭、成品油、水等像口粮一样管好用好，这是能源管理的一项重要措施。对企业内能源的分配使用实行定量供应及定期核销，并把定量供应指标分解落实到车间、班组和主要耗能设备上。

（2）用能管理制度　要建立健全各种用能管理制度，并把用能管理制度中的各项规定，定入岗位责任制内，使每台用能设备、每道工序、每项操作都有专人负责。

（3）定额管理制度　做好企业内能源消耗定额的制定、执行、检查和考核工作，健全定额管理制度。对产品单耗、主要用能工序、主要耗能设备等制定燃料动力消耗定额，按定额发料、用料和考核评比。

（4）奖惩制度　为了表扬先进和鼓励在节能方面做出成绩的单位或个人，需要建立考核评比制度和奖惩制度。在发放综合奖金中，要把节能指标与产量、质量指标一起进行考核。

3. 节能减排管理工作的三个阶段

（1）第一阶段　节能工作起步阶段。加强管理企业的有关部门及人员，通过抓能源的"跑、冒、滴、漏"，杜绝浪费能源现象。

（2）第二阶段　以节能减排为中心的技术改造阶段。由企业的管理人员、工程技术人员和生产操作工人对部分设备与装置进行节能减排技术改造；同时进一步加强管理，确保节能效益的实现，把节能减排工作与企业的生产经营活动紧密联系起来。

（3）第三阶段　企业对设备及工艺进行全面或系统改造阶段。随着技术的不断进步，对管理也相应地提出了更高要求；同时要求在决策前进行可行性研究，做出必要的技术经济论证，并且在项目审查、批准、组织实施、验收鉴定等一系列环节上都建立相应的保证措施，以确保节能减排的效果。

二、保证体系的职能

节能减排保证体系的基本职能。

（1）规划　节能减排工作是与企业的生产经营活动紧密联系的，因此应围绕企业发展的总目标来制订节能减排的中、长期规划和年度实施计划。制订规划时，既要考虑国内外本行业的先进水平，又要结合本企业的实际情况，使规划既高于实际，又不脱离实际，这是目标能顺利实现的一个重要条件。

（2）控制　要完成预定的目标，就必须落实相应的措施，并从组织、人员、方法、制度等方面予以保证及控制。企业的生产经营活动是十分复杂的经济行为，每时每刻都会受到各种因素的影响。因此，为了确保目标的实现，在采用静态管理的同时，进一步实行动态控制，如运用报表反馈、设立台账反映、实行统计分析、定期召开业务例会等手段，及时掌握和分析能源消耗情况。针对出现的问题，及时提出相应的改进措施，以完成预定的目标。

（3）协调　节能减排工作牵涉企业各部门和全体职工的生产经营活动，每个部门与职工在节能工作中都承担着一定的责任。设立专职管理部门和领导协调随时出现的矛盾，使企业内部各部门之间的工作步调一致，建立良好的协作配合关系。

（4）考核　考核是确保节能减排目标实现的有效手段。伴随着节能减排目标的层层分解，每个部门、每个工序岗位的目标都以指标的形式反映出来，需对执行情况定期进行检查考核。

三、节能减排保证体系的作用

节能减排保证体系的作用可以归纳为以下几点：

1）促使企业全员参加能源管理，各个部门都介入能源管理，保证节能减排工作贯穿于企业生产经营活动的全过程，并可有效促进节能减排工作不断向深度和广度发展。

2）促进节能减排工作与各环节之间信息反馈灵敏及时，协调灵活有效，并随时处于受控状态。通过一定的途径和方式建立信息反馈网络，将信息传递、汇总、整理、反馈，使主管部门随时了解情况，找出矛盾和问题所在，然后通过协调或采取措施，不断排除干扰，以达到预期目标。

3）促使管理工作纳入标准化、科学化、规范化的轨道，培养和训练管理人才，提高企业的管理素质。某厂节能减排保证体系图如图 2-1 所示，某厂能源管理程序与节能减排展开图如图 2-2 所示。

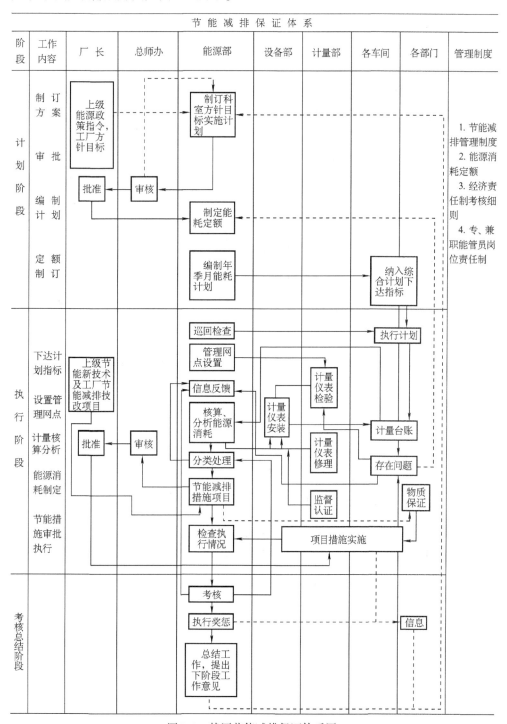

图 2-1　某厂节能减排保证体系图

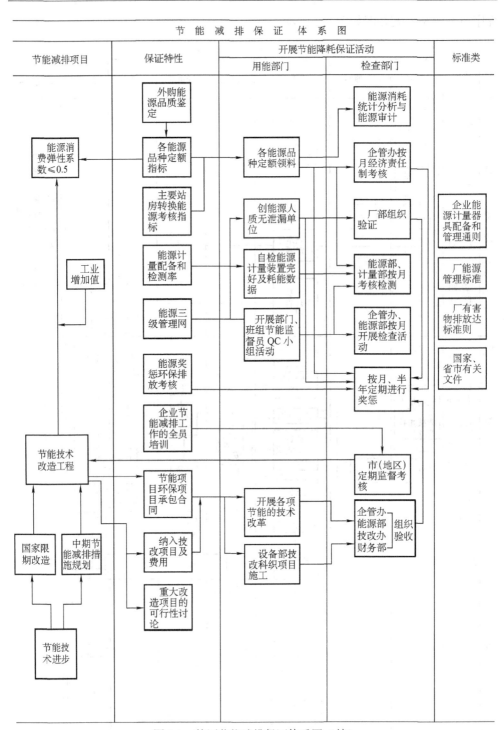

图 2-1　某厂节能减排保证体系图（续）

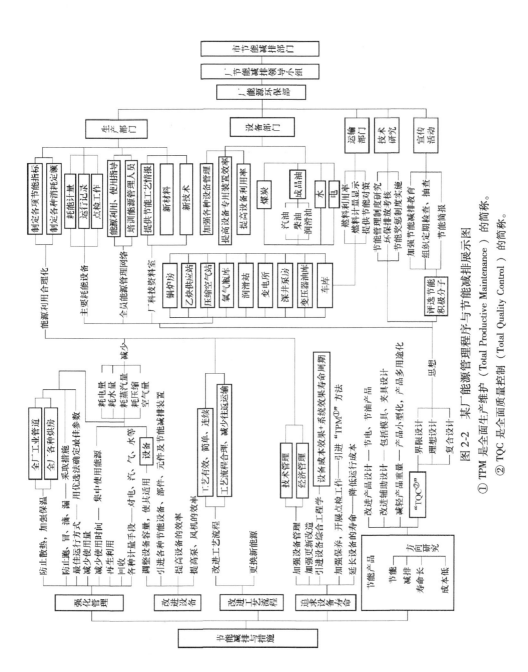

图 2-2 某厂能源管理程序与节能减排展示图

① TPM 是全面生产维护（Total Productive Maintenance）的简称。

② TQC 是全面质量控制（Total Quality Control）的简称。

四、节能减排的组织与制度保证

1. 强化组织保证体系

（1）建立精干的专职机构　企业要想把节能减排工作长期深入地开展下去，就必须要有健全的能源管理专职机构，其形式可以根据企业具体情况而定。对于专职机构的要求：一是配备懂行、精干的人员；二是赋予专职机构必要的权力，如用能审批权、能耗定额制定权、检查评比权、考核奖惩权、能源与动能（电力、蒸汽、压缩空气等）调度权、节能减排技术改造项目审查权和节能减排技术改造资金支配权等。年耗标煤 5 万 t 的某企业专职管理机构如图 2-3 所示。

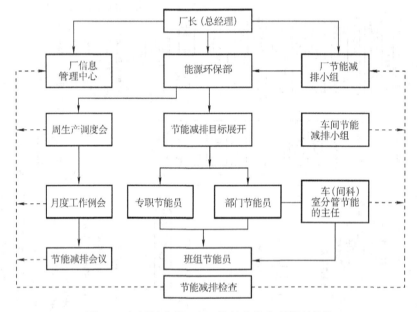

图 2-3　年耗标准煤 5 万 t 的某企业专职管理机构

（2）建立"专管成线、群管成网"的三级节能减排管理网（见图 2-4）　节能

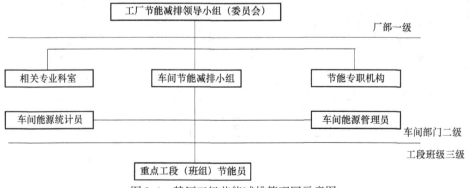

图 2-4　某厂三级节能减排管理网示意图

减排领导小组要定期召开例会，讨论和布置全厂节能减排工作；各重点耗能车间也应成立相应的小组负责车间的节能工作；重点耗能工段或班组应设立节能员；从上到下应形成系统网络。

2. 建立完善的制度和标准

制定完善的制度和标准是一项重要的基础工作，它是规范各部门职工能源管理行为的准则，是节能减排工作正常化、制度化、标准化的必然要求，从而使节能降耗工作得以提高。

（1）制定制度与标准

1）广泛收集上级主管部门的各种节能减排法规、标准及本企业原有制度和其他有关资料。

2）组织编写，专人撰稿。

3）多方听取意见，在编写中要注意征求有关部门与人员的意见。

4）各制度、标准中的各项规定应注意协调一致。

5）制定条款时，既要有定性的规定，又要有定量的制约，为检查评比创造条件。

6）文字力求简练正确，名词、术语、符号、代号要统一。

7）将制定的制度和标准先下发试行，试行时间一般为一年。一年后把试行中反映的意见综合起来进行全面修改，使之逐步充实、完善。

（2）企业制定的能源管理制度

1）定量供应（供能）管理制度。

2）用能管理制度。

3）定额管理制度。

4）奖惩制度。

（3）企业制定的能源管理标准

1）技术管理标准：主要指不断采用新技术改造高耗能设备，淘汰费能产品。对技术措施项目从分析、审查、批准到验收、总结、推广等一系列过程，都要制定相应的制度或标准，以保证技术措施项目的实施。

2）统计报表工作标准：主要指严格执行国家统计法的各项规定。统计报表一定要真实反映客观实际并及时传递，统计方法和统计口径要保持一致。

3）用能检查标准：主要指定期进行用能检查，并赋予检查人员一定的权力，如勒令停用、限期整改和经济处罚的权力等。

4）专职机构工作标准：主要指通过制定个人工作标准，将部门职权分解落实为个人职权，并与经济责任制挂钩，进一步调动工作的积极性。

五、制订工作流程

制订工作流程有利于实现节能减排工作的科学化、制度化，避免工作的盲目性，也不会因人员调动而对工作的连续性、稳定性产生较大的影响。程序化管理不但能进一步理顺工作关系、提高工作效率，而且是现代化管理的客观要求。

【**案例 2-1**】 某工厂的工作流程的内容主要包括：能源管理工作流程如图 2-5 所示；节能减排项目工作流程如图 2-6 和图 2-7 所示；动能调度工作流程（见图 2-8）；能源计划供应工作流程如图 2-9 所示；能耗定额管理工作流程如图 2-10 所示；能源统计分析工作流程如图 2-11 所示。

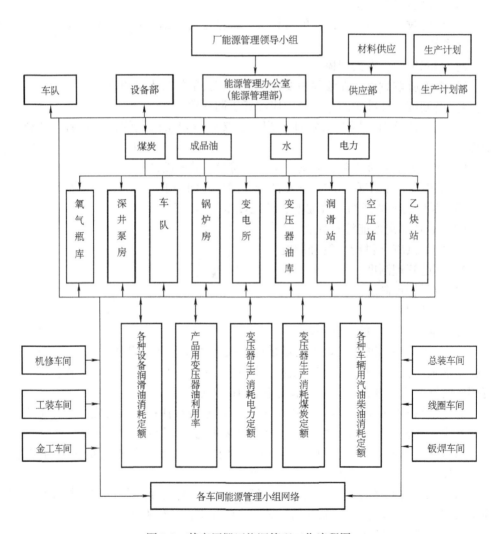

图 2-5 某变压器厂能源管理工作流程图

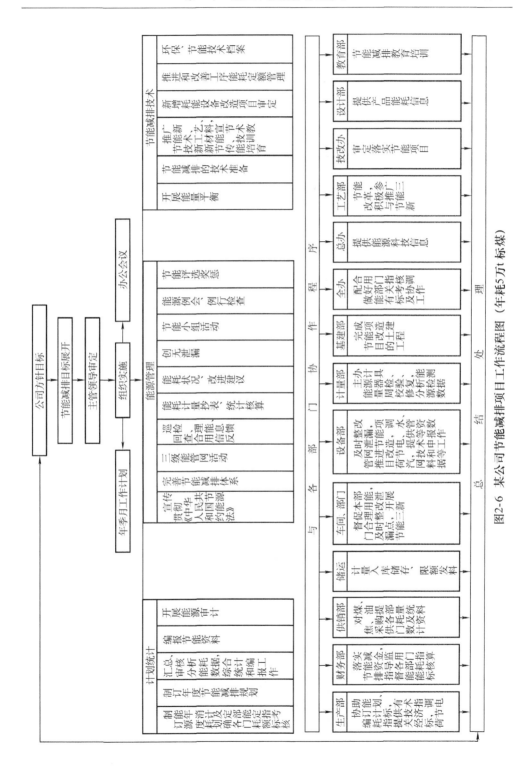

图2-6 某公司节能减排项目工作流程图（年耗5万标煤）

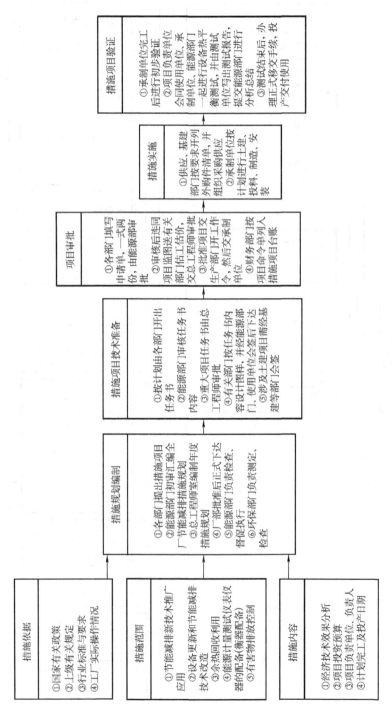

图 2-7　某厂节能减排项目工作流程图

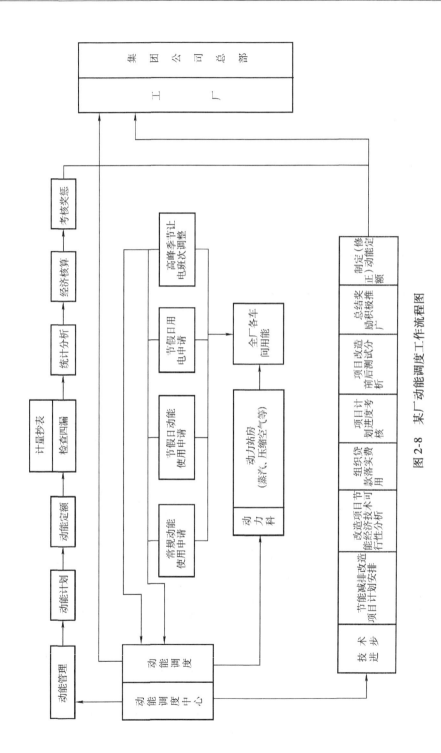

图2-8　某厂动能调度工作流程图

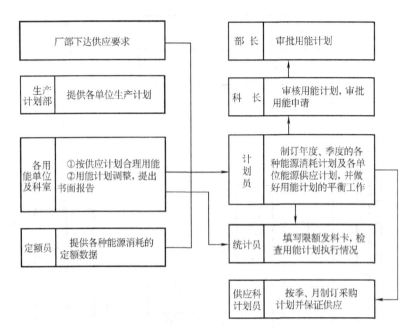

图 2-9　某厂能源计划供应工作流程图

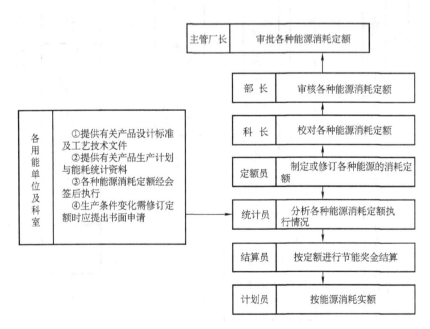

图 2-10　某厂能耗定额管理工作流程图

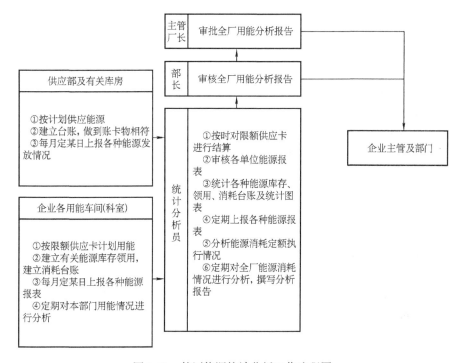

图 2-11　某厂能源统计分析工作流程图

第三节　贯彻 GB/T 23331—2012《能源管理体系　要求》

能源管理的目的是为了降低能源消耗、提高能源利用效率，所以建立和实施能源管理体系是企业（单位）最高管理者的一项战略性决策。

2009 年 3 月 11 日由国家质量监督检验检疫总局、国家标准化管理委员会发布 GB/T 23331—2009《能源管理体系　要求》，在 2012 年对该标准做了第 1 次修订，并于 2012 年 12 月 31 日发布 GB/T 23331—2012《能源管理体系　要求》，在 2013 年 10 月 1 日起实施。

一、能源管理体系

1. 制定能源管理体系的目的

1）应用系统的管理手段使其能源管理工作满足法律法规、标准及其他要求，实现相互协调、相互促进，有效地降低能源消耗，提高能源利用效率。

2）利用过程方法对其活动、产品和服务中的能源因素进行识别、评价和控制，实现对能源管理全过程的控制和持续改进。

3）为应用先进有效的节能技术和方法及挖掘和利用最佳的节能实践与经验搭建良好平台。

4）提高能源管理的有效性，并改进其整体绩效，建立和完善能源管理体系。

5）该体系适用于各种类型和规模的组织与企业。而该体系能否成功实施取决于组织各职能层次的承诺，尤其是最高管理者的承诺。

6）该体系可使组织实现其承诺的能源方针，并证实该体系符合规定的要求。同时适用于组织控制下的各项活动，并可根据该体系的复杂程度、文件化程度及资源等特殊要求灵活运用。

2. 能源管理体系实施方法

通过策划—实施—检查—改进（PDCA）的持续改进模式（见图2-12），使能源管理融入组织的日常活动中。

（1）策划　实施能源评审，明确能源基准和能源绩效参数，制定能源目标、指标和能源管理实施方案，从而确保组织依据其能源方针改进能源绩效。

（2）实施　履行能源管理实施方案。

（3）检查　对运行的关键特性和过程进行监视和测量，对照能源方针和目标评估确定实现的能源绩效，并报告结果。

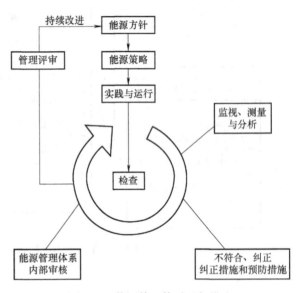

图 2-12　能源管理体系运行模式

（4）改进　采取措施，持续改进能源绩效和能源管理体系。

3. 常用术语

（1）持续改进　不断提升能源绩效和能源管理体系的循环过程。

（2）能源管理体系　用于建立能源方针、能源目标、过程和程序以实现能源绩效目标的一系列相互关联或相互作用的要素的集合。

（3）能源绩效　与能源效率、能源使用和能源消耗有关的、可测量的结果，如图2-13 所示。

（4）能源绩效参数　由组织确定，可量化能源绩效的数值或量度。

（5）能源评审　基于数据和其他信息，确定组织的能源绩效水平，识别改进机会

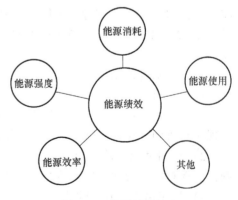

图 2-13　能源绩效概念

的工作。

二、能源管理体系要求

1. 总要求

1）按照该标准要求，建立能源管理体系，编制和完善必要的文件，并按照文件要求组织具体工作的实施；体系建立后应确保日常工作按照文件要求持续有效运行，并不断完善体系和相关文件。

2）界定能源管理体系的管理范围和边界，并在有关文件中明确。

3）策划并确定可行的方法，以满足该标准各项要求，持续改进能源绩效和能源管理体系。

2. 管理职责

（1）最高管理者　最高管理者应承诺支持能源管理体系，并持续改进能源管理体系的有效性。

1）确立能源方针，并实践和保持能源方针。

2）任命管理者代表和批准组建能源管理团队。

3）提供能源管理体系建立、实施、保持和持续改进所需要的资源，以达到能源绩效目标。资源包括人力资源、专业技能、技术和财务资源等。

4）确定能源管理体系的范围和边界。

5）在内部传达能源管理的重要性。

6）确保建立能源目标、指标。

7）确保能源绩效参数适用于本组织。

8）在长期规划中考虑能源绩效问题。

9）确保按照规定的时间间隔评价和报告能源管理的结果。

10）实施管理评审。

（2）管理者代表　最高管理者应指定具有相应技术和能力的人担任管理者代表，并且有相应的职责和权限，如：向最高管理者报告能源绩效、能源管理体系绩效；在组织内部明确规定和传达能源管理相关的职责和权限，以有效推动能源管理；制定能够确保能源管理体系有效控制和运行的准则和方法等。

3. 能源方针

能源方针应阐述组织为持续改进能源绩效所做的承诺。最高管理者应制订能源方针，并确保其满足：

1）与组织能源使用和消耗的特点、规模相适应。

2）改进能源绩效的承诺。

3）提供可获得的信息和必需的资源的承诺，以确保实现能源目标和指标。

4）组织遵守节能相关的法律法规及其他要求的承诺。

5）为制定和评审能源目标、指标提供框架。

6）支持高效产品和服务的采购，以及改进能源绩效的设计。

7）形成文件，在内部不同层面得到沟通、传达。

8）根据需要定期评审和更新。

4. 策划

策划应与能源方针保持一致，并保证持续改进能源绩效。策划应包含对能源绩效有影响活动的评审，如图 2-14 所示。

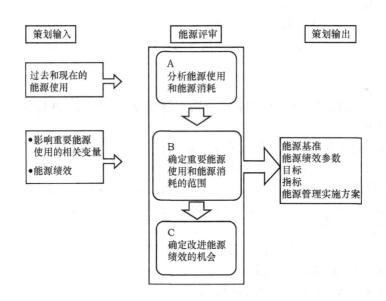

图 2-14　能源策划过程概念图

（1）法律法规及其他要求　建立渠道，获取节能相关的法律法规及其他要求。确定准则和方法，以确保将法律法规及其他要求应用于能源管理活动中，并在规定的时间间隔内评审法律法规和其他要求。

（2）能源评审　将实施能源评审的方法学和准则形成文件，并组织实施能源评审，对评审结果应进行记录。

1）分析能源使用和能源消耗，包括：a. 识别当前的能源种类和来源；b. 评价过去和现在的能源使用情况和能源消耗水平。

2）基于对能源使用和能源消耗的分析，识别主要能源使用的区域等，包括：a. 识别对能源使用和能源消耗有重要影响的设施、设备、系统、过程及为组织工作或代表组织工作的人员；b. 识别影响主要能源使用的其他相关变量；c. 确定与主要能源使用相关的设施、设备、系统、过程的能源绩效现状；d. 评估未来的能源使用和能源消耗。

3）识别改进能源绩效的机会，并进行排序，识别结果必须记录，有可能与潜在的能源、可再生能源和其他可替代能源（如余能）的使用有关。

4）按照规定的时间间隔定期进行能源评审，当设施、设备、系统、过程发生显著变化时，应进行必要的能源评审。

（3）能源基准　使用初始能源评审的信息，并考虑与组织能源使用和能源消耗特点相适应的时段，建立能源基准。通过与能源基准的对比测量能源绩效的变化。当出现以下一种或多种情况时，应对能源基准进行调整：

1）能源绩效参数不再能够反映组织能源使用和能源消耗情况时。

2）用能过程、运行方式或用能系统发生重大变化时。

3）其他预先规定的情况。

（4）能源绩效参数　识别适用于对能源绩效进行监视测量的能源绩效参数，确定和更新能源绩效参数的方法应予以记录，并定期评审此方法的有效性。

（5）能源目标、能源指标与能源管理实施方案

1）建立、实施和保持能源目标和指标，覆盖相关职能、层次、过程或设施等层面，并形成文件。制定实现能源目标和指标的时间进度要求。

2）能源目标和指标应与能源方针保持一致，能源指标应与能源目标保持一致。

3）建立和评审能源目标指标时，考虑能源评审中识别出的法律法规和其他要求、主要能源使用及改进能源绩效的机会。同时也应考虑财务、运行、经营条件、可选择的技术及相关方的意见。

4）建立、实施和保持能源管理实施方案以实现能源目标和指标、能源管理实施方案应包括：a. 职责的明确；b. 达到每项指标的方法和时间进度；c. 验证能源绩效改进的方法；d. 验证结果的方法；e. 能源管理实施方案应形成文件，并定期更新。

三、实施与运行

实施和运行体系过程中，应使用策划阶段产生的能源管理实施方案及其他结果。

1. 能力、培训与意识

确保与主要能源使用相关的人员具有基于相应教育、培训、技能或经验所要求的能力，无论这些人员是为组织或代表组织工作。识别与主要能源使用及与能源管理体系运行控制有关的培训需求，并提供培训或采取其他措施来满足这些需求，保持适当的记录。

2. 信息交流

1）根据自身规模，建立关于能源绩效、能源管理体系运行的内部沟通机制。

2）建立和实施一个机制，使得任何为其或代表其工作的人员能为能源管理体系的改进提出建议和意见。

3）决定是否与外界开展与能源方针、能源管理体系和能源绩效有关的信息交流，并将此决定形成文件。如果决定与外界进行交流，制定外部交流的方法并

实施。

3. 文件

（1）文件要求　以纸质、电子或其他形式建立、实施和保持信息，描述能源管理体系核心要素及其相互关系。能源管理体系文件应包括：a. 能源管理体系的范围和边界；b. 能源方针；c. 能源目标、指标和能源管理实施方案；d. 该标准要求的文件，包括记录；e. 组织根据自身需要确定的其他文件。

（2）文件控制　控制该标准所要求的文件及其他能源管理体系相关的文件，适当时包括技术文件。即：a. 发布前确认文件适用性；b. 必要时定期评审和更新；c. 确保对文件的更改和现行修订状态做出标识；d. 确保在使用处可获得适用文件的相关版本；e. 确保字迹清楚，易于识别；f. 确保策划、运行能源管理体系所需的外来文件得到识别，并对其分发进行控制。g. 防止对过期文件的非预期使用。如需将其保留，应做出适当的标识。

4. 运行控制

识别并策划与主要能源使用相关的运行和维护活动，使之与能源方针、目标、指标和能源管理实施方案一致，以确保其在规定条件下按下列方式运行。

1）建立和设置主要能源使用有效运行和维护的准则，防止因缺乏该准则而导致的能源绩效的严重偏离。

2）根据运行准则运行和维护设施、设备、系统和过程。

3）将运行控制准则适当地传达给为组织或代表组织工作的人员。

四、检查

1. 监视、测量与评价

建立、实施并保持一个或多个程序，用于以下方面的监视、测量和评价。

1）能源目标、指标和能源管理方案的日常运行情况。

2）对照能源管理基准和（或）标杆对能源管理绩效进行评价。

3）对能源消耗、能源利用效率具有重大影响的关键特性的变化。

4）定期对适用法律法规、标准及其他要求的遵循情况进行评价。

2. 不符合规范程序、纠正，以及纠正措施和预防措施

建立、实施并保持一个或多个程序，用来处理实际的或潜在的不符合规范程序的行为并进行纠正。程序中应规定以下要求：

1）识别和纠正不符合规范程序的行为，并采取措施减少其造成的影响。

2）对不符合规范程序行为进行调查，确定其产生原因，采取纠正措施，并避免重复发生。

3）对于潜在的不符合规范程序的行为，评价采取预防措施的需求。若需要，则制定并实施预防措施，以避免不符合规范程序的行为发生。

4）记录采取纠正措施和预防措施的结果。

5）评审所采取的纠正措施和预防措施的有效性。

3. 内部审核

建立、实施并保持对能源管理体系进行内部审核的程序，规定审核准则、范围、频次和方法，以及策划和实施审核、报告审核结果、保存相关记录的职责和要求，按策划的时间间隔对能源管理体系进行内部审核。

1）判定能源管理体系是否符合需要和能源管理体系标准要求，以及得到有效的实施和保持。

2）确认能源管理体系的运行绩效，其内容可包括能源目标和指标的实现程度、重点用能设备和系统的运行效率、综合能耗和节能量等。

3）向管理者报告审核结果。

应根据对能源管理工作的影响和之前内部审核的结果，对内部审核进行策划并形成审核方案。审核员的选择和审核的实施均应确保审核过程的客观性和公正性。

五、管理评审

最高管理者应按策划的时间间隔对能源管理体系进行评审，以确保其持续的适宜性、充分性和有效性。评审应包括评价改进能源管理体系的机会和变更的需求，还应保留管理评审的记录。

1. 管理评审的输入

管理评审的输入应包括：

1）以往管理评审的后续措施。

2）能源方针的评审。

3）能源绩效和相关能源绩效参数的评审。

4）合规性评价的结果及组织应遵循的法律法规和其他要求的变化。

5）能源目标和指标的实现程度。

6）能源管理体系的审核结果。

7）纠正措施和预防措施的实施情况。

8）对下一阶段能源绩效的规划。

9）改进建议。

2. 管理评审的输出

管理评审的输出应包括与下列事项相关的决定和措施：

1）组织能源绩效的变化。

2）能源方针的变化。

3）能源绩效参数的变化。

4）基于持续改进的承诺，组织对能源管理体系的目标、指标和其他要素的调整。

5）资源分配的变化。

GB/T 23331—2012、GB/T 19001—2008 和 GB/T 24001—2004 对应情况，见表2-2。

表2-2　GB/T 23331—2012、GB/T 19001—2008 和 GB/T 24001—2004 对应情况

GB/T 23331—2012		GB/T 19001—2008		GB/T 24001—2004	
条款号	条款标题	条款号	条款标题	条款号	条款标题
—	前言	—	前言	—	前言
—	引言	—	引言	—	引言
1	范围	1	范围	1	范围
2	规范性引用文件	2	规范性引用文件	2	规范性引用文件
3	术语和定义	3	术语和定义	3	术语和定义
4	能源管理体系要求	4	质量管理体系	4	环境管理体系要求
4.1	总要求	4.1	总要求	4.1	总要求
4.2	管理职责	5	管理职责	—	
4.2.1	最高管理者	5.1	管理承诺	4.4.1	资源、作用、职责和权限
4.2.2	管理者代表	5.5.1 5.5.2	职责和权限 管理者代表	4.4.1	资源、作用、职责和权限
4.3	能源方针	5.3	质量方针	4.2	环境方针
4.4	策划	5.4	策划	4.3	策划
4.4.1	总则	5.4.1 7.2.1	质量目标 与产品有关的要求的确定	4.3	策划
4.4.2	法律、法规及 其他要求	7.2.1 7.3.2	与产品有关的要求的确定 设计和开发输入	4.3.2	法律法规和其他要求
4.4.3	能源评审	5.4.1 7.2.1	质量目标 与产品有关的要求的确定	4.3.1	环境因素
4.4.4	能源基准	—	—	—	—
4.4.5	能源绩效参数	—	—	—	—
4.4.6	能源目标、能源指标与 能源管理实施方案	5.4.1 7.1	质量目标 产品实现的策划	4.3.3	目标、指标和方案
4.5	实施与运行	7	产品实现	4.4	实施与运行
4.5.1	总则	7.5.1	生产和服务提供的控制	4.4.6	运行控制
4.5.2	能力、培训与意识	6.2.2	能力、培训和意识	4.4.2	能力、培训和意识
4.5.3	信息交流	5.5.3	内部控制	4.4.3	信息交流
4.5.4	文件	4.1	文件要求	—	—
4.5.4.1	文件要求	4.2.1	总则	4.4.4	文件
4.5.4.2	文件控制	4.2.3	文件控制	4.4.5	文件控制
4.5.5	运行控制	2.5.3	生产和服务提供的控制	4.4.6	运行控制
4.5.6	设计	7.3	设计和开发	—	—
4.5.7	能源服务，产品、设备 和能源的采购	7.4	采购	—	—
4.6	检查	8	测量、分析和改进	4.5	检查

（续）

GB/T 23331—2012		GB/T 19001—2008		GB/T 24001—2004	
条款号	条款标题	条款号	条款标题	条款号	条款标题
4.6.1	监视、测量与分析	8.2.3 8.2.4 8.4	过程的监视和测量 产品的监视和测量 数据分析	4.5.1	监测和测量
4.6.2	合规性评价	7.3.4	设计和开发评审	4.5.2	合规性评价
4.6.3	能源管理体系的内部审核	8.2.2	内部审核	4.5.5	内部审核
4.6.4	不符合、纠正、纠正措施和预防措施	8.3 8.5.2 8.5.3	不合格品控制 纠正措施 预防措施	4.5.3	不符合、纠正措施和预防措施
4.6.5	记录控制	4.2.4	记录控制	4.5.4	记录控制
4.7	管理评审	5.6	管理评审	4.6	管理评审
4.7.1	总则	5.6.1	总则		
4.7.2	管理评审的输入	5.6.2	评审输入		
4.7.3	管理评审的输出	5.6.3	评审输出		

六、推进《能源管理体系要求》的实施

为了统一做好能源管理体系认证试点工作，国家认证认可监督管理委员会组织制定了《能源管理体系认证试点工作要求》（简称《认证要求》），该文件由国家认证认可监督管理委员会负责解释。

1. 能源管理体系认证试点工作要求

能源管理体系（EnMS）认证试点工作本着"服务国家能源政策、创新认证管理模式、加强监督、关注结果"的原则，由国家认证认可监督管理委员会（CNCA）统一组织开展，为期两年。鼓励认证机构积极发动《千家企业节能行动实施方案》名单中的企业参与 EnMS 认证试点工作。并及时了解试点组织能源消耗情况和能源管理基础数据等信息，为后续的认证活动奠定基础。获批同一行业 EnMS 认证试点的认证机构在试点期间应加强沟通与合作，鼓励同一行业采用统一的认证实施规则。

（1）目的和适用范围

1）为规范能源管理体系认证试点工作，保证参与的试点组织和认证机构切实有效地提高能源管理和认证水平、节约能源、降低能耗、提高能效、保证认证质量。

2）《认证要求》提出了参与 EnMS 认证试点的认证机构（以下简称"认证机构"）实施 EnMS 认证试点的程序与管理的基本要求，是认证机构从事 EnMS 认证试点活动的基本依据。在试点期间，可根据情况需要进行调整和补充。

（2）认证依据

1）GB/T 23331—2012《能源管理体系　要求》。

2）《能源管理体系行业认证实施规则》。

（3）认证程序

1）认证申请。参加 EnMS 认证的试点组织应具备以下条件：a. 取得国家工商行政管理部门或有关机构注册登记的法人资格（或其组成部分）。b. 属 CNCA 确定的 EnMS10 个认证试点行业。c. 按照 GB/T 23331—2012 及行业实施规则，建立了EnMS 且正常运行至少 6 个月以上。d. 取得相关法规规定的行政许可文件（适用时）。

2）申请评审。认证机构应对试点组织提交的申请文件和资料进行评审并保存评审记录，以确保：a. 关于试点组织及其 EnMS 的信息充分，可以进行审核。b. EnMS 认证试点要求已有明确说明并形成文件，且已提供给试点组织。c. 认证机构和试点组织之间在理解上的差异得到解决。d. 认证机构有相应的业务范围，并有能力实施认证活动。e. 考虑了申请的认证范围、运作场所、完成审核需要的时间和任何其他影响认证活动的因素（语言、安全条件、对公正性的威胁等）。f. 保存了决定实施审核的理由的记录。

3）审核准备。a. 审核策划。认证机构应根据试点组织的规模，供、用能过程的复杂性，EnMS 成熟度及其他因素，对认证全过程进行策划，并制订审核方案。b. 组成审核组。审核组应具备实施 EnMS 认证审核的能力。初次认证及监督审核时，审核组中应指定一名有能力的审核员担任审核组长，并至少有一名相应行业的 EnMS 专业审核员，在必要时应配备相关行业的能源管理专家，以保证审核组的能力覆盖试点组织的 EnMS 审核能力要求。c. 审核时间。应根据受审核方的行业特点、规模，供、用能过程的复杂程度，EnMS 成熟度及其他因素，合理策划审核时间，并可根据现场实际情况进行适当调整。d. 为保证 EnMS 认证的有效性，了解受审核方 EnMS 运行的情况和确定是否已具备实施认证审核的条件，认证机构在认证试点阶段也可根据情况安排进行初访。

4）审核实施。

① 审核程序。EnMS 审核分两个阶段进行。

第一阶段审核：包括文件审核和现场审核，其中现场审核的主要目的：一是通过受审核方可能存在的能源因素及其对审核的准备情况，来了解受审核方的EnMS，从而确定审核策划的重点；二是应视需要为进一步的文件评审做准备并分配资源；三是收集组织的生产过程和能源管理方面的必要信息和数据；就第二阶段审核的详细安排与组织取得共识。

第二阶段审核：应在组织的现场进行，全面收集审核证据，以判断组织的EnMS 建立与实施是否符合 GB/T 23331—2012 和《能源管理体系行业认证实施规则》的要求。

② 审核内容。现场审核应覆盖本规定和认证依据的所有要求。重点应关注以下内容：a. 与 EnMS 有关的国家法律法规和行业标准符合性的情况；b. EnMS 的建立和运行与 GB/T 2333 1—2012 和《能源管理体系行业认证实施规则》的要求的符

合性、适宜性、充分性和有效性；c. 认证试点能源管理的绩效；d. 认证试点能源管理的自我改进和完善机制的持续性和有效性。

③审核方式。应通过现场观察、询问及资料查阅等审核方式实施现场审核。

5）认证决定。

① 审核报告。审核报告应对受审核方 EnMS 的符合性和有效性进行全面描述和评价，并应重点对其能源绩效进行量化的表述，填写"能源绩效统计对比表"。

② 认证决定的条件。在试点组织的 EnMS 建立和运行符合 GB/T 23331—2012 的前提下，还应满足以下条件：a. 受审核方的能源管理符合国家及行业的相关法律法规要求；b. 受审核方的能源绩效满足《能源管理体系行业认证实施规则》的相关要求。

6）监督审核。

① 监督审核频次。试点期间，认证机构应根据试点组织的能源管理体系具体情况制订有针对性的监督审核方案，但不能少于一年 4 次。

② 监督审核内容。应重点关注以下内容：a. 获证组织 EnMS 的运行和变化情况；b. 获证组织的能源绩效；c. 能源法律法规和行业要求变化及合规性评价的情况；d. 能源管理的目标、指标的实现和调整情况；e. 涉及变更的认证范围；f. 对上次审核中确定的不符合所采取的纠正措施。

（4）认证证书

1）试点期间 EnMS 认证证书的有效期为两年。认证证书应涵盖以下基本信息（但不限于）：a. 证书编号；b. 组织名称、地址；c. 证书覆盖范围（含主要的产能、供能、用能场所）；d. 认证依据及版本号；e. 颁证日期、证书有效期；f. 发证机构名称、地址；g. 获证组织本年度产品单位产量综合能耗及能耗核算边界表述；h. 其他信息。

特别强调：能耗核算边界是指组织定义的组织界限和/或场所界限，具体信息应当包含所定义核算边界内的一个或一组流程、一个工厂、整个组织或组织控制下的多个场所等。能耗核算边界信息应当附在能耗数据后。如果在后续审核中核算边界经确认发生了变化，认证机构应当随之更新认证证书上的信息，并阐明核算边界的变化情况。

2）认证证书的管理。认证机构应当对认证证书使用的情况进行有效管理。当出现影响 EnMS 正常有效运行的情况且经现场验证不能在规定时间内纠正时，认证机构可视情况对认证证书做出暂停或撤销的决定。对于出现上述情况不再参加试点的组织，认证机构应及时通知 CNCA。

（5）信息通报

1）为及时了解试点工作的进展情况，CNCA 对认证机构实行 EnMS 试点组织的信息月报制度。

2）报送内容包括获证组织、证书覆盖范围，能源绩效、证书暂停和撤销等方面的信息。具体的信息报送内容及填报要求说明详见 "EnMS 认证试点及获证组织信息报表"，同时报送当月审核组织的 "能源管理体系认证试点审核—能源绩效统计表"。

3）对于在试点期间，参与试点工作的认证机构和试点组织发生与能源管理有关的重大变化时，认证机构应及时通报 CNCA。

4）认证机构应积极探索研究 EnMS 认证技术和管理问题，及时总结试点经验。认证机构应当于每年 3 月底之前将上一年度 EnMS 认证试点工作报告报送 CNCA，报告内容包括 EnMS 认证试点的实施进展情况、认证试点中发现的问题和解决方案、需 CNCA 统一协调解决的问题、认证实施规则的实践和修改情况、下一年度的工作计划等。

2. 能源管理体系行业认证实施规则的编制要求

为保证 EnMS 认证的一致性，《能源管理体系行业认证实施规则的编制要求》提出了《能源管理体系行业认证实施规则》的编写框架及重点内容要求，主要包括：

（1）行业能源管理基本情况

1）行业背景概述。扼要阐述特定行业的基本情况，如行业的主要类别、产品，主要能源种类、能耗水平及与国际同行业水平的比较，国家的产业政策对该行业能源管理的导向。

2）典型工艺描述。如行业的典型工艺（不限于一种）过程，为进一步识别和管理能源因素提供专业基础信息。

3）行业能源结构及特点。要求结合行业的典型工艺类别，描述特定行业的主要能源消耗状况，重点用能设备设施和重点用能过程的能源消耗情况，包括主要能源类别、能耗源、能耗量，鼓励使用的新能源/替代能源等。对该行业落后（应淘汰和趋于淘汰）的用能设备设施予以特别说明，对行业先进的、鼓励采用的用能设备设施予以说明。

（2）能源管理体系标准在行业的应用指南　该要求结合特定行业的能源使用与管理特点，有针对性地提出 GB/T 23331—2012 中的各项管理要素在本行业实施的重点要求，对 GB/T 23331—2012 在行业领域的应用做出必要的解释，为 EnMS 在特定行业的认证提供依据。

可通过行业应用示例，具体说明 GB/T 23331—2012 的主要要素在组织能源管理中的具体实现方式，并对 GB/T 23331—2012 的相关要求做出深入分析与说明。

1）行业能源管理要点。

① 能源因素：a. 给出能源因素识别方法（包括初始能源评价的要求，利用行业能源审计的方式和结果，并充分考虑国家有关政策、管理承诺及契约、协议）；b. 给出能源因素评价方法；c. 给出行业的主要能源因素示例（产生环节、可能产生的能源影响）。

注：此要素应重点关注能源使用的环节及相关设备设施。

②能源管理基准和标杆：a. 说明能源基准和标杆的概念；b. 说明确定合理的能源基准和标杆的方法和应考虑的方面；c. 对该行业的能源基准进行具体表述（可举例）；d. 对该行业的能源标杆进行具体表述（可举例）。

③ 能源目标、指标：a. 说明建立目标、指标应考虑的方面（包括重要能源因素）；b. 说明能源基准和标杆与建立合理的目标、指标的关系；c. 说明可考核及更新的要求；d. 说明与方针、行业要求及国家要求一致要求。

④ 能源管理方案：a. 说明能源管理方案的目的：完成目标、指标；b. 说明建立能源管理方案的方式：技术措施、方法、时间表、资源、责任部门、责任人、要求清楚；c. 结合新建、改扩建、技术改造项目，建立能源管理方案的说明；d. 对考虑策划、设计、采购、测试、运行所产生的能源因素的说明；e. 对适时评价要求的说明。

⑤ 运行控制：a. 结合该行业的工艺、耗能设备设施及相关政策、法律法规和技术标准要求，从管理、能源采购、原材料采购储存、生产（直接生产过程、辅助生产过程）、能源加工的控制、最终使用等各环节说明能源控制的具体要求（包括相关方的控制要求）；b. 说明能源计量器具和监测装置进行维护、校准或检定的要求；c. 说明文件化及记录要求；d. 说明能源梯级利用的要求。

⑥ 监视、测量与评价：a. 说明对能源目标指标的实现程度的评价要求；b. 说明对标杆、基准的实现情况的评价要求；c. 说明单位综合能耗的水平；d. 说明节能量的计算方法和要求；e. 说明重点用能设备、设施和系统的运行效率的计算评价要求；f. 说明能源审计、能源评估、能源检测的方法和利用这些手段评价能源绩效的要求；g. 说明对合规性的要求，即评价方法及结果。

2）通用设施设备能源管理要点。要求结合行业的主要用能环节，对通用的用能设备设施（如生产辅助设备设施、锅炉、风机等）的能源管理关注点进行描述，从而反映出实现最佳能源绩效的运行与实践方法，对 GB/T 23331—2012 中的"运行控制"等要求在行业领域的应用做出必要的解释，为 EnMS 在特定行业的认证提供依据。

3）行业设施设备能源管理要点。要求结合特定行业的主要用能环节，对某行业或某工艺中的专业用能设备设施（主要指具有行业专业性的工艺设备，如水泥行业旋转窑，化工行业反应塔、反应釜等）的能源管理关注点进行描述，从而反映出实现最佳能源绩效的运行与实践方法，对 GB/T 23331—2012 中的"运行控制"要求在行业领域的应用做出必要的解释，为 EnMS 在特定行业的认证提供依据。

（3）能源管理相关的法律法规、标准及要求　将识别出的适用于本行业的、与能源管理相关的法律法规、标准及相关技术政策要求融合到 EnMS 相关的管理要素中。

1）描述与该行业的能源管理相关的法律法规、技术标准及其他行业管理要求。

2）将上述相关的要求融入 EnMS 要素的对应要求中。

（4）能源管理体系认证试点审核能源绩效统计表　见表 2-3。

表2-3　能源管理体系认证试点审核核能源绩效统计表

项目	内容
组织名称	地址
所属行业	主要产品
主要工艺	
是否是重点用能单位	□为已列入国家千家重点节能企业名单　□为省市地方确定的重点节能企业名单　□其他用能单位（请具体说明）
	□EnMS建立前/□初次审核/□第_次监督审核（时间：_____万元）　□初次审核/□第_次监督审核（时间：_____万元）
工业总产值	
能源成本占总成本比重	
生产综合能耗（当量值）	t标煤　　　　t标煤
产值综合能耗	t标煤/万元　　t标煤/万元
产品单位产量综合能耗统计	产品单位单一能源品种消耗统计　产品可比单位产量综合能耗　│　产品可比单位产量综合能耗
能源种类（包括一次能源和二次能源）	1) 2) 3) …　│　1) 2) 3) …
所占比例	
主要用途	
产品产量	1) 2) 3) …　│　1) 2) 3) …
产品单位产量能耗	1) 2) 3)（可比单位产量综合能耗值）计算方法说明：　│　1) 2) 3)（可比单位产量综合能耗值）计算方法说明：
节能原因　技术措施	(1)(2)(3)　│　(1)(2)(3)
节能原因　结构调整	(1)(2)(3)　│　(1)(2)(3)
节能原因　管理节能	(1)(2)(3)　│　(1)(2)(3)
节能投入资金	
能量利用效率	
其他非常规能源消耗情况	

注：1. 综合能耗和产品单位产量能耗的单位是标准煤，其他的可以选常用单位，但是对比应该前后应一致，确保可对比性；必要时，应列出计算公式。
2. 填写节能原因时，除需要确定是哪种原因外，还需要确定排序。
3. 其他非常规能源消耗是指正常生产、生活以外的能源消耗，如泄漏、损失等。

第四节　全面能源管理

一、全面能源管理概述

全面能源管理（Total Energy Control，TEC）是从能源本身的特点提出的，由于它的特殊性和复杂性，而不同于一般的物资管理，可以从三个"全"字来加以认识。

1）第一个"全"是指广义上的整个能源领域。它包括能源的开采、输送、加工、转换、贮存、分配、利用及排放等全过程的管理。

2）第二个"全"是指对能源的全部生命周期进行管理，以达到它的全效率。它的含义是指通过采集本地区、本行业的能源生产、供应、消费的有关历史和现状的数据资料，探求能源消费与经济、产业结构，社会发展的内在联系，同时还要考虑到各种能源生产准备、调配计划，直至为工业企业提供各种能源来确保生产正常进行和废能、余热的回收利用等。

3）第三个"全"是指全体人员。由于一切生产与社会活动都离不开能源，它涉及每一个人，所以必须发挥全体员工的积极性和主动性，以提高全社会的经济效益。

二、企业全面能源管理

企业全面能源管理的指导思想：一是通过企业能源使用过程中各个环节的妥善安排，使节能总体规划得到逐步实施，从而达到节能降耗的目的；二是要使有利于节能的每一个矛盾问题进行有机的统一，为企业部门之间互相依存、互相补充、互相促进提供条件，以保证实现节能减排的目标。

企业全面能源管理的具体内容如下：

1）建立健全能源管理体系（网络），建立节能减排保证体系，明确各级的职责范围。

2）贯彻执行国家有关节能的方针、政策、法规、标准及地方、部门（行业）的有关节能减排规定，完成节能减排任务。

3）建立健全能源消耗原始记录、统计台账与报表，定期对（企业）主要耗能产品制定先进、合理的能源消耗定额，并认真进行考核。

4）按照合理用能的原则，组织好能源的供应和调配工作。

5）新建、改建和扩建项目必须采用合理用能的先进工艺和设备，并积极开展以节能减排为中心的技术改造。

6）定期组织评选节能先进，并按规定进行奖励；对超耗或严重违反规定的可采取少供或处以罚款；积极开展宣传节能减排的活动和组织相关培训。

第五节　能源及动能计量管理

企业的能源及动能计量工作是企业实现现代化科学管理的一项重要的技术基础，也是搞好企业节约能源及动能管理的基础工作。企业应建立统一管理的计量机构、制定计量管理制度、健全各种原始记录和技术档案等。由企业的计量部门对计量工作实行统一的管理和监督，能源管理部门可以协调、协助或配合计量部门做好能源计量各项工作，执行有关规章制度，如企业计量器具管理办法和实施细则；各种计量器具使用、维护、保养制度；各种计量器具周检制度；各种计量技术档案和资料保管制度（主要包括计量器具卡片、检定记录、巡回检查情况记录、修理记录等）。

一、能源及动能计量器具配备与检测

做好能源及动能计量仪器仪表和衡器的配备，同时提供计量检测点网络图，提供计量器具分布情况及配备率、配备规划等，这些是十分重要的基础工作。

1. 配备的范围和对配备率的要求

1）进出厂的一次能源（如煤、石油、天然气等）、二次能源（如电、焦炭、成品油、煤气等）及含能工质或载能体（如压缩空气、蒸汽、氮、氧、水等）的计量。

2）自产二次能源和含能工质及动力站房自产自用的一次能源的计量。

3）企业在生产过程中能源和含能工质、动能的分配、加工、转换、储运和消耗的计量。

4）企业生活和辅助部门（如办公室、食堂、浴室、宿舍、招待所等）的用能计量。

5）同时要满足以下需要：

① 基本经济核算单位进行能耗考核的需要。

② 流程的需要：按工艺流程、动力管网布置、能源统计信息的实际需要来配备。

③ 分级配备需要：首先应把厂、车间两级的计量器具配齐，然后把站房、炉窑配齐，再把班组及重点耗能设备等逐步配齐，使配备的能源计量器具对能源计量能达到规定的能源检测率要求。即先完善一级计量和二级计量，再逐步实行三级计量。

6）能源及动能计量器具分级配备范围：a. 厂（总厂）级，简称一级，是指以厂级核算需要的计量，其中包括外购能源进厂数量的计量，供全厂用的自产能源总量的计量及直接对外结算用能数量的计量等。b. 车间（分厂）级，简称二级，是指以车间级核算需要的计量，其中包括厂（总厂）对生产车间（包括生产辅助车间）能源分配计量；厂（总厂）对辅助部门能源分配的计量；能源进入车间（分厂）的计量；车间（分厂）自产自用能源的计量。c. 班级（车间、工段级），简称三级，是指对班组（重要机台）考核需要的计量，其中包括车间（分厂）对生产班组（车间、工段）分配能源的计量；车间（分厂）对辅助部门分配能源的计量；车间（分厂）转供外单位能源的计量；班组（车间）能耗量的计量；由生活区总表供给各辅助部门的计量。

7）配备要求：液体的，强调要配备相应规格的液体流量计固体的，一般按下列要求配备：a. 年耗 10 万 t 标煤以上，要求配备动态或静动态轨道衡；b. 年耗 5 万 t 标煤以上，要求配备静态轨道衡，在环境条件不允许配备轨道衡时，则可配备 20～30t 地中衡；c. 年耗 1 万 t 标煤以上，要求配备 20～30t 地中衡；d. 年耗 3000t 标煤以上，要求配备 10～20t 地中衡。

要遵循生产与生活分开计量，厂内和厂外分开计量，外销和自用分别计量的原则。

能源及动能计量器具和衡器的配备要适应能源和动能计量检测率的要求，一般不应少于 95%。各企业可根据生产和能源、动能管理的需要，按照本企业的具体规划，提出分阶段实现的配备率。

2. 能源及动能计量检测率

1）计量检测率（J）是指实际进行计量检测的物理量、化学量的总量 $G_{检}$ 与需要（应当）计量测量的总量 $G_{总}$ 的百分比，即

$$J = \frac{G_{检}}{G_{总}} \times 100\%$$

式中，$G_{总}$ 为按各种技术文件、合同、协议等规定要求必须（应当）计量检测的总量；$G_{检}$ 为用有计量合格标记，且是在有效期内，测量准确度和测量范围都满足要求的计量器具测得量值的总和。

由计量检测率的公式不难看出，它在一定程度上反映了计量器具的配备情况。

2）对能源及动能计量检测率的要求见表 2-4。

表 2-4　能源及动能计量检测率的要求

种　　类	计量器具配备点	计量检测率要求	
		Ⅰ期	Ⅱ期
煤、焦炭等固体燃料	进出厂	90%	98%
	车间（班组）重点用能机台装置及生活用能	75%	95%
电能	进出厂、车间（班组）及重点用能机台、装置（50kW）生活区	95%	100%
原油、成油品及罐装石油气	进出厂	98%	100%
	车间（班组）重点用能设备和机台	90%	98%

（续）

种　　类	计量器具配备点	计量检测率要求	
		Ⅰ期	Ⅱ期
煤气、天然气	进出厂、车间（班组）重点用气装置	95%	98%
	生活区用气	95%	100%
蒸汽、压缩空气	进出厂、车间（班组）重点用汽（气）装置	85%	95%
水（包括自来水、深井水、循环水等）	进出厂、车间（班组）重点用水设备	95%	98%
	生活用水	95%	100%
其他能源及动能	进出厂、车间（班组）重点用能机台、装置	90%	95%

　　能源及动能计量检测率应有分期要求，并可根据各行业具体情况制定规划，分期进行验收，以达到表2-4内Ⅰ期和Ⅱ期的要求。提供考核年度每月计量检测统计情况（各种能源计量器具抄见记录备查）。某种能源的检测率是该能源经计量器具计量的能耗量与其总供给量之比，这样可算出每种能源的检测率，以便检查验收时查考。

　　3）厂级（一级）计量检测率（$J_{Ⅰ能}$）是指进、出厂的各种能源和含能工质实际进行计量检测量（折合成标准煤）的总量（$G_{Ⅰ检}$）与进、出厂各种能源和含能工质折成标准煤的总量（$G_{Ⅰ总}$）的百分比：

$$J_{Ⅰ能} = \frac{G_{Ⅰ检}}{G_{Ⅰ总}} \times 100\%$$

　　考核方法：a. 查看、查阅企业提供的自查资料，并询问各种数据来源和计量的依据；b. 抽查原始单据及抄表、检斤（尺）记录。

　　一般要查看进出厂的各种能源的煤、油、电等原始单据，现场查看煤、油、库、变电所等，并对考核期内任抽一个月的数据进行检验，如与企业提供一致或略高（低）于企业提供的数据，一般以企业提供为准；如抽查复验数据低于或高于企业提出数据，则需弄明情况后，以抽查复验后的数据为准。

　　【案例2-2】　某工厂每年由火车进煤5万t，用槽车进汽油500t、进柴油300t，电网进厂电力为8000万kWh，其中又转供其他单位8000kWh。5万t煤有1万t是按进货单位计量的，其他全是在用有效期内合格的计量器具实测的量，计算厂能源计量检测率$J_{Ⅰ能}$。

　　计算（式中各系数为折标煤系数）：

$$J_{Ⅰ能} = \frac{50000 \times 0.7143 - 10000 \times 0.7143 + (8000 + 0.8) \times 10^4 \times 0.350 + 500 \times 1.4714 + 300 \times 1.4571}{50000 \times 0.7143 + (8000 + 0.8) \times 0.350 + 500 \times 1.4714 + 300 \times 1.4571}$$

$$\times 100\%$$

$$= 89.68\%$$

　　该厂级能源计量检测率为89.68%。

4）车间（分厂）级（二级）能源计量检测率（$J_{II能}$）是指进出车间的各种能源和含能工质实际计量检测量折合成标准煤的总量 $G_{II检}$ 与进出车间（分厂）的各种能源工质折合成标准煤的总量 $G_{II能}$ 的百分比：

$$J_{II能} = \frac{G_{II检}}{G_{II总}} \times 100\%$$

考核方法：a. 查看、审阅企业提供的车间（分厂）级能源计量检测率的资料；b. 重点抽查车间级煤、电、蒸汽、油的计量检测原始记录，同时任意抽一个月的检测记录与各有关账目进行核对，并现场询问计量检测情况，如无疑义则取企业提供的数据；若抽查低于提供的情况，则待弄清真实情况后，以抽查复验后的数据为准。

【案例 2-3】　某工厂动力车间用煤 3 万 t，给各车间供电 7500 万 kWh，锅炉房供给各车间饱和蒸汽为 15 万 t，其中供一车间、二车间、四车间的蒸汽分别用 3 只蒸汽流量计进行计量为 14 万 t，其他用蒸汽车间尚未装表计量，供各车间汽油全部由台秤和加油计量机计量为 100t，试计算其车间级能源计量检测率。

计算：

$$J_{II能} = \frac{30000 \times 0.7143 + 7500 \times 10^4 \times 0.350 + 140000 \times 0.129 + 100 \times 1.4714}{30000 \times 0.7143 + 7500 \times 10^4 \times 0.350 + 150000 \times 0.129 + 100 \times 1.4714} \times 100\%$$

$$= 98.19\%$$

式中，0.129 为蒸汽折标煤系数。

该厂车间级能源计量检测率为 98.19%。

5）班组（主要机台）级（三级）能源计量检测率（$J_{III能}$）是指进出班组或重点耗能机台、设备的各种能源和含能工质实际计量检测量折合成标准煤的总量 $G_{III检}$ 与进出班组或重点耗能机台、设备的各种能源和含能工质折合成标准煤的总量 $G_{III能}$ 的百分比：

$$J_{III能} = \frac{G_{III检}}{G_{III总}} \times 100\%$$

考核方法：a. 查看、审阅企业提供的班组（主要机台）级能源计量检测率的资料；b. 查看重点耗能班组及机台现场消耗计量记录；c. 抽查锅炉房、大型耗电设备的一个月的抄表记录进行核算，如无疑义则以企业提供为准，如有疑义则待弄清真实情况后，以抽查复验后的数据为准。

【案例 2-4】　某工厂有 3 台锅炉，其中两台为饱和蒸汽锅炉，一台为热水锅炉，用电子带式秤分别计量给每台锅炉的供煤量，一年共用煤为 2 万 t，此外因带式秤检修 20 天而未检测，共检测到饱和蒸汽共为 11 万 t 和热水总热量折合标汽总量为 3.5 万 t，大型耗电设备都安装电度表计量，年共耗电为 2000 万 kWh，计算该工厂班组三级能源计量检测率。

计算:

$$J_{\text{III能}} = \frac{20000 \times 0.7143 + 110000 \times 0.129 + 35000 \times 0.129 + 2000 \times 10^4 \times 0.350}{20000 \times 0.7143 + 20000 \times \dfrac{20}{300-20} \times 0.7143 + 110000 \times 0.129 + 35000 \times 0.129 + 2000 \times 0.350}$$

$$\times 100\%$$

$$= 97.58\%$$

式中, 0.129 为蒸汽折标系数。

该工厂班组三级能源计量检测率为 97.58%。

6) 工厂企业能源综合计量检测率计算公式为

$$J_{\text{综能}} = 0.4 J_{\text{I能}} + 0.4 J_{\text{II能}} + 0.2 J_{\text{III能}}$$

3. 能源、动能计量仪器仪表和衡器准确度要求

能源和动能计量器具准确度要求见表 2-5。

表 2-5　能源和动能计量器具准确度要求

计量器具名称	分类及用途	准确度（%）
各种衡器	静态: 用于燃料进出厂结算的计量	±0.1
	动态: 经供需双方协议用于大量燃料进出厂结算的计量	±0.5
	动态: 用于车间（班组）、工艺过程的计量	±（0.5~2）
电度表	用于进出厂	±（0.5~1）
	车间电能 >1000kWh 的计量	
	用于进出厂、车间 <1000kWh 的计量	±（1~2）
	用于大于 100A 直流电的计量	±2
自来水流量计	用于工业及民用水的计量	±2.5
蒸汽流量计、煤气等气体流量计	用于包括过热蒸汽和饱和蒸汽的计量、用于压缩空气等计量	±2.5
	用于天然气、工业煤气的计量	±2.0
油流量计	用于国际贸易核算的计量（大批量）	±0.5
	用于国内贸易核算的计量	±0.35
	用于车间（班组）、重点用能设备及工艺过程控制的计量	±1.5
其他含能工质	氧气、氮气等	±2

4. 能源及动能计量仪器仪表器具和衡器配备的实施要求

1) 能源及动能计量器具和衡器的选型、准确度、稳定度、测量范围、数量等均应满足企业生产的需要; 满足实际动能及能源定额管理的需要; 满足对企业的基本核算单位, 包括分厂、车间及重点用能机台和装置进行考核的需要。

2) 能源及动能计量器具的配备不但要适应行业的特点、产品加工的特点、使用动能及能源的特点, 还要适应企业生产工艺流程、介质特性、物流路线特征及生产专业化、自动化程度的特点, 同时应在设计企业能源及动能计量网络图的基

础上编制计量器具的配备规划。

3）对于能源及动能计量器具的配备、选型、采购计划、安装、调整、验收、检定、维修等，企业应实行集中监督和统一管理，做到计量信息和统计数据由一个职能部门统一提供，以保证能源及动能数据统一可靠。

4）能源及动能计量器具配备的实施计划必须结合企业生产实际，分期分批逐步配备完善，当然首先要把生产过程中进出厂、主要生产、重点工艺、重点用能设备、主要动力站房的关键参数和部位所需的仪表配齐，然后逐步完善。

5）企业应将更新改造资金、低值易耗专用资金及技术改造措施费合理调配，以确保能源及动能计量器具配备的需要。

二、建立能源及动能计量保证体系

1. 设立专职或兼职小组

根据企业对计量管理的规定，能源部门对能源的计量工作和动力部门对动能的计量工作应在计量部门的配合下，实施统一管理，并对动能生产、使用中的计量器具进行有效的量值传递，同时根据企业的情况设立专职或兼职小组或个人。

2. 能源及动能计量管理的工作任务

1）负责制订动能计量测试点网络图和动能计量器具配备规划，并与企业计量部门一起审核后，纳入全厂的计量规划中。

2）配合能源管理部门，做好动力设备和动力站房的能量平衡工作，为企业动力设备的改造和管理提供可靠的数据。

3）参加基建、技术改造措施中有关能源及动能计量器具配备方案的审批。

4）配合计量部门编制能源及动能计量器具购置计划、安装和调试。

5）参加周期计量不准而引起的能源及动能经济纠纷技术仲裁工作。

6）协助做好或负责动能的报表统计和核算。

3. 落实能源及动能计量工作的人员配备

能源及动能计量的工作人员主要是指专职从事能源及动能计量管理、检定测试和维修的人员，这些专职人员也可纳入企业计量人员编制内。

4. 建立健全计量工作标准，完善能源及动能计量保证体系

为了保证在用动能计量器具的量值统一正确，企业必须根据实际需要，对那些量大面广的计量器具建立健全的计量标准并严格进行计量监督。

1）对于动力站房各种能源及动能计量和企业各车间、仓库等使用动能计量的器具，应从种类、型号、准确度、测量范围等方面建立相应的计量标准。

2）建立企业量值传递系统。在用能源及动能计量器具的受检率要达到一定要求。

3）搞好周检工作。企业要根据在用计量器具的准确度等级、使用情况和环境条件，确定各类计量器具检定周期，制订周检计划，确保在用动能计量器具的周

期受检率达到 98%~100%，而抽检合格率要达到 95%~98%。对检定合格的动能计量器具必须具有合格印证（包括合格证、合格印、铅封等），不合格或超过周期未检的动能计量器具一律不再使用。

第六节　能源统计管理

能源统计管理首先要确定统计对象、统计范围和统计对象基本特征的参数，其次要了解在体系中各项具体指标的计算范围、计算方式和规定、统计数据采集及整理的方法等，以便作为统计工作的依据，保证统计工作的准确性、统一性。

一、能源统计的重要性

1. 能源统计特点

能源统计是国民经济统计中的一个重要分支，能源统计的对象是能源系统，如图 2-15 所示。能源系统相当复杂，它包括能源资源、能源生产、能源加工转换到最终用能等环节，并通过这些环节与所有的社会活动联系起来。

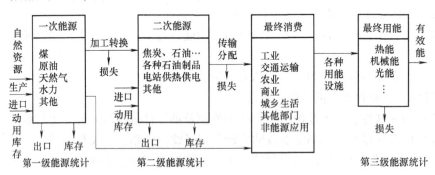

图 2-15　能源系统和各级能源统计

1) 能源工业要把自己的产品分配给国民经济的各部门（包括能源工业自身在内），同时要把产品分配给每一个社会消费成员，其联系面之广几乎无任何其他工业部门可以与其相比。

2) 能源生产形态多样化，除了化工产品外，没有一个工业产品同时具有固、液、气三态，而且还有载能体。这些产品在生产、贮存、运输、控制和使用的难易程度上均有很大差别，但又有共同的特点，就是都能发热，而且某些产品在一定条件下，还可以在一定程度上进行互相转换或在用途上相互替代。

3) 能源统计对象的能源统计边界复杂，既包括能源产品与非能源产品的边界，又包括能源工业与非能源工业的边界问题。而且能源统计对象不是一个互相孤立的燃料或动力系统，而是一个种类多、涉及面广、相互制约的错综复杂的系统。

通常可以把能源统计分为三级：第一级为从一次能源生产到加工转换；第二级为从加工转换到交付最终用户使用；第三级为能源在最终使用部门的使用情况。

2. 企业能源统计的任务

（1）企业能源统计的基本任务

1）便于国家对企业用能进行监督和管理，为国家制定能源政策、编制和检查能源计划、保持能源供需平衡提供依据。

2）调查企业执行国家能源政策和能源计划的情况，并进行统计分析，如果发现问题，则查明原因、提出改进意见。

3）加强企业能源管理，挖掘节能潜力，制订节能技术改造方案，为提高企业能源利用率、节约能源、发展生产、改善环境提供必要的信息。

（2）企业能源统计工作 企业能源统计工作程序，如图2-16所示。包括：

1）确定统计范围。

2）建立统计指标体系。

3）采集数据，进行整理加工，编制统计报表，计算各类能源综合指标。

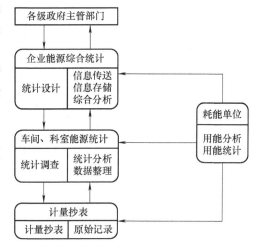

图 2-16 企业能源统计工作程序图

4）绘制综合平衡分析图表，再对所调查能源系统进行综合分析与评价。

5）将能源统计结果报送有关部门。

二、做好能源统计报表和台账

1. 做好能源综合统计报表

能源综合统计报表包括：用能单位能源的购入、消费及库存情况，见表2-6；主要耗能产品的能耗情况，见表2-7；企业产品单位能耗定额考核，见表2-8；重点用能单位节能管理和利用情况，见表2-9。

2. 做好能源统计报表和台账

各地区和各企业可以根据企业的特点和情况，对报表、台账进行设计，同时根据实际情况、具体操作，对报表和台账不断进行完善。

1）按其统计对象来分，能源统计报表分为能源综合统计报表和能源单耗统计报表。表2-10～表2-12是反映某企业能源管理的统计报表。

2）按其统计对象来分，能源统计台账分为能源综合统计台账和能源单耗统计台账。表2-13～表2-16是反映某企业能源管理的统计台账。

表2-6 用能单位能源购入、消费及库存情况

企业法人代码：　　企业名称：　　节能管理机构名称：

企业地址：　　所属行业：　　法人代表：　　电话：　　联系人：

电话：　　报告期： 年 月 至 年 月　　传真：　　邮编：

节能管理岗位人数：　　其中专职人数：　　具备中级职称的专职管理人员数：

能源名称	计量单位	年初库存	购进量		工业生产消费	年初至报告期止累计消费量							非工业生产消费	其中车辆用油费	期末库存	能源转换产出	采用折标系数	参考折标系数
			实物量	金额/万元		能源转换投入合计	火电燃料消费	供热燃料消费	洗煤入洗煤量	炼焦用煤量	炼油原料投入	制气原料投入	型煤加工用煤						
		1	2	3	4	5	6	7	8	9	10	11	12	13	14	15	16	17	18

本期：综合能源消费量(19) ＿＿＿＿＿＿ t标煤；工业增加值(20) ＿＿＿＿＿＿ 万元；

同期：综合能源消费量(21) ＿＿＿＿＿＿ t标煤；工业增加值(22) ＿＿＿＿＿＿ 万元；

本期万元工业增加值综合能耗(23) ＿＿＿＿＿＿ t标煤/万元

同期万元工业增加值综合能耗(24) ＿＿＿＿＿＿ t标煤/万元

注：消费合计=工业生产消费+非工业生产消费；能源转换投入合计=6+7+8+9+10+11+12；综合能源消费量=工业生产消费的能源合计－能源转换产出的能源合计；本期万元工业增加值综合能耗(23)=19/20；同期万元工业增加值综合能耗(24)=21/22。表中计量单位为"万元"的保留一位小数。

分管领导：　　统计负责人：　　填表人：　　填表日期： 年 月 日

表2-7　主要耗能产品能耗情况

报告期：　　　年　月至　　　年　月

产品名称	主要用能工艺	年生产能力/（　）①	统计期产量/（　）①	同期产量/（　）①	单位产品综合能耗/[（　）/t（标煤）] 本期	单位产品综合能耗 同期	其中单位产品煤耗/[t(标煤)/t]	其中单位产品电耗/[(kW·h)/t]	其中单位产品油耗/(kg/t)
					5	5	6		

设备名称	设备耗能量 总计/tce	其中 煤炭/t	其中 电/(kW·h)	其中 油/t			效率检测情况 设备能源利用效率（%）	检测日期
	1	2	3	4	5	6		
主要用能设备能源利用效率								

注：总计(1)＝(2)＋(3)＋(4)＋(5)＋(6)；(2)、(3)、(4)、(5)、(6) 均需折算成标准煤后计入总计；(5)、(6) 为设备所用其他能源。
① 括号需用相应产品的计量单位替换。

分管领导：　　　　　统计负责人：　　　　　填表人：　　　　　填表日期：　　　年　月　日

表 2-8 企业产品单位能耗定额考核表

企业名称		上级主管单位		所有制性质		联系电话	
地址		邮政编码		法人代表		节能主管部门	

单耗考核指标名称		计量单位													
统计期	折标系数	年实绩	1月	2月	3月	4月	5月	6月	7月	8月	9月	10月	11月	12月	合计
产品产量/（ ）①															
产品产值/万元															
电力 实物量/(10⁴kW·h)															
折标煤量/t标煤															
原煤 实物量/t															
折标煤量/t标煤															
焦炭 实物量/t															
折标煤量/t标煤															
汽油 实物量/t															
折标煤量/t标煤															
柴油 实物量/t															
折标煤量/t标煤															
润滑油 实物量/t															
折标煤量/t标煤															
其他 实物量/t															
折标煤量/t标煤															
月单耗考核指标															
季度单耗考核指标															

①括号用需用相应产品的计量单位替换。

分管领导： 统计负责人： 填表人： 填表日期： 年 月 日

表2-9　重点用能单位节能管理和利用情况表

企业名称		上级主管单位		所有制性质		联系电话	
地址		邮政编码		法人代表		节能主管部门	

	统计期	年				年				年			
		原煤/t	电/(kW·h)	蒸汽/t	其他/t标煤	原煤/t	电/(kW·h)	蒸汽/t	其他/t标煤	原煤/t	电/(kW·h)	蒸汽/t	其他/t标煤
能源消耗情况	能源消费品种												
	能源消费量												
	综合能耗/t标煤												
	工业增加值/万元												
	工业产值/万元												
	产值能耗/(t/万元)												
	主要产品名称												
	主要产品产量												
	主要产品产值/万元												
产品单位量综合能耗状况	原煤 实物量/t												
	折标煤量/t标煤												
	电力 实物量/(万kW·h)												
	折标煤量/t标煤												
	自来水 实物量/t												
	折标煤量/t标煤												
	蒸汽 实物量/t												
	折标煤量/t标煤												
	单位产量综合能耗/[( )①/t标煤]												
	产值能耗/(t标煤/万元)												

注：如内容填写不下，可根据情况另行填写后附入。
①需要相应产品的计量单位替换。

填表人：　　　统计负责人：

分管领导：　　填表日期：　　年　月　日

表 2-10　能源消耗统计分析月报表

企业名称：

项　目	计算单位	一月至 月 本月	一月至 月 累计	去年同期 本月	去年同期 累计	比去年同期增减（%）本月	比去年同期增减（%）累计
一、能源消耗总量（折成标准煤）	t 标煤						
其中：（一）燃料耗用量	t 标煤						
原煤	t						
焦炭	t						
燃料油（原油、重油）	t						
汽油	t						
柴油	t						
煤油	t						
液化气	t						
城市煤气	$\times 10^6$ kJ						
外购蒸汽							
（二）电力耗用量	万 kW·h						
其中：生产用电量	万 kW·h						
生活用电量	万 kW·h						
（三）水耗用量	m^3						
其中：自来水	m^3						
二、工业总产值	万元						
三、万元产值耗用标准煤	t 标煤/万元						
四、节能量							
其中：（一）煤炭（原煤、焦炭）	t 标煤						
（二）油料（原油、重油、成品油）	t 标煤						
（三）电力	万 kW·h						
（四）水	m^3						

分管领导：　　　　　统计负责人：　　　　　填表人：　　　　　填表日期：　　年　月　日

表 2-11　工业企业用电量及产品耗电量表

企业名称：

工业部分：　　　　　　　　　　　　　　　　　　　　　　　　　　年　　月

项　　目	总消耗量			产品产量（或产值）			单位产品消耗					附注
	计算单位	1月至本月止累计	其中：本月	计算单位	1月至本月止累计	其中：本月	计算单位	定额	去年同期	1月至本月止累计	其中：本月	
甲	乙	1	2	丙	3	4	丁	5	6	7	8	电耗升降原因
全部用电量												
一、生产用电量												
产品												
其他产品用电												
二、基本建设用电量												
三、非生产用电量												

分管领导：　　　　部门负责人：　　　　　填表人：　　　　　填表日期：　　年　月　日

表 2-12　燃料、成品油消耗核销统计表

单位：　　　　　　　　　　　　　　　　　　　　　　　　　　　　　　年　　月

品种	计量单位	期初库存	本期分配	外协调进	向外调出	本期实购	本期消耗	期末库存	备注
煤炭（1）	t								
煤炭（2）	t								
焦炭	t								
白煤	t								
燃料油	t								
汽油	t								
柴油	t								
煤油	t								
工业汽油	t								

分管领导：　　　　部门负责人：　　　　　填表人：　　　　　填表日期：　　年　月　日

表 2-13　能源综合考核统计台账

年　　　月

项　目	计算单位	全年实际	一季度 1月	2月	3月	小计	二季度 4月	5月	6月	小计	上半年合计	三季度 7月	8月	9月	小计	四季度 10月	11月	12月	小计	下半年合计
能源消耗折标准煤	t标煤																			
工业产值	万元																			
工业增加值	万元																			
每万元总产值耗标准煤	t标煤/万元																			
每万元工业增加值耗标准煤	t标煤/万元																			
每万元工业增加值耗煤	t/万元																			
每万元工业增加值耗焦	t/万元																			
每万元工业增加值耗油（成品油）	t/万元																			
其中：汽油	t/万元																			
煤油	t/万元																			
柴油	t/万元																			
…																				
每万元工业增加值耗电	kW·h/万元																			
每万元工业增加值耗水	t/万元																			
…																				

分管领导：　　　　　统计负责人：　　　　　填表人：　　　　　填表日期：　年　月　日

表2-14 年用电消耗台账 年

用电部门名称	计算单位	全年实耗	上 半 年									下 半 年								
			一季度				二季度				上半年合计	三季度				四季度				下半年合计
			1月	2月	3月	小计	4月	5月	6月	小计		7月	8月	9月	小计	10月	11月	12月	小计	
全厂合计	kW·h																			
其中:厂自发电量	kW·h																			
全厂用电功率因数	%																			
全厂用电负荷率	%																			
分厂或车间:																				
1																				
2																				
3																				
4																				
5																				
6																				
全厂生产用电	kW·h																			
全厂生活用电	kW·h																			

分管领导: 统计负责人: 填表人: 填表日期: 年 月 日

表2-15 年车间及部门用电考核统计台账 年

用电部门名称	部门及车间定额指标	计算单位	全年实耗	上 半 年									下 半 年								
				一季度				二季度				上半年合计	三季度				四季度				下半年合计
				1月	2月	3月	小计	4月	5月	6月	小计		7月	8月	9月	小计	10月	11月	12月	小计	

分管领导: 统计负责人: 填表人: 填表日期: 年 月 日

表 2-16 历年能源及技术经济指标台账

项 目	计量单位	年	年	年
年综合能耗标准煤	t 标煤			
其中：原煤（实物量）	t			
电力（实物量）	kWh			
燃料油（实物量）	t			
外购蒸汽（实物量）	$\times 10^6$ kJ			
焦炭（实物量）	t			
汽油（实物量）	t			
煤油（实物量）	t			
柴油（实物量）	t			
市政水（实物量）	m^3			
深井水（实物量）	m^3			
煤气或液化气（实物量）	万 m^3			
工业总产值	万元			
实现利润	万元			
工业增加值	万元			
产品总成本	万元			
能源消耗总费用	万元			
能源费用占成本比例	%			
万元产值综合能耗	t 标煤/万元			
万元产值耗电	kWh/万元			
万元工业增加值综合能耗	t 标煤/万元			
节能技改项目费用	万元			
设备折旧基金	万元			
全厂技改项目费用	万元			
节能技改费用占折旧费用比例	%			

分管领导： 统计负责人： 填表人： 填表日期： 年 月 日

3. 做好企业能源加工转换量统计

各类投入企业的能源，有的直接使用，有的还要经过加工、转换，转变成二次能源和耗能工质，供企业用能系统使用。各种站房生产的二次能源与耗能工质如下：

1）自备电站：电力、蒸汽；

2）锅炉房：蒸汽（高、低压蒸汽）；

3）炼焦厂：焦炭、煤气；

4）制氧站：氧气；

5）煤气站：煤气；

6）制冷站：冷媒质；

7）空压站：压缩空气；

8）水泵房：水（耗能工质）。

企业内加工转换的二次能源（包括耗能工质）总量是本企业使用购入能源加工、转换出的二次能源量，而不包括本企业购入的二次能源量。

4. 做好非生产用能统计

非生产用能统计指标包括 3 个内容：

1）非生产用能总量。

2）非生产用能量，指厂区外用于生活目的的能源量，包括输送、热传导损失。

3）基建用能量，指企业内基建厂房所需能源量，也包括输送损失。

第七节　能耗定额管理

一、能耗定额的制定

定额是人们用来管理和指导各种经济活动的一种方法，目的是使一定数量的财力、人力、物力，在一定时间内产生出最大限度的经济效果来。这种经济效果和物质消耗之间的比例关系，称为经济效率；反映和表达这种效率关系具有规律性的经济指标，称为定额指标。定额指标不同于产值、产量、利润等单一性质的指标，它属于双元性质的相对指标，也可称为复合指标。定额指标的作用是不断地暴露或监督这个比例关系中的一切不合理因素，然后由一定的措施去排除其障碍，使每一个经济活动环节都能达到高度的合理和完善。

定额管理不仅是生产领域中合理组织生产的一种重要手段，也是在流通领域中用来正确指导分配和经营的一种重要方法。

针对各行各业的各种不同的定额，从制定指标、审查批准、动员贯彻直到信息反馈、检查核销的整个过程统称为定额管理。

1. 能耗定额的目标

能耗定额追求的目标是高度的能源利用效率。一个企业的能源利用效率其实是建立在能源使用效率、生产效率和经营效率之上的，如果一个企业只有较高的能源使用效率和生产效率，而经营效率很差的话，那么能源的利用效率仍然达不到应有的高度。

2. 能耗定额的作用

能耗定额是指在一定的生产工艺、技术装备和组织管理条件下，为生产单位产品或完成某项任务所规定的能源消耗数量标准。

能耗定额的作用：a. 企业编制各种能源消耗计划、生产计划的重要依据；b. 企业进行经济核算的主要依据之一；c. 促使企业提高技术水平，同时促进企业内部管理的不断加强。

3. 制定能耗定额的依据

1）国家的有关方针、政策、法规和标准。

2）企业的实际技术水平和生产消耗水平。

3）国内外同行业先进定额水平。

制定的能耗定额应具有先进性和合理性：

1）先进性是指在满足工艺需求和保证产品质量的前提下，充分考虑所能实现的各项节能措施（包括技术措施和管理措施）所收到的效果，要求所制定的能耗定额应高于平均水平。

2）合理性是指制定的能耗定额必须是切实可行且有科学依据的，而且经过努力可以达到的。

4. 能耗定额的内容

1）按照能源的不同种类分为煤炭消耗定额、焦炭消耗定额、汽车用油消耗定额、设备润滑油使用定额、电力消耗定额、蒸汽消耗定额等，这几种定额都称为能源消耗定额。

2）按照能量消耗的不同作用分为产品消耗定额、工艺消耗定额、工序消耗定额，如轧钢有开坯、轧材定额，铸铁件有烘模、化铁、退火定额等。

3）一个产品消耗两种以上的能源时又可分为单项消耗定额与综合消耗定额。

5. 制定单耗定额的方法

制定切实可行的单耗定额是一项关键性的工作，企业可根据所在地主管部门或行业协会制定的单耗定额进行考核。

一般可用技术计算法、实际测定法和统计分析法来制定单耗定额。

（1）技术计算法　是指在理论计算的基础上，对用能设备按照正常运行条件，并考虑已达到的水平和所采用的节能技术措施等因素来确定其单耗定额；还可以根据这些设备运行时的实际热效率和产品零件所吸收的有效热，通过热力计算进行能耗定额制定。如果某些设备负荷变化较大，则可以应用状态变化参数加以修正。

（2）实际测定法　是根据对用能过程进行现场测定所取得的数据来确定其能耗定额的方法。

（3）统计分析法　是根据过去已经生产过的产品或相似工件消耗能源的统计资料，在整理分析和对今后影响能源消耗的变化因素进行分析比较的基础上，结合现实生产技术设备条件来制定能耗定额的一种方法。统计分析法具有时间短、方法简便、工作量小、便于制定和修改等优点，因此实际工作中运用得较多。采用统计分析法制定能耗定额的计算办法有很多，常用的有以下几种：

1）公式法：查阅历史资料或近年来生产能源单耗最少的数据乘上能源单耗系数 K：

$$用能单耗(标煤) = \frac{总耗能量(t\,标煤)}{产量(产值)}K$$

式中，能耗单耗系数 K 一般可选取 $1.05 \sim 1.12$。

公式法适用于产品基本不变、规格品种单一的情况。

2）统计法：由于企业产品变更较大，老产品的统计数据已不起作用，则只能通过依照相同类型企业的有关单耗定额计算出本企业的总耗能量来制定，即

$$总耗能量 = 基本耗能量 + 单耗定额 \times 产量(产值)$$

式中，单耗定额可参照相同类型企业的有关数据，基本耗能量是指非直接生产消耗能量，如照明、维修、降温通风等。

计算出总耗能量以后，再除以本企业的产量（产值），即得到本企业的用能单耗。

$$用能单耗(标煤) = \frac{总耗能量(t\,标煤)}{产量(产值)}$$

3）界限法：界限法是根据企业生产产品系列化的特点提出的。由于生产系列产品必然有同一类型的多种规格品种，这样产品规格就有大有小，安排生产计划则会根据市场订货需要而变化，每年每月的产量、容量都不一样。为此可用界限法来制定用能单耗。

【案例 2-5】　某企业专门生产不同规格的变压器，每月生产容量与台数的起伏很大，如图 2-17 所示，所以该企业的能源消耗不仅取决于生产任务的多少，而且与变压器单台容量大小有关。几年来实际消耗能源的情况表明，在完成相同容量变压器的情况下，单台容量越大，消耗能量就越低，反之单台容量越小，消耗能量就越高，为此应用界限法制定了变压器单台平均容量分组定额表，见表 2-17、表 2-18。

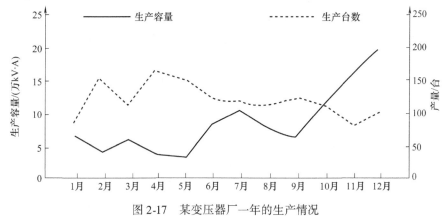

图 2-17　某变压器厂一年的生产情况

表 2-17　生产变压器消耗煤炭定额表

名　　　称	单台平均容量/(kV·A/台)									
	200 ~ 300	300 ~ 400	400 ~ 600	600 ~ 800	800 ~ 1000	1000 ~ 1200	1200 ~ 1500	1500 ~ 1800	1800 ~ 2100	2100 ~ 2500
单耗定额/[t标煤/(万 kV·A)]	17.5	15.5	14	11	7.8	6.5	4.4	3.5	3.4	3.2

表 2-18　生产变压器消耗电力定额表

名　　　称	单台平均容量/(kV·A/台)									
	200 ~ 300	300 ~ 400	400 ~ 600	600 ~ 800	800 ~ 1000	1000 ~ 1200	1200 ~ 1500	1500 ~ 1800	1800 ~ 2100	2100 ~ 2500
单耗定额/[(kWh)/(kV·A)]	2.528	2.3937	1.94	1.82	1.78	1.65	1.12	1.03	0.91	0.79

①某年某月该企业共生产变压器 153 台，生产总容量为 18.31 万 kV·A，当月实际消耗煤炭为 112.45t 标煤，该月节约的煤炭量有多少？

计算：该企业当月单台平均容量为

$$\frac{18.31 \times 10^4 kV·A}{153 台} = 1196.73 kV·A/台$$

查表 2-17 取对应于单台平均容量 1000 ~ 1200 的单耗定额，为 6.5t 标煤/（万 kV·A），则计划总耗为

$$6.5[t 标煤/(万 kV·A)] \times 1818.31 \times 10^4 kV·A = 119.01t 标煤$$

按单耗定额计算该企业当月计划耗煤为 119.01t 标煤，而当月实际消耗煤炭为 112.45t 标煤，故该月共节约煤炭 6.56t 标煤。

② 当年另一个月企业共生产变压器为 245 台，生产总容量为 8.93 万 kV·A，则单台平均容量为

$$\frac{89300 kV·A}{245 台} = 364.48 kV·A/台$$

查表 2-18 平均单台容量为 364.48kV·A/台时取单耗定额为 2.3937kWh/（kV·A），则计划总耗为

$$2.3937 kWh/(kV·A) \times 8.93 \times 10^4 kV·A = 21.375 万 kWh$$

按单耗定额计算当月计划消耗为 21.375 万 kWh，而当月实际消耗为 20.1 万 kWh，故该月共节电为 1.275 万 kWh。

4) 曲线法：企业在生产两种以上不同系列的产品时，则可用产值等来进行统计，并根据定额曲线来取有关能源消耗总定额。

5) 坐标法：将历年产品产量和能源消耗量单耗按月分别统计，并将统计数据用坐标图来表示，以月份为横坐标、能源单耗为纵坐标画出坐标图，即可直观地

看出变化趋势找出问题。使用这个方法时，要求统计资料的时间跨度要大，最好由三年的统计资料进行绘图，这样能耗定额将更符合生产实际。

二、加强能耗定额管理

1. 能耗定额管理存在的主要问题

当前能耗定额管理中的问题，主要表现在能耗定额指标不能完全反映产品生产和能量消耗之间的真实变化关系上，从而使定额大大失去了它对提高能源利用效率的应有作用。

1）有相当一部分企业的生产很不均衡。

2）在部分企业中，还没有理解实行能耗定额的目的和作用，如能耗定额究竟是用来计算奖金的，还是用来争取能源分配数量的，还是用来指导生产的尚未确定。实行定额管理的本意是要使定额指标能对生产真正起指导作用，使生产关系在不断地合理和完善中，形成高效的生产效率和先进的能源利用效率。

3）部分企业的能耗定额指标定得过粗。

2. 能耗定额的管理

（1）建立全面的计量记录制度　企业要想达到较高的生产效率和经营效率，必须是每一个生产环节、每一项经济活动都达到高度的合理和完善，这必然要依赖于严密完整的数据分析，而这些数据必须是在完整的原始记录上产生的，也就是要建立和健全计量记录制度——这正是当前能耗定额管理中的薄弱环节。

由于各行业的生产情况不一样，且同行业的生产与工艺过程也有区别，对原始数据的要求也不一样，一般要掌握下列数据：

1）一次能源（煤、油等）：一次能源的购入量；一次能源运输及其亏损量和实际入库量；一次能源各部门领用量及其亏损量；一次能源的各车间、各部门、炉窑、工艺的消耗量；一次能源的月底库存量。

2）二次能源（蒸汽、煤气等）：二次能源的产量、转换中亏损量；二次能源购入量；二次能源各车间、各部门、设备等的消耗量及亏损量；二次能源的每小时消耗量（绘制时间用能曲线）。

3）每条生产线、设备的实际开工班次（炉次），开工时数。

4）每种产品（或半成品）的废品数量；每一道工序或机台的返工作业量；每种产品（或半成品）的耗能量；每一道工序或机台作业耗能量。

（2）进行系统的统计分析　全面的计量记录制度的建立和健全只能提供真实的原始数据，并不能知道全部生产活动是否合理。如要确知每一个生产活动环节是否正常、全部相互关系是否合理，就得将原始数据进行系统的统计分析。

（3）逐步向工艺技术消耗定额过渡　目前，一般企业的产品仅有煤、油、焦、电力等不同种类的总定额指标，这些定额指标有三大特点：

1）当产品（包括规格）结构发生变化时而失去作用。

2）当工艺发生变化时而失去作用。

3）落实不到车间、工段、班组中去。

有条件的企业应按照不同产品、不同规格、不同的能源质量制定具体的工艺技术消耗定额指标，这是提高能耗定额管理水平的一条重要途径。

3. 加强能耗定额的考核

（1）考核的方式　当前我国能耗定额的考核与定额指标的审定，在体制上是一致的，指标的审定和考核是分级进行的。但这个考核的组织体制还不够完善。

1）对于企业的考核，一般产品的能耗定额是由企业的主管部门和能源分配部门共同审定、共同考核的；重点产品则是由省、市专业部门与地方政府共同审定。

2）企业内部的考核是由厂部对下面逐级进行考核，但做法、深度各不一致，多数的企业是大类产品定额，即按车间、工段的大类产品工序定额，所以企业内部的分级考核，在大多数企业并没有形成一个有效的考核体制，随着能耗定额管理工作的不断深化，考核工作将逐步健全完善。

（2）考核的内容　就其内容与范围来说，能耗指标的考核有 3 个深度级：

1）考核到单种产品的单项能耗。

2）考核到单种产品的综合能耗。

3）考核到单项工序的单项能耗和综合能耗。

（3）考核的标准

1）按定额指标考核：当前按月、按季对供应定额的核销，就是按定额指标进行的考核方法。由于各企业对指标制定的宽严不一，如以此来评定产品单耗水平的高低，对有些企业来说是很难揭示使用中的问题的。

2）按历史消耗水平考核：以产品的历史能耗水平来衡量主观努力程度的考核方法，这种方法是比较合理的。

3）用行业先进水平来衡量和考核：用行业先进水平来进行考核比用历史水平单独考核要更为合理，但行业先进水平也有它的局限性，因为一个行业的差距是经过相当长的历史时期形成的，这个差距的消除不一定能在短时期内解决，另外，同一行业所处地域的不同，也会造成因条件的不同而产生的更大差距的现象。

比较合理的考核办法是把以上 3 种考核方法结合起来进行综合考核。

整个定额管理的过程应包括从能耗定额指标的制定、审批、下达、贯彻，到能耗的实绩记录、原始数据的产生、信息的反馈、能耗的统计分析、单耗水平的评价考核为止，第一个过程结束，第二个过程又开始了，一年又一年地不断进行循环。

企业的能源利用效率和生产效率的提高，就是通过不断地循环，不断地排除"障碍"，而逐步达到高度完善和合理。

对于一个工业企业来说，能源利用效率提高是建立在高度的生产经营效率之上的，而高度的生产经营效率是靠全部生产关系的高度完善和高度合理来达到的。

三、企业用能指标考核

任何一个国家、地区、企业的经济发展都与能源消耗存在着一定的依赖关系，并分别采用能耗指标进行考核与分析，以确保地区或企业以有限的能源求得经济有较高速度的发展。

1. 企业用能指标的考核与分解

用能指标的考核与分解是使节能工作落到实处的关键，同时可以有力地促进节能效益的实现，既是企业节能降耗工作的中心环节，又是企业提高管理水平、促进技术进步，从而提高能源利用率和降低物质消耗的重要措施。

（1）用能指标的考核　对企业的用能指标考核有五类：单位产品能源消耗指标、单位产值能源消耗指标、万元工业增加值综合能耗指标、炉窑站房能耗分等指标、工序能耗或辅助生产能耗指标。尽管目前相当多的企业仍沿用单位产值能源消耗指标进行考核，但由于受到各种因素的影响，特别是价格因素的影响，这种考核很难反映企业之间的可比性，它仅在作为企业历年变化的客观反映时，与企业本身对照还有一定的促进作用。用单位产品能源消耗指标和万元工业增加值综合能耗指标进行考核时，综合性强一些，对同行业的企业之间有一定的可比性，同时在一定程度上能反映出增产与节约两方面的经济效果。所以重工业行业按工业炉窑站房能耗分等指标进行考核的，可比性更强一些，且可比范围更大、更广，同时客观地反映了企业能源管理基础工作的水平。

由于各企业在产品结构、品种、生产规模、耗能设备条件、工艺要求等方面存在着一定的差异，一般用万元工业增加值综合能耗或每吨产品综合能耗来进行考核。之所以选取一个综合指标进行考核，是为了避免一些不合理的因素，同时能够体现企业在全国行业中的水平。

$$万元工业增加值综合能耗 = \frac{综合能源消耗量(t标煤)}{工业增加值(万元)}$$

$$每吨产品综合能耗 = \frac{综合能源消耗量(t标煤)}{产品重量(t)}$$

凡采用万元工业增加值综合能耗考核的企业，如有季节采暖锅炉，一般可在总能耗中扣除采暖能耗。企业还可以从两方面努力来降低能耗定额，提高能源利用率：一是降低能源消耗量；二是提高产品数量或总产值。采用综合指标考核可以避免企业单纯追求提高设备的热效率，而促使企业的节能降耗工作紧紧围绕着提高经济效益来展开。

（2）用能指标的分解　为了加强对企业内部（如车间、班组、主要耗能设备等）能耗的考核，必须将能源消耗指标进一步分解，实行能耗定额管理，一般定额覆盖面要达到企业总耗能量的85%以上。建立完善的定额管理制度，将定额分解考核到车间、班组和主要机台，也是企业节能降耗工作一项十分重要的基础工作，见表2-19。

表2-19 能源定额覆盖面表

部门 （主要耗能设备）	能源 品种	计算 单位	定额	产量	定额 用量	实耗量	实耗量折成 标准煤/t 标煤	实耗量占企业 总能耗（%）	备注
合计									

1）指标分解要求。指标考核要横向到边、纵向到底，形成一个纵横连锁的分级管理的指标体系。

横向到边就是指不但各个生产车间要分解落实能源考核指标，而且一些辅助生产车间、科室也要有指标考核。表2-20是某企业横向考核分解情况。

表2-20 用能指标横向考核情况表

序号	部门	指标名称	考核方式			
			经济责任 制考核	能源节约 奖考核	承包奖 考核	劳动竞赛 奖考核
1	一车间	工时耗电	√			
2	二车间	工时耗电	√			
3	三车间	工时耗电	√			
4	动力机修车间	① 工时耗电	√			√
		② 每 km³ 压缩空气耗电	√	√		
		③ 10t/h 锅炉每吨蒸汽耗煤	√	√		
		④ 每吨水耗电	√	√		
		⑤ 每吨柴油自发电量	√	√		
5	四车间	工时耗电	√			
6	五车间	工时耗电	√			
7	六车间	工时耗电	√			
8	热处理工段	① 每吨热处理件耗电	√	√	√	
		② 每吨热处理件耗油	√	√	√	
		③ 每吨锻件耗油	√	√	√	
9	工厂车队	① 运输车辆耗汽油		√		
		② 运输车辆耗柴油		√		
10	行政科	4t/h 锅炉每吨蒸汽耗煤			√	√
11	全厂	单位产品耗电				

纵向到底，即指标层层分解到车间、工段、机台，使每个用能岗位目标明确，责任分明。表 2-21 是某企业锻工车间用能指标纵向考核分解情况。

2）指标分解方法。企业通过计算、实际测定、统计分析等方法制定各种能耗定额，而对于企业制定的能耗定额还要作进一步分解，使得对各部门、班组、机台的能耗定额都作为指标来进行考核，从而使这些定额指标客观地反映出增产与节约两方面的效果。

表 2-21　锻工车间用能纵向分解考核表

序号	厂部对车间考核指标	车间分解到机台指标
1	每吨合格锻件耗油为 280kg	自由锻 0.5t 炉，每吨锻件耗油 340kg 自由锻 1t 炉，每吨锻件耗油 280kg 模锻 1t 炉，每吨锻件耗油 300kg 模锻 3t 炉，每吨锻件耗油 250kg 压机 1600t 炉，每吨锻件耗油 200kg 压机 400t 炉，每吨锻件耗油 250kg 压机 160t 炉，每吨锻件耗油 230kg 热处理 1 号炉，每吨锻件耗油 200kg（产品） 热处理 2 号炉，每吨锻件耗油 180kg（淬火）、160kg（退火、正火）
2	每吨合格锻件中频耗电为 565kWh	100kW 中频炉，每吨锻件耗电 550kWh 100kW 以下中频炉，每吨锻件耗电 570kWh
3	每吨热处理锻件耗电为 265kWh	热处理电炉每吨热处理锻件耗电 265kWh

指标分解的方法一般可用单耗指标考核、用限量指标考核，或两者相结合进行考核。

对于车间、班组、机台单耗指标有下列确定方法：

① 将能源消耗量与产量挂钩，如每吨热处理件电耗、每吨锻件油耗等。

② 将能源消耗量与劳动量挂钩，如万工时耗电。

③ 用价值形式表示，如月产品产量能源消耗量。具体到车间、班组来说，月产品产量能源消耗量，用 t 标煤/万元、t 标煤/t（产量）、t 标煤/件（产量）、kWh/万元、kWh/t（产量）、kWh/件（产量）等来表示。

随着企业深化改革，已普遍推行承包责任制，对于某些车间、班组、机台单项能源考核已具备一定的基础条件时，也可实行综合能耗承包。

2. 建立能源指标体系

建立能源指标体系是为了对企业的能源指标的制定、分解、考核、控制实行综合性管理，并促进能耗定额在合理的基础上不断提高其先进性。

能源指标的制定、分解、考核是企业能耗定额管理的主要组成部分，而能源指标的控制管理则是能耗定额管理重要的措施保证。

1）一般来说，单耗指标能反映增产和节约两方面的经济效果。例如对工业锅炉考核的单耗指标为吨标汽煤耗，即每吨标煤产生的蒸汽越多，则锅炉的能源利用率越高，节约能源也越显著。但是当锅炉运行到一定程度时，如不顾生产中实际的蒸汽需求量，而继续产生大量蒸汽，则使蒸汽白白浪费，这样尽管单耗低了，却是以浪费蒸汽为代价的。所以针对这种情况就既要考核单耗又要考核限额指标，才能促使工业锅炉随时保持综合效益最佳的运行。这就需要对指标进行控制管理，以取得合理的效果。某些工厂通过提取节能奖方法对能源指标进行控制管理，力求使限额核定指标更符合生产实际需要。推荐公式如下：

$$B = b\left(\frac{E}{F} - Q\right)\left(1 + \frac{K - Q}{K}\right)$$

式中，B 为节能奖总额；b 为提奖单价；E 为本期实际产出的蒸汽量（t 标煤）；F 为定额能耗煤汽比；Q 为本期实际耗用煤（t 标煤）；K 为煤的耗用限额量（t 标煤）。

从式中可以看出，如果实际耗煤量超过煤耗用限额量，则其超过部分占限额量的比例就是影响节能奖金的比例。但在运用这个公式中，限额耗能量的核定要力求符合生产实际需要。

2）在指标考核中，既要防止鞭打快牛，又要防止保护落后。制定定额的原则是先进合理，对在实际制定的定额有时不一定先进合理。如用统计分析法确定定额或新定额与已执行了几年的定额相比，它们的定额水平会有较大的差别，如果提奖幅度又一样，那么有时客观上会起到鞭打快牛或保护落后的作用。为了使奖励幅度有所区别，比较有效的办法是采用奖励系数调节法，通过不同的奖励系数调节使提奖更为合理，一般可应用公式：

奖金额 =（定额单耗 - 实际单耗）× 实际产量 × 厂能源单价 × 提奖率 × 奖励系数

第八节　企业综合能耗计算与考核

一、综合能耗

综合能耗是企业在计划统计期内，对实际消耗的各种能源进行综合计算所得的能源消耗量。各种能源消耗不得重记或漏记。

各种能源的综合计算原则：

1）计算综合能耗时，其能源消耗量可以用 kg 标煤或 t 标煤表示。

2）企业消耗的一次能源量均应按应用基低位发热量换算为标准煤量；企业消耗的二次能源均应折算到一次能源，其中燃料能源应以应用基低位发热量为折算基础；企业中耗能工质所消耗的能源均应折算到一次能源。

3）目前，计量与测试装置尚不齐备时，统计期内燃料能源消耗量可暂用下列公式计算：

企业的燃料消耗量＝企业购入的燃料量±库存燃料增减量－外销燃料量－
　　　生活用能的燃料量

各种能源折标煤系数见表2-22。

表2-22　各种能源折标煤（系数值）

能源名称	折标煤/kg标煤（系数值）	能源名称	折标煤/kg标煤（系数值）
1kg 原煤	0.7143	1m³ 天然气（气田）	1.2143
1kg 洗精煤	0.9000	1m³ 焦炉煤气	0.6143
1kg 焦炭	0.9714	1m³ 水煤气	0.3571
1kg 原油	1.4286	1m³ 发生炉煤气	0.1786
1kg 重油	1.4286	1m³ 重油催化裂解煤气	0.6571
1kg 渣油	1.286	1m³ 重油热裂煤煤气	1.2143
1kg 煤油	1.4714	1kWh 电	0.350
1kg 汽油	1.4714	1t 新鲜水	0.257
1kg 柴油	1.4571	1t 软化水	0.4857
1kg 液化石油气	1.7143	1m³ 压缩空气	0.0400
1m³ 天然气（油田）	1.3300	1m³ 氧气	0.4000

二、企业综合能耗计算

综合能耗的计算考核是以企业作为一个考核的整体，其体系边界划定为具有
独立经济核算法人资格的工业企业。

产品可比单位产量综合能耗和企业可比单位净产值综合能耗考核指标的统计
口径和计算方法一般应按企业规定执行。

企业综合能耗是计划统计期内，企业在生产活动中实际消耗的各种能源实物
量（含耗能工质）分别折算为标准煤的总和，其单位为t标煤。

企业综合能耗＝∑（工业生产实际消耗的各种能源量×相应的折标煤系数）

1）用于工业生产的耗能，应计入企业综合能耗内，包括企业主要生产系统、
辅助生产系统和附属生产系统的耗能。如：a. 产品生产车间、辅助车间直接用作
燃料、动力的能源；b. 能源加工转换的自用和损耗；c. 能源储存和输送过程中的
损耗；d. 用作原料、材料的能源；e. 生产性运输耗能；f. 厂房照明、空调、取暖
耗能；g. 办公室、仓库的耗能；h. 厂区路灯耗电；i. 各种气体的检修放空损失等。

2）属于非生产性耗能的，不应计入企业综合能耗。如：a. 批准的基建项目用
能；b. 生活用能，如厂外职工宿舍、医疗保健站、学校、文化娱乐、商业服务、
托儿所（幼儿园）、招待所、食堂、浴室及与生活性耗能有关的运输耗能、线损
等；c. 不作为能源使用的变压器油、石蜡等。但当厂区内的非生产性耗能无计量
时，则应归入企业综合能耗内。

3）各种能源折算为标准煤的原则。

① 各种燃料能源的发热量应实测，并按应用基低位发热量为计算基准折算成

标准煤, 其折标煤系数为

$$折标煤系数(kg 标煤/kg) = \frac{某种燃料低位发热量(MJ/kg)}{29.27MJ/kg 标煤}$$

② 二次能源和耗能工质均应按相应的等价热值折算为标准煤: 企业自产时, 其折标煤系数按投入产出原则自行确定; 由集中生产单位供应时, 由当地主管部门确定。

4) 确定企业内部各部门 (车间、生产线等) 各种能源实际消耗量的原则。

① 各种能源的消耗量必须以实测为准, 外购量必须与仓库记录和财务部门的结算凭证一致, 用于非生产性耗能量和各种扣除部分均必须有实据。

② 企业消耗的某种能源量收支应平衡, 并应按下式计算:

能源生产性消耗量 = 期初库存量 + 购入量 - 外销量 - 非生产性消耗量 - 期末库存量

式中, 外销量为购入能源中的转供和外销部分及自产二次能源的销售量。

③ 企业所消耗的各种能源不得重记或漏记。

④ 就能源和产品来说, 企业投入的是各种能源, 产出的是合格产品, 体系内所消耗的各种能源, 必须全部分摊到产品中去, 分摊的方法是"投入产出、能量守恒", 分摊的原则是"为谁服务、由谁承担"。

三、企业可比综合能耗

企业可比综合能耗是指在企业综合能耗基础上, 为了增大企业之间的可比性, 根据规定扣除某些不可比因素的耗能量之后的综合能耗量 (t 标煤), 可用下式计算:

企业可比综合能耗 = 企业综合能耗 - 冬季取暖耗能 - 厂外运输耗能

式中, 冬季取暖耗能为国家规定的取暖区和取暖期中的冬季取暖耗能, 其中生产工艺或设备需控温的场所的耗能不应包括在内 (t 标煤); 厂外运输耗能为厂区范围以外, 其本企业生产性运输所消耗的能源 (t 标煤)。

四、产品可比单位产量综合能耗考核

根据企业产品和耗能设备的不同类型, 分别用工业产值综合能耗、工业增加值综合能耗、产品可比单位产量综合能耗进行考核。

产品可比单位产量综合能耗是企业期内某产品可比综合能耗与合格产品产量的比值, 即

某产品可比单位产量综合能耗[kg(t)标煤/(台、件等)] =

$$\frac{某产品可比综合能耗[kg(t)标煤]}{某产品产量(台、件等)}$$

产品是指企业的最终产品、中间产品和初级产品中的合格品。产品产量可以采用原型产品产量, 也可以采用以耗能量为基准折算成的标准产品产量, 后者特别适用于工艺过程近似的具有多种型号规格的同类产品。对于正常生产周期超过一年的产品, 可用与耗能成一定比例关系的某一参量确定该产品的年度产量。

【案例2-6】　某企业产品可比单位综合能耗考核情况。

1）企业投入能源量和消费量的平衡表见表2-23，它主要是明确3个问题：a. 企业投入各种实物能源的种类和数量；b. 部门对各种实物能源的消费量；c. 企业综合能耗量和企业可比综合能耗量。

表2-23由两部分构成，上面部分为企业投入能源量（A1～A4），下面部分为用户的消费量（B1～B4），这两部分列在同一表上，便于直接互相对照。为便于区分，表中对购入、自产二次能源和耗能工质（如期初库存、购入量和自产耗能工质的产出量）均冠以"＋"号；对期末库存、用户消费量和损耗量均冠以"－"号。各量间必须保持下列关系：

投入量（＋）＝消费量（－）

企业投入电量（＋）＝Σ用户消费电量（－）

企业自产和外购蒸汽量（＋）＝Σ用户消费蒸汽量（－）

为便于计算，实物能源的排列顺序应按"一次能源在前，二次能源在后；已知折标煤系数者在前，待求折标煤系数者在后"的原则进行排列。如表中煤炭在前、蒸汽在后。

2）体系内损耗量的分摊：损耗是能源储存、转换、输送过程中必然发生的，损耗量等于投入量减去消费量。一般情况下，损耗不应为零，也不应大到超出正常值，损耗量分摊应按"用量大得多分摊、用量小的少分摊，进入体系前转走的不分摊"的原则，分摊给转出量、非生产性消费量、能源供应系统、生产系统和辅助系统。为此应正确地选取损耗分摊系数的基数（分母）。如电表的记录值为$80 \times 10^3 \text{kWh}$，电的转出量在损耗摊入后则为

$$80 \times 10^3 \text{kWh} \times \left(1 + \frac{120}{2505.1 - 120}\right) = 84.025 \times 10^3 \text{kWh}$$

3）为了计算企业综合能耗和企业可比综合能耗，需把生产、非生产、取暖、厂外运输耗能区分开。表2-24是自产汽投入、产出、消费分摊表。

按消费比例，反过来再把投入的煤、水、电区分成生产、取暖、非生产三个部分：

煤炭 422.228t $\begin{cases} \text{生产 211.115t} \\ \text{取暖 95.397t} \\ \text{非生产 115.716t} \end{cases}$

水 2.655km³ $\begin{cases} \text{生产 1.333km}^3 \\ \text{取暖 0.602km}^3 \\ \text{非生产 0.730km}^3 \end{cases}$

电 $17.225 \times 10^3 \text{kWh}$ $\begin{cases} \text{生产 8.613} \times 10^3 \text{kWh} \\ \text{取暖 3.892} \times 10^3 \text{kWh} \\ \text{非生产 4.721} \times 10^3 \text{kWh} \end{cases}$

表 2-23　企业能源购入

企业名称　　　　　　　　　　　　　　　　　　　　　　　　　　　　年

能源种类	电力	煤炭
计量单位	$1 \times 10^3\,\text{kWh}$	t
折标煤系数	0.350	0.7143

项目			电力	煤炭
	A1	企业期初库存量	—	+40
	A2	企业期内输入量	+2505.1	+567
	A3	企业期末库存量	—	−20
	A4	企业期内投入能源总量	+2505.1	+587

消费量			实际消费量 1	损耗摊入后消费量 1（小计）	损耗摊入后消费量 1（分项）	实际消费量 2	损耗摊入后消费量 2（小计）	损耗摊入后消费量 2（分项）
B1		企业期内转出量	−80	−84.025		0	0	
B2		企业非生产性消费量	−856	−899.067		−153	−157.563	
B3 产品生产系统 — 能源供应系统 — 自产水 304×10³m³	B3.1	生产用			−92.953			0
	B3.2	取暖用	−177	−185.905	−0.368	0	0	0
	B2	非生产用			−92.584			0
自产汽 2410t	B3.1	生产用			−8.613			−211.115
	B3.2	取暖用	−16.4	−17.225	−3.892	−410	−422.228	−95.39
	B2	非生产用			−4.721			−115.716
产品直接生产系统 — 产品 A 432.04t	B3.1	生产用	−1073.3	−1127.300		0	0	
	B3.2	取暖用	0	0		0	0	
产品 B 148.61×10⁴m	B3.1	生产用	−92.1	−96.734		0	0	
	B3.2	取暖用	0	0		0	0	
不考核产品 100 件	B3.1	生产用	−84.1	−88.331		0	0	
	B3.2	取暖用	0	0		0	0	
公用辅助系统	B3.1	生产用	−6.2	−6.512		−7	−7.209	
	B3.2	取暖用	0	0		0	0	
	B3.3	厂外运输用	0	0		0	0	
B4		损耗	−120	0		−17	0	
		损耗分摊系数	120/(2505.1−120)			17/(587−17)		
小计	B3.1	生产用		−1420.443			−218.324	
	B3.2	取暖用		−4.26			−95.397	
	B3.3	厂外运输用		0			0	

注：1.（A4）企业期内输入能源总量 $\begin{cases}\text{（B1）转出量}\\ \text{（B2）非生产消费量}\\ \text{（B3）产品生产系统消费量}\begin{cases}\text{（B3.1）生产}\\ \text{（B3.2）取暖}\\ \text{（B3.3）厂外运输}\end{cases}\\ \text{（B4）损耗}\end{cases}$

和消费平衡表

汽油		外购水		自产水		自产汽	
t				×10³t		t	
1.4714				0.247058		0.128305	
+5				—		—	
+13				—		—	
-4				—		—	
+14				—		—	
实际消费量	损耗摊入后消费量	实际消费量	损耗摊入后消费量	实际消费量	损耗摊入后消费量	实际消费量	损耗摊入后消费量
3	3	4	4	5	5	6	6
-2	-2			0	0	0	0
0	0			-147	-150.668	-569.5	-660.488
0	0					0	
0	0			+304		0	0
0	0					0	0
0	0					-1.333	
0	0			-2.6	-2.665	-0.602	+2410
0	0					-0.730	
0	0			-121.5	-124.531	-205	-237.753
0	0			0	0	-102.5	-118.876
0	0			-8.1	-8.302	-174	-201.800
0	0			0	0	-87	-100.900
0	0			-3.4	-3.485	-260	-301.540
0	0			0	0	-130	-150.770
-7	-7			-14	-14.349	-400	-463.908
0	0			0	0	-150	-173.965
-5	-5			0	0	0	0
0	0			-7.4	0	-332	0
				7.4/(304-7.4)		332/(2410-332)	
	-7						
	0						
	-5						

2. 企业综合能耗 = 生产、取暖、厂外运输耗能总和

$$= [(1420.443 + 4.26) × 0.404 + (218.324 + 95.397) + 0.7143 + (7 + 5) × 1.4714]t\ 标煤$$
$$= 817.328t\ 标煤$$

3. 企业可比综合能耗 = $[817.328 - 95.397 × 0.7143 - 4.26 × 0.404 - 5 × 1.4714]t$ 标煤 = 740.108t 标煤

表 2-24　自产汽投入、产出、消费分摊表

投入 (损耗摊入后)	产出蒸汽	消费蒸汽
煤炭 422.228t		生产 1205.001t (50.00%)
水 2.665km³	2410t	取暖 544.511t (22.594%)
电 17.225×10³kWh		非生产 660.488t (27.406%)

表 2-25 是自产水投入、产出、消费分摊表。

表 2-25　自产水投入、产出、消费分摊表

投　入	产　出　水	消　费　水
电 185.905×10³kWh	304×10³t	生产 $(150.667+1.333)×10^3t=152×10^3t(50.000\%)$
		取暖 $0.602×10^3t(6.198\%)$
		非生产 $150.668+0.730=151.398×10^3t(49.802\%)$

第九节　能源供应、贮存、运输

各类投入企业的能源，有的可以直接使用，有的还要经过加工、转换，转变成二次能源和耗能工序，供企业用能系统使用。

一、做好能源供应、消耗、贮存管理

1) 做好能源 (燃料) 进库、出库、消耗台账的管理。

2) 能源 (燃料) 供应要做好计划，在确保企业生产经营活动正常进行的同时要压缩库存，以减少库存资金压力。

3) 能源 (燃料) 贮存要做到经常检查，确保安全生产，并定期进行化验。

二、做好能源转换及运输管理

1) 建立能源加工转换台账，并对煤汽比、电汽比、水汽比等指标及时进行分析，并采取相应措施，以不断提高加工转换效率。

2) 能源在传递、运输中会有一定的损失量，通过加强管理、巡回检查，使损失量、损耗量降到最低，使能源成本进一步下降。

三、加强热力管网管理

热力管网是输送热能管道的通称，一般载热工质为蒸汽和热水。但因蒸汽冷凝水回收与蒸汽的生产输送密切相关，故有的企业将蒸汽冷凝水回收管网也列入了热力管网范围内。

1. 热力管网基础管理

加强热力管网的基础管理，确保热力系统安全及经济运行是十分重要的。

(1) 热力管网的基础技术资料

1) 竣工后的系统图与平面布置图。

2）流量计与重要阀门的出厂合格证，管道及支架等图纸和金属材料质量保证书，水压试验记录，焊接记录等。

3）水力计算书，热应力（补偿）计算书和保温计算书等。

4）用户用汽的参数及不同季节的负荷，凝结水回收水量及水质记录。

5）热力管网腐蚀情况检查记录等。

（2）热力管网管理制度的主要内容

1）热力管网归属的分界线，热力站（锅炉房）送出蒸汽的参数或热水的参数及其波动范围。

2）各用户的用热参数和管网负荷的大小波动范围，有关参数测量和流量计量办法。

3）用户开始与停止用汽（热）时与热力站的联系办法、调整方法及允许增减负荷的速度和数量，蒸汽凝结水回收的质量指标及检验办法，凝结水回收的数量指标及波动范围。

4）热力站与用户的结算办法，新增用户提供用热申请，原有用户提出增容或变更用热参数申请的审批办法及实施办法。

5）生活用气（采暖、浴室及蒸饭用汽等）的供应起止时间。

2. 热力管网经济运行及维修

热力管网在投入运行前必须进行一系列的检查和试验，只有在符合规程及规范时，才允许投入运行。

热力管网投入运行后要立即对系统进行全面调整，使热力管网在最佳供热方式下运行。所谓最佳供热方式，除应满足供热要求外，还必须满足以下各方面：热力管网的压力损失要小，热力管网散热损失要小，用户开始和停止用热（汽）或出现事故时易于切换及调整，凝结水回收不受污染，水量损失小和水温高。

最佳供热方式确定后，热力管网在运行过程中还要及时进行维护保养。其内容如下：

1）及时消除跑冒滴漏现象。

2）每隔半个月至1个月对裸露在室外的阀门丝杠加油、活动1次，以防生锈咬住。

3）脱落的保温层要及时补修。

4）每3个月到半年检查1次热膨胀情况。

5）每半年检验1次压力表，检查1次滑动、滚动支架锈蚀情况。

6）热力管网停运检修时，应在冷却后将其中的积水全部放尽，并尽可能检查其腐蚀情况。对长期停用的热力管网，要采取适当防腐措施。

由于热力管网不允许经常停用，故在检修过程中，对有隐患的阀门应尽量研磨检修。

7）热力管网在正常运行期间，每天应做 1 次核算，确定锅炉房（热力站）的供汽量和用户用汽量、热力管网损失蒸汽量之间的差值。核算时要注意修正气压、气温的波动对蒸汽流量的影响。在核算中对热力管网损失及用户用气量的较大变化，都应查出原因，并作适当处理。

第十节　节能减排规划与项目可行性分析

一、节能减排规划

节能减排是我国经济和社会发展的一项长远战略方针，也是当前一项极为紧迫的任务。为推动全社会和各企业开展节能降耗，促进经济社会可持续发展，实现全面建设小康社会的宏伟目标，做好节能减排规划是十分重要的。

1. 节能减排规划的准备

节能减排规划的本质在于综合分析，而分析的基础为资料信息及数据的收集，主要内容包括：

1）产品结构及产量及发展规划。

2）工艺装备水平及提升。

3）能源结构，即燃料间相互替代，燃料使用效率等。

4）经济约束，即企业内部价格的合理性、成本最小化等。

5）环保约束，即控制排放量、有害物浓度等。

6）政府政策与信息、项目主项贷款，税收优惠政策等。

2. 节能减排规划的内容

1）企业节能减排规划应建立定量的节能减排规划目标，其中五年目标不应低于企业所签订的节能减排目标责任书的承诺目标。规划目标中应包含企业主要产品单位能耗等具体指标的定量说明。

2）规划应有切实可行的组织措施、管理措施、技术革新措施以及投资计划，应对目标的实现可能、实现途径进行论证。

3）企业节能减排规划必须涵盖以下内容（未能涵盖的，应视为规划不完整，建议进行修改）：a. 企业概况；b. 企业能源利用和节能减排概况；c. 存在的问题及与国内外先进水平的差距；d. 规划指导思想；e. 规划目标；f. 规划的主要任务；g. 规划的重点工程措施（重点工程要满足节能减排规划目标的实现）；h. 规划的保障措施；i. 规划的实施计划。

4）企业节能减排规划应有企业法人代表签字确认，以确保规划内容的真实可靠。

3. 节能减排规划的制订步骤

1）第一阶段：确定目标，即企业在未来的发展过程中，在应对各种变化的前提下所要达到的目标。

2）第二阶段：通过对系统分析，找出节能潜力和有害物排放薄弱点，有针对性地采取管理、技术措施以达到目标。

3）第三阶段：对节能减排规划进行评估，与目标差距较大时，应通过反复论证进行修正。

4. 节能减排规划的目标

目标包括总体目标及分系统、分年度目标，要求分系统、分年度目标必须与总体目标相吻合。

规划目标是制订节能规划的核心。确定目标时有三个依据：一是政府和行业主管、综合性主管部门提出的强制性的定额或限额；二是国家和行业标准规定的具体指标，行业准入条件规定的指标等；三是企业从自身出发提出的目标值，或企业承担社会责任提升形象提出的目标值等。

5. 节能减排规划的审核

1）节能主管部门根据规定，组织有关专家对地区或企业节能减排规划进行审核。在审核过程中，要认真核实地区或企业提交的所有资料，避免弄虚作假和走过场，审核工作不向企业收取任何费用。

2）节能主管部门可以组织专家组开展审核工作，专家组工作开展必须按规范化顺序进行作业，专家组名单应上网公布，接受公众监督。

3）专家组对地区或企业编制节能减排规划的有关数据必须进行调查、取证，同时结合能源审计报告参照进行。

4）对于地区或企业节能减排规划未通过审核的，节能主管部门及专家组应将详细问题进行描述，并将修改意见提供给地区或企业，以便地区或企业在规定时间内提交修改后的节能减排规划。

5）地区或企业节能减排规划可以组织人员编制，也可以委托各地节能中心或其他单位编制。

二、做好节能减排规划

节能减排是两化融合的重要切入点，是促进产业结构调整的重要抓手，它改变了过去企业能源管理的粗放模式，极大地提高了企业的节能技术、装备和管理水平。

用信息化手段提升传统产业和节能减排水平是促进技术创新的重要内容。应加快信息技术、环保友好技术、资源综合利用技术及资源节约技术的融合发展，形成低消耗、可循环、低排放、可持续的产业结构和生产方式；推进能源资源管理和利用方式的转变，提高行业、企业资源综合利用的水平和效率。

1. 利用信息技术，促进节能减排

两化融合作为促进节能减排的重要举措和有效途径，在钢铁、石化、有色、建材、轻工、纺织、装备、信息产业等行业已取得了显著的成效和初步的经验。

成功的经验有：一是把通过信息化来促进节能减排纳入到企业的总体发展战略；二是在企业的技术改造、流程优化、循环利用、管理等各个环节，用融合的思路将企业节能减排降耗和信息技术运用紧密连接在一起；三是企业利用信息技术促进节能减排降耗正在从单一的环节向集成的、综合的方向转换；四是在产业园区、产业聚集区等更广阔的范畴进行统筹协调，实现更大范围、更大程度地利用信息技术促进节能减排；五是各地方、各行业推进信息技术促进节能减排工作的机制有了不少创新；六是信息技术在促进工业行业节能减排降耗的过程中，催生了新兴的服务业；七是信息通信技术为政府主管部门调控、监测节能减排工作提供了工具和手段。

2. 运用智能化技术，提高节能减排水平

推动重点用能设备的数字化、智能化，逐步开展用能企业能源管理中心项目建设，研究开发重点行业能源利用数字化解决方案。建立工业污染源、节能环保和工业固体废弃物综合利用信息平台将是今后推进节能减排与两化融合的重点任务。

如中国石油天然气集团公司将信息系统和互联网＋植入生产过程中，采用大集中的系统架构，实现信息化自身的节能降耗。采用油气水井生产数据管理、远程监控等系统，改变传统的生产作业方式，促进油气开采的节能减排。采用炼油与化工生产运行管理系统，实现生产精细化管理和平稳运行，促进炼化生产的节能减排。采用管道生产管理系统，实现管道运营的全面监控和实时优化，促进油气储运的节能降耗。

3. 抓好主要行业的节能减排规划

如石油和化工行业，要担负历史责任，努力实现全国新时期节能减排目标，做好节能减排规划，具体内容：

（1）积极推进节能减排　推进行业节能减排是调整产业结构、转变行业发展方式的工作，作为重点工作加以推动落实。制定了《促进石油和化工行业节能减排工作的意见》；组织编制行业资源节约与综合利用标准规划和标准体系框架，完成烧碱、电石、黄磷、合成氨等能耗标准，纯碱、烧碱等清洁生产标准和氮肥、磷肥等污水排放标准的编制，以及对氯碱等重点耗能行业的能效对标工作。

（2）大力开展节能减排技术的推广与应用　中国石油和化学工业联合会推荐的13 项重点技术已列入《国家重点节能技术推广目录》；4 个项目进入全国 7 个重点支持的清洁生产示范项目；召开全国石油和化工行业节能、环保新技术新产品新设备交流会等，推广节能环保型密闭电石炉、干法乙炔、煤气化等一批先进技术。

（3）加强行业环境保护工作　参与建设项目环保准入等法律法规的制修订；配合国家环境保护部开展了化工环境风险防范调查及化工建设项目环境影响技术评估；推荐上海化工园区、山东海化集团有限公司、新疆天业集团等园区和企业列入循环经济试点；依照《清洁生产促进法》对重点企业进行了强制审核，组织

国家第三批清洁生产技术的评审推荐。

（4）大力推进责任关怀 积极倡导以注重环境质量、关心健康水平、实现和谐发展为主要内容的责任关怀活动，以各种方式宣传推荐责任关怀理念，举办责任关怀促进大会和行业责任关怀年度报告发布会，向社会通告企业履行社会责任的情况。

三、节能减排项目可行性分析

1. 节能减排项目技术经济分析

1）节能的中心目标是采用技术上可行、经济上合理和社会上可以接受的措施，提高能源利用效率，并尽可能地减少单位产品或产值的能源消耗，尽量减少污染物的排放。节能减排项目技术经济分析就是对各种节能措施、方案和政策从技术、经济、环境保护、财务和社会影响等各个方面进行综合性的分析和研究，为选择最佳的节能方案提供科学依据。

例如对用能设备进行局部或全面改造，采用各种省能型的设备、机具、材料或工艺，都能使单位产品或产值的能耗有所减低，获得节能效果。但采用任何节能技术必然要消耗各种物资和人力，因此，需要有一个所得与所费的比例关系，节能减排项目技术经济分析作为一种方法，就是要寻求以最少的劳动消耗来获得最大节能效果的途径。

目前，全国各地正在全面开展节能减排活动，而且所需的资金和物资相当紧张，因此做好节能减排项目技术经济分析，努力提高节能减排经济效果具有非常重要的现实意义。

2）一切产品都直接或间接消耗能源，一切产品的生产都不能离开能源。例如对火力发电等供能系统或局部采取改造，一方面增加了能量的输出，另一方面在建造这些节能措施时，要消耗一定数量的原材料，也同样要输入一定的能量，这样，每一项节能减排工程与措施都有一个能量的平衡问题。节能减排项目技术经济分析就是分析某个供能系统或节能措施在一定时期内输出的能量与为建造和使用这个系统所输入的能量之间的关系。如果输出减输入得正值（净能量），那么从能量平衡角度来说，这项工程或节能措施是可行的；反之，则不可行。

2. 评价节能减排项目技术经济效果的指标

评价节能减排项目技术经济效果主要指标有投资指标、成本节约指标（能源节约指标）、盈利指标、污染物排放指标和物资消耗指标等。

（1）投资指标 是以货币表现的节能减排项目技术措施所需的总费用，即

$$K_{\text{g}} = K_1 + K_2 + K_3 + K_4$$

式中，K_{g} 为节能减排投资总费用；K_1 为用于建筑方面的费用；K_2 为用于购置各种设备、机具等方面的费用；K_3 为用于安装方面的费用；K_4 为管理费用及其他有关费用。

（2）成本节约指标 是计算采用节能减排措施前后的成本差额，即

$$\Delta C = C_1 + C_2$$

式中，ΔC 为节能减排措施前后的成本差额，即成本节约指标；C_1 为采用节能减排措施前的成本指标；C_2 为采用节能减排措施后的成本指标。

（3）盈利指标 是指节能减排投资的利润率，即

$$\eta_L = \frac{L_2 - L_1}{K_\varepsilon} = \frac{\Delta L}{K_\varepsilon}$$

式中 η_L 为节能减排投资利润率；L_2 为采用节能减排措施后的年利润额；L_1 为采用节能减排措施前的年利润额；ΔL 为利润差额。

在一般情况下，成本差额（降低）ΔC 与节能减排利润差额 ΔL 是一致的。企业盈利是国家资金积累的源泉，搞好节能对提高企业的盈利有很大的作用。据某机械集团统计，在 2014 年比 2015 年增加的 12.4 亿元利润中，增产与降低成本各占一半，靠降低成本获得的利润为 6.2 亿元，其中节约各种能源获得的利润达 2.37 亿元，占成本降低总额的 38.2%。

（4）污染物排放指标 将节能减排项目实施前与实施后的污染物排放情况，通过环保测定进行比较：第一是评估实施后的污染物排放量是否已减少，如排放情况没有得到改进，则需要考虑重新制订新方案；第二是检查项目实施后是否有新的污染物排放或新的污染物排放超过国家、地方和行业的限额，如果有则需要考虑重新制订新方案。

（5）物资消耗指标 一般也使用货币折算表示物资消耗增减情况。

3. 具体计算方法

节能减排项目技术经济分析的目的是研究和分析节能减排措施的经济效果，因此，节能减排项目技术经济分析的方法是利用各种数字公式，具体计算出每个节能减排措施在实施时所取得的经济效果的数量指标，以作为选择和确定方案的依据。具体计算方法有静态计算法和动态计算法两类。

（1）静态计算法

1）投资回收期 T：

$$T = \frac{K_\varepsilon}{L}$$

式中，T 为投资回收期；L 为投资所增加的年利润额。

对节能减排技术方案来说，T 为依靠节能减排所增加的利润额偿还投资所需的年限，故公式变化为

$$T = \frac{K_\varepsilon}{\Delta L} = \frac{K_\varepsilon}{\Delta C}$$

式中，T 为投资回收期（年限）。

在节能减排计算中，ΔL 也可以简化为

$$\Delta L = Zj - S$$

式中，Z 为年节能总量（t 标煤）；j 为单位能源价格（元/t 标煤）；S 为节能技术投入后少量的维护费用。

则公式变化为

$$T = \frac{K_\varepsilon}{Zj - S}$$

上述公式表明：节能投资的回收期越短，其节能经济效果就越好。

2）投资利润率（节能减排盈利指标）：

$$\eta_L = \frac{\Delta L}{K_\varepsilon} = \frac{\Delta C}{K_\varepsilon}$$

3）投资节能率 η_z：表示年节约能源的数量与投资的关系为

$$\eta_z = \frac{Z}{K_\varepsilon}$$

η_z 为投资节能率，反映单位投资的节能效果。即每万元投资可以每年节约标准煤多少吨。投资节能率越大，节能经济效果也就越好。

4）节能投资率 α：

$$\alpha = \frac{K_\varepsilon}{Z}$$

α 为节能投资率反映每节约单位能源所需要的投资数，即每节约 1t 标准煤需要多少元投资。节能投资率越小，节能经济效果也就越好。

（2）动态计算法　动态计算方法与静态计算方法的主要区别在于需要考虑投资资金的时间因素，即考虑资金的增值，也就是资金的利息。过去我国的基建投资包括节能减排投资，都是由国家无偿拨款，企业既不付利息，也无须还本，因此在计算投资经济效果时可用静态计算法。但目前基建投资包括节能减排投资由拨款改为贷款，企业既要付息，也要还本，所以在计算节能经济效果时，必须采用动态计算方法。动态计算法的公式为

$$K_\varepsilon = K_0 (1 + i)^n$$

式中，K_ε 为几年后投资资金的总额；K_0 为当时投资的金额；n 为投资使用的年数；i 为投资资金的利率。

其他指标计算是相同的。

例：借（贷）款 1000 元，年利率为 6%，3 年的计息情况见表 2-26。

表 2-26　计息表　　　　　　（单位：元）

年限 n	单利计息		复利计息	
	利　息	负 债 额	利　息	负 债 额
1	60	1060	60	1060
2	60	1120	63.6	1123.6
3	60	1180	67.42	1191.02

四、节能减排投资的经济界限

确定节能减排投资的合理标准和经济界限，对于衡量节能减排项目技术的经济效果，选择节能减排投资的正确方向是非常重要的。

（1）节能减排投资的合理标准　根据有关公式推算，企业节能减排投资的合理标准为

$$\overline{K} \leqslant \frac{\Delta \overline{L}\left[(1+i)^{t-n}-1\right]}{i(1+i)^{t}}$$

式中，$\overline{K}$ 为每节约 1t 标煤所需要的合理投资标准；$\Delta \overline{L}$ 为每节约 1t 标煤企业新增加的利润金额；i 为贷款利率；t 为经济效果的计算期（目前可取 6 年）；n 为节能项目的施工期。

如华东某地区取 $\Delta \overline{L} = 400$ 元（即 1t 标煤的价格减去少量的维护费），当 $i = 6.28$ 厘（一般指月利率，千分之一），$n = 1$ 年时代入公式得

$$\overline{K} = \frac{400 \times \left[(1+0.00628)^{5}-1\right]}{0.00628 \times (1+0.00628)^{6}} \text{元/t 标煤} = 1983.28 \text{ 元/t 标煤}$$

以上计算反映出该地区企业每节约 1t 标煤所需要的投资金额不超过 1983.28 元。

（2）节能减排投资的经济界限　以上节能减排投资的合理标准是从企业偿还贷款的角度来考虑的，如果从国民经济的全局考虑，将节能与开发进行比较，节能减排投资则要少得多，其计算公式为

$$K_{开} = (K_1 + K_2) \times 1.4$$

式中，$K_{开}$ 为每吨某能源的总投资费用（元）；K_1 为每吨某能源投资费用（元）；K_2 为每吨某能源运输和供应等投资费用（元）；1.4 为一般取原煤与标煤的折煤系数。

根据有关部门统计资料，全国平均开采 1t 原煤的投资为 700 元，加上运输和供应方面的投资为 460 元，则节能减排项目每 1t 标煤的总投资为

$$K_{开} = (700 + 460) \times 1.4 \text{ 元/t 标煤} = 1624 \text{ 元/t 标煤}$$

节能减排与开发的建设期大不相同，其公式如下：

$$\overline{K} = (K_1 + K_2) \times \frac{(1+r)^{n_2}}{(1+r)^{n_1}} \times 1.4$$

式中，r 为全国平均的资金创利税率，目前一般约为 0.09；n_1 为节能建设周期；n_2 为开发建设周期；1.4 为一般取原煤与标煤转换系数。

一般节能减排项目能在 1 年之内完成，而煤矿和铁路建设的工期都在 5 年以上，因此开发项目被允许的最高经济界限（以煤矿为例）为

$$\overline{K} = (700 + 460) \times \frac{(1+0.09)^{5}}{(1+0.09)} \times 1.4 \text{ 元/t 标煤} = 2289.84 \text{ 元/t 标煤}$$

（3）节能减排投资方向的选择和加强节能项目的管理　从 2010～2014 年期间，某市工业产值增长为 39.1%，能源消费增长为 18.4%，能源弹性系数为 0.47，而 2012 年和 2013 年两年实施的节能减排项目，其投资回收期一般为 1～2 年，而且有相当多的企业在当年就收回全部投资。根据实际情况来看，大多数项目节约 1t 标煤的投资需要 500～900 元，比投资的合理标准要低得多。当然也要看到目前的节能减排项目，主要是加强管理、完善生产组织、开展小改小革或属于设备的局部改造，所以花钱不多，收益高。随着节能减排工作从低阶段向高阶段的发展，节能减排的难度会逐渐增大，节能减排的投资也将会逐步增加。如某市在制定今后 2～3 年内节能减排规划中部分的 66 个项目中，其中节约每吨标煤的投资在 400～500 元的仅占 9 项，占 15%；投资在 500～900 元之间的共有 42 项，占 64%；投资大于 900 元的，共有 15 项，占 21%。虽然从投资的合理标准和经济界限来看，经济效果仍然是好的，但和上几年相比，单位投资在逐步提高。

为此可以考虑：

1）企业要根据自己的实际情况，对可能的节能减排项目进行分析和排队，实行好中择优的原则，选择经济效果最好的项目先上。

2）目前节能减排的投资重点仍应放在节能减排效率、污染物排放和经济效果较好的小改小革与设备的局部改造上，以便在国民经济调整时期使有限的节能资金及时回收，当然也要抽取一定比例的资金放在效果较好的全面技术改造上。

3）加强对节能减排项目的管理，建立一套科学的审批和监督程序。

① 较大的节能减排项目在上马以前，必须提出技术经济分析报告。根据项目大小分别提交有关领导部门审查，并邀请有关经济技术专家参加。只有在项目技术上可行、经济上有利、（财务）资金上有保障、对国民经济全局有益的项目，才能进行施工。

② 加强银行对节能减排项目的监督，一个项目的建设涉及各个方面，在企业向银行申请贷款时，银行应认真进行复核和审查，以确保贷款能够到期偿还。

③ 建立节能减排技术服务中心，帮助各企业解决节能减排中遇到的各种技术问题，协助企业对重大项目进行经济分析工作，协助企业培养节能减排专业人员等。

第三章　节能减排新机制、新思路、新方法

"十二五"期间我国节能减排工作取得了重大突破，"十三五"期间国家明确要把节能减排当作调整经济结构、转变增长方式的突破口，并作为宏观调控的重要目标。

工业是我国实现经济发展方式转变的主战场，在节能减排中发挥着关键性作用，按照建设资源节约型、环境友好型社会的战略要求，大力推进节能减排技术进步，积极提升企业节能减排的管理水平，用新机制、新理念、新思路、新方法、新措施来破解当前节能减排工作中出现的新情况、新动向和新问题，可对工业企业节能减排科学发展起到促进作用，同时更好地指导当前的节能减排工作。

本章阐述了合同能源管理、循环经济、清洁生产、能源审计及节能评估等内容。

第一节　合同能源管理

合同能源管理，在国外简称 EPC（Energy Performance Contracting），过去在国内一直广泛地被称力 EMC（Energy Management Contracting），但现在已与国际接轨，统称 EPC。这是 20 世纪 70 年代在西方发达国家开始发展起来的一种基于市场运作的全新的节能新机制。

根据 GB/T 24915—2015《合同能源管理技术通则》，合同能源管理是以减少的能源费用来支付节能项目成本的一种市场化运作的节能机制。节能服务公司与用户签订能源管理合同、约定节能目标，为用户提供节能诊断、融资、改造等服务，并以节能效益分享方式回收投资和获得合理利润，由此可以显著降低用能单位节能改造的资金和技术风险，充分调动用能单位节能改造的积极性，是一项行之有效的节能措施。

一、合同能源管理的实质

合同能源管理是 EPC 公司通过与客户签订节能服务合同，为客户提供包括：能源审计、项目设计、项目融资、设备采购、工程施工、设备安装调试、人员培训、节能量确认和保证等一整套的节能服务，并从客户进行节能改造后获得的节能效益中收回投资和取得利润的一种商业运作模式。在合同期间，EPC 公司与客户分享节能效益，在 EPC 公司收回投资并获得合理的利润后，合同结束，全部节能效益和节能设备归客户所有。

合同能源管理机制的实质：一种以减少的能源费用来支付节能项目全部成本的节能投资方式。这种节能投资方式允许用户使用未来的节能收益为用能单位和能耗设备升级，以及降低目前的运行成本。节能服务合同在实施节能项目的企业（用户）与专门的营利性能源管理公司之间签订，它有助于推动节能项目的开展。

节能服务公司还可以承诺节能项目的节能效益或承包整体能源费用的方式为客户提供节能服务。

1. 合同能源管理的市场化运作的特点

合同能源管理的市场化运作具有全新的社会化服务理念，其市场化的运作方式，可解决企业开展节能技改所缺的资金、技术、人员及时间等问题，有利于企业集中精力发展主营业务。"合同能源管理"（EPC）具有项目零风险、客户可以零投入等特点。项目零风险是由于 EPC 帮助客户开展的节能项目所采用的技术是成熟的、设备是规范的，并有足够的成功案例。EPC 所开展的项目是以节能效益为主，如项目不能实现预期的节能量，EPC 将承担由此而造成的损失。因此对客户来说，项目的技术风险、经济风险趋于零。客户可以零投入开展由合同能源管理开展的项目，客户可以通过 EPC 获得全部或部分项目融资，以克服资金障碍，客户可以用节约的能源费用来偿还项目投资费用和 EPC 的服务费用。

2. 合同能源管理的高度整合能力

合同能源管理项目具有高度的整合能力，EPC 为客户提供集成化的节能服务和总体的节能解决方案，EPC 不是银行，但可以为客户的节能项目提供资金；EPC 不一定是节能技术拥有者或节能设备制造商，但可以为客户选择、提供先进、成熟的节能技术或设备；EPC 也不一定拥有实施工程项目的能力，但可以对客户保证节能项目的工程质量。"合同能源管理"项目，由 EPC 为客户节能项目提供资金，其资金来源于多种渠道，可以是政府贴息的节能专项贷款、EPC 的自有资金、电力公司的能源需求侧管理基金、商业银行贷款、设备供应商允许的分期支付或延期支付、国际资本（如跨国开发银行）等。"合同能源管理"项目的开展必将是一个多赢的局面，EPC、客户、银行、设备供应商等能够共享节能效益，有利于全社会关注节能工作，更深入地全面推进节能技改，从而全面提高企业的装备水平，提高我国的能源利用效率，有利于我国经济的快速、协调和可持续发展。

二、合同能源管理的实施

在国家大力支持下，近年来合同能源管理取得了很大进展，有力地推动了我国的节能工作。

1. 国际合同能源管理的引入

自 20 世纪 70 年代中期以来，合同能源管理在市场经济国家中逐步兴起，这种节能新机制旨在克服制约节能的主要市场障碍。经过 20 多年的发展和完善，这一新机制在北美、欧洲及一些发展中国家逐步得到推广和应用，在这些国家中出现了基于这种"合同能源管理"机制运作的专业化的"节能服务公司",其发展势头十分迅猛,在美国、加拿大等国,EPC 已发展成为一门新兴的节能产业。

(1) 美国 EPC 的发展概况　美国是 EPC 的发源地,是 EPC 产业最发达的国家。在美国,联邦政府和各州政府都支持 EPC 的发展,把这种支持作为促进节能和保护环境的重要政策措施。美国的 EPC 有三种类型,即:独立的 EPC、附属于节能设备制造商的 EPC、附属于公用事业公司(电力公司、天然气公司、自来水公司)的 EPC。

(2) 加拿大 EMC 的发展概况　在加拿大,由于 20 世纪 70 年代石油危机后能源价格上涨和对环境保护意识的加强,许多能源专家对能源用户的能源利用效率进行了分析,魁北克省政府与电力公司合作成立了第一个 EPC。1990 ～ 1994 年间,加拿大 EPC 协会所属公司的营业额每年递增 60%,加拿大的六家大银行都支持EPC,银行也对客户的项目进行评估,并优先给予资金支持。现在,加拿大 EPC的主要业务市场为政府大楼、商业建筑、学校、医院的节能改造,工业企业的节能技术改造和居民用能设备的升级。

(3) 欧洲 EPC 的发展　欧洲各国的节能服务公司是在 20 世纪 80 年代末期逐步发展起来的。欧洲 EPC 运作的项目有别于美国和加拿大,主要是帮助用户进行技术升级及热电联产一类的项目,项目投资规模较大,节能效益分享时间较长。如法国环境能源控制署用于节能和环境保护的资金主要来自政府拨款和企业环境污染收费,其经费使用中的 71% 是用于 EPC 为工业企业实施节能项目,法国的EPC 多为行业性的,煤气、电力、供水等行业较为发达。

2. 我国合同能源管理的发展

随着经济体制改革和节能工作的不断深入,寻求不同于计划经济时代由行政管理节能的机制,寻求适合于社会主义市场经济的节能新机制,成为节能工作的当务之急。

1) 在 1994 ～ 1997 年,我国政府与世界银行官员通过多次探讨,就我国引入节能新机制的意义和必要性达成了共识,并于 1998 年 12 月经世界银行全球环境基金(GEF)和国务院批准实施"世行/GEF 中国节能促进项目"。引入这一节能新机制的目的是促进新兴的基于市场的节能产业的形成;同时提高我国的能源利用率,减少温室气体排放,保护全球环境。

2) "世行/GEF 中国节能促进项目"的实施。"世行/GEF 中国节能促进项目"的实施分两个阶段进行:一期是通过建立示范性的节能服务公司(EMC)在我国引入合同能源管理机制;二期是在全国推广这一节能新机制,促进节能产业的发展。在项目的准备阶段,国家在北京、辽宁和山东成立了三个示范性的 EPC。目前,示范工作和推广工作已取得了重要进展,在市场经济条件下节能正向产业化发展。

3）合同能源管理项目的实施效果。我国引入合同能源管理这一节能新机制，示范 EPC 的业务和利润都保持持续稳步增长。实践证明："合同能源管理"机制在我国是可行的，EPC 的专业化服务能够克服市场经济条件下的节能障碍，推动项目的普遍实施。具有赢利能力 EPC 的专业化服务，在服务中滚动发展，不需要国家的投入，能够有力地推动我国的节能工作，为企业和全社会创造出良好的节能、环境和社会效益。

三、合同能源管理走向市场

1. 引进合同能源管理机制

【案例 3-1】　无锡是全国经济大市，也是能源消费大市。但却是资源小市，一次能源全部依靠外地供给。多年来，无锡经济发展越快，能源消费量就越大，给环境保护带来的压力也越大。虽然从能源消耗水平看，不管是单位产品能耗，还是主要用能设备的能源利用率，无锡市都处于国内领先水平，但与国际先进水平相比还有很大差距。从 2006 年起，无锡市正式引进合同能源管理机制。几年来全市共投资 4850 万元，完成 45 个合同能源管理项目，其中：高压变频改造项目 5 个，电力拖动项目 15 个，绿色照明项目 8 个，余热回收利用项目 5 个，实现节约电力 1800 万 kWh/年，节约热力 11.6 万 t/年，节水 68 万 m^3/年，综合折算年可节约 2.12 万 t 煤，直接经济效益 2930 万元/年。节能服务公司与用户分享节能效益的比例一般为 80%：20%，项目的合同期平均按 3 年计算。合同期内，节能服务公司可获得 7000 万元的效益回报，投资回报率在 40% 左右。用户单位在前期无资金投入的情况下，合同期内也能分享到 1700 万元的节能效益，合同结束后无偿获得了节能装备，为企业和全社会创造出良好的节能、环境、经济和社会效益。

【案例 3-2】　无锡某化工有限公司是个耗能大户，主要生产硫酸。发现在生产过程中废热所产生的蒸汽可以用来发电，但一个硫黄制酸配套余热发电项目投资要 2800 万元，公司一时拿不出这么多钱。经过无锡市节能监察中心牵线，由无锡某安装公司作为第三方参与了进来。按照合同能源管理模式，双方各投资 1400 万元，每年按照项目收益给予回报。这个项目投产后，每年可以获利 1600 万元，不到两年就可以收回成本。

2. 形成市场化运作机制

1）推进合同能源管理，能有效地促进节能新技术、新产品、新工艺、新材料的推广应用，如热泵、绿色照明等技术，淘汰落后的生产能力、生产工艺和用能设备，提高能源利用效率。

2）合同能源管理项目的实施，促进了节能改造项目市场化运作机制的初步形成。如专业化的节能服务公司为有意向的用能单位进行能源审计，评价各种节能措施，预测节能量，设计节能改造方案，双方共同监测和确认该项目在合同期内的节能效果，并按比例分享节能效益。

3）项目的实施也为地区合同能源管理产业的形成创造了条件。如无锡市明确提出推行合同能源管理机制，克服节能新技术推广的市场障碍，促进节能产业化，一般项目的投资回报率都在40%以上。合同能源管理机制的优越性已经被越来越多的企业所承认，无锡市节能服务产业的市场化运作机制已经初步形成。

实践表明，在我国引进和推广合同能源管理这一节能新机制具有十分重要的意义。通过专业化的节能服务公司以合同能源管理机制为客户实施节能项目，可以克服目前众多企业在实施节能项目时所遇到的障碍，诸如能效诊断、节能技术和项目方案选择、项目融资困难和管理风险等。并基于市场运作的EMC受到利益最大化驱使，努力开发节能新技术和节能投资市场。

3. 合同能源管理实施中应注意的问题

1）在项目的实施过程中，合同的甲方对设备的选型、安装、运行等过程都要进行监督，只有这样才能把项目做好。

2）合同能源管理很重要的一点就是节能效益的计算，所以对项目实施前后设备运行数据的统计很重要，必须做到精确无误。数据统计时必须合同的甲乙双方共同认可，同时对设备的年运行小时数、年均用电量也要有客观的认定。

3）合同能源管理的数据对比是建立在运行工况不变的前提下，实际工作中，有时候运行工况是变化的，所以在核定节能效益时必须考虑项目实施前后运行工况的变化。如热电厂送风机、引风机变频改造后又进行了除尘器改造，使总风量增加，要求引风机增加50kW功率。

4）合同能源管理对运行人员的责任心要求很严。例如变频改造后，调整风量不再用阀门，操作人员的工作量下降了，但其责任心加强了，所以需要操作人员根据运行工况的变化不断调整频率，这样才能达到预期的节能效果。

5）闭环控制对于变频改造的效果是最好的，但实际工作中，因为工况不同，往往很难做到闭环控制。比如有时反馈控制信号较多，不好采集；有时出现虚假显示；有的控制系统不具备反馈信号插口等。

6）电价的确定对节能效益的计算也起着决定性的作用，一般企业电价由电度电价和基本电价两部分组成，有些单位制定综合电价，这样有利于节能效益统计。

7）合同能源管理对节能服务公司的融资能力和融资渠道有较高要求，最好选择能争取到国家节能资金或者享有优惠政策的节能公司。

四、合同能源管理类型及实施流程

1. 合同能源管理的类型

（1）节能效益分享型 节能改造工程前期投入由节能服务公司支付，客户无须投入资金。项目完成后，客户在一定的合同期内，按比例与公司分享由项目产生的节能效益。具体节能项目的投资额不同节能效益分配比例和节能项目实施合同年度将有所有不同。

此类型是国家《合同能源管理财政奖励资金管理暂行办法》规定中财政支持对象。

（2）节能效益支付型　客户委托节能服务公司进行节能改造，先期支付一定比例的工程投资。项目完成后，经过双方验收达到合同规定的节能量，客户支付余额或用节能效益支付。

（3）节能量保证型　节能改造工程的全部投入由节能服务公司先期提供，项目完成后，经过双方验收达到合同规定的节能量，客户支付节能改造工程费用。

（4）运行服务型　客户无须投入资金，项目完成后，在一定的合同期内，节能服务公司负责项目的运行和管理，客户支付一定的运行服务费用。合同期结束，项目移交给客户。

2. 合同能源管理的实施流程

（1）能源审计　针对用户的具体情况，对各种耗能设备和环节进行能耗评价，测定企业当前能耗水平，对所提出的节能改造的措施进行评估，并将结果与客户进行沟通。

（2）节能改造方案设计　在能源审计的基础上，由节能服务公司向用户提供节能改造方案的设计，其中包括项目实施方案和改造后节能效益的分析及预测，使用户做到"心中有数"，以充分了解节能改造的效果。

（3）能源管理合同的谈判与签署　在能源审计和改造方案设计的基础上，节能服务公司与客户进行节能服务合同的谈判并签订合同。待合同期满，节能服务公司不再和用户分享经济效益，所有经济效益全部归用户。

（4）项目投资　合同签订后，进入了节能改造项目的实际实施阶段。由于接受的是合同能源管理的节能服务新机制，用户在改造项目的实施过程中，不需要任何投资，节能服务公司根据项目设计负责原材料和设备的采购。

（5）施工、设备采购、安装及调试　根据合同，项目的施工由节能服务公司负责。在合同中规定，用户要为节能服务公司的施工提供必要的便利条件。即为用户提供节能设备及系统等实物。

（6）人员培训、设备运行、保养及维护　在完成设备安装和调试后即进入试运行阶段。节能服务公司还将负责培训用户的相关人员，以确保能够正确操作及保养、维护改造中所提供的先进的节能设备和系统。而且，在合同期内，由于设备或系统本身原因而造成的损坏，将由节能服务公司负责维护，并承担有关的费用。

（7）节能及效益监测、保证　改造工程完工后，节能服务公司与用户共同按照能源管理合同中规定的方式对节能量及节能效益进行实际监测，确认在合同中由节能服务公司方面提供项目的节能水平，作为双方效益分享的依据。

（8）节能效益分享　由于对项目的全部投入（包括能源审计、设计、原材料和设备的采购、土建、设备的安装与调试、培训和系统维护运行等）都是由节能服务公司提供的, 因此在项目的合同期内, 节能服务公司对整个项目拥有所有权。用户将节能效益逐季或逐年向节能服务公司支付。在根据合同所规定的费用全部支付完毕以后, 节能服务公司把项目交给用户, 用户即拥有项目的所有权。

五、推进合同能源管理

目前, 在推进合同能源管理进程中还存在着认识障碍、融资障碍和信息障碍。认识障碍, 表现在还有部分节能主管部门人员、节能产品生产商、供应商和很多耗能大户还不了解合同能源管理的机制, 因此需要加强培训及宣传力度, 消除推进合同能源管理的认识障碍。融资障碍, 推进合同能源管理需要融资, 目前不少银行不了解合同能源管理, 融资的力度不大, 应将更多的银行引入合同能源管理的机制, 促进其发展。信息障碍, 目前的信息交流, 包括节能技术信息的交流、节能技改信息的交流、合同能源管理项目成果的信息交流等还很不够。

1. 合同能源管理的发展前景

实践证明, 合同能源管理机制在我国是可行的, 为了在全国推广这一新机制, 国家有关主管部门发出了《关于进一步推广 "合同能源管理" 机制的通告》, 得到了近百家单位 (包括节能技术服务中心、各种节能技术或产品的供应商、各种投资者等) 的响应, 表现出社会对以合同能源管理机制经营节能项目的浓厚兴趣。通过为节能服务公司提供有效的培训和技术援助, 提高其管理水平; 同时利用全球坏境基金的赠款建立节能服务公司的商业贷款担保资金, 为新的节能服务公司获得商业贷款提供担保。充分利用担保机制的放大作用, 帮助节能服务公司克服资金障碍, 扩大节能项目投资, 从而支持节能服务公司在我国的产业化发展。

合同能源管理机制的引入, 也引起了各地方政府的重视和支持, 必将推进我国节能产业化的发展进程。合同能源管理机制的成功实践和其建立在市场经济基础上的活力预示了在我国的发展具有广阔前景。

2. 促进节能服务产业发展

2010 年 4 月由国务院办公厅转发由国家发改委、财政部、中国人民银行、国家税务总局联合制定的《关于加快推行合同能源管理促进节能服务产业发展的意见》文件, 对推进合同能源管理工作起到很大促进作用。

(1) 充分认识推行合同能源管理、发展节能服务产业的重要意义　合同能源管理是发达国家普遍推行的、运用市场手段促进节能的服务机制。节能服务公司与用户签订能源管理合同, 为用户提供节能诊断、融资、改造等服务, 并以节能效益分享方式回收投资和获得合理利润, 可以大大降低用能单位节能改造的资金和技术风险, 充分调动用能单位节能改造的积极性, 是行之有效的节能措施。我国 20 世纪 90 年代末引进合同能源管理机制以来, 通过示范、引导和推广, 节能服务产业迅速发展, 专业化的节能服务公司不断增多, 服务范围已扩展到工业、建筑、交通、公共机构等多个领域。

2009 年，全国节能服务公司达 502 家，完成总产值 580 多亿元，形成年节能能力 1350 万 t 标煤。到 2013 年，总产值达 2155.62 亿元。作为节能服务领域的一种特殊商业形态，合同能源管理投资也从 2012 年的 557.65 亿元增长到 2013 年的 742.32 亿元，增幅为 33.12%，相应实现的节能量达到 2559.72 万 t 标煤，减排二氧化碳 6399.31 万 t。从企业数量来看，全国从事节能服务业务的企业从 2012 年底 4175 家增长到 2013 年底的 4852 家，增幅为 16.22%；产业从业人员从 2012 年底 43.5 万人增长到 50.8 万人，增幅为 16.78%。对推动节能改造、减少能源消耗发挥了积极作用。

（2）坚持基本原则，促进发展

1）基本原则。一是坚持发挥市场机制作用，促进节能服务公司加强科技创新和服务创新，提高服务能力，改善服务质量。二是加强政策支持引导，营造出有利于节能服务产业发展的政策环境和市场环境，使节能服务产业健康发展。

2）促进发展。扶持培育一批专业化节能服务公司、综合性大型节能服务公司，建立充满活力、特色鲜明、规范有序的节能服务市场。到 2015 年，已建立比较完善的节能服务体系，服务能力进一步增强，服务领域进一步拓宽，合同能源管理成为用能单位实施节能改造的主要方式之一。

（3）完善促进节能服务产业发展的政策措施

1）加大资金支持力度。将合同能源管理项目纳入中央预算内投资和中央财政节能减排专项资金支持范围，对节能服务公司采用合同能源管理方式实施的节能改造项目，给予资金补助或奖励。

2）实行税收扶持政策。一是对节能服务公司实施合同能源管理项目，取得的营业税应税收入，暂免征收营业税，对其无偿转让给用能单位的因实施合同能源管理项目形成的资产，免征增值税。二是节能服务公司实施合同能源管理项目，符合税法有关规定的，自项目取得第一笔生产经营收入所属纳税年度起，第一年至第三年免征企业所得税，第四年至第六年减半征收企业所得税。三是用能企业按照能源管理合同实际支付给节能服务公司的合理支出，均可以在计算当期应纳税所得额时扣除，不再区分服务费用和资产价款进行税务处理。四是能源管理合同期满后，节能服务公司转让给用能企业的因实施合同能源管理项目形成的资产，按折旧或摊销期满的资产进行税务处理。节能服务公司与用能企业办理上述资产的权属转移时，也不再另行计入节能服务公司的收入。

上述税收政策的具体实施办法由财政部、税务总局会同发展改革委等部门另行制定。

3）完善相关会计制度。各级政府机构采用合同能源管理方式实施节能改造，按照合同支付给节能服务公司的支出视同能源费用进行列支。事业单位采用合同能源管理方式实施节能改造，按照合同支付给节能服务公司的支出计入相关支出。

企业采用合同能源管理方式实施节能改造，如购建资产和接受服务能够合理区分且单独计量的，应当分别予以核算，按照国家统一的会计准则制度处理；如不能合理区分或虽能区分但不能单独计量的，企业实际支付给节能服务公司的支出作为费用列支，能源管理合同期满，用能单位取得相关资产作为接受捐赠处理，节能服务公司作为赠予处理。

4）进一步改善金融服务。鼓励银行等金融机构创新信贷产品，拓宽担保品范围，为节能服务公司提供项目融资、保理等金融服务。节能服务公司实施合同能源管理项目投入的固定资产可按有关规定向银行申请抵押贷款。积极利用国外的优惠贷款和赠款加大对合同能源管理项目的支持。

3. 合同能源管理的应用

目前国内推进合同能源管理项目一般采用的方法是，由客户提供平台，由节能服务投资公司对节能改进项目进行技术和资金投入，包括设备及设施投入，并对项目实施承包管理或指导性服务。一方面客户不需要承担节能技术改造项目资金、技术的风险；另一方面使客户更快降低能源成本，获得实施节能改造后带来的收益，根据项目投入和服务内容，由客户和节能服务投资公司根据双方协议对节能收益进行分享。

【案例 3-3】 锅炉供暖系统综合改造项目

该项目为某供热公司所属燃气锅炉房供热系统，总供热面积 $22 \times 10^4 m^2$。其中住宅楼 $15 \times 10^4 m^2$，办公楼 $7 \times 10^4 m^2$。该锅炉房设置四台 4.2MW 燃气热水锅炉；采暖循环泵 4 台，功率 30kW，3 用 1 备运行。供热系统建成并使用 5 年，年天然气耗量约为 $210 \times 10^4 m^3$，年运行费用约 520 万元，年单位面积供热成本为 23.6 元/m^2。

（1）由节能服务投资公司对供热系统进行节能诊断

1）投资公司利用自身优势，进行现场实地调查，并取得有关资料。

① 锅炉热源设备情况。了解锅炉型号、燃料特性、锅炉的运行热效率、锅炉主要附属设备的情况。

② 供热系统形式。了解供热系统是直供系统还是间供系统，换热站及换热机组的设置情况。

③ 锅炉辅机的配置情况。了解采暖循环泵及补水泵等主要辅机设备的形式、型号及参数。

④ 热力管网的铺设及保温情况。了解热力管网的铺设方式及保温材料。

⑤ 供热系统的调节控制方式。了解供热系统是人工手动控制还是自动控制，调节方式及控制模式。

⑥ 用户情况。各单体建筑、各用热单位供热面积、进口管径、楼内供热系统形式及散热装置设置、建筑围护结构保温情况等。

⑦ 了解当地天然气价格情况，同时调查当地天然气价格发展趋势。

2）供热系统运行时对热源供应、热力输送系统及终端用热部门各方面进行现场测试和搜集有关数据，发现锅炉供热系统运行及管理上主要存在的问题：

① 供热系统未实现室外温度与供水温度的自动平衡调节，处于较简单的高能耗状态，没有实现合理、平衡和科学的管理。如供热季节里，凭经验（或经验参数）调节供出水温度，控制手段落后。无法量化处理水温与室外温度的关系，无法实现室内温度、供水温度、室外温度的自动实时数字化调节，在一定程度上造成大量的能源浪费和热量分配不合理的现象。

② 整个系统以一种供热模式集中供热。如办公区、住宅区同步供热，没有分时分温控制系统或控制系统人工化，造成了能源浪费。

③ 机组负荷的分配人为控制，方式方法简单，对整个系统没有集中的控制。

④ 对供热系统中的运行参数未进行记录，温度调节不精确及时，造成供热成本较大。

⑤ 锅炉控制系统比较落后，没有实现全自动实时安全运行和科学的锅炉运行管理。即系统中现有的4台燃气锅炉控制柜为继电控制柜，对运行参数没有实现二次远传（供回水压力、温度及排烟温度），属于落后的手动操作控制系统。

⑥ 系统内的供热管道存在不平衡问题。管网平衡是供热系统最基本的要求，只有平衡的管网才能发挥出有效的功能。

（2）签订协议　节能服务投资公司根据现场调查和测试资料，制订项目节能改造方案，征求供热公司用户的意见完善和修整方案使其更符合客观实际。通过节能服务投资公司与供热公司签订的合作协议，详细规范了双方责任和义务、权益，以及制定节能效益目标值及分享比例及列出项目实施过程中阶段性验收要求等。

（3）制订改造方案及阶段实施要求　通过对该锅炉供热系统进行节能测试与诊断分析，在建立"智能化控制系统"的基础上，实现"分时分温、按需供热"的目标。利用锅炉自动控制技术、气候补偿技术、分时分区供热技术、烟气余热回收等技术措施对供热系统进行改造。确定改造方案如下：

1）锅炉房采用计算机集中优化控制节能技术。加装一套计算机系统，配合开发一套运行软件，完成对锅炉、系统的监测管理、优化控制、联锁保护、统计计量等相关工作。对4台锅炉分别配置一台可编程序控制器作为中央处理器，实现各台锅炉单独控制及与中心管理计算机的网络连接。

2）锅炉房采用环境温度气候补偿综合节能控制技术。增加一套环境气候补偿控制柜体，加装一套电动调节阀门。对4台锅炉进行自动气候补偿及热源综合控制，保证分时分温、按需供热。

3）对办公楼实现供热与防冻的定时切换，保证上班时间供热，下班时间防冻。

4) 对供热楼宇安装室内温度采集器及传感传输设备，可直接实现用户室内温度的测量和数据传输，用于温度监测和存储记录。

5) 建立智能化控制系统，基本实现供暖系统的数字化运行。

6) 安装锅炉余热回收设备，回收锅炉燃烧产生烟气的余热，提高整体的热效率。

7) 采用管网水力平衡调节技术，如增加自力式流量平衡调节阀门，可解决热力管网存在的远冷近热的水力失调问题，基本实现管网及用户的热量分配的基本均匀，使室内温度远近端基本趋于接近及平衡状态。

根据节能改造技术方案，节能服务公司与供热公司共同确定了需增加的主要节能设备，主要包括：气候补偿器和热源综合控制器各 1 套；现场控制器 2 套；供热系统智能化控制系统 1 套；燃气锅炉余热回收设备 4 套；自力式平衡阀 2 套；室内温度采集器若干及配套安装工程。工程总投资约 180 万元。

(4) 协议双方采用节能效益分享模式获得效益　节能服务公司与供热公司以节能效益分享模式对该供暖系统进行改造，即项目的改造资金由节能服务公司负责，并组织设备的采购、施工、安装及调试；投入正式运行后，双方依据往年的运行数据确定节能量和节能率，并计算节能收益。如双方以五年为投资回收期，五年内，新增设备产权归节能服务公司，供热公司按 5%、10%、15%、15%、20% 的比例分享节能收益，节能服务公司按照 95%、90%、85%、85%、80% 的比例分享节能收益。五年合同期满后，全部设备产权归供热公司所有，节能服务公司不再拥有设备产权及分享节能收益。

该锅炉房及管网系统进行综合技术改造后，取得如下明显的节能效果：

1) 锅炉房采用计算机智能化控制系统节能技术，使该系统能准确、及时显示供热系统和辅机设备（包括循环水泵，补水泵等）的运行参数和工作状态，清晰、直观、动态地观察整个和局部供热系统工艺流程图，还可以设置锅炉机组运行参数。对诸如出水温度、回水温度、供水压力、排烟温度、室外温度、各供热楼宇回水温度、室内温度等重要运行参数自动生成态势图及分析曲线的数据具有分析统计处理功能。在保证供热品质的同时对机组的运行配置进行合理配比。采用该项技术每个采暖季能耗减少 5%，节约天然气 10 万 $\times 10^4 m^3$，折合 121t 标煤；节约费用 20 万元。

2) 采用气候补偿加运行曲线精确控制技术，根据室外温度-供水温度曲线对锅炉的大小火燃烧及系统的供水温度进行控制。每个采暖季能耗减少 6%，可节约天然气 $12 \times 10^4 m^3$，折合 146t 标煤；节约费用 24 万元。

3) 采用分时分区供热控制模式，以实现供热区域内的各办公楼及家属楼分时分温供热。实现连续供热用户在不同时间段内对室温的不同要求的调节及分时段供热用户上班时间供热、下班时间防冻的切换。每个采暖季能耗减少 8%，节约天

然气 $17 \times 10^4 m^3$，折合 206t 标煤；节约费用 34 万元。

4）采用供热系统管网水力平衡技术，增加平衡阀保证系统平衡。每个采暖季内可节约燃煤总量的 3%；节约天然气 $6 \times 10^4 m^3$，折合 73t 标煤；节约费用 12 万元。

5）锅炉烟气余热回收技术，增加烟气回收装置对余热进行回收作为锅炉供水的预热。每个采暖季内可节约燃料总量的 2%；节约天然气 $4 \times 10^4 m^3$，折合 48t 标煤；节约费用 8 万元。

综上所述，对系统进行全面的节能技术改造后，综合节能率达到 20% 左右，年节约费用 98 万元。在不投入资金的情况下，前 5 年共享受收益 63.7 万元，5 年后每个采暖季仍可节约一定的运行费用；节能服务公司初期投资 180 万元，前 5 年分别享受收益 93 万元、81 万元、83 万元、78 万元，投资回收期 2.1 年，5 年内回收投资后可收益 238 万元。

总之，节能效益分享模式的优点是供热公司（甲方）不投入资金，不承担任何风险，在保证节能效果的基础上，能降低每年的运行成本。本例中的供热公司在 5 年内，供热费用降低比例将从 5% 逐步增长至 20%；5 年后，每年的费用可降低 15% 左右。项目改造后不但取得了一定的经济效益，且每年节约天然气 $49 \times 10^4 m^3$，同时也减少了大量的二氧化碳排放，具有一定的经济效益和社会效益、环境效益。

第二节　循环经济

循环经济的目标是要求人们在经济过程中避免或减少有害物（废物）排放，提高资源利用率，发挥市场机制作用，促进循环经济发展。

一、我国循环经济展望

发展循环经济，一是构建循环型工业体系；二是构建循环型农业体系；三是构建循环型服务业体系，推进社会层面循环经济发展；四是开展循环经济示范行动，实施示范工程，创建示范城市，培育示范企业和园区。

1. 循环经济理念

循环经济的思想萌芽可以追溯到兴起环境保护的 20 世纪 60 年代。循环经济的本质是一种生态经济，它要求在经济社会的发展过程中遵循生态学规律，充分合理地利用自然资源和环境容量，将清洁生产和废物综合利用等融为一体，实行废物减量化、资源化和无害化，使经济系统和谐地纳入到自然生态系统的物质循环过程中，实现经济活动的生态化。循环经济倡导在物质不断循环利用的基础上发展经济，以物质能量闭环流动为特征的经济模式。

2. 循环经济的原则

"减量化、再利用、再循环"（3R 原则）是循环经济最重要的实际操作原则。

（1）减量化原则　属于输入端方法，旨在减少进入生产和消费过程的物质量，从源头节约资源使用和减少污染物的排放。

（2）再利用原则　属于过程性方法，其目的是提高产品和服务的利用效率，要求产品和包装容器以初始形式多次使用，减少一次用品的污染。

（3）再循环原则　属于输出端方法，要求物品完成使用功能后重新变成再生资源。

3. 循环经济的指导思想

树立和落实科学发展观，以提高资源生产率和减少废物排放为目标，以技术创新和制度创新为动力，强化节约资源和保护环境意识，加强法制建设，完善政策措施，发挥市场机制作用、促进循环经济发展。

力争到2020年建立比较完善的发展循环经济法律法规体系、政策支持体系、体制与技术创新体系和激励约束机制。资源利用效率大幅度提高，废物最终处置量明显减少，建成大批符合循环经济发展要求的典型企业。推进绿色消费，完善再生资源回收利用体系。建设一批符合循环经济发展要求的工业（农业）园区和资源节约型、环境友好型城市。

4. 循环经济发展模式

（1）杜邦化学公司模式　这是组织单个企业的循环经济模式。美国杜邦化学公司于20世纪80年代末创造性地把3R原则发展成为与化学工业实际相结合的"3R制造法"，以达到少排放甚至零排放的环境保护目标。到1994年已经使生产造成的塑料废弃物减少了25%，空气污染物排放量减少了70%。同时，在废塑料（如废弃的牛奶盒和一次性塑料容器）中回收化学物质，开发出了耐用的乙烯材料"维克"等新产品。

（2）卡伦堡生态工业园区模式　这是面向综合企业的循环经济模式。丹麦的卡伦堡生态工业园区是目前国际上工业生态系统运行最为典型的代表。该园区以发电厂、炼油厂、制药厂和石膏制板厂4个厂为核心，通过贸易的方式把其他企业的废弃物或副产品作为本企业的生产原料，建立工业共生和代谢生态链关系，最终实现园区的污染"零排放"。

（3）德国双元系统模式　这是针对消费后排放的循环经济模式。德国的双轨制回收系统（DSD）起了很好的示范作用。DSD是一个专门组织对包装废弃物进行回收利用的非政府组织，它接受企业的委托，组织收运者对他们的包装废弃物进行回收和分类，然后送至相应的资源再利用厂家进行循环利用，能直接回用的包装废弃物则送返制造商。DSD系统的建立大大地促进了德国包装废弃物的回收利用。

二、循环经济运行

循环经济运行具体体现在经济活动的三个重要层面上，分别通过运用3R原则，实现三个层面的物质闭环流动。

1. 循环经济运行方式

循环经济运行从企业层面、区域层面、社会层面三个方面展开。

（1）在企业层面上（小循环）　根据生态效率的理念，推行清洁生产，减少产品和服务中物料和能源的使用量，实现污染物排放的最小量化。要求企业做到：①减少产品和服务的物料使用量；②减少产品和服务的能源使用量；③减少有毒物质的排放；④加强物质的循环使用能力；⑤最大限度可持续地利用可再生资源；⑥提高产品的耐用性；⑦提高产品与服务的强度。

（2）在区域层面上（中循环）　按照工业生态学的原理，通过企业间的物质集成、能量集成和信息集成，形成企业间的工业代谢和共生关系，建立工业生态园区。

（3）在社会层面上（大循环）　通过废旧物资的再生利用，实现消费过程中和消费过程后物质和能量的循环。

循环经济的运行方式为："资源—产品—再生资源"，如图3-1所示。

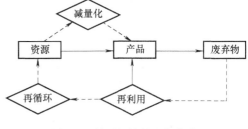

图3-1　循环经济的运行方式

2. 循环经济的主要特征

1）要尽可能地从使用污染环境的能源转移到使用可再生利用的绿色能源上来。

2）要尽可能地减少原材料的消耗，选用能够回收再利用的材料。

3）要抵制为倾销商品而进行的过分包装，在简化包装的同时，使用可以回收再利用的包装材料和容器。

4）要在减少各类工业废弃物的同时，对其进行尽可能彻底的回收再利用。

5）要培育消费后产品资源化的回收再利用产业，使得对生活废弃物填埋和焚烧处理量降低到最少。

6）循环经济和传统经济的区别。传统经济是一种由"资源—产品—污染排放"所构成的物质单向流动的线性经济。通过把资源持续不断地变成废物来实现经济的数量型增长，导致了许多自然资源的短缺与枯竭，并酿成了灾难性环境污染后果。而循环经济倡导的是一种建立在物质不断循环利用基础上的经济发展模式，组成一个"资源—产品—再生资源"的物质反复循环流动的过程，使得整个经济系统及生产和消费的过程基本上不产生或者只产生很少的废弃物，其特征是自然资源的低投入、高利用和废弃物的低排放，从而根本上消解长期以来环境与发展之间的尖锐冲突。

3. 循环经济的体系

（1）循环经济的体系由理论体系、制度体系、技术体系组成

　　1）理论体系：以物质循环原理、能量流动原理、信息传递原理、价值转移原理，确定人类资源利用行为的原则（"减量化、再利用、再循环"与减少废物优先的原则），实现污染物的减量化、无害化、资源化，即所谓"三化"。

　　2）制度体系：法规、政策、绿色 GDP 审计与核算、社会中介组织、公众参与等。

　　3）技术体系：技术战略、循环经济生命周期评估技术、绿色技术、环境无害化技术体系。

　　（2）循环经济的技术战略

　　1）循环经济技术战略。①强化以教育为基础的能力建设；②系统化的技术集成应用；③技术创新的多阶段循序渐进；④技术方法论的转变；⑤技术优先的变更。

　　2）循环经济技术载体。循环经济的技术载体主要指环境无害化技术或环境优化技术，包括预防污染的减废或无废的工艺技术和产品技术，但同时也包括治理污染的末端技术。主要类型有：①污染治理技术；②废物利用技术；③清洁生产技术。

三、循环经济的重点环节与产业化

　　1. 循环经济的重点环节

　　（1）循环经济的重点环节　一是资源开采环节要统筹规划矿产资源开发，推广先进适用的开采技术、工艺和设备，提高采矿回采率、选矿和冶炼回收率，大力推进尾矿、废石综合利用，大力提高资源综合回收利用率；二是资源消耗环节要加强对冶金、有色、电力、煤炭、石化、化工、建材（筑）、轻工、纺织、农业等重点行业能源、原材料、水等资源消耗管理，努力降低消耗，提高资源利用率；三是废物产生环节要强化污染预防和全过程控制，推动不同行业合理延长产业链，加强对各类废物的循环利用，推进企业废物"零排放"，加快再生水利用设施建设以及城市垃圾、污泥减量化和资源化利用，降低废物最终处置量；四是再生资源产生环节要大力回收和循环利用各种废旧资源，支持废旧机电产品再制造；建立垃圾分类收集和分选系统，不断完善再生资源回收利用体系；五是消费环节要大力倡导有利于节约资源和保护环境的消费方式，鼓励使用能效标志产品、节能节水认证产品和环境标志产品、绿色标志食品和有机标志食品，减少过度包装和一次性用品的使用。

　　（2）循环经济的技术方法　生命周期分析是循环经济的技术方法，是一种用于评价产品在其整个生命周期中，即从原材料的获取，产品的生产过程直至产品使用后的处置过程中，对环境产生影响的技术和方法。按国际标准化组织的定义：生命周期分析是对一个产品系统的生命周期中的输入、输出及潜在环境影响的综合评价。

2. 循环经济建设的政策框架

从长远来看，循环经济是人类生存和发展的唯一选择。然而，由于循环经济思想的前瞻性和长远性，并不是每个企业和消费者都具有能够理解并主动地实施它的理念。因此国家和政府在建立循环经济战略的任务上负有不可推卸的责任，政府应该制订一系列有效的政策来引导和促进企业和消费者实施这项战略。

(1) 发展战略　大力发展知识经济。

(2) 经济政策　明晰环境产权，调整资源价格体系，建立绿色国民账户。

(3) 产业政策　"绿化"现有产业，发展环保产业。

(4) 技术政策　发展高新技术和环境无害化技术。

(5) 消费政策　引导绿色消费。

(6) 教育政策　开展绿色教育。

(7) 法律保障　完善环保法律体系。

3. 循环经济的产业化

(1) 绿色能源　尽管化石能源和核能，对于今天的生产仍然是必不可少的，但从长远的利益出发，要尽可能地从这些污染环境的能源转移到可再利用的太阳能、风能、潮汐和地热等绿色能源上来。

(2) 绿色设计与工艺　在注重新产品的开发和提高产品质量的同时，要尽可能地减少原材料的消耗和选用能够回收再利用的材料和工艺结构，对产品最大限度地进行绿色设计。

(3) 绿色包装　要抵制为倾销商品而进行的过分包装，在简化包装材料和容器的同时，使用可以回收再利用的包装材料和容器，实现产品的绿色包装。

(4) 无害化处理　要在减少被排出的产业废弃物的同时，对其进行尽可能彻底的回收再利用，对于有害的产业废弃物进行环境无害化的及时处理。

(5) 资源化利用　要努力培育把消费后的产品资源化的回收再利用产业，使得对生活废弃物的填埋和焚烧处理量降低到最小。

4. 循环经济发展的关键要素

(1) 循环经济发展的关键要素

1) 循环经济发展的主线——生态工业链。

2) 循环经济发展的载体——生态工业园。

3) 循环经济发展的重要手段——清洁生产。

4) 循环经济发展的内在要求——资源减量化。

5) 循环经济的根本目标——经济与生态的协同发展。

(2) 加强对循环经济发展的宏观指导

1) 把发展循环经济作为编制有关规划的重要指导原则，如各类区域规划、城市总体规划，以及矿产资源可持续利用、节能、节水、资源综合利用等专项规划。

对资源消耗、节约、循环利用、废物排放和环境状况做出分析，明确目标、重点和政策措施。

2）建立循环经济评价指标体系和统计核算制度。加快研究建立循环经济评价指标体系，逐步纳入国民经济和社会发展计划，并建立循环经济的统计核算制度。要积极开展循环经济的统计核算，加强对循环经济主要指标的分析。

3）制订和实施循环经济推进计划。各级政府要组织发展改革（经贸）、环境保护等有关部门，根据本地区实际，制订和实施循环经济发展的推进计划。

4）加快经济结构调整和优化区域布局。加强宏观调控，遏制盲目投资、低水平重复建设，限制高耗能、高耗水、高污染产业的发展。大力发展高技术产业，加快用高新技术和先进适用技术改造传统产业，淘汰落后工艺、技术和设备，实现传统产业升级；推进企业重组，提高产业集中度和规模效益；大力发展集约化农业。要抓紧推进产业结构优化升级。同时，要根据资源环境条件和区域特点，用循环经济的发展理念指导区域发展、产业转型和老工业基地改造。开发区和重化工业集中地区，要按照循环经济要求进行规划、建设和改造，对进入的企业要提出土地、能源、水资源利用及废物排放综合控制要求，围绕核心资源发展相关产业，发挥产业集聚和工业生态效应，形成资源高效循环利用的产业链，提高资源产出效率。

5. 循环经济的开发

加大科技投入，支持循环经济共性和关键技术的研究开发。积极引进和消化、吸收国外先进的循环经济技术，组织开发共伴生矿产资源和尾矿综合利用技术、能源节约和替代技术、能量梯级利用技术、废物综合利用技术、循环经济发展中延长产业链和相关产业链接技术、"零排放"技术、有毒有害原材料替代技术、可回收利用材料和回收处理技术、绿色再制造技术以及新能源和可再生能源开发利用技术等，提高循环经济技术支撑能力和创新能力。

（1）抓紧制订循环经济技术政策　研究制订发展循环经济的技术政策、技术导向目录，以及国家鼓励发展的节能、节水、环保装备目录。支持引进国外发展循环经济的核心技术，加快新技术、新工艺、新设备的推广应用。建立循环经济技术咨询服务体系，开展信息咨询、技术推广、宣传培训等。

（2）制定和完善循环经济的标准体系　要加快制定高耗能、高耗水及高污染行业市场准入标准和合格评定制度，制定重点行业清洁生产评价指标体系和涉及循环经济的有关污染控制标准。加强节能、节水等资源节约标准化工作，完善主要用能设备及建筑能效标准、重点用水行业取水定额标准和主要耗能（水）行业节能（水）设计规范。建立和完善强制性产品能效标志、再利用品标志、节能建筑标志和环境标志制度，开展节能、节水、环保产品认证以及环境管理体系认证。

（3）加大对循环经济投资的支持力度　主管投资部门在制订和实施投资计划时，要加大对发展循环经济的支持。对发展循环经济的重大项目和技术开发、产业化示范项目，政府要给予直接投资或资金补助、贷款贴息等支持，并发挥政府投资对社会投资的引导作用。各类金融机构应对促进循环经济发展的重点项目给予金融支持。

1）利用价格杠杆促进循环经济发展。调整资源性产品与最终产品的比价关系，理顺自然资源价格，逐步建立能够反映资源性产品供求关系的价格机制。积极调整水、热、电、天然气等价格政策，促进资源的合理开发、节约使用、高效利用和有效保护。

2）制定支持循环经济发展的财税政策。财政部门要积极安排资金，支持发展循环经济的政策研究、技术推广、示范试点、宣传培训等，并会同有关部门积极落实清洁生产专项资金。各级财政和环保部门要安排排污资金，加大对企业符合循环经济要求的污染防治项目的投入力度。有关部门要加快研究建立促进节能、节水产品和节能环保型汽车、节能省地型建筑推广的鼓励政策。

四、依法推进循环经济发展

1. 加强法规体系建设

要结合我国国情，加快研究建立和健全循环经济的法律法规体系。当前要抓紧制定节能、节水、资源综合利用等促进资源有效利用及废旧家电、电子产品、废旧轮胎、建筑废物、包装废物、农业废物等资源化利用的法律和规章。研究建立生产者责任延伸制度，明确生产商、销售商、回收和使用单位及消费者对废物回收、处理和再利用的法律义务。

2. 加大依法监督管理的力度

各地区、各部门要认真贯彻落实有关法律法规。依法加强对矿产资源集约利用、节能、节水、资源综合利用、再生资源回收利用的监督管理工作，引导企业树立经济与资源、环境协调发展的意识，建立健全资源节约管理制度。

3. 加强组织领导

各地区、各部门要从战略和全局的高度，充分认识发展循环经济的重大意义，增强紧迫性和责任感，结合本地区、本部门实际，抓紧制订具体的实施方案，采取切实有效措施，加快推进循环经济发展。

4. 开展循环经济示范试点

在重点行业、重点领域、产业园区和城市组织开展循环经济试点工作，探索发展循环经济的有效模式，通过试点，提出发展循环经济的重大技术和项目领域，进一步完善促进再生资源循环利用、降低污染排放强度的政策措施，提出按循环经济模式规划、建设、改造工业园区及建设资源节约型、环境友好型城市的思路，树立一批先进典型，为加快发展循环经济提供示范。

5. 循环经济发展案例

【案例 3-4】 某市制造业循环经济发展报告（摘录）

1. 该市制造业的现状分析

（1）背景状况

1）自然条件（略）。

2）社会经济状况。表 3-1 所示为某市区 2011～2015 年国内生产总值及产业构成。从表 3-1 可见，2013 年以来，该市经济规模不断扩大，国内生产总值、呈现逐年上升的趋势。从产业结构来看，2013 年第一产业的比重有所下降，第二、三产业的比重上升很快。2015 年全市国内生产总值（GDP）突破了 1300 亿元平台，达到 1303.4 亿元，增长 18.4%（按可比价格计算），增幅创最近 10 年来的新高。人均国内生产总值指标又实现新的突破，人均 GDP 达 37067 元。从固定资产投资情况来看，投资总量再创新高，投资拉动成效明显。2015 年完成全社会固定资产投资 769.80 亿元，比上年增长 30.7%；第一产业完成投资 11902 万元；第二产业完成投资 464.9 亿元，比上年增长 34.7%；第三产业完成投资 303.8 亿元，增长 25.1%。基础设施及高新技术产业投入力度进一步加大，2015 年基础设施完成投资 335.1 亿元，比上年增长 29.8%；工业投资 459.8 亿元，比上年增长 34.2%；民间投资 479.9 亿元，比上年增长 35.8%。

外贸出口快速增长，高新产品比重上升。2015 年外贸进出口总额为 83.33 亿美元，比上年增长 20.7%，其中进口 22.09 亿美元，增长 0.91%；出口 61.24 亿美元，增长 29.8%。

表 3-1 某市 2011～2015 年国内生产总值及三个产业构成

指标 年份	全市国内 生产总值 /亿元	市区国内生产总值/亿元			三个产业构成（%）		
		第一 产业	第二 产业	第三 产业	第一 产业	第二 产业	第三 产业
20	673.00	23.69	297.68	187.62	4.6	58.5	36.9
20	760.30	24.19	333.90	215.33	4.2	58.2	37.6
20	901.20	21.89	406.65	252.67	3.2	59.7	37.1
20	1100.60	51.73	647.15	401.72	4.7	58.8	36.5
20	1303.40	56.56	796.12	450.68	4.3	61.1	34.6

3）资源环境现状。①土地资源；②水资源与水环境；③大气与声环境；④其他资源。

（2）制造业现状特点

1）制造业经济总量比重突出。

2）制造业产业结构日渐完善。

3）制造业空间布局日趋合理。

4）制造业规模效益显著。

（3）水资源消耗及污染物排放 2015 年全市工业用水重复利用率为 61%。制造业中化学原料及化学制品制造业、纺织业、金属冶炼及压延加工业等三大高耗水行业消耗了近 70% 的工业用水，拉高了全市制造业平均单位水耗。2015 年全市工业废水排放总量为 34519 万 t，COD 排放量为 51578t。其中纺织业、化学原料及化学制品制造业占全市总量的近 66%，其万元工业增加值 COD 的排放强度均超过了全市平均水平，达到全市机电制造业的 40 倍左右。

（4）能源消耗及大气污染物排放 2015 年全市制造业消耗能源合计 1396 万 t 标煤。能源消耗量前五位的行业分别是：非金属矿物制品业、金属冶炼及压延加工业、化学原料及制品制造业、纺织业、机电制造业，占总量近 80%。单位能耗前四位的行业分别是：非金属矿物制品业、金属冶炼与压延加工业、化学原料及化学制品制造业和纺织业。

非金属矿物制品业是全市最大的烟尘、粉尘排放源，其烟尘排放量占全市总量的 20%；工业粉尘排放占全市总量的 70%。

（5）固体废弃物排放 全市 2015 年主要工业固体废弃物产生量 358.47 万 t，其中一般工业固体废弃物主要是来源于冶炼渣和燃煤锅炉排放的废渣，其综合利用率为 100%。危险固体废弃物主要是化工残液残渣、医疗废物、污水处理后产生的污泥等，全部交给有资质的单位统一无害化处理。

（6）物质流动态变化分析

1）物质输入与输出情况。物质输入总量（包括新鲜用水、能源消耗量及引进资源能源过程中所消耗的土壤搬运量）呈递增的趋势，年均递增为 25.38%，递增率大于 GDP 的增长速度；物质输出量（包括废水、废气和固体废弃物）大体呈递增的趋势，只在 2014 年有所减少，减少主要是来源于 2014 年废水排放量的减少，如图 3-2 所示。

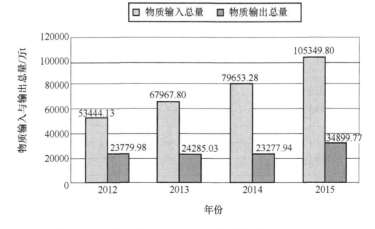

图 3-2 全市工业 2012～2015 年物质输入与输出总量

图 3-3 表示了在不包括水的情况下全市工业从 2012 ~ 2015 年物质输入与输出的变化情况。

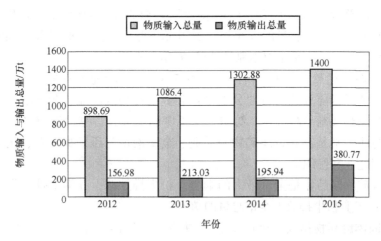

图 3-3　不包括水情况下全市工业 2012 ~ 2015 年物质输入与输出总量

2) 强度和效率。人均物质输入量（不包括水）呈现递增的趋势，年均递增为 14.95%，明显大于同期人口增长率，说明随着人口的增长及居民生活水平的提高，资源消耗强度也迅速增长，这又将直接加剧生态系统的破坏；人均物质输出量（不包括水）大体呈递增的趋势，因此，全市工业经济的发展依然依赖于资源的大量消耗。图 3-4 表示了不包括水情况下全市工业从 2012 ~ 2015 年人均物质输入与输出强度的变化情况。

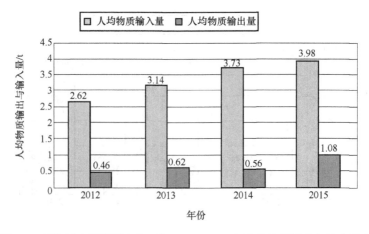

图 3-4　不包括水情况下全市工业 2012 ~ 2015 年人均物质输入与输出强度

单位 GDP 的物质输入量（不包括水）大体呈现递减的趋势，但在 2012 年偏高；单位 GDP 的物质输出量（不包括水）则呈现先增后减又升的趋势，说明全市资源利用效率在提高，但还需保持稳定。图 3-5 表示了在不包括水的情况下全市工业从 2012～2015 年单位 GDP 物质输入与输出效率的变化情况。

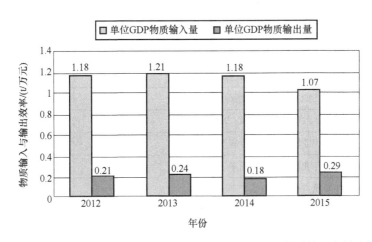

图 3-5　不包括水情况下全市工业 2012～2015 年单位 GDP 物质输入与输出效率

（7）制造业发展循环经济的优势

1）良好的宏观环境，发展循环经济优势显著。

2）交通条件良好。

3）制造业基础雄厚。

4）生态建设和环境保护日益重视。

5）公众环保意识不断增强。

（8）制约因素

1）高能耗、高污染行业比重大。

2）企业集约化程度较低。

3）制造业产业结构循环链不成熟。

4）循环经济发展规划滞后。

2. 制造业循环经济发展总体规划

1）指导思想。

2）规划原则。

3）规划期限。规划年限分成三个时段：①近期：2016～2020 年；②中期：2021～2025 年；③远期：2026～2030 年。

4）总体目标：①近期目标；②中期目标；③远期目标；④制造业循环经济发展指标体系见表 3-2；⑤规划制定战略思想。本次规划制定战略思想如图 3-6 和图 3-7 所示。

表 3-2　全市制造业循环经济发展指标体系

指标类型		规划指标	2016	2020	2025
经济发展指标		（1）人均 GDP/（元/人）	70000	96000	140000
		（2）高新技术产业产值占工业总产值比重（%）	45	—	—
循环经济特征指标	减量化指标	（3）工业增加值能耗/（t/万元）	1.05	—	—
		（4）工业增加值新水量/（m³/万元）	49	40	32
		（5）工业 COD 排放总量/万 t	3.89	3.50	3.15
		（6）工业 SO₂ 排放总量/万 t	7.38	6.64	5.98
	循环利用指标	（7）工业固体废物综合利用率（%）	98	98.5	99
		（8）工业用水重复利用率（%）	72	76	82
绿色管理指标		（9）重点企业清洁生产审核率（%）	≥70	≥85	100
		（10）重点企业通过 ISO14001 认证的比例（%）	50	65	80
		（11）省级及以上生态工业示范园（区）/个	9		
		（12）重点企业循环经济培训率（%）	70	85	100
		（13）政府促进循环经济专项经费占财政收入比例（‰）	2.5	3.5	4.5

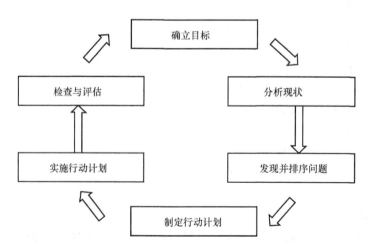

图 3-6　制造业循环经济发展规划的战略思路

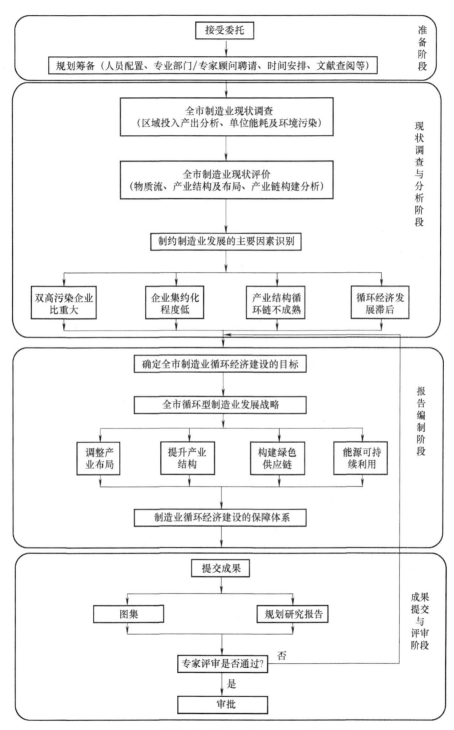

图 3-7 全市制造业循环经济发展规划编制路线

3. 制造业循环经济发展规划总体框架

1）发展定位。全市制造业循环经济发展定位是以科学发展观统领全局，以循环经济理念为指导，实现建设现代制造业发达、生态环境良好、人与自然和谐共存的生态城市目标。

2）总体框架。全市制造业循环经济将主要在三个层面建设发展，如图3-8所示。一是在企业层面上建立小循环，推动清洁生产，从源头上降低能耗、控制污染；二是在企业间或产业间建立中循环，完善制造业产业结构循环链；三是在社会与区域层面建立大循环，把循环经济贯穿于生产、销售、消费、回收、资源化、再利用的全过程。

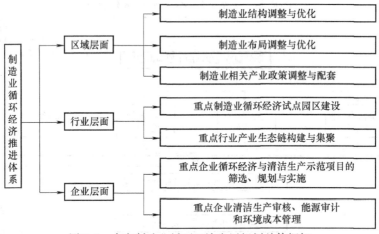

图3-8　全市制造业循环经济发展规划总体框架

3）调整产业布局。

4）优化产业结构，推进制造业科技进步。

5）构建绿色供应链。

6）能源可持续利用。

7）重点建设领域。①园区循环经济建设领域；②行业循环经济建设领域；③企业循环经济建设领域；④政策体系建设领域；⑤加强能力建设领域。

4. 开发区（层面）制造业循环经济规划

（1）近期指标　2016～2020年见表3-3。

表3-3　开发区循环经济近期指标

指标名称	国家级综合类开发区	辖市（区）行业性开发区
工业增加值增长率（%）	25	12
工业增加值能耗/（t标煤/万元）	≤1.05	达到同行业国际先进水平
工业增加值新水量/（m³/万元）	≤49	
工业用水重复利用率（%）	≥70	
工业固体废物综合利用率（%）	≥98	

（续）

指 标 名 称	国家级综合类开发区	辖市（区）行业性开发区
工艺技术水平	达到同行业先进水平	达到同行业先进水平
废物收集系统	具备	具备
废物集中处理处置设施	具备	具备
环境管理制度	具备	具备
信息平台的完善度	具备	具备
园区编写环境报告书情况	1 期/年	1 期/年

（2）中期目标 2021～2025 年（略）。

（3）远期目标 2026～2030 年（略）。

（4）市国家级高新技术产业开发区循环经济发展思路

1）市国家级高新技术产业开发区产业链纵向延伸，如图 3-9 所示。

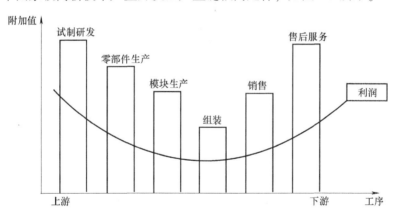

图 3-9 开发区产业链纵向延伸示意图

2）产业共生网络。针对不同行业实施分类发展战略，并以现有传统产业和支柱产业为基础，结合潜力产业，吸引配套企业进入开发区，形成产业共生网络，以集聚效应提升开发区工业企业的竞争力，如图 3-10 所示及见表 3-4。

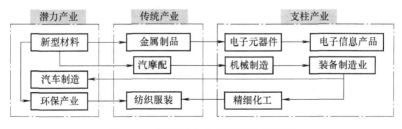

图 3-10 开发区产业共生网络示意图

表3-4　开发区产业分类一览表

产业分类	定性分类标准	主要发展产业
传统产业	产业产值占全区 GDP 比重相当比例；产品有区域特色	纺织、服装、汽摩配
支柱产业	具有雄厚的现实产业基础；产值占全区 GDP 比重较高；对其他产业具有吸引作用	机械制造、精细化工、电子信息
潜力产业	目前尚未有较大发展，但未来有可能培育发展；市场前景广阔	环保产业、汽车制造、新型材料

3）开发区节能规划。

4）开发区节水规划。运用循环经济理论建立水资源集成节约利用模式，如图3-11所示。由企业层次的小循环开始，进而建立企业间层次的中循环，然后建立开发区区域层次的大循环。实现开发区区域内水循环绩效的提升，并最终构成开发区区域内整体的水资源一体化利用模式。水资源社会流动循环如图3-12所示。

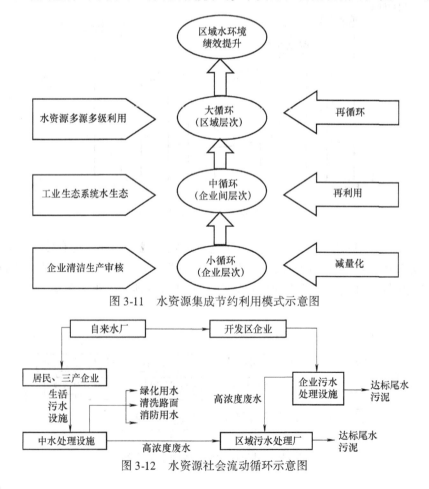

图 3-11　水资源集成节约利用模式示意图

图 3-12　水资源社会流动循环示意图

5）开发区节材（资源）规划。该规划所指的物质资源是指除了水、天然气蒸汽以外的开发区规模以上企业生产所需要的原辅材料和产品、副产品以及固体废弃物。①物质资源节约、集成化主要从三个方面进行，如图3-13所示；②减量化；③资源化。

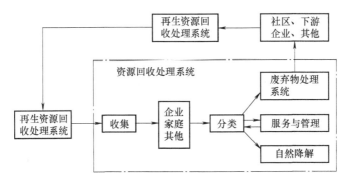

图 3-13　开发区物质集成示意图

6）循环经济相关基础设施建设。

7）配套服务体系建设。

8）循环经济管理机制建设。

9）开发区产业链延伸构建。①电子信息循环经济产业链延伸，如图3-14所示；②机械制造及部件循环经济产业链延伸，如图3-15所示；③车辆及零部件循环经济产业链，如图3-16所示；④金属冶炼及加工循环经济产业链延伸，如图3-17所示；⑤金属冶炼及加工产业废弃物循环利用，如图3-18所示；⑥化工—印染—纺织—服装循环经济产业链延伸，如图3-19所示；⑦纺织服装循环经济产业链延伸，如图3-20所示。

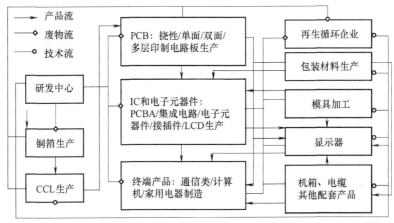

图 3-14　电子信息循环经济产业链延伸

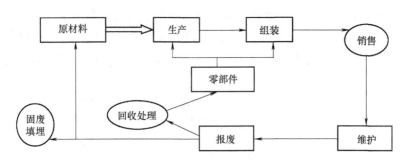

图 3-15　机械制造及部件循环经济产业链

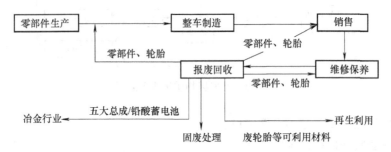

图 3-16　车辆及零部件循环经济产业链

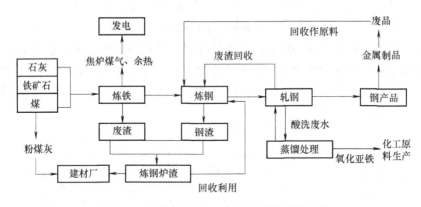

图 3-17　金属冶炼及加工循环经济产业链延伸

5. 行业层面循环经济制造业体系规划

1）发展目标。

2）发展途径。

3）行动措施及规划：①机械制造行业措施与规划；②纺织印染行业措施与规划；③化工医药行业措施与规划；④冶金行业措施与规划；⑤水泥建材行业措施与规划；⑥热电行业措施与规划。

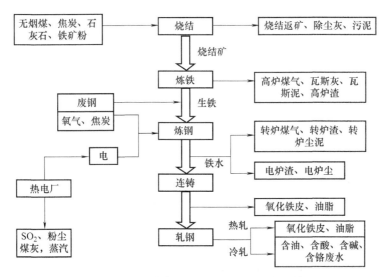

图 3-18　金属冶炼及加工产业废弃物循环利用

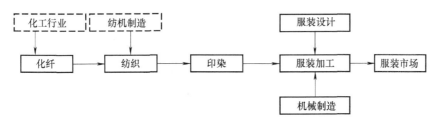

图 3-19　化工—印染—纺织—服装循环经济产业链延伸

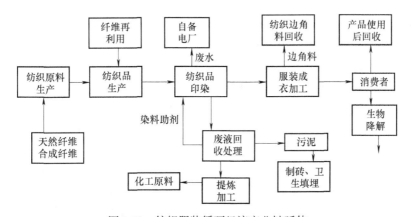

图 3-20　纺织服装循环经济产业链延伸

6. 循环经济基础设施与供热产业发展规划

1）物流体系建设。

2）中水回用系统。

3）集中供热工程系统。

4）燃煤锅炉污染控制规划。

5）供热产业系统建设。

7. 保障措施

1）组织保障。

2）法制保障。

3）资金保障。

4）技术支撑。

5）宣传培训。

【案例 3-5】 北京市通过标准助推发展，示范引领未来。

2015 年 11 月 3 日，北京市发改委与质监局联合向社会公布了《北京市推进节能低碳和循环经济标准化工作实施方案（2015—2022 年)》。

1. 明确 2022 年前标准化工作五大任务

随着我国工业化、城镇化进程的加快推进和经济社会的快速发展，能源需求不断增长，我国的资源环境承载能力已经达到或接近上限，特别是京津冀地区，高耗能高污染行业相对集聚，环保减排压力倍增。

为落实《关于加快推进生态文明建设的意见》和《关于加强节能标准化工作的意见》，北京市政府印发了《北京市推进节能低碳和循环经济标准化工作实施方案（2015—2022 年)》（简称《实施方案》），明确了未来几年标准化工作的五大任务。

《实施方案》针对性地提出创新工作机制、完善标准体系、建立评估、运用与实施监督体系等工作要求，将有利于进一步加强北京市的节能低碳与循环经济标准化工作，切实发挥标准的基础性、支撑性和规范性作用，以及在京津冀地区的牵头作用，乃至在全国的引领示范作用，恰逢其时，意义重大，如图 3-21 所示。

2. 在全国率先提出绿色循环低碳发展标准化思路

2015 年 4 月 4 日国务院办公厅发布了《关于加强节能标准化工作的意见》，明确了未来几年我国节能标准化工作的目标和主要任务。北京市此次出台的《实施方案》不仅关注节能，而且将工作范围进一步扩展到节水、低碳、循环经济等领域，特别是在全国率先研究提出了绿色循环低碳发展标准化思路，构建形成了节能、碳排放管理、循环经济及绿色设计与绿色管理等四大标准体系框架，并重点覆盖了建筑、交通、园区等领域，包含了设计与生产、技术与产品、检测与核查、管理与评价等节能低碳工作的主要要素，是一种全新而有益的尝试。

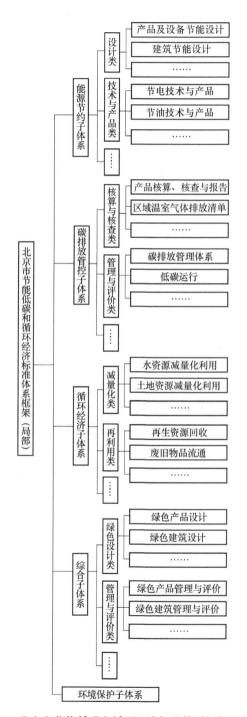

图 3-21　北京市节能低碳和循环经济标准体系框架（局部）

在构建节能低碳和循环经济标准体系的过程中,《实施方案》覆盖了产业准入环节、资源能源利用环节、末端排放环节等生产的每一个环节。此外,《实施方案》在制订过程十分注重落地和实操性,如根据工作需要、轻重缓急和可实现程度,提出了第一批3年90余项的拟制修订标准计划,其中众多标准应该是国内首次提出,如轨道交通节能技术规范、能效领跑者评价导则、绿色生态示范区运营管理规程、宾馆碳排放管理规范、社区低碳运行管理通则、企事业单位碳中和实施指南节水型林地、绿地建设规范等。这些标准若能顺利完成并发布实施,将在全国范围内带来巨大的示范效应,对进一步完善国家及其他地区的节能低碳标准体系,促进标准化带动节能低碳工作可持续健康发展具有重大影响。

3. 为标准化带动绿色发展发挥示范作用

2012年,北京市发改委会同市质监局、市财政局联合发布了百项节能低碳标准建设实施方案,已初步探索形成了行之有效的标准制修订机制。各项标准对北京市实施固定资产能评和碳评、推行碳排放权交易、推动服务业清洁生产、建设低碳城市、开展能效领跑者试点等众多工作提供了有力支撑。

作为国家首都和绿色发展的先行者,北京市将在节能减碳标准体系方面进一步加大力度,继续走在全国前列,发挥好示范引领作用。如《实施方案》在工作任务中提出组织开展标准化试点,建成100个市级节能低碳和循环经济标准化示范项目;要在交通、公共建筑等重点领域建立能效和碳排放"领跑者"制度等,通过标准化的示范,努力推出一批可复制、可推广的节能低碳与循环经济标准化工作新经验、新措施。

此外,《实施方案》还提出五个支持,一是支持节能环保低碳领域的产业联盟,加强标准协同创新合作,并将企业专利融入团体标准;二是支持北京市节能低碳地方标准转化为京津冀通用的区域标准,加快推进京津冀标准一体化进程;三是支持有关企事业单位、行业协会、产业技术联盟主导或参与国家相关节能低碳和循环经济标准创制;四是支持地方标准升级为行业、国家标准;五是支持有关单位参与和主导制定节能低碳国际标准,促进具有市场竞争力的节能低碳技术、产品和服务走向国际市场,全篇贯穿了创新实践的理念。

第三节　清洁生产

清洁生产是一种新的创造性思想,该思想将整体污染预防的环境战略持续应用于生产过程、产品和服务中,以增加生态效率和减少人类及环境的风险。

一、清洁生产发展趋势

清洁生产是指不断采取改进设计、使用清洁的能源和原料、采用先进的工艺技术与设备、改善管理、综合利用等措施,从源头削减污染,提高资源利用效率,减少或者避免生产、服务和产品使用过程中污染物的产生和排放,以减轻或者消除对人类健康和环境的危害，清洁生产的实质是预防污染。清洁生产是对传统发展模式的根本变革，是走新型工业化道路，实现可持续发展战略的必然选择，也是适应我国加入世界贸易组织、应对绿色贸易壁垒、增强企业竞争力的重要措施。

推行清洁生产必须从国情出发，充分发挥市场在资源配置中的基础性作用，坚持以企业为主体，政府指导与推动，强化政策引导和激励，逐步形成企业自觉实施清洁生产的机制。推行清洁生产要坚持与经济结构调整相结合，与企业技术进步相结合，与加强企业管理相结合，与强化环境监督管理相结合。

随着工业振兴、经济高速发展，环境污染日趋严重，资源也日趋短缺，工业发达国家在对其经济发展过程进行反思的基础上，认识到不改变长期沿用的大量消耗资源和能源来推动经济增长的传统模式，单靠一些补救的环境保护措施，是不可能从根本上解决环境问题的。

1. 国外推行清洁生产的情况

美国、法国、荷兰、丹麦、加拿大等国家在20世纪八九十年代相继把清洁生产作为一项基本国策。清洁生产的目标就是努力预防和防治对大气、水、土壤和亚壤土的污染及振动和噪声带来的危害；减少对原材料和其他资源的消耗和浪费；促进清洁生产的推行和物料循环利用，减少废物处理中出现的问题。在清洁工艺和回收中，规定了：

1）为采用清洁工艺和回收利用而大幅度减少对环境影响的研究和开发项目提供资助，并对清洁工艺和回收利用方面的信息活动给予资助。

2）对某些会对公共行业或社会整体带来效益的项目可提供高达100%的资助。

3）对其结果属于应用性的项目和研究提供不超过75%的资助。

4）对工厂中回收研究项目提供25%的资助。

5）对用于收集所有类型废物设备进行的研究可提供高达75%的资助。

2. 国外推行清洁生产的特点

国外推进清洁生产活动，概括起来主要有以下特点：

1）把推行清洁生产和推广国际标准化组织ISO 14000的环境管理制度有机地结合在一起。

2）通过自愿协议即政府和工业部门之间通过谈判达成的协议，要求工业部门自行负责在规定的时间内达到契约规定的污染物削减目标，从而推动清洁生产。

3）把中小型企业作为宣传和推广清洁生产的主要对象。

4）依靠经济政策推进清洁生产。

5）要求社会各部门广泛参与清洁生产。

6）在高等教育中增加清洁生产课程。

7）科技支持是发达国家推行清洁生产的重要支撑力量。

3. 我国清洁生产的发展

我国在20世纪70年代提出"预防为主、防治结合"的工作原则，提出工业污染要防患于未然。80 年代在工业界对重点污染源进行治理，取得了工业污染防治的决定性进展，90 年代以来强化环保执法，在工业界大力进行技术改造，调整不合理工业布局、产业结构和产品结构，对污染严重的企业推行"关、停、禁、改、转"的工作方针。

1992 年国务院就提出：新建、扩建、改建项目，技术起点要高，尽量采用能耗、物耗少，污染物排放少的清洁生产工艺。工业污染防治必须从单纯的末端治理向生产全过程控制转变，实行清洁生产，并作为一项具体政策在全国推行。

1994 年发布的《中国 21 世纪议程——中国 21 世纪人口、环境与发展白皮书》，在关于工业的可持续发展中，单独设立了"开展清洁生产和生产绿色产品"。企业应当优先采用能源利用率高，污染物排放少的清洁生产工艺，减少污染物的产生，并要求淘汰落后的工艺设备。

1996 年颁布并实施的《中华人民共和国污染物防治法（修订案）》中，要求"企业应当采用原材料利用率高，污染物排放量少的清洁生产工艺，并加强管理，减少污染物的排放"。同年，国务院颁布的《关于环境保护若干问题的决定》中，要求严格把关、坚决控制新污染，要求所有大、中、小型的新建、扩建、改建和技术改造项目，要提高技术起点，采用能源消耗量小、污染物产生量少的清洁生产工艺，严禁采用国家明令禁止的设备和工艺。国家确定了 5 个行业（冶金、石化、化工、轻工、纺织）、10 个城市（北京、上海、天津、重庆、兰州、沈阳、济南、太原、昆明、阜阳）作为清洁生产试点。

2000 年国家经贸委公布关于《国家重点行业清洁生产技术导向目录》（第一批）的通知。

2002 年，通过颁布了《中华人民共和国清洁生产促进法》。

不同类型企业实施清洁生产全过程的实践表明，在我国实施清洁生产具有非常大的潜力。企业可以利用实施清洁生产的契机把环境管理与生产管理有机结合起来，将环境保护工作纳入生产管理系统，实现"节能、降耗、降低生产成本、减少污染物的排放"等目标。实践表明，清洁生产是实现经济和环境协调发展的最佳选择，它对推动企业转变工业经济增长方式和污染防治方式、提高资源和能源利用效益、减少污染物排放总量、建立现代工业生产模式、实现环境与经济可持续发展发挥着巨大的作用。

4. 寻求节能环保上的突破

1）我国经济发展正面临着前所未有的环境资源约束性压力。我国排放的 CO_2、SO_2 和化学需氧量居世界前列，而今后每年仍在消耗大量石油和煤炭，且钢铁、煤炭、水泥消耗量已经占到世界产量的一半。企业目前产能过剩，产业集中度低，环保成本和压力巨大。

在"十三五"期间，在节能环保产业上需多做努力，这也是转变发展方式，以现有矛盾作为基础，寻找产业升级突破的重要路径之一。据估算，未来五年我国节能环保产业总产值可达 4 万亿元。深耕节能环保产业，不仅可以给企业带来可观的经济效益，而且可以减少资源消耗和污染排放，带来显著的社会效益和环境效益。

2）为了实现增强可持续发展能力的目标，在"十三五"期间，我国需加快构建资源节约、环境友好的生产方式和消费模式，以节能减排为重点，健全激励和约束机制，减缓对资源和要素的供给压力。一方面要大力发展循环经济。以提高资源产出效率为目标，实行生产者责任延伸制度，推进生产、流通、消费各环节循环经济发展。加快资源循环利用产业发展，加强矿产资源综合利用，鼓励产业废物循环利用，完善再生资源回收体系和垃圾分类回收制度，推进资源再生利用产业化。开发应用源头减量、循环利用、再制造、零排放和产业链接技术，推广循环经济典型模式。另一方面，则要加强资源节约和管理。落实节约优先战略，全面实行资源利用总量控制、供需双向调节、差别化管理，切实保护国家战略资源安全。

5. 制订工业应对气候变化的方案

在经济全球化和世界积极应对气候变化的大趋势下，绿色发展同样成为我国工业加快发展方式转变所必须面对的重要任务。

1）针对能源资源消耗高、产出效率低、污染排放大、部分行业产能过剩等突出矛盾，我国工业增长必须摆脱依靠投资和资源拉动的粗放型发展方式，实施绿色发展，加快构建两型工业体系。国家正在研究起草工业领域应对气候变化的国家行动方案，并且启动了重点用能行业应对气候变化研究。

2）"十三五"规划已提出，要把大幅降低单位能源消费强度和 CO_2 排放强度作为约束性指标，合理控制能源消费总量，抑制高耗能产业过快增长，提高能源利用效率。将进一步加快促进工业转型升级的步伐，从生产源头、生产过程和生产产品的各个阶段，推进工业节能减排工作，加快构建资源节约型和环境节约型的工业体系。

3）针对目前一些行业仍然存在的比重较大的落后产能，国家将继续采用经济、法律、技术和必要的行政手段等综合措施，引导部分产业积极开展跨地区兼并重组，加快其用先进生产能力取代落后生产能力。同时，加大工业固定资产项目节能评估和审查，对再建和新上工业项目严格把关，提高市场准入门槛，从源头上抑制高耗能、高污染行业过快增长。

4）为提高工业能源利用效率，筛选出一批能有效促进节能减排的重大技术和产品加快推广应用。同时，围绕钢铁、有色金属、化工建材等 12 个行业开展节能减排技术评估，提出节能减排的最佳技术改革方案，积极推广节能减排先进适用技术。

5）为加快"两型"企业创建，在钢铁、有色、化工和建材等重点行业开展创建试点，经过两到三年时间，在每个行业建立起一批示范企业，以形成重点行业资源节约型、环境友好型的发展模式，并建立起不同行业"两型"企业评价标准和指标体系，引导工业行业和工业企业走节约发展、清洁发展之路。

6) 为积极应对气候变化，我国将积极发展低碳技术和低碳产业。一方面，加快低碳技术的研发和技术储备，鼓励采用低碳技术对产业的改造，突出抓好钢铁、石化、水泥、有色金属、汽车等行业的低碳技术示范项目；另一方面，积极开展低碳工业园区试点，探索低碳产业的发展模式。

为推进工业清洁生产，国家还将以高资源能源消费、高污染物排放行业为重点，组织编制清洁生产技术推行方案，以清洁生产技术的示范推广为核心，加快推进重点行业、重点企业实施污染预防；同时研究建立生态设计产品标准制度，开展生态标志试点，促进生态设计产品的市场份额，把减排和治污结合起来，以期达到标本兼治的效果。

二、实施清洁生产

1. 清洁生产要实现三个转变

新时期的工业清洁生产要走以企业为主体、以市场为导向、以政府为推动的发展新道路，提高清洁生产认识水平，加快工作机制创新，加强新技术的研发、推广应用，依靠科技进步促进产业结构调整，转变增长方式。

(1) 清洁生产促进发展方式转变　工业是我国经济的重要组成部分，是资源、能源消耗和污染物排放的重点领域，加快推行工业领域清洁生产发展，不仅是转变工业转型升级的重要抓手，更是转变经济发展方式的根本途径。

(2) 清洁生产推动工业节能减排　工业清洁生产工作得到进一步加强，主要体现在：重点行业实施清洁生产效果明显，为节能减排做出了贡献；清洁生产法规政策体系不断完善；科技对清洁生产的支撑作用进一步加强；工业清洁生产审核逐步展开；清洁生产资金投入力度逐步加大；技术支持和咨询服务体系建设得到加强。钢铁、有色、石化、化工、建材等重点行业加大清洁生产工作力度，实施了一批重点清洁生产项目，降低了能耗和污染物排放，有力地促进了工业重点行业节能减排。据统计，近年来在重点行业共实施清洁生产方案 23689 个，累计削减化学需氧量 227 万 t、SO_2 71.2 万 t、氨氮 5.1 万 t，节水 118 亿 t，节能 4932 万 t 标煤。同时，各地工业主管部门和中央企业集团加大企业清洁生产审核力度，采取措施引导推动企业开展自愿性审核，化工、印染、纺织、制造、电子、建材、有色金属、造纸、钢铁等重点行业的清洁生产审核工作逐步展开。全国已有 28 个省（区、市）、7 个中央企业集团，共有 13218 家工业企业开展清洁生产审核，约占规模以上工业企业总数的 3%；提出中高费项目 86653 个。

目前，清洁生产工作还存在着很大的差距和不足。一是对清洁生产认识不深、重视不够；二是支持引导清洁生产的政策机制尚不完善；三是科技对清洁生产的支持有待进一步加强；四是清洁生产工作还没有全面推开。

(3) 推行清洁生产要实现三转变　建设资源节约型、环境友好型社会，加快转变经济发展方式，就要加快推行工业清洁生产，促进产业结构转型升级，转变工业发展方式，实现三个转变：由"政府推动为主"向"市场引导与政府推动相结合"转变；由"重审核，轻实施"向"审核实施并重"转变；由"关注重点"向"突出重点、全面推行相结合"转变。

新时期工业领域推行清洁生产的主要任务，一是抓紧编制"十三五"工业清洁生产推行规划；二是大力开展清洁生产审核，切实抓好清洁生产方案的实施；三是加强科技创新，提升清洁生产技术水平；四是完善政策，创新机制；五是研究推进生态设计，促进清洁生产向更高层次发展。

2. 清洁生产目标与特点

（1）清洁生产的目标　就是提高资源利用效率，减少和避免污染物的产生，保护和改善生态环境，保障人体健康，促进经济与社会的可持续发展。对于企业来说，应改善生产管理，提高生产效率，减少资源和能源的浪费，限制污染排放，推行原材料和能源的循环利用，替换和更新导致严重污染的、落后的生产流程、技术和设备，开发清洁产品，鼓励绿色消费。

（2）清洁生产的特点　清洁生产具有鲜明的目的性，良好的系统性，突出的污染预防性，明显的经济效益性，强调持续性，注重可操作性。

（3）清洁生产全过程控制

1）产品的生命周期全过程控制。即从原材料加工、提炼到产品产出、产品使用直到报废处置的各个环节采取必要的措施，实现产品整个生命周期资源和能源消耗的最小化。

2）生产的全过程控制。即从产品开发、规划、设计、建设、生产到运营管理的全过程，采取措施，提高效率，防止生态破坏和污染的发生。

（4）清洁生产的主要内容

1）清洁及高效的能源和原材料利用。清洁利用矿物燃料，加速以节能为重点的技术进步和技术改造，提高能源和原材料的利用效率。

2）清洁的生产过程。采用少废、无废的生产工艺技术和高效生产设备，尽量少用、不用有毒有害的原料；减少生产过程中的各种危险因素和有毒有害的中间产品；组织物料的再循环；优化生产组织和实施科学的生产管理；进行必要的污染治理，实现清洁、高效的利用和生产。

3）清洁的产品。产品应具有合理的使用功能和使用寿命；产品本身及在使用过程中，对人体健康和生态环境不产生或少产生不良影响和危害；产品失去使用功能后，应易于回收、再生和复用等。

3. 清洁生产实施

（1）清洁生产与污染治理

1）实践表明，清洁生产作为污染预防的环境战略，是对传统的末端治理手段的根本变革，是污染防治的最佳模式。传统的末端治理与生产过程相脱节，即"先污染，后治理"，侧重点是"治"；清洁生产从产品设计开始，到生产过程的各个环节，通过不断地加强管理和技术进步，提高资源利用率，减少乃至消除污染物的产生，侧重点是"防"。传统的末端治理不仅投入多、治理难度大、运行成本高，企业没有积极性。清洁生产从源头抓起，实行生产全过程控制，污染物最大限度地消除在生产过程之中，能源、原材料和生产成本降低，经济效益提高，竞争力增强，能够实现经济与环境的"双赢"。清洁生产与传统的末端治理的最大区别在于找到了环境效益与经济效益相统一的结合点，能够调动企业防治工业污染的积极性。

2）清洁生产是要引起全社会对于产品生产及使用全过程对环境影响的关注。使污染物产生量、流失量和处置量达到最小，资源得以充分利用，是一种积极、主动的态度，是关于产品和产品生产过程的一种新的、持续的、创造性的思维，它是指对产品和生产过程持续运用整体性的预防战略。

3）从环境保护的角度，末端治理与清洁生产两者并非互不相容，也就是说推行清洁生产还需要末端治理。这是由于：工业生产无法完全避免污染的产生，最先进的生产工艺也不能避免产生污染物；用过的产品还必须进行最终处理、处置。因此，完全否定末端治理是不现实的，清洁生产和末端治理是并存的。只有实施生产全过程和治理污染过程的双控制才能保证最终环境目标的实现。

（2）清洁生产与循环经济　循环经济的前提和本质是清洁生产，其理论基础是生态效率。生态效率追求物质和能源利用效率的最大化及废物产量的最小化，清洁生产强调的是污源削减，即削减的是废物的产生量，以提高其生态效率。循环经济的"减量化、再利用、再循环"的排列顺序，充分体现了清洁生产污源削减的精神，削减物质是循环经济的第一法则。循环经济遵循清洁生产污源削减精神，使得生态设计、生态包装、绿色消费等清洁生产的常用工具成为循环经济的实际操作手段。

（3）实施清洁生产的办法　实施清洁生产的主要途径和方法包括：合理布局、产品设计、原料选择、工艺改革、节约能源与原材料、资源综合利用、技术进步、加强管理、实施生命周期评估等许多方面。

（4）清洁生产工艺　清洁生产工艺指在生产过程中采用先进的工艺与减少污染物的技术，它主要包括原材料替代、工艺技术改造、强化内部管理和资源循环利用等类型。

三、积极推进清洁生产

1. 推行清洁生产的规划

制订重点行业、重点流域清洁生产推行规划。清洁生产推行规划的内容应包括：污染状况分析，实施清洁生产的指导思想、目标任务、重点内容、主要措施和进度安排，实施清洁生产的重点工业企业名单及清洁生产重点投资项目规划等。

制定重点行业清洁生产评价指标体系，组织编制清洁生产技术指南和审核指南，指导企业正确实施清洁生产。有关部门组织开展节能、节水、废物再生利用等环境与资源保护方面的产品标志认证，并制定相应的标准。在指导工业企业实施清洁生产的同时，逐步扩大推行清洁生产的范围，积极引导农业生产、建筑工程、矿产资源开采等领域以及旅游业、修理业等服务性企业依法实施清洁生产。

2. 落实促进清洁生产的政策

积极落实国家对企业实施清洁生产的鼓励政策，如节能、节水、资源综合利用及技术进步等方面减免税的优惠政策；实施清洁生产以企业投资为主，对从事清洁生产研究、示范、培训及清洁生产重点技术改造项目，可列入财政安排的有关技术进步资金的扶持范围；对符合《排污费征收使用管理条例》规定的清洁生产项目，各级财政、环境保护行政主管部门在排污费使用上优先给予安排。为鼓励企业实施清洁生产，企业开展清洁生产审核和培训等活动的费用允许列入企业经营成本或相关费用科目。在国家设立的中小企业发展基金中，根据需要安排适当数额用于支持中小企业实施清洁生产；地方人民政府应当根据实际情况，为中小企业实施清洁生产提供适当财政支持。

3. 清洁生产试点工作

有计划、有步骤地在重点流域、重点区域、重点城市和重点企业实施清洁生产试点。充分运用市场机制，实施企业清洁生产自愿行动计划和清洁生产区域示范试点工作，在工业企业较集中的区域，建立清洁生产示范园区，推动清洁生产工作由点到面开展。要发挥大型企业和企业集团的作用，带动中小企业全面实施清洁生产。积极稳妥地开展排污交易试点。

按照企业自愿与政府政策激励相结合，政府指导推动与企业自主实施和社会监督相结合的原则，在重点行业和重点流域组织开展创建清洁生产先进企业活动，树立一批资源利用率高、污染物排放量少、环境清洁优美、经济效益显著，具有国际竞争力的清洁生产企业。同时，要积极推广先进企业的典型经验。

4. 提高清洁生产的整体水平

（1）加快经济结构调整

1）抓好重点行业和地区的结构调整。针对我国工业技术和装备水平总体比较落后，资源利用率低、浪费大，重污染行业在工业结构中所占比重较大的现状，继续抓好冶金、有色金属、煤炭、电力、石油、石化、化工、轻工、建材等重点行业的结构调整工作，解决"结构性污染"。对国务院划定的"三河"（淮河、海河、辽河）、"三湖"（太湖、巢湖、滇池）、"两区"（酸雨控制区和二氧化硫控制区）、一市（北京市）一海（渤海），以及113个大气污染防治重点城市、三峡库区及其上游、南水北调工程沿线地区等重点流域区域，要加快淘汰落后生产能力的进程。严格贯彻执行国家公布的限制和淘汰落后生产能力、工艺和产品目录，依法关闭浪费资源、产品质量低劣、污染环境、不具备安全生产条件的厂矿。禁止淘汰的落后设备向其他地区转移。

2）加快技术创新步伐。要加大科技投入，推动产学研相结合，提高清洁生产技术开发水平和创新能力，用先进适用技术改造传统产业。科技开发计划应将清洁生产作为重点领域，积极安排清洁生产重大技术攻关项目，加大对中小企业清洁生产技术创新的支持力度。积极引导和鼓励企业开发清洁生产技术和产品，提高清洁生产技术水平。

3）加大对清洁生产的投资力度。各级投资管理部门在制定和实施国家重点投资计划和地方投资计划时，要把节能、节水、综合利用，提高资源利用率，预防工业污染等清洁生产项目列为重点，加大投资力度。积极引导企业按照清洁生产的要求，加大资金投入，调整产品结构，努力降低污染物的产生和排放。鼓励和吸引社会资金及银行贷款投入企业实施清洁生产。

（2）加强企业制度建设

1）企业要重视清洁生产。企业管理者要转变观念、提高认识，真正把实施清洁生产作为提高企业整体素质和增强企业竞争力的一项重要措施来抓。要切实加强对清洁生产工作的领导，建立健全清洁生产组织机构，明确清洁生产目标，并纳入企业发展规划，做到依法自觉实施清洁生产。

2）认真开展清洁生产审核。清洁生产审核是企业实施清洁生产的主要手段。按照自愿审核与强制审核相结合的原则，国家鼓励和支持企业自愿开展清洁生产审核。排放污染物超过国家和地方规定的排放标准，或者超过经有关地方人民政府核定的污染物排放总量控制指标的企业，以及使用有毒有害原材料进行生产或者在生产中排放有毒、有害物质的企业，应当依法实施清洁生产审核，并按有关规定，将审核结果报当地行政主管部门。

3）加快实施清洁生产方案。要坚持"积极主动、先易后难、持续实施"的原则，制订切实可行的实施计划。优先实施无/低费方案，中/高费方案要纳入企业规划和固定资产投资计划，逐步实施。积极筹措资金，确保清洁生产方案的落实，努力提高能源、原材料的利用率，减少商品的过度包装和污染物的产生与排放，树立企业良好的社会形象。

4）鼓励企业建立环境管理体系。环境管理体系是企业管理的组成部分，能够帮助企业从环境管理方面促进清洁生产的实施。有条件的企业，在自愿的原则下，可按照 ISO 14000 系列标准（GB/T 24000/ISO 14000），开展环境管理体系认证，提高清洁生产水平。

5）建立企业清洁生产责任制度。要实行企业清洁生产领导责任制，做到层层负责、责任到人；加强宣传和岗位培训，努力提高职工清洁生产意识和技能；实行装置运行达标管理，避免由于管理不善而出现"跑冒滴漏"现象，造成资源浪费和环境污染；建立奖惩制度，使清洁生产工作与经济效益挂钩。通过加强企业管理，推进清洁生产的实施。

（3）完善法规体系，强化监督管理

1）完善清洁生产配套规章。按照清洁生产的要求，抓紧研究制定强制回收的产品和包装物回收管理办法，编制和公布国家重点行业清洁生产技术、工艺、设备和产品导向目录，以及限期淘汰的生产技术、工艺、设备和产品的名录。

2）加强对建设项目的环境管理。在固定资产投资项目中，涉及环境影响的项目，在进行环境影响评价和可行性研究中应对原料使用、资源消耗、资源综合利用及污染物产生与处置等进行分析论证，优先选用资源利用率高及污染物产生量小的清洁生产技术、工艺和设备，并在建设项目设计、施工和验收等各个环节中加以落实。对使用限期淘汰的落后工艺和设备的建设项目，不得批准其环境影响评价报告书（表），擅自开工建设的要依法予以关闭。

3）实施重点排污企业公告制度。为加强公众监督，省、自治区、直辖市环境保护行政主管部门根据企业污染物的排放情况，可在当地主要媒体上定期公布污染物超标排放或者污染物排放总量超过规定限额的污染严重企业名单。列入污染严重企业名单的企业，应当按照有关规定公布主要污染物排放情况。重点排污企业的污染物排放口应安装污染物在线自动监测系统。对不公布或未按规定要求公布污染物排放情况的企业，环境保护行政主管部门应依法予以处罚。

4）加大执法监督的力度。各级环境保护行政主管部门要严格环境执法，严肃查处各类污染环境行为，坚决制止企业非法排污。对造成重大环境污染事故的，要依法追究有关人员的责任。各级环境保护行政主管部门要会同有关部门开展经常性的环保检查和清理整顿工作，对检查中发现的国家明令淘汰的落后生产能力、工艺和产品，造成环境污染的，环境保护行政主管部门要依法予以处罚，吊销有关企业的排污许可证。地方各级环境保护行政主管部门在核发排污许可证时，应将清洁生产审核结果作为核定企业污染物排放总量的重要依据，对未进行清洁生产审核的企业应比照已审核的企业执行。涉及生产、销售国家明令淘汰产品的行为，由各级质量技术监督部门依法予以处罚。因排放污染物超过国家或地方排放标准，被责令限期治理的企业，应积极采用清洁生产工艺和技术并限期达到治理要求，否则环境保护行政主管部门不得同意恢复生产，有关部门不得提供相应的生产条件。环境保护行政主管部门对不按要求实施清洁生产审核或不如实报告审核结果的企业，依法予以处罚。

（4）推行清洁生产工作

1）加强组织领导。

2）做好法规宣传教育。通过宣传和教育，鼓励公众购买和使用节能、节水、废物再生利用等有利于环境与资源保护的产品。各级人民政府在政府采购时，应将满足使用要求的节能、节水、废物再生利用等有利于环境与资源保护的产品优先纳入采购计划。加强清洁生产教育和培训，特别要加强对企业管理者、技术人员及员工的培训，正确理解和掌握清洁生产的有关规定，把清洁生产落实到产品开发、工艺技术、工程设计、装备制造和生产服务管理等各个环节。教育部要研究提出将清洁生产技术和管理课程纳入高等教育、职业教育和技术培训体系的方案。

3）建立清洁生产信息和服务体系。向社会发布有关清洁生产技术、管理和政策等方面的信息，加强清洁生产信息交流。要积极推动清洁生产国际交流与合作，学习借鉴国外推行清洁生产的成功经验，引进清洁生产技术和设备，提高我国清洁生产水平。要充分发挥行业协会等中介机构和科研单位、大专院校的作用，在政府领导下或接受政府委托，建立行业清洁生产中心和信息系统，制定本行业清洁生产指标体系、规划、规范，为企业开展清洁生产审核、技术开发与推广、信息咨询、宣传培训等提供服务。

四、清洁生产与环境管理体系

1. 作用与重点

（1）清洁生产突出产品及其生产　清洁生产为组织提供了最佳的环保战略。使组织在环境管理上有非常明确的努力方向预防污染的产生（在生产过程中加以控制）。而不是被动地污染后再治理。

清洁生产引导人们脱离传统的"先污染后治理"的思维方式，通过改变管理方式、产品设计及生产方式来减少资源消耗和污染排放。

清洁生产有它专门的管理和技术内涵。实施清洁生产有许多技术方法、步骤，如通过清洁生产审计发动员工，提出管理和技术方面的清洁生产方案，节能降耗减排增效。

在建立和实施清洁生产方案时有各种的环境管理工具可以用来改进方案或保证其实施，例如生命周期评价、生态设计、技术环境评价、环境管理体系等。

（2）环境管理体系强调组织环境管理的体系化　环境管理体系是一个环境管理工具，它为一个组织提供了系统、持续改进其环境绩效的环境管理框架。ISO 14001 是全球建立和维护环境管理体系的公认的国际标准。

环境管理体系不能直接导致指导组织的发展决策，也不能指出哪个是最佳的环保政策，但可以保证组织领导人所制定环保政策的实施。

（3）实施　清洁生产和环境管理体系都需要从增强认识入手，都需要最高领导层的承诺和全力支持。

全体员工对环境责任的正确理解和认识是实施清洁生产和环境管理体系的基础。

清洁生产和环境管理体系都需要一个有专门知识的工作班子来协调和监督实施。

在起始阶段，清洁生产和环境管理体系可以由同一个工作班子作为起始阶段的技术指导和协调组织机构。

2. 互补性

在实施阶段，两者联系最紧密的技术内涵部分是清洁生产的审核和环境管理体系的初始环境评审。有效的清洁生产审核可以帮助组织选择最佳环境政策和技术路线。而环境管理体系的建立可以帮助组织有效地实施清洁生产方案并使其不断得到监督和改进。

　　如果一个组织希望既实施清洁生产也建立环境管理体系，最佳顺序是先进行清洁生产审核，这样可以提高员工的环境意识，收集组织活动、产品或服务过程的基础数据，识别并评价组织的重要环境因素。通过物料平衡或能量平衡分析物料/能量流失和废物产生原因，从而提出清洁生产方案，为进行初始环境评审和制定组织环境政策打下良好基础。然后逐步建立环境管理体系和实施清洁生产方案——并在环境管理体系的持续运行和清洁生产审核的不断进行中，以清洁生产战略为指导持续改进组织的环境绩效。这样可以最大限度地使两者互为补充和支持，同时避免重复工作。清洁生产与环境管理体系的比较如图 3-22 所示。

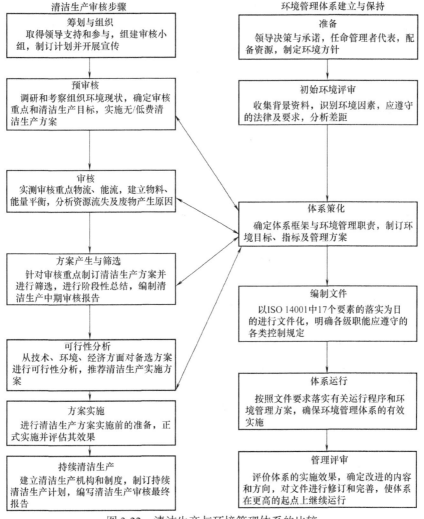

图 3-22　清洁生产与环境管理体系的比较

第四节　能　源　审　计

能源审计是发达国家 20 世纪 80 年代初期由政府推动的一种节能管理方法，它由专职能源审计机构或具备资格的能源审计人员受政府主管或有关部门的委托，对用能单位的部分或全部能源活动进行检查、诊断、审核，对能源利用的合理性做出评价并提出改进措施的建议，以增强政府对用能活动的监控能力和提高能源利用的经济效果。能源审计通常是制订和实施节能技术方案的一个必备步骤，还可以作为取得政府和有关部门财政援助、税收优惠和筹集节能资金资格的一个信贷保证。

企业能源审计是由节能主管部门授权的能源审计机构和具有资格的能源审计人员依据国家节能法规和标准，对企业的能源利用状况进行审核与评价。目的是把审计的管理与控制方法引入企业能源管理工作，帮助企业合理使用能源资源，提高能源利用率，实现经济和社会的可持续发展。

一、能源审计的任务和作用

1. 能源审计的任务

1）监督贯彻执行能源方针政策。

2）评价、核实企业能源管理各种信息的可靠性、合理性和合法性。

2. 能源审计的作用

1）对宏观经济具有指导作用。

2）对贯彻执行国家能源方针起到促进作用。

3）审计对合理用能、节约使用能源有促进作用。

4）暴露一些消极因素，同时维护能源消费者的利益。

5）审计主要是监督，但同时还有服务作用。

二、重点用能单位能源审计

能源审计期是指能源审计所考察的时间区段。考察期一般不少于一年，审计单位另有特殊要求可按约定。

1. 能源审计的内容

根据能源审计的目的和要求，结合被审计单位能源管理与技术装备状况，可以选择下述部分内容和全部内容开展能源审计工作。

1）主要负责人领导的节能工作领导小组工作情况。

2）能源管理状况。

3）用能概况、生产工艺和能源流程。

4）节能监测、能源计量、能源统计状况。

5）能源消耗指标（单位产品能耗、产品综合能耗、产值综合能耗等指标）计算分析。

6）主要耗能设备或工艺系统的运行效率或指标计算分析。

7）能量平衡和物料平衡分析。

8）国家明令淘汰的用能设备情况。

9）能源管理人员参加节能培训情况和主要耗能设备操作人员节能培训情况。

10）能源成本计算分析。

11）节能量和节能潜力计算分析，提出节能技术改造项目，并做出财务和经济评价。

12）节能奖励情况。

2. 能源审计的基本方法

能源审计的基本方法是根据能量平衡与物料平衡的原理，对用能单位的能源利用状况进行统计、计量和分析。能源审计包括用能单位基本情况调查，生产与管理现场检查，数据收集与审核汇总，典型系统与设备运行状况调查，能源与物料的盘存查账等内容，并辅以现场检测。

1）对能源管理的审计按 GB/T 15587 的有关规定进行。

2）对用能概况及能源流程审计按有关规定进行。

3）对能源计量及统计的审计按 GB/T 6422 和 GB/T 17167 的有关规定进行。

4）对用电设备的合理性审计按 GB/T 3485 的有关规定进行。

5）对用能设备热运行效率的计算按 GB/T 2588 的有关规定复核。

6）对能源消耗指标的计算按有关规定复核。

7）对产品综合能耗和产值能耗指标的计算按 GB/T 2589 的有关规定复核。

8）对能源成本指标的计算按 GB/T 17166 的有关规定复核。

9）对节能量和节能潜力的计算按 GB/T 13234 的有关规定复核。

3. 能源审计的产品产量

能源审计的产品产量仅指审计期内的合格品数。产品产量的核定应当计算制成品、在制品或半成品的数量，并折算为相当的制成品。产品产量的核定应当将标准产品和非标准产品分别计算，非标准产品应当折算为标准产品。

对用能单位的能源消耗实物平衡表和能源网络图必须进行能源审计。能源消耗的数据核定应当分品种进行非生产系统用能和损失能源计算，并分别对合理性进行分析，合理分摊到产品中；产品能耗分析必须有可比性，产品能耗的核定应当将生产过程中外协加工的能耗计算进去；外购能源的品质折标系数，以实测或国家标准为准。

能源消耗计算的时间区段必须与产品产量的时间区段一致。

4. 能源价格

能源审计所使用的能源价格应当与用能单位财务往来账目的能源价格相一致，在一种能源多种价格的情况下产品能源成本用加权平均价格计算。

5. 能源消耗指标

用能单位能源消耗技术经济指标分析评价的依据主要是国家、行业、地方有关的能源标准及相关能耗定额指标，包括生产系统单位产品能耗（车间单耗）、总的单位产品能耗、总的单位产值能耗、主要用能设备的能源利用效率或消耗指标。

6. 能源利用状况综合评价

能源利用状况的综合评价应当包括：能源转换系统或主要耗能设备的能源转换效率与负荷的合理性评价；生产组织与能源供应系统合理匹配的分析评价；按能源流量进行合理用热、合理用电、合理用水、合理用油等的评价；能源利用经济效益的比较分析；用能设备及工艺系统的分析评价；能源利用环境的比较分析。

三、能源审计程序

1. 能源审计应当按以下程序进行

1）节能主管部门根据节能工作要求编制年度能源审计计划，同时通知能源审计单位和被审计用能单位。

2）能源审计单位根据节能主管部门的计划，做出能源审计的具体工作方案，确定能源审计的目标和具体内容，报节能主管部门批准后通知被审计单位。

3）被审计单位应当按能源审计单位要求如实提供有关资料，积极配合能源审计单位，做好能源审计工作。

4）能源审计单位应在能源审计工作完成后，15 日之内向节能主管部门及被审计单位提出能源审计报告。

5）节能主管部门审核通过后，被审计单位应当按能源审计报告建议实施；节能主管部门审核不通过，应当在三个月内进行修改补充，并重新提交能源审计报告。

6）被审计单位应在审计完成后，按季将整改情况反馈给节能主管部门和能源审计单位。能源审计单位应对被审计单位定期回访，监督整改，并将整改进度和效果反馈给节能主管部门。

2. 能源审计报告的内容

能源审计报告应包括以下内容：能源审计的依据和有关事项说明；用能单位概况、主要用能系统与设备状况、能源管理体系及能源消耗状况；各项法律、法规的执行情况；各种能耗指标的计算分析；能源成本与能源利用效果评价；存在的问题及节能潜力分析；节能技术改造项目的财务分析与经济评价；固定资产投资项目的节能经济评价；审计结论和整改建议。

四、能源审计规范化

企业能源审计通常由财务审计、效益审计和管理审计组成。能源审计属于管理审计的范畴。通过能源审计，可以准确合理地分析评价企业的能源利用状况和水平，以实现对企业能源消耗情况的监督管理，能源的合理配置使用，提高能源利用效率。可以使企业的生产组织者、管理者、使用者及时分析掌握企业能源管理水平及用能状况，挖掘节能潜力，降低能源消耗和生产成本，提高经济效益。因此，企业能源审计方法适用于国家对企业用能的监督与管理，也适用于企业内部的能源管理与监督。

1. 能源审计的功能

对一个企业进行能源审计需要对该企业的能源管理状况（即管理机构、管理人员素质、管理制度及制度落实情况等）、生产投入产出过程和设备运行状况等进行全面的审查，对各种能源的购入和使用情况进行详细的审计。这就要求对企业的能源计量、监（检）测系统和统计状况进行必要的审查；要对主要耗能设备的效率和系统的能源利用状况进行必要的测试分析，同时要对企业的照明、采暖通风、工艺流程、厂房建筑结构、设备的使用和操作人员的素质予以专门的审查；要依据历年统计数据、现场调查结果及测试所得的数据，按照相应的标准和方法计算出评价企业能源利用水平的技术经济指（如产品能源单耗、综合能耗、主要设备的能源利用效率或耗能指标等）。最后对各种调查、统计、测试和计算结果进行综合分析、评价、查找出节能潜力，提出切实可行的改进措施和节能技术改造项目，并做出财务和经济评价。利用能源审计的方法，对企业固定资产投资工程项目（包括节能技术改造项目）进行节能篇的论证，保证基建和技改投资项目节能效益。对企业的主要经济技术指标进行审计核查，可以确保国家资源综合利用税收优惠政策，真正落实到实处。

企业能源审计更加着重于对企业的能源管理、设备管理和企业技术水平的分析评价；审计过程中除对主要耗能设备进行必要的测试外，也对历年的生产和物资进、销、存统计资料分析核对；除计算出企业能源利用的技术经济指标，更要通过对这些指标的技术经济分析，提出具体的节能近期措施和远景节能技改方案。因此，能源审计对于强化企业能源管理，提高耗能设备的转换效率，挖掘节能潜力，建立能源管理目标和评价能源利用水平都具有重要的指导作用。

2. 能源审计面临新问题

在国家节能减排政策监管力度的加强和企业能源成本压力的双重作用下，能源审计工作逐渐受到重视。由于我国能源审计工作全面开展的时间过短，能源审计工作在实际操作中还存在着一定的问题。

（1）能源审计工作的定位不明确　目前企业能源审计的现状是市场职能和政府职能并行。政府节能主管部门要求重点耗能企业提交能源审计报告和节能规划，却没有明确是政府委托还是企业自身行为。如果是政府职能，就不应该收费，但能源审计所消耗的人力物力很大，需要聘请一些相关行业的专家和高级技术人员，如果没有经费来源，能源审计工作将无法正常开展，政府部门能源审计的监督职能也就无法发挥。从企业角度看，如果仅靠市场行为，企业出于自身节能管理的需要，开展能源审计工作，又缺乏相关的法律、法规对审计机构实行监督。

（2）急需建立能源审计　市场准入制度。因我国尚未出台企业能源审计机构资质限定的相关法律、法规，而现实的需求又很急迫，而参与审计的人员也不具备相应的审计资格要求，能源审计报告编制人员不了解各行业、领域的技术流程，专业知识欠缺，导致审计细节不够深入，审计报告的内容不够完整，在一定程度上影响了对企业能源审计的准确度和结论。

（3）建立完善的能源审计基础资料系统　有的企业没有配备完整的计量系统和专门的用能管理和统计人员，提交的所需数据缺乏真实性；还有的企业为了追求数据的"合理性"，对提供的数据进行修改，一定程度上影响了能源审计报告数据的准确度。很多企业计量器具配置不全，配置率达不到要求，致使部分能源的消耗数据不准确，在企业财务成本核算中，只核算作为原材料、动力的主要能源，而对用量较小的能源，如柴油、汽油、水等，在成本中则未做核算；部分企业对余热余能回收后转换的能源又用于生产时不计入成本。因此成本分析中能源费用的数据并不反映实际的升降，使成本分析流于形式，导致能源审计报告欠缺全面性和准确性。

3. 强化能源审计工作

（1）强化制度与管理　政府部门应继续抓好重点用能单位的能源审计工作，加大节能资金的投入和节能降耗的财税支持力度，通过制定财政、税收等激励政策，加大对能源审计的支持力度；由收费审计（由省市和行业政府机构管辖的节能服务中心承担审计任务实行收费制度）改为免费审计；由大范围能源审计改为示范案例审计。同时，应由以节能量为基础的能源审计改为以节能成本效益为中心的能源审计，才能发挥能源用户进行节能技术改造的积极性。尽快制定相关法律、法规并建立能源审计市场准入制度，规范能源审计工作；尽快制定出更多的适用于不同行业的国家能源标准检测方法及评价细则，准确衡量企业的能耗状况；对企业会计制度一步明确涉及能源核算的项目，引导企业在财务成本核算中的成本、费用科目设置增加一些能源方面的明细项目，便于对能源消耗数据的统计。对重点耗能企业应强化基础管理工作，建立规范的能源管理体系。

（2）企业在能源审计中获益　企业应做好节能管理的基础工作，建立健全原始记录和统计台账。完善能源使用的计量管理，保证能源使用数据的完整性、真实性、可靠性。企业财务人员应向管理层提供能耗变化对当期利润的影响分析数据，从而让管理层感受到节能降耗的压力。企业开展能源审计工作，需要支付给审计服务机构一定的费用，而企业也能获得能源审计带来的收益。在企业申请新上项目时，完整、科学的能源审计报告能够帮助政府部门更好地判断企业原有的能源消耗及管理水平。

（3）提高能源审计服务机构水平　能源审计对企业用能情况做出客观评价的同时，主要把审计工作着重于挖掘企业增加利润、降低消耗、减少污染的潜力；注重于企业能源利用与企业经济活动的效率、效果的审查和评价。

（4）促进能源审计信息共享　我国审计部门一直以企业财务审计为主，专业的能源审计人才相对缺乏。在统计部门中能源统计的力量也相当薄弱，如能将能源审计、统计、计量等机构的力量相结合，实现信息共享，将会得到事半功倍的成效。

（5）能源审计要与激励政策相结合　许多企业只追求产品数量与销售，而对企业本身能耗情况并不了解，这是因为企业的管理层没有看到降低能耗就是提升利润，还应将企业的能耗作为企业负责人经营业绩考核的一项重要内容。

【案例 3-6】　北京市推广用能单位能源审计效果显著。

能源审计，是第三方审计单位依据国家有关节能法规标准，对企业和其他用能单位能源利用的物理过程和财务过程进行的检验、核查和分析评价，是一种加强企业能源科学管理和节约能源的有效手段和方法。能源审计作为节能减碳的一项重要工作，采用政府购买服务的方式，充分调动用能单位节能主体责任，可以使用能单位的生产组织者、管理者、使用者及时分析掌握单位能源管理水平及用能状况，排查问题和薄弱环节，挖掘节能潜力，降低能源消耗和生产成本，提高经济效益，推动用能单位自主节能，有利于培育节能环保产业，进一步推广节能高效技术产品，有力推动"内涵促降"，为顺利实现年度节能减碳目标奠定坚实基础。

为扎实推进能源审计工作，市发展改革委与市财政局联合制定印发了《北京市用能单位能源审计推广实施方案（2012—2014 年)》，3 年内本市按照用能单位和公共机构的年综合能耗，分阶段、分批次地对全市年综合能耗 5000t 标煤以上（含）的重点用能单位、年综合能耗 2000t 标煤以上（含）的公共机构开展能源审计工作，并对上年度未完成节能考核目标、能源利用状况报告审核不合格的重点用能单位实施强制能源审计。除此之外，还将根据能源消费规模、审计报告评审结果对开展能源审计的单位给予 8 万～40 万元的一次性财政奖励。

1. 必要性

（1）推广能源审计是实现"内涵促降"的有力支撑　"十二五"期间，国家对本市下达万元地区生产总值能耗下降 17%，碳排放强度下降 18% 的节能减碳目标。但本市"以退促降"空间进一步收窄，需要深入挖掘重点用能单位节能潜力。开展能源审计，可以及时分析掌握用能单位能源管理水平及用能状况，排查问题和薄弱环节，寻找节能方向，将为制定能源消费标准、建立领跑者制度和实施节能改造项目提供重要依据，是实现"内涵促降"的有效抓手。

（2）开展能源审计是提升用能单位管理水平的重要推动力　目前，部分用能单位节能意识还不高，缺乏主动开展节能工作的积极性和内在动力。开展能源审计，一方面帮助用能单位了解自身能源使用管理中存在的问题，找准节能潜力；另一方面，可以促进用能单位提升自身用能管理水平，提高能源利用效率。

（3）推广能源审计是培育发展节能服务产业的重要途径　开展能源审计，不仅可以带动一批能源审计中介服务机构发展壮大，还可以通过实施一批节能改造项目，带动相关新技术、新产品的推广应用，有利于加快培育节能技术研发、能源审计、节能诊断、合同能源管理节能改造、节能量审核等多位一体的节能服务产业体系。

2. 思路和目标

(1) 总体思路　坚持以科学发展观为指导,立足本市能源消费和经济发展的内在规律,围绕"内涵促降、系统促降"的工作主线要求,按照"政府主导、企业主体、统筹兼顾"的原则,坚持强制实施与鼓励引导相结合,采取"统一部署、分步实施、严格监管"的工作机制,明确职责分工,发挥第三方中介机构作用,调动各方力量,高标准、高质量开展能源审计工作,深入查找用能单位节能潜力,明确节能降耗工作方向和重点,为顺利实现"十二五"节能目标提供有力支撑。

(2) 工作目标

1) 强制能源审计。对未完成年度节能考核目标、能源利用状况报告审核不合格的年综合能耗5000t标煤以上的重点用能单位,责令实施强制能源审计。2014年底前,完成全部须开展强制性能源审计单位的能源审计工作。

2) 鼓励性能源审计。对须开展强制能源审计以外的年综合能耗5000t标煤以上(含)的重点用能单位和年综合能耗2000t标煤以上(含)公共机构开展鼓励性能源审计,并给予相应财政奖励资金支持。

3. 取得工作成效

通过市级能源审计项目的三年推广,不仅推动了用能单位节能意识和能源管理水平的提升,找到节能方向,推动一批节能技改项目的实施落实,而且还培育发展了本市节能服务产业,提升了本市能效水平,为制定能耗限额、建立领跑者制度提供重要依据。

(1) 推动管理水平提升,夯实基础　通过三年能源审计推广实施,不仅使用能单位了解自身能源使用管理中存在的问题,寻找节能潜力,还引导用能单位履行社会责任,促进自身用能管理水平提升。一是促进能源管理信息化建设。151家单位提出了能源管控中心或信息平台建设方案,将加强能源消耗数据分析功能,而且还提高了用能单位能源管理系统自动化控制程度。其中北京市琉璃河水泥有限公司能源管控中心、北京航空航天大学能源管控中心被确定为北京市2013年节能减排教育示范基地。二是开展公共机构示范单位创建。三年期间共有113家市级公共机构和60家中央在京公共机构开展了能源审计工作,其中21家单位获得了北京市第一批、第二批节约型公共机构示范单位创建称号。三是能源管理体系建设推进。截止到2015年11月,55家用能单位获得能源管理体系的认证证书。

通过抽样调查发现,86%的用能单位认为本次能源审计对企业降低能耗,提高管理水平有帮助,审计对象满意度高。本次能源审计帮助提升节能工作的主要方面是能源管理(64%)、能源计量和统计(54%)、节能潜力挖掘(47%)等。

(2) 促进节能技改实施,效果显著　根据能源审计报告提出的节能措施,用能单位积极开展节能技术改造,开展内涵促降。三年实施方案推广期间,各用能单位提出了 3505 项节能措施，包括管理节能、技术节能等。其中管理措施占总数的 39%，技改措施占总数 61%。技术节能措施如若全部实施，将拉动社会投资为 127 亿元，形成节能能力 132 万 t 标煤，一是节能措施实施率高。根据 2013~2014 年两年抽样核查结果，节能措施实施比例约为 80%，措施落实情况良好，预计形成节能能力 61.2 万 t 标煤。13 个政府节能减排专项资金项目，预计形成节能能力 4.7 万 t 标煤。采用合同能源管理方式完成了 52 个节能技改项目，形成节能能力 11.36 万 t 标煤。二是产品能耗下降明显。与 2011 年单位产品能耗数据对比，市级重点用能单位 2014 年 16 项单位产品能耗指标值下降，占总指标数量的 66.7%，能效水平提高明显。

（3）培育节能服务产业，多元发展　在能源审计推广的同时，促进了节能服务公司发展壮大，还有利于培育能源审计、节能诊断、合同能源管理节能改造、节能量审核等多位一体的节能服务产业体系。三年期间不仅节能服务公司数量倍增，而且服务对象更加多元化，产业纵深发展迅速，为今后节能减碳工作的开展建立了技术储备。一是机构数量倍增。组织开展了能源审计咨询机构公开遴选和推荐，并对能源审计机构推荐名录库实行动态管理。实施方案推广期间共面向全社会征集了 153 家能源审计咨询机构，经评审筛选和动态管理，北京市能源审计机构推荐名录库从 24 家增加到 50 家。二是服务对象多元化。市级推荐的能源审计咨询机构有大型国企单位，也有私营（民营）单位，从业人数约 15000 人，注册资本 21.95 亿元，约 50% 的单位具有工程设计、咨询、计量、节能量审核等各类资质，服务对象更加多元。三是产业纵深发展。2012~2014 年，能源审计咨询机构围绕技术、资本和市场相互之间的合作，无论从广度和深度还是从多样性都在快速发展，核心竞争力进一步加强，服务水平显著提高。在为用能单位提供能源审计咨询服务之后又积极帮助其实施节能诊断、建立能源管控中心等业务，并有效带动节能技术研发和推广、节能产品制造、节能咨询评估等相关行业和机构的大力发展，加快形成了以节能服务为核心的配套产业链。

（4）培养节能专业人才，提高水平　通过三年能源审计的工作推广和宣传，培养和锻炼了一批能源审计的专业人才队伍，充分发挥其在节能工作咨询、诊断、评审等方面的专业优势，为能源审计的顺利开展提供了有力的人才支撑。一是能源审计专家培养。每年从北京市各大高校、设计院、研究院、重点用能单位等筛选专家，并组织开展相关政策、工作流程、审核特点等专项培训，三年累计培训专家 300 余人次，组织专家开展能源审计报告评审 2000 余人次。二是能源审计专业技术人才培养。每年对能源审计咨询机构项目负责人员开展业务培训，讲解能源审计工作的重点和难点，及时协调解决实际问题，三年累计培训咨询机构人员 500 余人次。同时，结合全市用能单位能源管理师培训，对用能单位能源管理部门负责人开展能源审计培训。三年期间逐步建立了能源审计工作专业人才培养、筛选、评价等方面的工作流程，提升了专业人才的社会认知度和认可度。

（5）完善节能监管能力，强化服务　能源审计工作作为政府节能管理的主要基础性工作和提高节能管理水平的重要手段，在政府节能管理工作中发挥了很重要的作用。一是开展专项监察。对能源审计报告中提出的节能措施落实情况开展专项监察，拓宽节能监察的工作维度，推进重点用能单位节能管理工作的规范化和制度化。二是提供数据支撑。通过能源审计项目的推广，掌握了北京市重点用能单位能源消耗基本情况和能源消费结构特点，为北京市进一步提升能效水平提供了较为丰富的数据基础，使政府更充分运用数据信息，更加准确地了解市场主体需求，提高服务和监管的针对性、有效性。三是强化服务。鼓励重点用能单位建立和完善能源管理体系，积极开展能源管理体系认证工作，并引导用能单位能源资源计量器具的规范化、标准化、智能化配置，确保能源统计数据真实、完整、可靠，并开展了重点用能单位能源计量基础能力建设，为政府履行市场监管提供保障。

图 3-23 为 2012—2014 年北京能源审计推广项目实施效果。

4. 主要做法及经验

北京市能源审计推广工作按照"顶层设计、流程规范、技术支撑"的原则有序开展。"顶层设计"是指市发展改革委与市财政局联合印发的"实施方案"。该方案详细规定了能源审计推广的目标、对象、工作流程、职责分工、财政资金奖励支持标准和管理方式方法。"流程规范"是指启动布置、宣传培训、机构选聘、过程跟踪等工作流程都编制了相应的工作手册和一系列程序文件等，明确时间节点和要求。"技术支撑"是指编制了工业企业、非工业、交通等三个领域能源审计报告编写基本技术要求和审核评分标准，规范了能源审计工作流程。

（1）组织实施上下联动，形成合力　三年能源审计推广项目由市发展改革委和市财政局负责总体推进，市经济信息化委、市教委等 10 个相关行业主管部门和 16 个区发展改革委分别按照"归口管理"和"属地管理"原则负责相关重点用能单位、公共机构能源审计工作的组织协调、检查督导和能源审计报告初审工作。北京节能环保中心作为业务支撑单位具体落实有关日常工作，形成了"部门联动、条块结合、分工负责、齐抓共管"的工作模式，确保能源审计工作按时完成目标并取得实效。

（2）过程控制问题反馈，及时跟进　把握能源审计工作进度和关键节点控制等，及时了解有关问题，并采取积极有效的预防措施，确保年度工作目标和三年计划目标的完成。一是每年年初编制全年《工作手册》，根据年度北京市重点用能单位节能目标考核情况和国家万家节能目标考核，发布《年度重点用能单位强制性能源审计名单》，明确各项工作时间节点和主要工作内容，指导各有关单位按时按质完成工作任务。二是考虑到用能单位关停并转等情况，积极协调新增重点用能单位的能源审计启动和推进工作；必要时商请中央及国家有关单位等召开工作协调会，促进中央在京单位积极开展能源审计工作。三是每月都实时跟踪各用能单位和咨询机构能源审计合同备案情况、各区能源审计推广情况，并总结有关问题和建议。

北京市用能单位能源审计推广项目实施效果
2012—2014

一、项目管理

组织管理保障

分工负责　　　制定文件　　　条块结合
齐抓共管　　　有据可依　　　区域联动

财政资金保障

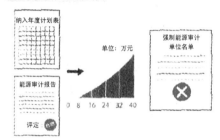

技术规范保障

1. 工业用能单位能源审计报告编制与审核技术规范
2. 非工业用能单位能源审计报告编制与审核技术规范
3. 交通运输业用能单位能源审计报告编制与审核技术规范

市场培育保障

连续三年向全市滚动管理并推荐了 50 家能源审计咨询机构

二、项目实施

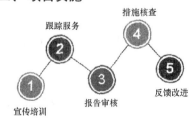

措施核查
跟踪服务
宣传培训　　报告审核　　反馈改进

三、项目参与单位

近 100 名专家　　10 个相关行业主管部门

16 个区县发展改革委　　678 家用能单位

61 家咨询机构

四、取得的效果

社会效益

1. 推动管理水平提升，86% 的用能单位认为有效果
2. 培育节能服务产业，50% 的咨询机构多元发展

经济和环境效益

发挥财政资金　提供节能技改　单位产品能耗　找到重点行业
杠杆作用　　　项目储备　　　下降明显　　　节能潜力

可持续影响

1. 推进重点单位的能源管理体系和碳排放管理体系建设
2. 全面实施能源审计基础能力建设
3. 扩大能源审计范围，启动区县能源审计工作
4. 持续完善节能相关标准，启动节能低碳和循环经济标准化工作
5. 能源审计咨询机构积极开展区县和外省市能源审计工作

服务对象满意度

1. 用能单位

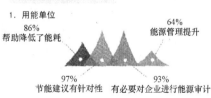

86%　　　　　　　　　　　64%
帮助降低了能耗　　　　　能源管理提升

97%　　　　　　　93%
节能建议有针对性　有必要对企业进行能源审计

2. 咨询机构
   91% 认为有实施"可持续能源审计"的必要性
3. 专家
   90% 认为审核报告评审流程公正客观

图 3-23　2012～2014 年北京能源审计推广项目实施效果

（3）编制报告技术要求，率先出台　为规范能源审计报告编写要求，确保能源审计报告审核质量，使能源审计审核结果更为客观、公正，针对能源审计报告审核内容、审核深度、报告格式要求、评分标准等具体内容，在全国率先出台了《工业企业、非工业单位、交通行业等三个领域能源审计报告编写基本技术要求（试行）和审核评分标准（试行）》，指导用能单位、咨询机构高质量开展能源审计工作。通过3年的试行，不断地修改和完善能源审计报告编写基本技术要求和审核评分标准，2015年在全国率先出台了《工业用能单位能源审计报告编制与审核技术规范》《非工业用能单位能源审计报告编制与审核技术规范》《交通运输业用能单位能源审计报告编制与审核技术规范》等三个技术标准。

（4）培训宣传多措并举，讲求实效　针对用能单位、咨询机构、行业主管部门、区发展改革委、评审专家等不同培训对象编写不同的培训宣传大纲，采取针对性的教学措施和宣传手段，提高实用性。一是培训范围广、力度大。3年期间全市10个行业主管部门、16个区发展改革委、年综合能耗5000t标煤以上（含）的重点用能单位和2000t标煤以上（含）的公共机构、61家能源审计咨询机构等相关人员、近100名专家等都积极参加培训。累计培训15期，参训人数近5000人次。针对能源审计报告评审专家，编制了《专家培训手册》，主要是培训能源审计评审流程、评分标准和原则；针对中介机构，编制了《能源审计相关标准汇编》，主要是培训能源审计审核重点、能源统计和指标分析等内容；针对用能单位，编制了《北京市能源审计工作百问百答》。二是宣传形式多、效果好。如举办京津冀及周边地区节能低碳技术交流会、2014年北京第二届节能低碳环保大赛、2012年和2014年中国北京国际节能环保展览会等，以丰富多彩的系列宣传活动大力普及节能相关知识，推进能源审计深入开展。

5. 2015—2016年持续推进

参照2012—2014年能源审计三年实施方案的做法，经市政府同意，市发展改革委与北京市财政局联合制定《北京市用能单位能源审计实施方案（2015—2016年）》（京发改［2015］2570号）。推动近千家单位开展能源审计工作，进一步扩展能源审计单位范围，对年耗能500t（含）~2000t标煤公共机构及年耗能2000t（含）~5000t标煤的用能单位开展能源审计。并鼓励区组织年耗能1000t（含）2000t标煤用能单位开展能源审计，以及根据能源消费规模、审计报告评审结果对开展能源审计的单位给予相应的财政资金奖励。

2015—2016年能源审计工作的启动，经过2012—2016年连续五年的工作推进，基本上将全市年耗能500t标煤以上（含）公共机构以及年耗能2000t标煤以上（含）的用能单位开展了一次能耗摸底，为全市"十三五"节能减碳工作打下良好工作基础。

图3-24为2015—2016年北京市用能单位能源审计实施方案。

2015-2016年北京市用能单位能源审计实施方案

为落实《中华人民共和国节约能源法》《北京市实施〈中华人民共和国节约能源法〉办法》《北京市"十二五"时期节能降耗与应对气候变化综合性工作方案》等相关法律及政策要求，进一步深化拓展能源审计推广成果，持续提升本市能效和节能管理水平，特制订本方案。

一、总体思路和目标

（一）总体思路

围绕"内涵促降、系统促降"的工作主线，立足本市能源消费和用能单位能耗特点，坚持"政府引导、企业主体、统筹兼顾、分类实施"的原则，明确职责分工，加强统筹协调，拓展工作覆盖面，为"十三五"节能工作提供有力支撑。

（二）目标

1.

	2015年	2016年	
重点用能单位（家）	36	44	110家 市级能源审计单位
公共机构（家）	16	14	

2.
```
500吨（含）~2000吨
公共机构（家）
+
2000吨~5000吨
用能单位（家）
+
1000吨~2000吨        } 821家 区县能源审计单位
鼓励用能单位（家）（非公共机构）
```

3.
强制性能源审计单位

2014年度、2015年度节能考核目标未完成
能源利用状况报告审核不合格

四、保障措施
（一）加强组织领导和协调推进
（二）严格按照相关标准执行
（三）加强宣传培训

二、职责分工和组织方式

（一）职责分工

市发展改革委员会和市财政局负责能源审计实施工作的总体推进、监管和相关事项协调等，各相关单位按照职责分工负责分管单位的能源审计组织推进工作。

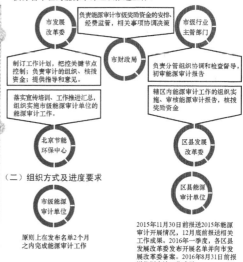

（二）组织方式及进度要求

原则上在发布名单2个月之内完成能源审计工作

2015年11月30日前报送2015年能源审计开展情况，12月底前报送相关工作成果。2016年一季度，各区县发展改革委发布开展名单并向市发展改革委备案。2016年8月31日前报送能源审计工作成果。

（三）能源审计结果应用

应将整改措施纳入下年度和下阶段节能工作计划并切实组织实施，市（区）政府固定资产投资和市（区）级财政专项资金将优先支持符合条件的节能改造项目。强制能源审计实施单位应严格按照能源审计建议开展整改，符合条件的节能改造项目将按现行规定给予支持。

三、财政奖励资金管理

（一）奖励对象

（二）奖励标准

各区县根据实际，研究制订对区县能源审计单位开展能源审计的财政奖励政策，市级财政按照区县财政奖励能源审计支出金额的30%对区县给予奖励，奖励资金各区县可统筹安排用于节能相关工作。

（三）资金管理要求

奖励资金使用应当符合财政资金使用的相关规定和国家有关审计等要求，专项用于能源审计相关工作，各相关单位不得截留、挪用。

图3-24 2015～2016年北京市用能单位能源审计实施方案

第五节　节 能 评 估

节能评估是根据节能法规、标准，对投资项目的能源利用进行科学分析评估，以促进经济社会可持续发展。

一、投资项目节能评估的目的

节能评估是由第三方机构根据节能法规、标准，对新上项目的能源利用是否科学合理进行分析评估。节能审查是由政府有关部门对项目节能评估文件进行审查或实行登记备案。

1. 节能评估的目的

固定资产投资项目（工程）节能评估的目的是为了深入落实科学发展观和节约资源基本国策，加快建设节约型社会，努力实现降低能源消耗的目标，以能源的高效利用促进经济社会可持续发展，进一步降低建设项目单位产品能耗和提高建设项目的经济效益。

2. 发改委要求新上项目须作节能评估

自2010年11月1日起，新上项目将必须进行节能评估和节能审查。国家发改委在近日发布的《固定资产投资项目节能评估和审查暂行办法》（以下简称《能评办法》）中提出上述要求。

《能评办法》规定，节能评估按照项目建成投产后年能源消费量实行分类管理。其中，年耗能3000t标煤以上的项目编制节能评估报告书，年耗能1000～3000t标煤的项目编制节能评估报告表，其他低能耗项目填报节能登记表。节能审查按照各级政府项目管理权限实行分级管理。《能评办法》要求，节能审查机关收到项目节能评估文件后，要委托有关机构进行评审，形成评审意见，作为节能审查的重要依据。接受委托的评审机构应在节能审查机关规定的时间内提出评审意见。评审费用由节能审查机关的同级财政安排，标准按照国家有关规定执行。

二、投资项目节能评估报告

投资项目节能评估报告的编制，包括评估的目的和依据、项目概况、评估内容和方法、产业结构及工艺、技术装备核查、能耗核算评估、评估结论等内容。

1. 评估的目的和依据

1）评估的目的。

2）评估报告编制依据：主要是法律、法规及有关规定；有关标准及规范；有关文件依据等。

3）评估范围和程序：组成评估项目组，搜集相关资料，熟悉了解评估对象相关内容，能源消耗评估，提出节能降耗措施，评估结论及建议，专家审查，修改并完成评估报告。

2. 项目概况

1）项目概况包括：项目名称、建设地点和建设单位。

2）建设单位基本概况。

3）产品方案和生产规模。

4）原辅材料及公用工程消耗。

5）生产工艺及设备设施。

6）公用工程主要提供用电情况，供、排水情况，通风与空气调节、压缩空气、蒸汽等。

7）工厂体制及劳动定员及主要技术经济指标。

3. 评估内容和方法

（1）评估内容　根据国家及地方相关法律、法规、规划、产业政策、能源利用相关规定，以及国家及省、市有关部门对节能综合评估的要求，进行节能分析和评估。

（2）评估原则　开展节能评估工作应遵循以下原则：

1）真实性原则。节能评估机构应当从项目实际出发，对项目相关资料、文件和数据的真实性做出分析和判断，本着认真负责的态度对项目用能情况进行研究、计算和分析评估，确保评估结果的客观和真实。

2）可行性原则。节能评估机构应当严格按照评估目的、评估程序，根据项目特点，依据适宜的法规、政策、标准、规范，采取先进、合理可行的评估方法，配置适宜的评估专家，以保证项目节能评估能够顺利完成。

3）完整性原则。节能评估应对主要耗能工序和设备进行完整的评估，不得遗漏。报告内容和结论应完整的体现项目的能源消费特点和能源效率水平。

4）独立性原则。节能评估机构应独立开展评估工作，并对评估结论负责。

（3）评估程序　项目建设单位应根据拟建项目在建成达产后的年能源消费量，按照《能评办法》规定的节能评估分类管理要求，选择编写《固定资产投资项目节能评估报告书》（简称"节能评估报告书"）或《固定资产投资项目节能评估报告表》（简称"节能评估报告表"），或填写《固定资产投资项目节能登记表》（简称"节能登记表"），具体分类详见表3-5，项目实物能源消费量或综合能源消费量中任何一项达到数量要求，即应编制相应的评估文件。

表3-5　节能评估文件分类表

文件类型	年能源消费 E			综合能源消费量 /t 标煤
	实物能源消费量			
	电力/（10⁴kWh）	石油/t	天然气/10⁴m³	
节能评估报告书	E≥500	E≥1000	E≥100	E≥3000
节能评估报告表	200≤E<500	500≤E<1000	50≤E<100	1000≤E<3000
节能登记表	E<200	E<500	E<50	E<1000

注：电力折算标（准）煤系数按当量值计算。

　　如需编制节能评估报告书或节能评估报告表，建设单位应委托有能力的机构进行编制；如需进行节能登记，建设单位可自行填写节能登记表报送备案。

　　节能评估工作程序主要包括：前期准备、选择评估方法、项目节能评估、形成评估结论、编制节能评估文件，以及根据评审意见对评估文件进行修改完善等。

　　节能评估机构在编制节能评估文件时，应与项目建设单位充分沟通。报送节能审查的节能评估文件应由节能评估机构和项目建设单位分别加盖公章。

　　4. 前期准备

　　(1) 收集项目相关资料　收集项目的基本情况及用能方面的相关资料，主要包括：

　　1) 建设单位基本情况，如建设单位名称、性质、地址、邮编、法人代表、项目联系人及联系方式，企业运营总体情况等。

　　2) 项目基本情况，如项目名称、建设地点（包括位于或接近的主要交通线）、项目性质、投资规模及建设内容、项目工艺方案、总平面布置、主要经济技术指标、项目进度计划，改、扩建项目原项目的基本情况，改、扩建项目的评估范围等。

　　3) 项目用能情况，如项目主要供、用能系统与设备的选择，项目所采用的工艺技术、设备方案和工程方案等的能源消耗种类、数量及能源使用分布情况，改、扩建项目原项目用能情况及存在的问题等。

　　4) 项目所在地的气候区属及其主要特征，如年平均气温（最冷月和最热月）、制冷度日数、采暖度日数、极端气温与月平均气温、日照率等。

　　5) 项目所在地的社会经济概况，如经济发展现状、节能目标、能源供应和消费现状、重点耗能企业分布及其能源供应消费特点、交通运输概况等。

　　当现有资料无法完整准确反映项目概况时，可进行现场勘察、调查和测试。现状调查中，对与节能评估工作密切相关的内容（如能源供应、消费、加工转换和运输等），收集信息应全面详细，并尽可能提供定量数据和图表。如需采用类比分析法，应按上述要求全面获取类比工程相关信息。

　　(2) 确定评估依据　收集相关资料，并根据项目实际情况确定项目节能评估依据，主要包括：

　　1) 国内外相关法律、法规、规划、行业准入条件、产业政策等。

　　2) 相关标准及规范。

　　3) 节能工艺、技术、装备、产品等推荐目录，国家明令淘汰的用能产品、设备、生产工艺等目录。

　　4) 项目环境影响评价、土地预审等相关资料、项目申请报告、可行性研究报告等立项资料。

　　节能评估有关法规、政策、标准、规范等资料。

5. 选择评估方法

通用的主要评估方法包括标准对照法、类比分析法、专家判断法等。在实际评估工作开展过程中，可根据项目特点选择适用的评估方法，可以采用一种评估方法也可综合运用多种评估方法。

1）标准对照法是指通过对照相关节能法律法规、政策、技术标准和规范，对项目的能源利用是否科学合理进行分析评估。评估要点包括：项目建设方案与节能规划、相关行业准入条件对比；项目平面布局、生产工艺、用能情况等建设方案与相关节能设计标准对比；主要用能设备与能效标准对比；项目单位产品能耗与相关能耗限额等标准对比等。

2）类比分析法是指在缺乏相关标准规范的情况下，通过与处于同行业领先节能水平的既有工程进行对比，分析判断所评估项目的能源利用是否科学合理。类比分析法应判断所参考的类比工程能效水平是否达到国际先进或国内领先水平。评估要点可参照标准对照法。

3）专家判断法是指在没有相关标准和类比工程的情况下，利用专家经验、知识和技能，对项目能源利用是否科学合理进行分析判断的方法。采用专家判断法，应从生产工艺、用能情况、用能设备等方面，对项目的能源使用做出全面分析和计算，专家组成员的意见应作为结论附件。

6. 项目节能评估

项目节能评估包括能源供应情况评估、项目设计方案节能评估、项目能源消费和能效水平评估、节能措施评估等工作，其目的是对项目的用能状况进行全面分析，作为评估结论的重要依据。

当项目可行性研究报告等技术文件中记载的资料、数据等能够满足节能评估的需要和精度要求时，应通过复核校对后引用。对于能源消费量、产品单耗、能源利用效率、节能效益等可定量表述的内容，应通过分析、测算（核算）给出定量结果。测算（核算）过程应清晰，要符合现行统计方法制度及相关标准规定。

如属改、扩建工程，应分析原有主要生产工艺、用能工艺、主要耗能设备的用能情况及存在问题，以及项目实施后对原用能情况的改善作用。

（1）项目能源消耗和能效水平评估

1）参照《项目年能源消费统计表》，计算评估项目消费的能源品种、来源及消费量，计算项目年综合能源消费量。

2）根据项目工程资料数据，按照《综合能耗计算通则》（GB/T 2589—2008）等标准，按用能工序、生产工序等各环节核算（测算）能源消耗量及项目年综合能源消费量（明确计算方法、计算过程、数据来源等）。

3）参照《企业能量平衡通则》（GB/T 3484—2009），编制项目能量平衡表或能源消费实物平衡表、能源网络图，分析项目能源购入贮存、加工转换、输送分配、终端使用的情况，发现节能薄弱环节和节能重点环节，能量平衡框图如图 3-25 所示。

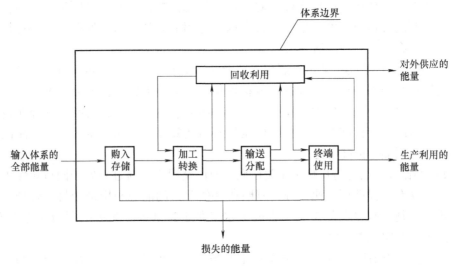

图 3-25　能量平衡框图

4）计算分析项目能效指标，采用标准比照法、类比分析法等方法进行能效水平分析评估。指标主要包括单位产品（量）综合能耗、可比能耗，主要工序（艺）单耗，单位建筑面积分品种实物能耗和综合能耗（如需要），单位投资能耗（如需要）等。

（2）能源供应及消费总体评估

1）能源供应保障情况评估。内容主要包括：项目所在地能源供应总量及构成；项目能源供应条件及落实情况；可能出现的问题及风险分析。

2）项目对所在地能源消费的影响评估。

① 项目能源消费对所在地能源消费增量的影响预测。根据所在地节能目标、能源消费和供应水平预测（如单位地区生产总值（GDP）能耗或单位工业增加值能耗目标）、国民经济发展预测（GDP 增速预测值）等，计算出所在地能源消费增量预测限额。将该项目能源消费量与所在地能源消费增量预测限额进行对比，分析判断项目新增能源消费对所在地能源消费的影响。

② 项目能源消费对所在地完成节能目标的影响预测。分析该项目能源消费量、单位产值能耗、单位产品（量）能耗等指标对所在地完成节能目标的影响。建成达产后年综合能源消费量超过（含）1 万 t 标煤的项目，应定量分析项目能源消费对所在地完成节能目标的影响。

（3）项目建设方案节能评估

1）项目选址、总平面布置节能评估。

① 分析项目选址对项目所需能源供给和消费的影响。

② 分析项目总平面布置对厂区内能源输送、贮存、分配、消费等环节的影响，结合节能设计标准，判断平面布置是否有利于方便作业，提高生产效率，减少工序和产品单耗。

2）项目工艺流程、技术方案节能评估。

① 明确项目工艺流程和技术方案。

② 从生产规模、生产模式、生产工序、主要生产设备选型等方面，分析评价工艺方案是否有利于提高能效，是否符合节能设计标准相关规定。

③ 将生产工艺方案与当前先进方案进行比较，对比分析在节能方面存在的差异，提出完善生产工艺方案的建议。

3）项目用能工艺节能评估。

① 明确项目主要用能工艺和工序。

② 分析和计算用能工艺和工序的能耗指标，能耗指标可采用工序能耗、产品单耗、能源利用效率等。

③ 采用标准对照、类比分析等方法，发现存在问题，判断用能方案是否科学合理，提出完善建议。

4）主要耗能设备节能评估。

① 列出项目涉及的主要耗能设备型号、参数及数量，判断项目是否采用国家明令禁止和淘汰的用能产品和设备。

② 通过分析、计算、类比设备测试等，确定主要耗能设备的能耗指标，分析评价其能效水平。

③ 采用标准对照、类比分析等方法，发现存在问题，提出完善建议。

（4）节能措施评估

1）节能技术措施评估。

① 根据项目用能方案，综述生产工艺、动力、建筑、给排水、暖通与空调、照明、控制、电气等方面的具体措施，包括节能新技术、新工艺、新设备应用；能源的回收利用，如余热、余压、可燃气体回收利用；资源综合利用，新能源和可再生能源利用等。

② 分析节能技术措施的可行性和合理性。如生产强度对节能措施有较大影响，可针对不同的生产强度分别评估可行性和合理性。

2）节能管理措施评估。

① 按照《能源管理体系要求》（GB/T 23331—2012）、《工业企业能源管理导则》（GB/T 15587—2008）等标准的要求，评价项目的节能管理制度和措施，包括节能管理机构和人员的设置情况。

② 按照《用能单位能源计量器具配备与管理通则》（GB 17167—2006）等标准要求，编制能源计量器具一览表、能源计量网络图等，评价项目能源计量制度

建设情况，包括能源统计及监测、计量器具配备、专业人员配置等情况。

3）单项节能工程评估。

①分析评估单项节能工程的工艺流程、设备选型、单项节能量计算方法、单位节能量投资、投资估算及投资回收期等。

②分析单项节能工程的技术指标及可行性。

4）节能措施效果评估。

①分析计算主要节能措施的节能量。

②评价项目节能措施效果。单位产品（运输量、建筑面积）能耗、主要工序能耗、单位投资能耗等指标国际国内对比分析，说明通过采取节能措施，设计指标是否达到同行业国内先进水平或国际先进水平。

5）节能措施经济性评估。计算节能技术和管理措施成本及经济效益，评估节能技术措施、管理措施的经济可行性。

7. 存在问题及建议

1）发现项目在节能方面存在的问题。

2）针对问题，提出相应的应对措施或建设方案调整建议。

3）计算节能评估提出的措施建议所产生的节能量。

8. 评估结论

1）评估结论一般应包括下列内容：

①项目能源消费总量及结构。

②项目是否符合国家、地方及行业的节能相关法律法规、政策要求、标准规范。

③项目有无采用国家明令禁止和淘汰的落后工艺及设备。

④项目能源消费和能效指标水平。

⑤项目对所在地能源消费及节能目标完成情况的影响，项目是否符合所在地节能规划的要求。

⑥项目采取的节能措施及效果评价。

⑦主要问题及补充建议，并对采纳建议后可能产生的节能效果进行测算。

2）主要从项目的立项和建设是否符合国家产业发展政策，项目采用的工艺、技术、装备是否先进可靠，项目建成后如何严格搞好生产工艺节能，切实抓好能源基础管理工作等方面做出评估结论，同时附上由专家书面提出对建设项目节能评估审查意见。

三、投资项目节能评估报告（节选）

【案例3-7】　某公司技术改造项目

某公司地处江苏省某市，该公司是我国铁路主要的轨道交通运输装备制造和服务基地；我国铁路干线内燃机车、货车和柴油机等机车车辆配件的制造骨干企业。

该公司拥有固定资产 6000 万元, 生产用建筑面积 7.51 万 m², 拥有各类设备 555 台。

1. 评估的目的和依据 (略)。

2. 项目概况

1) 项目名称、建设地点和建设单位。

2) 建设单位基本概况。

3) 产品背景和生产规模。在现有铁路货车修理能力的基础上, 将形成年产钢结构配件 8000t 的能力。此次技改将新建存车线 4142m; 新建轴承检修厂房、综合技术楼、管系检修、木工组装等厂房 8286m²; 新置喷漆烘干生产线、激光切割机、精细等离子切割机、数控折弯机、矫平机、龙门镗铣床等设备 72 台套。项目市场预测见表 3-6, 项目产品方案和生产规模见表 3-7; 维修货车车型参数见表 3-8。

表 3-6　项目市场预测表

序　号	车　型	预计需求量/(辆/年)	市 场 份 额	预测数量/(辆/年)
1	敞平车	51200	10%	5120
2	棚车	13000	8%	1024
3	合计	—	—	6144

表 3-7　项目产品方案和生产规模表

序　号	产品类别	数　量	备　注
1	货车维修	5000 辆	—
2	钢结构件	8000t	20000t (远期)
3	合计	—	—

表 3-8　维修货车车型参数表

序号	车型	载重/t	自重/t	轴重/t	车辆尺寸/mm (长×宽×高)	构造特点
1	C64	61	22.5	20.8	13438×3242×3142	车体采用耐候钢, 满足翻车机卸货要求
2	C70	70	23.6	23.46	13976×3242×3143	
3	N17	60	19.5	19.9	13942×3180×2050	有十二扇木质活动侧板、两扇钢板压制的活动端板
4	NX70	70	23.8	23	16366×3157×1216	具有普通平车和装运集装箱双重功能
5	K18	60	24.9	21.1	14742×3240×3391	四个漏斗, 两对底门, 侧开放方式

4) 原辅材料消耗及公用设施。公用工程及燃料、动力消耗表 (略)。

5) 生产工艺及设备设施。

① 生产工艺图（略）。

② 设备设施，主要新增设备设施表（略）；动力工程新增设备明细表（略）。

6）项目主要技术经济指标见表 3-9。

表 3-9　主要技术经济指标表

序　号	指标名称	单　位	指　标	备　注
1	项目规模			
1.1	货车检修	辆/a	5000	
1.2	钢结构	吨/a	8000	20000（远期）
1.3	项目年耗能量	t 标煤/a	4245.8	
1.4	项目设备装机容量	kW		
1.5	年耗电量	万 kWh	1796	
1.6	年耗新水量	万 m³	4.3	
1.7	项目总资金	万元	10494	
2	劳动生产率			
2.1	全员	辆/人·a	4.5	
2.2	生产工人	t/人·a	—	
3	单位产品综合能耗	kg 标煤/辆	849	
4	电耗	kWh/辆	3592	
5	蒸汽	t	14694	
6	年销售	万元	28800	
7	年总成本费用	万元	29773	
8	年工业增加值	万元	4910	
9	增量财务内部收益率（税后）	%	9.49	
10	增量财务净现值（$i_c = 8\%$）（税后）	万元	912.62	
11	项目减亏额度	万元	2450	

3. 评估内容和评估方法（略）

4. 产业政策及工艺、技术、装备核查

（1）产业政策符合性核查　铁路是国家的重要基础设施和国民经济的大动脉，铁路的发展关系到国民经济发展大局和人民群众利益。没有铁路运力的可靠保证，全面建设小康社会目标就难以实现，没有铁路的现代化，国家的现代化就会受到制约。国资委在《关于公布中央企业主业（第二批）的通知》国资发规划〔2005〕80 文中，确认了铁路运输设备制造产业属于涉及国家安全和国民经济命脉的重要行业和关键领域，《国家产业技术政策》国经贸技术〔2002〕444 号文和铁道部《铁路主要技术政策》铁科技〔2004〕78 号文，都提出了要重点支持和发展铁路运输设备制造产业。此外，国务院《促进产业结构调整暂行规定》国发〔2005〕40 号文，第五条提出了要"加快发展铁路、城轨交通、客运专线和运煤通道"及"优化产业组织结构，调整区域产业布局"的政策。对照《产业结构调整指导目录（2011年本)》和《江苏省工业结构调整指导目录》，该项目属于允许类范畴。

由此可见，铁路货车产业在国民经济发展中起着举足轻重的作用，对这一产业进行结构优化和产业布局调整，既符合国家产业政策，也是提升企业集团核心竞争力的必由之路。

因此，对该公司进行必要的技术改造，全面提升货车修理能力和水平是必要的，符合国家产业发展政策和产业战略调整的需求。

（2）相关节能设计规范及标准符合性评估

1）项目与《评价企业合理用电技术导则》的符合性主要有以下几个方面：

① 企业供电合理化：采用无功补偿，保证平均功率因数≥0.9。

② 企业照明合理化：根据生产需要采用高光效的节能照明灯具，根据车间厂房的不同高度，配置合适的节能灯具。

③ 电机配置合理化：该项目拟选用电机的功率与工艺需要相匹配，杜绝"大马拉小车"现象，节约电能。

2）项目与《评价企业合理用热技术导则》的符合性主要有以下两个方面：

① 加强余热的回收利用，提高设备效率，减少热力消耗。

② 定期检查并保养加热装置，使之保持良好状态。

3）项目与《工业企业能源管理导则》的符合性主要有以下几个方面：

① 项目保持企业原有三级能源管理系统，拥有完善组织结构，按照国家相关要求配备计量器具。

② 对能源的购入、贮存、转换、输送和最终使用严格管理，用能设备合理检修，淘汰落后。

③ 对全企业能源消耗状况及费用定期分析，通过进行能源审计和能量平衡更好地了解企业能源消耗状况。

（3）工艺、技术、装备的先进性核查

1）工艺技术先进性（略）。

2）装备先进性。

① 喷漆烘干生产线：该生产线主要零部件选用优质材料制造，所选用的外购件先进、优质。设备布置安全、合理。整条生产线不设厂房，设计成自防雨式，室体及送、排风机等其他相关设施满足防雨、雪、风等要求。照明设施考虑顶部局部采光。送、排风机、燃烧器、活性炭吸附、脱附等辅助装置摆放在生产线内侧。室体的强度、稳定性、保温性、密封性、抗冲击性、抗震性必须达到行业标准要求。生产线噪声水平：设备声源点等效声级噪声值≤80dB（A）；工作环境噪声≤75dB（A）。

生产线环保要求：漆雾及有机气体的排放符合 GB 16297—1996《大气污染物综合排放标准》要求。

其他要求：因该生产线为非标产品，故生产线基本要求、原材料指标和资源能源利用指标参照 HJT 293—2006《清洁生产标准　汽车制造业（涂装）》的一级指标进行设计和生产；而环境要求则严格实行该标准一级指标。

② 热处理炉：企业原有的热处理炉普遍存在服役时间长，设备老旧化问题突出，热效率低下。通过项目技改，引进更新一批热处理炉，以提高企业能源利用水平。

③ 除锈设备改造：原有的整车除锈生产线规划落后，设备陈旧，劳动率低。通过改造，引进先进的除锈设备，合理布置生产线流程，提高生产线效率。

④ 中频铆钉加热炉：该项目拟用的中频加热炉有如下三大优势：a. 节能，比普通可控硅中频加热炉节电 10% ~ 30%；b. 不会带来网侧污染，不干扰其他用电设备工作；c. 减少供电变压器容量。

5. 能耗核算评估

（1）企业用能核算　该项目实际消耗的能源品种有：电力、蒸汽、丙烷；耗能工质有：氧气、水、混合气和二氧化碳。

为保证评估的准确性，首先对能源用量进行核算。由于耗能工质的使用量较小，而电力、蒸汽两项即占全部能耗量的 90%，故本报告主要对电力和蒸汽用量进行核算。

1）电力。依据《工业与民用配电设计手册》采用有功功率法对项目年用电量进行核算。具体核算如下：

年用电量：
$$W_n = P_{js}\alpha_n T_n$$
式中，P_{js} 为有功功率；α_n 为年平均有功负荷系数；T_n 为年运行时间。

由表 3-10 核算结果显示，该项目电力年用量为 1722.8 万 kWh。项目可研报告中数据为 1796 万 kWh，减少 73.2 万 kWh，误差为 4.1%，可见可研报告中的电力用量估算在合理范围内。

2）蒸汽。该项目新增一条喷漆烘干生产线，设计年产量为 4000 辆，每辆车设计用漆 100 ~ 180kg、油漆稀料为 200 号溶剂油。

目前国内生产的烘干生产线（加热方式：热风对流式）换热效率在 30% ~ 60% 之间，取较好水平 50% 计算，每辆车的生产时间为 0.75h，设计平均用汽量为 1.5t/h，核算年用汽量为 4500t。可行性研究报告中提供数据为 4590t，误差为 2%，认为该值在合理范围内。

表 3-10　项目设备电能消耗一览表

序号	设备名称	总功率	需要系数	有功功率	α_n	T_n	W_n	占比（%）
1	办公及照明	460	0.8	368	0.8	4000	117.8	6.8
2	烘干线	750	0.8	600	0.8	1790	85.9	5.0
3	炉窑	300	0.8	240	0.8	3820	73.3	4.3
4	公用工程	1100	0.5	550	0.8	4000	176.0	10.2

（续）

序号	设备名称	总功率	需要系数	有功功率	α_n	T_n	W_n	占比（%）
5	除锈设备	900	0.6	540	0.8	3820	165.0	9.6
6	起重	750	0.15	112.5	0.8	3820	34.4	2.0
7	机加工	2500	0.5	1250	0.8	1830	183.0	10.6
8	铆焊	1500	0.5	750	0.8	3740	224.4	13.0
9	专用工装设备	4200	0.5	2100	0.8	3820	641.8	37.3
10	损耗	按 W_n 的 2% 计算					21.2	1.2
11	合计						1722.8	100.0

（2）能源消耗结构及报障性评估

1）能源消费结构，见表3-11。

表 3-11 能源消耗结构表

能源名称	单位	实物量	折标系数	当量值		等价值	
				t标煤	%	t标煤	%
电力	万 kWh	1796	1.229（当量） / 3.3（等价）	2207.3	52.0	5926.8	74.4
丙烷气	t	217.5	1.59	345.8	8.1	345.8	4.3
O_2	万 m³	72.3	4.0	289.2	6.8	289.2	3.6
蒸汽	t	14694	0.091	1337.2	31.5	1337.2	16.8
水	t	47308	2.571×10^{-4}	12.2	0.3	12.2	0.2
混合气	万 m³	7	7.39	51.7	1.2	51.7	0.6
CO_2	万 m³	1.14	2.143	2.4	0.1	2.4	0.0
合计				4245.8	100	7965.3	100

2）能源消耗报障性评估。

① 电力。该项目新增设备总装机容量：2500kW。电力消耗由设备驱动、供排水、检修、照明等构成。企业使用南车戚墅堰机车车辆有限公司（以下简称戚机公司）的二级供电，共11台变压器，合计容量9670kVA，项目年用电量1800万 kWh（按最大产能），故原变电所可以满足技改后用电需求。另外，该项目达产后，年耗电量约1796万 kWh，占全市工业用电量份额较小（仅为约0.095%）因此，该项目不会对全市用电产生大的影响。

② 蒸汽。该项目蒸汽主要用于总成车间喷漆烘干生产线，现有蒸汽由戚机公司总汽包输入，管径为150mm，目前用量为 2~3t/h。戚机公司供汽量最大值为60t/h，目前用量约 25~35t/h；项目年新增用量4590t，新增 150mm 供汽管线一条，供热能力达到 10~15t/h。新增管线建成后，管径流量可满足生产及生产辅助要求。

（3）产品能源消耗计算与评价

1）单位产量综合能耗。该项目每辆机车检修的综合能耗见表 3-12、表 3-13。表 3-12 表明，机车维修单位综合能耗 849kg 标煤/辆。由表 3-13 表明，该项目的能耗以生产单元用能为主，约占综合能耗总量的 88.5%（等价折标），符合《江苏省工业固定资产投资项目节能分析专章（或者专篇）编制大纲》（2007 年版）关于被选择的重点耗能工艺能耗总量占拟建项目能耗总量（折标煤）的比重原则上应当达到 70% 以上的要求。

表 3-12　单位产量综合能耗

序　号	产品名称	产　量	耗能量/t 标煤	单耗/（kg 标煤/t）
1	货车维修	5000 辆	4245.8	849
2	钢结构	8000t	—	—
3	合计			

表 3-13　生产单元用能占比表

序　号	车　间	当量折标煤/（t/年）	等价折标煤/（t/年）	占比（当量）	占比（等价）
1	钢结构配件生产车间	359.8	805.1	8.5	10.1
2	钢结构车间	1198.4	2451.4	28.2	30.8
3	总成车间	1268.2	2546	29.9	32.0
4	转向架车间	499.6	1243.1	11.8	15.6
5	总计	3326	7045.6	78.3	88.5
6	总能耗	4245.8	7965.3	—	—

2）企业单位产值综合能耗，见表 3-14、表 3-15。由表 3-15 可得出，该项目万元产值（当量折标）能耗比上一年度该市的平均水平低了 42%；而项目完成后，可改变企业目前亏损的状态，万元增加值能耗比该市当年度（预测）的平均水平低 22%。万元产值能耗和万元增加值能耗比上一年度该市规模以上企业的平均水平低了 46% 和 33%。

表 3-14　该项目正常年各项财务数据表

序　号	项　目	单　位	金　额
1	工业总产值	万元/年	28800
2	年总成本	万元/年	29773
3	工资及福利费	万元/年	4317
4	折旧费	万元/年	1126
5	增值税	万元/年	440
6	工业增加值	万元/年	4910

表 3-15　产值能耗（当量折标）比较表

序　号	项　目	产值能耗 /(t 标煤/万元)	GDP 能耗 /(t 标煤/万元)	增加值能耗 /(t 标煤/万元)
1	市区（上一年度）	0.254	0.934	1.114
2	规模以上企业（上一年度）	0.27	—	1.29
3	本项目	0.147	—	0.865
4	备注			

3）能源成本指标计算分析，见表 3-16、表 3-17、表 3-18。

表 3-16　能源消耗费用表

能源名称	单　位	实　物　量	单位/元	费用/万元
电力	万 kWh	1796	9500	1706.2
丙烷气	t	217.5	8240	179.2
O_2	万 m³	72.3	23100	167.0
蒸汽	t	14694	237	348.2
水	t	47308	3.75	17.7
混合气	万 m³	7		
CO_2	万 m³	1.14		
合　计				2418.3

表 3-17　能源成本计算表

能源名称	费用/万元	总　成　本	占比/（%）
电力	1706.2	29773	5.7
丙烷气	179.2	29773	0.6
O_2	167.0	29773	0.6
蒸汽	348.2	29773	1.2
水	17.7	29773	0.06
混合气			
CO_2			
合计	2418.3	29773	8.1

表 3-18　主要经济指标汇总表

项　目	数　值
产值/万元	28800
总成本/万元	29773
增加值/万元	4910
能源成本/万元	2418.3
能源成本比例（%）	8.1
产值能耗/(t 标煤/万元)	0.147
增加值能耗/(t 标煤/万元)	0.865

4) 能源消耗评价。

① 与原有的生产线比较如下。

a. 分解车间：主要建筑物包括冲洗库、木工解体棚、铆工解体厂房、抛丸厂房等，车间通过班次调整，具备年分解铁路货车 7000 辆的生产能力。车间现有工艺设备主要包括整车除锈设备、移车台等。其中整车除锈设备负责检修车辆的抛丸除锈，由于使用年限较长，设备的除尘系统效果不佳。

处理办法：整车除锈设备改造，新增抛丸设备一套。

b. 钢结构车间：主要建筑物包括 3 个 18m 跨、210m 长的钢结构厂房，工艺设备主要包括车体调修胎、焊接转胎、移车台、起重机、焊机等设备。车间在两班制，常态生产的情况下，具备年检修铁路货车 7000 辆的生产能力。

c. 总成车间：主要建筑物包括组装厂房、交检交验厂房、车钩制动厂房、涂装厂房等。原有设备主要包括车钩、制动装置检修设备、喷涂设备、焊机、起重机等。目前具备年检修铁路货车 4000 辆的生产能力。目前总成车间存在的主要问题是整车涂装生产线设备陈旧。现有两套水旋式喷漆室，负责检修车辆的底漆和面漆喷涂；设有长 60m、宽 15m 的烘干厂房，但无专用烘干室，基本靠自然烘干；作业环境和涂装质量与目前比较通用的干式喷漆室均有一定差距。

处理办法：新增喷漆烘干生产线一条。

d. 转向架车间：主要建筑物包括台车轮对检修组装厂房、转向架南北跨厂房、转向架北跨厂房、货车转向架东西跨、转向架轴承轮对厂房、轴承检修厂房等，工艺设备主要包括卧式车床、仿形车床、数控车轮车床、外圆磨床、车轴成形磨床、立式车床、全自动轮对压装机、轴承压装机、K6 侧架外导框专用铣床、K6 侧架凹槽专用铣床、摇枕侧架磁粉探伤机、下心盘智能扳机、转向架压顿装置等，目前公司常态生产具有年检修铁路货车 4000 辆的生产能力。

② 企业单位产品能耗比较（略）

经技改扩建后，企业单位产品能耗比上一年可下降 9.3%。且项目技改在降低能耗的同时，使得货车修理的环保水平有大幅度的提升，污染物排放量显著减少，社会经济效益明显。

(4) 加强节能降耗的措施　为使该项目获得更先进的节能降耗指标，并取得更好的节能效果，该报告建议在项目下一步实施过程中采用以下措施：

1) 从变配电及用电设备挖潜实现节能。由于该项目以电力和热力消耗为主，降低电能消耗可从变配电及用电设备挖潜入手。

① 选用节能型电动机。选择电动机类型除满足拖动功能外，还应考虑经济运行性。对于年运行时间大于 3000h，负载率大于 50% 的设备，建议选择 YX、YE、YD 系列高效率的三相异步电动机。

② 合理选用电动机额定容量。国家对三相异步电动机三个运行区域规定如下：负载率在70%～100%间为经济运行区，40%～70%间为一般运行区，40%以下为非经济运行区；一般负载率保持在60%～100%间较为理想。对于负载率小于40%的电动机，可采用星形联结，以提高效率。

③ 合理配置三相负载，使三相负载平衡。三相负载平衡可减少三相负载不平衡引起的三相电流不平衡，减少线路有功功率损失。

④ 企业在用的11台变压器中有10为老旧变压器（威机公司二级变压器），服役时间大都超过20年。在该项目技改中，应最大限度的淘汰更新这批变压器（总容量8670kVA），以降低企业线变损水平，每年约可减少8万kWh的变压器损耗。

⑤ 热处理炉节能改造：在热处理炉中，炉衬材料的合理与否，直接影响到炉子的蓄热损失、散热损失及炉子的升温速度，同时还影响到设备的造价和使用寿命。在旧设备改造过程中，新型节能炉衬材料：轻质耐火砖和硅酸铝纤维，用它做一般热处理炉的热面材料或保温材料，可节能约10%～30%，用在周期式生产，间断式操作的电阻炉上则节电可达25%～35%。

2）用热节能措施。

① 首先来说说项目最大的用热设备：涂装喷漆烘干生产线，该生产线用热对蒸汽的热量（温度）的要求较高，而压力次之。建议企业可适当增加供热管线的保温厚度（可略大于保温层"经济厚度"），由于管线距离较短（约1000m），则保证在用热端使用到饱和（或过饱和）蒸汽，这也将提高生产线的用热效率。另外，我国涂装线的能耗比国外先进的涂装生产线高10%～25%，总结原因有如下几条节能措施：a. 涂装工艺的改进，采用中漆和面漆的"湿碰湿"涂装工艺可明显较少能耗；b. 喷漆室和烘干室的热能回收，主要是废排气的热回收利用，减少排烟热损失；c. 喷漆室采用部分排风二次循环利用，尽量减少喷漆室的空间和排风量的控制；d. 尽量采用低温热固性涂料。

② 合理选择热源。根据设备要求、设备规模及所在地区的能源价格和环境要求，通过技术经济分析确定最佳热源。

③ 注重换热效率的提高，包括一次换热效率的提高和产品吸收热量的提高。

④ 选用先进发热材料提高发热效率。

⑤ 在允许条件下扩大热设备规模，可提高热效。

3）从加强能源管理实现节能。

①设立能源管理岗位和专职机构。②完善能源管理制度及工艺规程，加强能源动态控制和管理。③建立能源计量网络，加强能源计量管理。④开展节能培训工作。⑤在企业开展节能合理化建议活动，充分调动一线人员的节能积极性。

6. 评估结论

通过对该项目产品结构、工艺、技术和装备的核查及能源消耗的评估，得出以下主要结论。

1）该项目（铁路货车修理）属铁路运输设备制造产业，属于涉及国家安全和国民经济命脉的重要行业和关键领域。

2）该项目采用的各项工艺、技术和装备是目前国内领先的生产工艺，生产线劳动生产率高，工艺自动化程度高，产品质量优异，能耗的减少可观，比较原有生产线单位产品能耗下降约 9.3%。且该项目的万元产值能耗比所在市上一年的平均水平低了 42%；而项目完成后，可改变企业目前亏损的状态，万元增加值能耗比所在市的平均水平低 22%。项目用能总量及能源结构合理，能源供应有保障。

3）企业在项目建设过程中加强与设计方的沟通，充分考虑节能方面的建议和意见；在建成后的实际生产中，严格搞好生产工艺节能；加强重点用能设备的日常监管，切实抓好能源基础管理工作。

综上所述，评估认为该公司技改项目建设是符合政策要求的；用能总量及结构合理；拟采用的节能技术和措施先进、可行。节能评估结论为通过。

第四章 典型节能减排技术

节能减排目标的实现，涉及生产、生活、建设、流通和消费等环节，关系到各行各业、社会各界和公众的切身利益。要充分调动各方面参与节能减排工作的积极性，创造条件和积极采用工业锅炉、热能回收和余热利用、供电运行合理化、绿色照明、保温、润滑油添加剂应用、工业用水与节水、清洁新能源开发与应用等典型节能减排新技术，为新时期国民经济发展打下扎实的基础。

第一节 工业锅炉节能减排技术

根据近年统计，锅炉设备平均每年消耗煤炭达 22 亿 t，占全国煤炭总消耗量的 85.3%。目前燃煤锅炉平均运行效率为 65% ~ 70%，比国际先进水平低 10% ~ 15%；例如：经过近几年努力我国火电供电煤耗由 392g 标煤/kWh 下降到目前的 330g 标煤/kWh；但仍高于国际先进水平 13%，其中有燃料种类不同的因素，但是仍要意识到我国锅炉的节能空间还很大。

一、工业锅炉能耗分等

国家明确要求提高能源利用率，促进节能减排工作。国务院令 549 号《特种设备安全监察条例》、国家质量监督检验检疫总局令第 116 号《高耗能特种设备节能监督管理办法》中相继提出：必须加强高耗能特种设备节能审查和监管工作。高耗能特种设备是指在使用过程中能源消耗量或者转换量大，并具有较大节能空间的锅炉等特种设备。高耗能特种设备使用单位应建立健全经济运行、能效计量监控与统计、能效考核等节能管理和岗位责任制度，这是促进节能降耗工作的重要举措。

目前我国有 16 余万个锅炉房，通过开展工业锅炉能耗等级的达标活动，特别对中小企业的工业锅炉房将会取得更明显的节能降耗效果和社会环境保护效益。

1. 工业锅炉房能耗等级

通过对百余台常用型号、容量（蒸发量）工业锅炉（工业锅炉房）能源消耗调查，同时参照有关企业锅炉能耗资料，提出了工业锅炉能耗等级单耗指标。为了便于计算、可比和考核，对锅炉考核将以工业锅炉房作为计算单位进行。

工业锅炉房每吨标准蒸汽的能耗等级考核指标见表 4-1，该表适用于单炉额定容量大于或等于 1t/h 蒸汽锅炉和大于或等于 250 万 kJ/h（即 60 万 kcal/h）热水锅炉的锅炉房。

表 4-1　工业锅炉房能耗等级指标

额定容量（蒸发量）D_0	单耗指标 A_0/（kg 标煤/t 标汽）		
/（t/h）	特　　等	一　　等	二　　等
≤2	≤125	>125 ~ 135	>135 ~ 150
>2 ~ 4（含 4）	≤120	>120 ~ 130	>130 ~ 145
>4 ~ 35（含 35）	≤115	>115 ~ 125	>125 ~ 140
>35	≤110	>110 ~ 115	>115 ~ 130

2. 吨标汽能耗计算

$$A = \frac{mB_m + B_d + B_g}{n_1 n_2 (C_1 + C_2 + C_3)}$$

式中，A 为吨标汽的单耗（kg 标煤/t 标汽）；B_m 为统计期内燃料总耗量（kg 标煤）；B_d 为统计期内电能总耗量（kg 标煤）；B_g 为统计期内耗水总量（kg 标煤），1t 新鲜水 = 0.257kg 标煤，1t 外供软化水 = 0.486kg 标煤；C_1 为统计期内锅炉房向外供出饱和蒸汽量（t 标汽），1t 饱和蒸汽 ≈ 1t 标汽；C_2 为统计期内锅炉房向外供出的过热蒸汽折算为标汽总量（t 标汽）；1t（过热蒸汽）= Kt（标汽），K 值见表 4-2，过热蒸汽平均温度介于表 4-2 温度之间时，用插入法求得 K 值；C_3 为统计期内锅炉房向外供出热水的总热能折算为标汽总量（t 标汽），250 万 kJ（60 万 kcal）≈1t 标汽；m 为燃料修正系数，见表 4-2；n_1 为锅炉房采暖修正系数，锅炉房不采暖 $n_1 = 1$，锅炉房采暖 $n_1 = 1.01$；n_2 为锅炉负荷修正系数，见表 4-2。

表 4-2　折标系数及修正系数

过热蒸汽折标汽系数										
过热蒸汽平均温度/℃	200	220	240	260	280	300	320	340	360	380	400
K	1.20	1.04	1.05	1.07	1.08	1.10	1.11	1.13	1.15	1.16	1.18

燃料修正系数			
燃料种类	无烟煤	I 类烟煤	II、III 类烟煤	燃油、燃气
m	0.85	0.9	1	1.1

负荷修正系数						
锅炉平均负荷率 f（%）	≤50	>50 ~ 55	>50 ~ 60	>60 ~ 65	>65 ~ 70	>70 ~ 75	>75
n_2	1.07	1.05	1.04	1.03	1.02	1.01	1

1）锅炉房能耗是指综合能耗，即统计期内锅炉房消耗的燃料（煤、燃料油、燃气）、电、水三者折算为标煤之总和。锅炉房的电耗及水耗包括：锅炉间、辅助设备间、生活间及附属于锅炉房的热交换站、软水站、煤厂、渣场等的全部用电、用水量。

2）锅炉平均负荷率计算：

$$f = \frac{\sum C}{\sum (D_0 E)} \times 100\%$$

式中，f 为统计期内运行锅炉的平均负荷率（含压火因素）（%）；$\sum C$ 为统计期内各运行锅炉产吨标汽总量之和（t 标汽）；$\Sigma(D_0E)$ 为统计期内各台锅炉运行台时数 $E(h)$ 与其额定容量 $D_0(t/h)$ 乘积之和（t 标汽）。

3）统计期内锅炉房运行锅炉的额定容量属同一档次时，用 t 标汽的能量计算单耗 A 与表 4-1 中相应的能量单耗指标 A_0 比较，然后评定该锅炉房的能耗等级。

4）统计期内锅炉房运行多台锅炉，且各台锅炉额定容量不属同一档次时，应先用加权平均法计算出该统计期跨档综合单耗指标 $[A_0]$ 值，然后以吨标汽的能耗计算单耗 A 与之比较，再评定该锅炉房能耗等级。

跨档综合单耗指标计算方法如下：

$$[A_0] = \frac{\Sigma(A_0C)}{\Sigma C}$$

式中，$[A_0]$ 为某一等级锅炉房的跨档综合单耗指标（kg 标煤/t 标汽）；$\Sigma(A_0C)$ 为统计期内锅炉房每档锅炉产吨标汽总量 C 与表 4-1 中相应的能量单耗指标 A_0 乘积之和（kg 标煤）；ΣC 为统计期内锅炉房各档锅炉产吨标汽总量之和（t 标汽）。

3. 计算示例

【案例 4-1】　某工业锅炉房统计期内运行两台 4t/h 蒸汽锅炉，锅炉房产生饱和蒸汽总量为 8293.4t，锅炉燃用热值为 20934kJ/kg 和 Ⅱ 类烟煤，总耗量为 1620t，折标准煤为 1157.166t，锅炉房总耗电量为 91320kWh，总耗新鲜水量为 20732.5t，两台锅炉开动共计 4848h，评定锅炉房能耗等级。

计算：

（1）查核

1）该工业锅炉房有两台额定容量为 4t/h 的蒸汽锅炉。

2）有两台 CE-25AYDC 型蒸汽流量计、两台 DT8 型电度计量表、两台水表分别计量两台锅炉产出的饱和蒸汽和耗电量、耗水量。

3）汇总锅炉房有关统计资料，见表 4-3。

表 4-3　工业锅炉房综合统计表

项　目	单位	1月	2月	3月	4月	5月	6月	7月	8月	9月	10月	11月	12月	全年
燃料 B_m	t	134.6	131.2	137.8	136.3	137.7	128.7	119.8	105.7	150.2	157.8	137.3	142.9	1620
电力 B_d	kWh	6760	6580	6920	6840	6920	16460	6020	5300	7540	7640	6820	7520	91320
新鲜水 B_g	t	1665.8	1626.4	1708.4	1747.3	1772	1750.8	1533.2	1352.6	1992.2	1999	1677.7	1907.1	20732.5
饱和蒸汽	t	663.7	653.7	686.6	698.9	706.5	689.4	648.2	563.6	786.6	785	674.1	737.1	8293.4
1 号锅炉运行台时 E_1	h	180	136	108	108	116	136	76	180	236	180	276	428	2160
2 号锅炉运行台时 E_2	h	168	288	216	240	408	312	48	144	384	240	48	192	2688

4）锅炉房共消耗燃用热值为 20934kJ/kg 的 II 类烟煤为 1620t，按折标准煤系数 0.7143 计算，其 B_m 为 1157166kg，该锅炉房耗用 II 类烟煤其燃料修正系数 m 为 1。

5）锅炉房总消耗电量为 91320kWh，按规定折标准煤系数 0.35 计算，其 B_d 为 31962kg 标煤。

6）锅炉房总耗新鲜水为 20732.5t，按折标准煤系数 0.257 计算，其 B_g 为 5328kg 标煤。

7）该锅炉房不采暖，其采暖修正系数 n_1 为 1，统计期内两台锅炉共向外供出饱和蒸汽为 8293.4t，折标准汽系数为 1，故 C_1 为 8293.4t 标汽。

（2）计算平均负荷率

1）统计期内锅炉房产生饱和蒸汽总量，其 ΣD 为 8293.4t 标汽。

2）统计期内 1 号锅炉全年运行台时，其 E_1 为 2160h；2 号锅炉全年运行台时，其 E_2 为 2688h。

3）锅炉平均负荷率 f，该工业锅炉房有 2 台额定容量 D_0 为 4t/h 的蒸汽锅炉。

$$\Sigma C = 8293.4t \text{ 标汽}$$

$$\Sigma E = E_1 + E_2 = 2160h + 2688h = 4848h。$$

$$f = \frac{\Sigma C}{\Sigma (D_0 \cdot E)} \times 100\% = \frac{8293.4t}{4t/h \times 4848h} \times 100\% = 42.77\%$$

当 f = 42.77%，查表 4-2 得其锅炉房负荷修正系数 n_2 为 1.07。

（3）吨标准汽能耗计算

$$m = 1; n_1 = 1; n_2 = 1.07;$$

$$B_m = 1157166kg \text{ 标煤};$$

$$B_d = 31962kg \text{ 标煤};$$

$$B_g = 5328kg \text{ 标煤};$$

$$C_1 = 8293.4t \text{ 标汽}(C_2 = 0; C_3 = 0)$$

$$A = \frac{m \cdot B_m + B_d + B_g}{n_1 \cdot n_2 \cdot (C_1 + C_2 + C_3)}$$

$$= \frac{1 \times 1157166kg \text{ 标煤} + (91320kg \text{ 标煤} \times 0.35) + (20732.5kg \text{ 标煤} \times 0.257)}{1 \times 1.07 \times 8293.4t \text{ 标汽}}$$

$$= 134.60 \text{ （kg 标煤/t 标汽）}$$

（4）结论　查表 4-1 额定容量 D_0 为两台 4t/h 工业锅炉房，其单耗指标 A_0 标准值为 135～145kg 标煤/t 标汽，当 A 为 134.6kg 标煤/t 标汽，则该工业锅炉房能耗等级达到二等。

【案例 4-2】　某工业锅炉房统计期内运行一台 10t/h 蒸汽锅炉，一台 4t/h 蒸汽锅炉。1 台 25 × 10⁶kJ/h 热水锅炉，两台蒸汽锅炉分别产生饱和蒸汽为 18047.28t 和 727.45t，生产热水总热量折合标准汽量为 6063.43t，年运行台时分别为 7077h，

1099h 和 2710h，锅炉燃用热值为 20934kJ/kg 的 II 类烟煤，总耗量为 4488.735t，折标准煤为 3206.303t，锅炉房总耗电量为 229490kWh，总耗新鲜水量为 33820t，评定锅炉房能耗等级。

计算：

（1）查核

1）该工业锅炉房有额定容量 D_{01} 为 10t/h 的蒸汽锅炉 1 台；D_{02} 为 4t/h 的蒸汽锅炉 1 台；D_{03} 为 $25×10^6$ kJ/h 的热水锅炉 1 台。

2）有两台 CE 型蒸汽流量计、3 台 DT8 型电度计量表、3 台水表分别计量两台锅炉产出的饱和蒸汽和耗电量、耗水量。

3）汇总锅炉房有关统计资料，见表 4-4。

表 4-4　某工业锅炉房综合统计表

项　目	单位	1月	2月	3月	4月	5月	6月	7月	8月	9月	10月	11月	12月	全年
燃料 B_m	t	899.4	859.77	601.129	272.129	231.058	198.536	138.44	112.097	151.576	193.752	249.228	491.225	4398.34
电力 B_d	kWh	38200	30980	37960	12120	12920	12440	12910	11720	11740	15180	12120	21200	229490
新鲜水 B_g	t	3850	3421	3429	3972	2380	2179	2303	1117	2664	2085	1847	4573	33820
饱和蒸汽	t	2863.4	2639.29	2627.29	1520	1300.34	1148.99	789.11	611.55	814.70	1181.21	1400.17	1978.68	18774.73
热水	$×10^6$ kJ	5350.30	5057.20	2978.28									1772.80	15158.58
10t/h 锅炉运行台时 E_1	h	744	740	700	744	720	744	720	32	379	720	744	720	7707
4t/h 锅炉运行台时 E_2	h								731	368				1099
热水锅炉运行台时 E_3	h	744	744	600									622	2710

4）该锅炉房共消耗燃用热值为 20934kJ/kg 的 II 类烟煤为 4398.34t，按折标准煤系数 0.7143 计算，其 B_m 为 3141734kg 标煤，该锅炉房耗用 II 类烟煤，其燃料修正系数 m 为 1。

5）锅炉房总耗电量为 229490kWh，按规定折标煤系数 0.35 计算，其 B_d 为 80322kg 标煤。

6）锅炉房总耗新鲜水为 33820t，按折标煤系数 0.257 计算，其 B_g 为 8692kg 标煤。

7）该锅炉房不采暖，其采暖修正系数 n_1 为 1，统计期内 10t/h 蒸汽锅炉向外供出饱和蒸汽为 18047.28t，4t/h 蒸汽锅炉向外供出饱和蒸汽为 727.45t，两台锅炉共向外供出饱和蒸汽为 18774.73t，折标汽系数为 1，故 C_1 为 18774.73t 标汽；1 台热水锅炉生产热水为 15158.58×10^6 kJ，按 250×10^4 kJ 相当于 1t 标汽进行折算，故 C_3 为 6063.43t 标汽。

（2）计算平均负荷率

1）统计期内该工业锅炉房产生饱和蒸汽总量，某 ΣD = 1877.73t 标汽 + 6063.43t 标汽 = 24838.16t 标汽。

2）统计期内 10t/h 锅炉全年运行台时 E_1 为 7707h；4t/h 锅炉全年运行台时 E_2 为 1099h，25×10^6 kJ/h 热水锅炉额定容量相当于 10t/h 蒸汽锅炉，其运行台时 E_3 为 2710h。

3）锅炉平均负荷率 f 为

$$
\begin{aligned}
f &= \frac{\Sigma C}{\Sigma (D_0 \cdot E)} \times 100\% \\
&= \frac{24838.16}{10 \times 7707 + 4 \times 1099 + 10 \times 2710} \times 100\% \\
&= 22.88\%
\end{aligned}
$$

当 f = 22.88%，查表 4-2 得其锅炉房负荷修正系数 n_2 为 1.07。

（3）吨标汽能耗计算

$$m = 1; n_1 = 1; n_2 = 1.07;$$
$$B_m = 3141734\text{kg 标煤};$$
$$B_d = 80322\text{kg 标煤};$$
$$B_g = 8692\text{kg 标煤};$$
$$C_1 = 18774.73\text{t 标汽}(C_2 = 0)$$
$$C_3 = 6063.43\text{t 标汽}$$

$$
A = \frac{m \cdot B_m + B_d + B_g}{n_1 \cdot n_2 \cdot (C_1 + C_2 + C_3)} = \frac{1 \times 3141734 + 80322 + 8692}{1 \times 1.07 \times (18774.73 + 0 + 6063.43)}
$$
$$= 121.56(\text{kg 标煤/t 标汽})$$

（4）锅炉房能耗等级考核　由于有 4t/h 工业锅炉 1 台，10t/h 工业锅炉 2 台（其中热水锅炉额定容量相当于 10t/h 工业锅炉），可以采用跨档计算方法，因该锅炉房单耗已达到 121.56kg 标煤/t 标汽，接近一等炉单耗指标，应分别计算一等炉单耗上限和单耗下限指标。

1）跨档一等炉单耗上限指标（见表 4-1），4t/h 上限为 120kg 标煤/t 标汽，10t/h 上限为 115kg 标煤/t 标汽

$$
\begin{aligned}
[A_0] &= \frac{\Sigma (A_0 \cdot C)}{\Sigma C} \\
&= \frac{115 \times 18047.28 + 120 \times 727.45 + 115 \times 6063.43}{18047.28 + 727.45 + 6063.43} \\
&= 115.15\text{kg 标煤/t 标汽}
\end{aligned}
$$

2）跨档一等炉单耗下限指标（见表4-1），4t/h 下限为130kg 标煤/t 标汽，10t/h 下限为125kg 标煤/t 标汽。

$$[A_0] = \frac{\Sigma(A_0 \cdot C)}{\Sigma C}$$

$$= \frac{125 \times 18047.28 + 130 \times 727.45 + 125 \times 6063.43}{18047.28 + 727.45 + 6063.43}$$

$$= 125.15 \text{kg 标煤/t 标汽}$$

（5）结论　该工业锅炉房一等单耗指标标准值 A_0 为 115.15 ～ 125.15kg 标煤/t 标汽，当 A 为 121.56kg 标煤/t 标汽，则该工业锅炉房能耗等级达到一等。

二、工业锅炉能效测试及评价

2014 年 4 月 1 日 NB/T 47035—2013《工业锅炉系统能效评价导则》正式实施。

自 2013 年《中华人民共和国特种设备安全法》颁布以来，全国质监系统进一步开展了高耗能特种设备节能监管工作，工业锅炉能效门槛建立后，针对锅炉、换热压力容器等高耗能特种设备也将逐步建立市场能效准入制度。此次工业锅炉能效标准率先颁布，其节能、环保意义十分重大。

在我国主要耗能产品节能潜力榜中，工业锅炉位居首位。我国 90% 的工业锅炉以煤炭为燃料，每年消耗原煤 22 亿 t，排放的 SO_2 和粉尘均达几百万 t。

与国外锅炉的平均效率相比，我国的燃煤锅炉平均效率要低 12% ～ 15%。如果将工业锅炉运行效率水平从平均 65% 提高到 75%，那么每年将可以节约 3000 多万 t 标煤。

1. 推进工作顺利

针对目前特种设备节能工作的推广进程现状，锅炉、换热压力容器等高耗能特种设备，具有数量多、增长快、能源消耗量或者转换量大的特点，节能潜力巨大，高耗能特种设备节能工作是国家节能减排工作的一个重要领域。

十二五期间，我国共有高耗能特种设备约 300.3 万台，其中锅炉 60.7 万台，换热压力容器 76.8 万台，电梯 162.8 万台并且随着经济的发展，高耗能特种设备总量大约以每年 8% 的速度增长。

组织开展了锅炉运行节能培训，以及锅炉节能减排考查，针对锅炉水处理不达标、司炉人员操作水平低、锅炉房管理粗放、新产品新技术推广力度不够等突出问题，采取针对性的措施，取得了显著成效。

而当前，高耗能特种设备节能工作面临着巨大的挑战，监管工作还存在一些问题和困难。

我国下一步将做好以下几个方面的工作：

1）制订高耗能特种设备节能监管规划。国家质检总局通过制订高耗能特种设备节能工作规划。该规划将明确提出到 2020 年各阶段工作目标，确定高耗能特种设备节能重点工作思路以及保障措施。

2）开展"四个一"节能工程。"十二五"期间通过开展 1000 台在用燃煤工业锅炉运行能效快速测试方法应用试点、100 个安全与节能管理标杆锅炉房建设、10 个锅炉设计文件节能审查试点、10 项节能新技术应用示范的"四个一"节能工程，全面推进对生产、使用和检验检测各环节的节能监管，取得明显效果。

3）加快建立和完善高耗能特种设备市场准入与退出机制。

2. 做好能效测试及评价

国家质检总局实施了《锅炉节能技术监督管理规程》（以下简称《规程》）和《工业锅炉能效测试与评价规则》（以下简称《测试与评价规则》）两个节能技术规范，对高耗能特种设备节能监管工作建立了 3 项工作制度，规定了 4 项测试方法。这两个技术规范的实施将大力推进目前锅炉节能工作的全面展开。

此次，《规程》和《测试与评价规则》建立了锅炉设计文件节能审查制度、锅炉定型产品能效测试制度和在用锅炉能效测试制度。《规程》第五条规定：锅炉及其系统的设计应当符合国家有关节能法律、法规、技术规范及其相应标准的要求。锅炉设计文件鉴定时应当对节能相关的内容进行核查，对于不符合节能相关要求的设计文件，不得通过鉴定。在能效测试方面，《规程》第二十七条要求锅炉制造单位应当向使用单位提交锅炉产品能效测试报告。能效测试工作今后由质检总局确定的锅炉能效测试机构进行。据悉，质检总局特种设备局已公布了两批共 33 家在用工业锅炉能效测试机构。今后，对于批量生产的工业锅炉（指同一型号、生产多台的情况），在定型测试完成且测试结果达到能效要求之前，生产厂家制造的数量不应当超过 3 台。批量制造的工业锅炉通过定型测试后，只要不发生影响锅炉能效的变更，不需要重新进行定型测试。对于非批量生产的工业锅炉，应当在安装完成 6 个月内进行定型测试。面对大量的在用锅炉，《规程》也做出了相应的规定，锅炉使用单位每两年要对在用锅炉进行一次定期能效测试，测试工作宜结合锅炉外部检验进行，由质检总局确定的能效测试机构进行。

经过多次讨论和征求意见，此次涉及锅炉能效的 4 项测试方法也一同出台，包括锅炉定型产品热效率测试、锅炉运行工况热效率详细测试、锅炉运行工况热效率简单测试、锅炉及其系统运行能效评价。其中，锅炉定型产品热效率测试是为评价工业锅炉产品在额定工况下能效状况而进行的热效率测试。《规程》范围的锅炉测试热效率结果应当不低于规定的限定值，对于《规程》范围以外的锅炉，定型测试热效率结果应当不低于设计值的要求。电站锅炉产品按照相关标准的要求进行能效测试，测试结果应当满足相应标准规定或用户技术要求。

三、工业锅炉节能减排的措施

随着我国经济社会的发展，对能源的需求量急剧增大，锅炉的数量急速增长。因此，如何提高锅炉的热效率、节约燃料尤为重要。

1. 我国锅炉使用现状和存在问题

目前, 全国在用工业锅炉保有量 58 万台, 约 195 万蒸汽 t/h。燃煤锅炉约 47 万台, 占工业锅炉总容量的 80% 左右, 平均容量约 3.4 蒸汽 t/h, 其中 20 蒸汽 t/h 以下超过 80%。113 个大气污染防治重点城市中约有燃煤工业锅炉 15 万台, 97 万蒸汽 t/h, 均占全国的 1/2。工业锅炉主要用于工厂动力、建筑采暖等领域, 每年耗原煤约 4 亿 t。燃煤工业锅炉效率低, 污染重, 节能潜力巨大。全国工业锅炉年排放 CO_2 约 1.6 亿 t, 排放烟尘约 380 万 t, 二氧化硫约 600 万 t 和大量的 NO_x, 是仅次于火电厂的第二大煤烟型污染源。

燃煤工业锅炉存在以下主要问题:

1) 单台锅炉容量小, 设备陈旧老化　锅炉生产厂家混杂, 产品质量参差不齐; 平均负荷不到 65%, 普遍存在 "大马拉小车" 的现象。

2) 自动控制水平低, 燃烧设备和辅机质量低、鼓引风机不配套　在用工业锅炉普遍未配置运行检测仪表, 操作人员在调整锅炉燃烧工况或负荷变化时, 由于无法掌握具体数据, 不能及时根据负荷变化调整锅炉运行工况, 锅炉、电机的运行效率受到了限制, 造成了浪费。

3) 使用煤种与设计煤种不匹配、质量不稳定　工业锅炉的燃煤供应以未经洗选加工的原煤为主, 其颗粒度、热值、灰分等均无法保证。燃烧设备与燃料特性不适应, 当煤种发生变化时, 其燃烧工况相应也发生变化, 且燃烧时工况也相应变差。

4) 受热面积灰、炉膛结焦　工业锅炉采用的燃料品质参差不齐, 黏结性物质增多, 锅炉受热面结焦、积灰严重。目前清除锅炉结焦、积灰的主要方法为机械方法和化学方法, 但由于结焦、积灰成分的不同及各锅炉结构的差异, 清除效果不明显。

5) 水质达不到标准要求、结水垢严重, 锅炉水质超标明显　依据 GB/T 1576—2008《工业锅炉水质》的规定, 在用工业锅炉均应安装水处理设备或锅内加药装置, 但实际上仍有很大一部分工业锅炉水质严重超标。

6) 排烟温度高, 缺乏熟练的专业操作人员　由于产品技术水平和运行水平不高, 大多锅炉长期在低负荷下运行, 造成不完全燃烧和排烟温度升高, 热损失增大。

7) 污染控制设施简陋, 多数未安装或未运行脱硫装置, 污染排放严重　锅炉是我国大气环境污染的主要排放源之一。

8) 冷凝水综合利用率低, 节能监督和管理缺位等。

2. 我国现有的锅炉节能技术

(1) 炉燃烧节能技术　在保证完全燃烧前提下的低空气系数燃烧技术; 充分利用排烟余热预热燃烧用空气和燃料的技术; 富氧燃烧技术等。实现低空气系数燃烧的方法有手动调节、用比例调节型烧嘴控制、在烧嘴前的燃料和空气管路上分别装有流量检测和流量调节装置、空气预热的空气系数控制系统，微机控制系统等。

（2）锅炉的绝热保温　对高温炉体及管道进行绝热保温，将减少散热损失，大大提高热效率，取得显著的节能效果。常用的绝热材料有珍珠岩、玻璃纤维、石棉、硅藻、矿渣棉、泡沫混凝土、耐火纤维等。

（3）劣质燃料和代用燃料的应用　为了节省燃油锅炉的燃料油用量，目前采用代油燃料的方法有以下几种：直接烧煤；煤油混合燃烧；煤炭气化和水煤浆燃烧等。

（4）工业锅炉燃烧新技术　应用在工业锅炉上的燃烧新技术有十多种，主要有分层层燃系列燃烧技术、多功能均匀分层燃烧技术、分相分段系列燃烧技术、抛喷煤燃烧技术、炉内消烟除尘节能技术、强化悬浮可燃物燃烧技术、减少炉排故障技术等。

（5）节能新炉型新技术在锅炉改造中的应用　主要有沸腾炉在锅炉改造中的应用、循环流化床燃烧技术在锅炉改造中的应用、煤矸石流化床燃烧技术的应用、对流型炉拱在火床炉改造中的应用等。

3. 我国锅炉节能潜力分析

我国现有中小锅炉设计效率为 72% ~ 80%，实际运行效率只有 60% 左右，比国际先进水平低 15 ~ 20 个百分点。这些中小锅炉中 90% 都是燃煤锅炉，节能潜力很大。因此，用节能技术对工业锅炉进行必要的改造，以消除锅炉缺陷及改进燃烧设备和辅机系统，使其与燃料特性和工作条件匹配，使锅炉性能和效率达到设计值或国际先进水平，从而实现大量节约能源和达到环境保护。如全国工业锅炉有 30% 进行节能改造，按效率提高 15 个百分点计，全国年节省标准煤 1290 万 t，减排 CO_2 达 903 万 t。

4. 锅炉节能减排工作的建议

1）更新、替代低效锅炉。采用循环流化床，燃气等高效、低污染工业锅炉替代低效落后锅炉，推广应用粉煤和水煤浆燃烧、分层燃烧技术等节能先进技术。

2）改造现有锅炉房系统。针对现有锅炉房主辅机不匹配、自动化程度和系统效率低等问题，集成现有先进技术，改造现有锅炉房系统，提高锅炉房整体运行效率。加强对中小锅炉的科学管理，对运行效率低于设备规定值 85% 以下的中小锅炉进行改造。

3）推广区域集中供热。集中供热比分散小锅炉供热热效率高 45% 左右，以集中供热的方式替代工业小锅炉和生活锅炉，既帮助企业节约了成本，又解决了企业生产场地及环境污染的问题。

4）建设区域煤炭集中配送加工中心：针对目前锅炉用煤普遍质量低、煤质不稳定、与锅炉不匹配、运行效率低的问题，主要侧重于北方地区，建设区域锅炉专用煤集中配送加工中心，扩大集中配煤、筛选块煤、固硫型煤应用范围。

5）示范应用洁净煤、优质生物型煤替代原煤作为锅炉用煤，提高效率，减少污染；推广使用清洁能源、水煤浆、固体垃圾及天然气等。

6）推广工业锅炉加装余热回收装置。加装蒸汽"余热回收装置"，对有机热载体炉的尾部高温烟气进行回收二次利用，使锅炉烟气温度降低至 $150 \sim 200℃$。

7）加强锅炉水处理技术工作。据测算，锅炉本体内部每结 1mm 水垢，整体热效率下降3%，而且影响锅炉的安全运行。采取有效的水处理技术和除垢技术，加强对锅炉的原水、给水、锅水、回水的水质及蒸汽品质检验分析，实现锅炉无水垢运行，整体热效率平均提高10%。

5. 节能技改措施

（1）给煤装置改造　层燃锅炉中占多数的正转链条炉排锅炉，将斗式给煤改造成分层给煤，有利于进风，提高煤的燃烧率，可获得5%～20%的节煤率。投资很少，回收很快。

（2）燃烧系统改造　对于链条炉排锅炉，这项技术改造是从炉前适当位置喷入适量煤粉到炉膛的适当位置，使之在炉排层燃基础上，增加适量的悬浮燃烧，可以获得10%左右的节能率。但是，喷入的煤粉量、喷射速度与位置要控制适当，否则，将增大排烟黑度，影响节能效果。对于燃油、燃气和煤粉锅炉，是用新型节能燃烧器取代陈旧、落后的燃烧器，改造效果一般可达5%～10%。

（3）炉拱改造　链条炉排锅炉的炉拱是按设计煤种配置的，有不少锅炉不能燃用设计煤种，导致燃烧状况不佳，直接影响锅炉的热效率，甚至影响锅炉出力。按照实际使用的煤种，适当改变炉拱的形状与位置，可以改善燃烧状况，提高燃烧效率，减少燃煤消耗，现在已有适用多种煤种的炉拱配置技术。这项改造可获得10%左右的节能效果，技改投资半年左右可收回。

（4）层燃锅炉改造成循环流化床锅炉　循环流化床锅炉的热效率比层燃锅炉高15～20个百分点，而且可以燃用劣质煤，使用石灰石粉在炉内脱硫大大减少了 SO_2 的排放量，而且其灰渣可直接生产建筑材料。这种改造已有不少成功案例，但它的改造投资较高，约为购置新炉费用的70%，所以要慎重决策。

（5）采用变频技术对锅炉辅机节能改造　鼓风机和引风机的运行参数与锅炉的热效率和耗能量直接相关，通常都是由操作人员凭经验手动调节，峰值能耗浪费较大。采用低耗电量的变频技术节能效果很好。其优势在于：电动机转速降低，减少了机械磨损，电动机工作温度明显降低，检修工作量减少；电动机采用软起动，不会对电网造成冲击，节能效果显著，一般情况下可以节能约30%。

（6）控制系统改造　工业锅炉控制系统节能改造有两类：一是按照锅炉的负荷要求，实时调节给煤量、给水量、鼓风量和引风量，使锅炉经常处在良好的运行状态，将原来的手工控制或半自动控制改造成全自动控制。这类改造，对于负荷变化幅度较大，而且变化频繁的锅炉节能效果很好，一般可达 10% 左右；二是对供暖锅炉的，内容是在保持足够室温的前提下，根据户外温度的变化，实时调节锅炉的输出热量，达到舒适、节能、环保的目的。实现这类自动控制，可使锅炉节约 20% 左右的燃煤。对于燃油、燃气锅炉，节能效果是相同的，其经济效益更高。

（7）推广冷凝水回收技术，对给水系统进行改造　蒸汽冷凝水回收利用，尤其用于锅炉给水，将产生显著的经济效益和社会效益。锅炉补给水利用蒸汽冷凝水，有如下好处：热量利用，蒸汽冷凝水回水温度一般为 60 ~ 95℃，可以提高锅炉给水温度 40 ~ 60℃，节煤效果明显；冷凝水回收量一般可达到锅炉补给水量的 40% ~ 80%，大大节约锅炉软水用量，既节约用水又节约用盐，给水温度的提高，提高了锅炉炉膛温度，有利于煤的充分燃烧；蒸汽冷凝水含盐量较低，可以降低锅炉排污量，提高锅炉热效率；减少了企业污水排放量和烟尘排放量。

6. 保障措施

1）建立和完善节能减排指标体系。地方政府应尽快出台制定鼓励节能减排和促进新能源发展的具体配套措施及优惠政策，各级职能部门建立协作联动机制，努力形成整体合力，大力开展对锅炉节能减排的宣传教育，营造浓厚的工作氛围，提高全民节能意识，充分发挥技术机构的支撑作用，共同推进锅炉节能减排工作。

2）制定有关工业锅炉的能效标准及用煤质量标准。

3）鼓励开发和应用工业锅炉节能降耗新技术、新设备。

4）建立锅炉信息平台，发布工业锅炉节能信息，推行合同能源管理，建立节能技术服务体系。

5）有条件应尽快出资组建锅炉能效实验室，并承担锅炉能效测试相关费用。通过能效测试，了解锅炉经济运行状况的优势，找出造成能量损失的主要因素，指明减少损失、提高效率的主要途径。由于组建实验室所需的检测设备多，设备昂贵，检测单位难以承担能效检测程序烦琐，检测费用高，如果由使用单位买单，检测阻力大，不利于开展检测活动。

6）充分发挥企业节能减排的主体作用。鼓励企业加大节能减排技术改造和技术创新投入，增强自主创新能力。完善和落实节能减排管理制度，提高锅炉热效率，加强对锅炉运行人员和管理人员的节能技能培训考核，强化能源计量管理。

7. 清洁高效用煤重点关注

2015 年工业和信息化部、财政部共同推出《工业领域煤炭清洁高效利用行动计划》，该计划初步设定的目标是到 2020 年力争节约煤炭消耗 1.6 亿 t 以上。

（1）谁投资谁受奖　全国工商联提交的《关于大力推广清洁高效用煤技术，

提升我国能源安全的提案》指出，虽然我国主要的煤炭清洁高效利用技术已经达到国际先进水平，但煤炭清洁高效利用技术推广应用缓慢，煤炭利用水平仍然比较落后。在工业领域，大量散煤低效率粗放燃烧是当前我国亟须提升和治理的重点。

全国工商联建议：一是制定清洁高效用煤技术标准和行业准入标准，完善认证体系，出台工业用煤设备强制认证，明确清洁高效用煤技术在我国能源发展中的地位，改变地方政府对煤炭"一刀切"的政策。

二是扩大落后用煤技术的淘汰范围。建议在《产业结构调整指导目录》中扩大对落后用煤技术的淘汰范围，如将所有型号的固定床煤气发生炉、小规格燃煤锅炉等列入淘汰类目录。

三是对采用清洁高效用煤的给予财政支持。建议比照合同能源管理项目财政奖励办法，对工业园区集中制气、分散用能项目的节煤量，给予财税上的优惠或奖励，建议原则为"谁投资谁受奖"，推动清洁高效用煤技术推广应用。

（2）积极实施洁净煤战略 现阶段，煤炭领域的核心议题在于如何推动煤炭消费使用过程中的清洁利用，清洁高效地使用煤炭资源。为此，民建中央建议，积极实施洁净煤战略，推进煤炭生产和消费的高效化、清洁化。

一要鼓励煤炭企业探索煤炭绿色开采和清洁生产，加大采煤沉陷区治理与生态再建投入力度，要从生产、销售原煤向销售商品煤、洁净煤转变。二要大力推进煤电一体化，从运煤到输电，减少煤炭分散使用对环境的破坏，促进煤炭高效利用。三要增强群众节能环保意识，培育洁净煤市场。现阶段，要鼓励工业和居民使用洁净煤，对使用洁净型煤和清洁能源替代的企业和个人予以合理补贴。与此同时，要完善煤炭在生产流通使用过程中的质量标准并严格执行，依法对劣质煤的使用和生产销售进行限制。

8. 泰山集团高效煤粉工业锅炉亮相国际供热暨锅炉展

《2013中国国际供热及热动力技术展览会暨第十一届中国（上海）国际锅炉、辅机及工艺设备展览会》在上海世博展览馆举行。本届展会凸显节能减排的主题，国内外多家知名企业推出环保绿色新产品。其中，泰山集团股份有限公司携大容量、高效煤粉工业锅炉等一批高新技术产品参展，吸引众多业内人士驻足观看和互动交流。

随着各地细颗粒污染物（PM2.5）治理力度的不断加大，加速了这一规划的快速实施。据统计，目前我国中小型燃煤工业锅炉约有50万台，是仅次于燃煤发电的第二大煤烟型污染源。

泰山集团锅炉公司专题介绍。几年前，大力实施燃煤锅炉的清洁能源替代工作，积极研制高效节能环保的工业锅炉产品，其中高效煤粉工业锅炉是其研发成功、具有自主知识产权、达到国际领先水平的高效节能减排锅炉技术。目前年产量可达 1000 蒸 t。

目前我国燃煤工业锅炉燃烧效率同发达国家相比依然较低,这让业内人士很痛心。同时,大量氮氧化物、SO_2、粉尘等严重污染着大气环境,人们身处在雾霾天气中,严重影响着身体健康。因此,克服一切困难,全力研制推出高效节能低排放的工业锅炉产品,这不单单是企业的经营活动,更是我们强烈社会责任感的集中体现。

目前,高效煤粉工业锅炉技术成熟、经济性好、操作性强。产品一经推出,一直畅销不衰,现已有多种产品填补了国家空白,先后获得"国家级新产品"、"全国消费者信得过产品"、"国家优秀节能产品"等荣誉称号。

【案例 4-3】 燕化锅炉氮氧化物排放量减半

2007 年起随着燕化陆续新上了几套用石油焦做燃料的大型热力锅炉,原先这15 个烧重油的小锅炉退到"二线",使用的燃料也换成了天然气。只有在冬季厂区对蒸汽需求量处于高峰时,所有锅炉才会满负荷运作。而作为一种清洁能源,用天然气做燃料基本实现"无硫""无尘"排放,只会产生部分氮氧化物。

在一份"3 号油气锅炉排放物检测"的 EXCEL 表格里,记录着从 2007 年起后台监控系统对锅炉平均每一小时的排放指标数据。基本上维持在 $150 \sim 180 mg/m^3$ 之间,符合北京市对工业锅炉排放氮氧化物的要求。

2014 年初,燕化开始了一场对生产过程中产生的所有污染物进行一一排查的"纠察战"。在和西安热工院进行了几次交流后,燕化科研团队提出了可以进行"低氮燃烧器"的尝试,在已经有了可靠的天然气燃烧环节里再"省出"排放量来。

就这样,这套在国内刚刚兴起、远未成熟的低氮燃烧器设备被应用到了燕化的热力锅炉里。在 3 号油气锅炉试运行成功后,燕化在 2014 年 10 月底前,完成了对另外 14 台油气锅炉的改造。由此实现了氮氧化物排放量为每 $89 mg/m^3$。而就在半个月改造前,这个数字还在 $150 \sim 180 mg/m^3$ 之间徘徊。而依照北京市的排放标准,工业锅炉排放氮氧化物要在 $200 mg/m^3$ 以内。几个月来,燕化锅炉平均计算,实现氮氧化物减排 58%。

第二节 热能回收和余热利用技术

热能的回收与利用是当前节能中一项带有普遍性的技术措施,各企业都在采取措施做好热能回收和余热利用工作。在目前技术条件下,无论做出多大的努力,在能量利用过程中总要产生未发挥有效作用的能量损失,其中可回收的能量称之为余能,不可回收的能量称之为废能。在余能中以热的形式回收的能量叫作余热。不可回收的热量叫作废热。热能是能量利用中最普遍的一种形式,也是能量回收、余热利用的重点。工业各部门的余热来源及余热所占比例见表 4-5。

表 4-5　工业各部门的余热来源及余热所占的比例

工 业 部 门	余 热 来 源	余热约点部门燃料消耗的比例（%）
冶金工业	高炉、转炉、平炉、均热炉、轧钢加热炉	33
化学工业	高温气体、化学反应、可燃气体、高温产品等	15
机械工业	锻造加热炉、冲天炉、退火炉等	15
造纸工业	造纸烘缸、木材压机、烘干机、制浆黑液等	15
玻璃搪瓷工业	玻璃熔窑、坩埚窑、搪瓷转炉、搪瓷窑炉等	17
建材工业	高温排烟、窑顶冷却、高温产品等	40

一、回收热能的方式

为了充分利用回收的能量，必须对余能（热）进行分析。

1. 可燃性余能（热）

它可以作为燃料利用的可燃物，包括排放的可燃气、废液等，如放散的高炉气、焦炉气等，它们不但包含着化学潜热，而且还附带有物理显热。

2. 载热性余能（热）

它包括排气和产品、物料等所带走的高温热及化学反应热，如锅炉与窑炉的烟道气，钢件、水泥、炉渣的高温热等。热量与温度往往是联系在一起的，但它们是两个概念。温度是物体冷热程度的标志，热量是指物体含热量的多少。温度较高的物体含热量并不一定就是最大，尤其是利用蒸汽与热水时，其可回收的热量不能只用温度的变化来衡量。如利用蒸汽冷凝成水时放出的热量，回收的价值很大，但它的温度并没有变化。

3. 有压力余能（热）

有压力余能（热）通常又叫作余压。它是指排气、排水等有压流体的能量。有些企业生产过程的排气和排水不但数量大，而且还有相当的压力。

一种余能资源往往兼有几种性质，如高温可燃排气既包含有化学潜热，又有物理潜热。高炉炉顶排气既含有可燃物，又有高热还有压力，在能量回收时要力求使它们得到最充分的利用。

余能的利用方式有两种：一种是热利用，即把余能当作热源来使用；另一种是动力利用，即把余能通过动力机械转换成机械能输出对外做功。由于动力利用可获得机械能和电能等高品位能量，所以在能量回收利用上受到越来越多的注意。

二、高温烟气余热利用

1. 烟气余热利用系统

冶金、机械、石油化工、纺织等主要工业部门所用工业炉的烟气余热利用系统，基本有以下三种：

（1）第一余热回收系统　这个系统主要是指主烟道同时安装换热器和余热锅炉的余热回收系统，如图 4-1 所示。

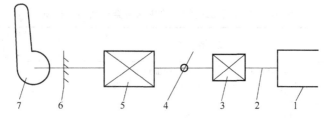

图 4-1 第一余热回收系统

1—炉子 2—主烟道 3—换热器 4—转炉闸门 5—余热锅炉 6—排烟机前多叶阀 7—排烟机

第一余热回收系统有以下特点：

1）优先预热空气，节省优质燃料。

2）充分回收烟气余热，排烟温度能降低到250℃以下。

3）由于没有设置辅助烟道，节省了基建投资，但是换热器和余热锅炉必须在炉子大、中修时才能检修。

此系统常用在排烟温度较高，烟气量又大的大、中型燃煤气或重油的加热炉上。

（2）第二余热回收系统 这个系统只在工业炉的主烟道上或加热炉顶（上排烟）安装换热器，如图4-2所示。

第二余热回收系统有以下特点：

1）预热空气，节省优质燃料。

2）系统简单，基建投资少。

3）换热器需要在工业炉大修、中修时进行检修。

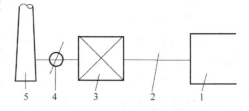

图 4-2 第二余热回收系统

1—炉子 2—主烟道 3—换热器
4—转炉闸门 5—烟囱

此系统适用于烟气热含量不大的燃煤气或重油的加热炉或热处理炉上。

（3）第三余热回收系统 这个系统只在工业炉的主烟道上或炉顶（上排烟）安装锅炉，如图4-3所示。

第三余热回收系统有以下特点：

1）烟气经余热锅炉后由排烟机排入大气，系统简单，基建投资少。

2）可以充分地回收烟气余热。

3）由于没有设置辅助烟道，余热锅炉需要在工业炉大、中修时进行检修。

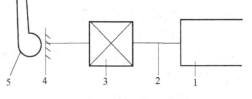

图 4-3 第三余热回收系统

1—炉子 2—主烟道 3—余热锅炉
4—多叶阀 5—排烟机

此系统适用于燃煤加热炉和热处理炉。

上述三个系统，可以根据工业炉产量大小、排烟温度和炉用燃料的种类，进行合理安排。

2. 高温烟气的余热利用

高温烟气余热是指燃料燃烧后生成的烟气所携带的物理显热，高温烟气余热可根据单位时间内燃料的消耗量、单位燃料的烟气生成量及烟气温度和比热容来进行计算，公式如下：

$$Q_y = B_y V_y T_y C_y$$

式中，Q_y 为烟气余热量（kJ/h）；B_y 为单位时间内燃料平均消耗量（kg/h 或 m³/h）；T_y 为烟气的平均温度（℃）；V_y 为不同燃料及空气过剩系数在标准状态下的烟气体积（m³/kg 或 m³/m³）；C_y 为当温度为 t_y 标准状态下，烟气平均比热容 [kJ/(m³·℃)]。

煤炭燃烧产生的烟气量见表 4-6；气体燃料燃烧所产生的烟气量见表 4-7；液体燃料燃烧所产生的烟气量见表 4-8；烟气平均比热容见表 4-9。

表 4-6　煤炭燃烧产生的烟气量

$Q_{net,ar}$/(4.19kJ/kg)		1000	2000	3000	4000	4500	5000	5500	6000	6500	7000
V_0/(m³/kg)		1.51	2.52	3.53	4.54	5.05	6.06	6.56	7.06	7.50	7.57
	α										
不同空气	1.20	2.84	3.93	5.08	6.12	6.66	7.21	7.77	8.31	8.85	9.40
过剩系数	1.30	2.99	4.19	5.38	6.53	7.16	7.76	8.38	8.96	9.55	10.15
α 在标	1.40	3.44	4.44	5.75	7.02	7.66	8.32	8.97	9.61	10.25	10.90
准状态下	1.50	3.29	4.69	6.08	7.48	8.17	8.88	9.58	10.27	10.96	11.66
的 V_y 值	1.60	3.45	4.94	6.44	7.93	10.18	10.93	10.18	10.93	11.67	12.42
/(m³/kg)	1.70	3.60	5.19	6.79	8.39	10.48	10.98	10.79	11.57	12.37	13.17
	1.80	3.78	5.44	7.14	8.84	10.69	11.34	11.39	12.23	13.08	13.93

注：$Q_{net,ar}$——煤炭燃烧低位发热量；V_0——标准状态下理论空气量；V_y——标准状态下烟气量。

表 4-7　气体燃料燃烧所产生烟气量

$Q_{net,ar}$/(4.19kJ/m³)		1000	1500	2000	3000	4000	5000	8350	8500	9000	9500	10000
V_0/(m³/m)		0.875	1.31	1.75	2.63	4.11	5.20	9.25	9.41	9.97	10.52	11.07
	α											
不同空	1.02	1.743	2.12	2.49	3.23	4.89	6.05	10.45	10.61	11.19	11.75	12.32
气过剩	1.05	1.769	2.16	2.54	3.31	5.01	6.21	10.72	10.90	11.49	12.07	12.65
系数 α	1.10	1.813	2.22	2.63	3.44	5.22	6.47	11.18	11.37	11.98	12.59	13.21
在标准	1.15	1.857	2.29	2.71	3.78	5.43	6.73	11.65	11.85	12.49	13.12	13.75
状态下	1.20	1.900	2.35	2.80	3.71	5.63	6.99	12.11	12.32	12.99	13.65	14.3
的 V_y 值 /(m³/m³)	1.30	1.987	2.48	2.98	3.97	6.04	7.51	13.03	13.26	13.97	14.70	15.42

注：1. $Q_{net,ar}$——气体燃料低位发热量，具体如下：

天然气：≈8500×4.19kJ/m³，液化石油气：≈10000×4.19kJ/m³，高炉煤气：(900~1000)×4.19kJ/m³，发生炉煤气：(1100~2500)×4.19kJ/m³，混合煤气：(1300~3500)×4.19kJ/m³，炼焦煤气：~4000×4.19kJ/m³。

2. 气体燃料燃烧的空气过剩系数 α 值约为 1.02~1.20。

3. V_0——理论空气量。

表 4-8　液体燃料燃烧所产生的烟气量

$Q_{net,ar}$/(4.19kJ/kg)		7000	8000	9000	9500	10000
V_0/(m³/kg)		7.95	8.8	9.65	10.07	10.5
不同空气过剩系数 α 在标准状态下 V_y 的值 /(m³/kg)	α					
	1.05	8.17	9.32	10.47	11.05	11.63
	1.10	8.57	9.76	10.95	11.56	12.15
	1.15	8.96	10.20	11.44	12.06	12.68
	1.20	9.36	10.64	11.91	12.56	13.20
	1.25	9.76	11.08	12.40	13.07	13.72
	1.30	10.15	11.52	12.88	13.57	14.25
	1.40	10.95	12.40	13.85	14.58	15.30

注: 1. 液体燃料低位发热量 $Q_{net,ar}$: 重油 (9400~9800)×4.19kJ/kg, 焦油 (7000~9000) ×4.19kJ/kg, 原油 (9800~10500) ×4.19kJ/kg。

2. 液体燃料燃烧的过剩空气系数 α 值约为 1.1~1.3 之间。

表 4-9　标准状态下烟气平均比热容

T_y/℃	100	200	300	400	500	600	700	800	900
C_y/[4.19kJ/(m³·℃)]	0.33	0.335	0.340	0.344	0.350	0.354	0.359	0.364	0.368
T_y/℃	1000	1100	1200	1300	1400	1500	1600	1700	1800
C_y/[4.19kJ/(m³·℃)]	0.372	0.376	0.38	0.383	0.387	0.389	0.392	0.395	0.398

当工业窑炉的排烟温度数值确定以后, 应视烟气的性质、用途而定余热利用方案, 如果排烟温度太低, 余热就不好利用或利用起来不经济。如对各种冶金炉、加热炉余热利用后的排烟温度一般应为 200~250℃。

可回收利用的烟气余热计算公式如下:

$$Q_y^y = Q_y \frac{T_y - T_p}{T_y}$$

式中, Q_y^y 为可回收利用的烟气余热 (kJ/h); T_y 为烟气的平均温度 (℃); T_p 为余热利用后的排烟温度 (℃); Q_y 为烟气余热量 (kJ/h)。

冷却介质的余热量, 如工业上常用水作为冷却介质, 废气废水余热量均可按高温烟气余热量的计算方法。

【案例 4-4】　据统计, 约有 80% 以上在用快装锅炉未装设烟气余热回收装置或烟气余热回收不合理, 导致快装锅炉排烟温度高, 如导热油锅炉排烟温度高达 330℃。排烟温度每上升 10℃, 锅炉热效率下降 0.5%。

1) 从长期检验实践中发现, 蒸发量为 4t/h (含 4t/h) 以上的部分快装锅炉装设了可分式铸铁省煤器, 而蒸发量为 4t/h 以下快装锅炉基本未装设可分式铸铁省煤器, 不仅造成能源浪费, 而且还加剧大气层温室效应, 污染环境。如果在快装锅炉尾部烟道上装设可分式铸铁省煤器, 利用排烟余热来提高给水的温度, 减少排烟损失。一般地说, 省煤器出口水温升高 1℃, 锅炉排烟温度降低 2~3℃, 给水温度升高6~7℃，省煤1%。

2）可分式铸铁省煤器在使用中突显四方面缺点：快装锅炉烟气中飞灰颗粒对可分式铸铁省煤器管容易产生磨损；烟气中含有硫化物等腐蚀性介质在达到露点时，会对可分式铸铁省煤器管造成严重腐蚀；烟气中的灰尘对可分式铸铁省煤器容易造成堵塞，严重影响热交换效果；检修工作量大，使用寿命短，且投入的总体费用高，所以使用单位不愿安装也不愿使用。

3）快装锅炉烟气余热高效回收装置结构如图4-4所示。该回收装置能够有效地把快装锅炉排烟温度降至150℃，而不容易产生积灰堵塞、不容易产生烟气低温腐蚀等不良缺陷。

4）烟气余热高效回收装置各部件作用。

① 折流墙作用主要是用于增大高温烟气热交换流程，增长冷热两种介质之间的热交换

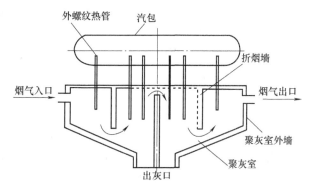

图4-4　热管式省煤器

时间，使高温烟气在回收装置内进行充分热交换；其次是让颗粒度较大的烟灰在流动过程中碰撞到折流墙后，沿着折流墙壁沉降至底部聚灰室，通过聚灰室出口排出，减少烟尘排放量。

② 外螺纹热管作用与特点：a. 外螺纹热管作用。图4-4所示的外螺纹热管。虽然外螺纹热管传热系数较波纹管低，但其加工成形较波纹管简单，外螺纹可以用车销光管外壁加工成外螺纹状。外螺纹热管传热系数比光管提高32.2%。当流体流经螺纹热管外壁时，受管外壁螺旋凹形槽的引导，靠近壁面部分流体顺着槽旋转，另一部分流体顺着壁面沿着轴向运动，也会产生一个纵向涡流且方向始终垂直于层流流动方向，使层流层受扰而变成湍流状态，热阻变小，提高了传热速率，起到了强化传热的作用。b. 外螺纹热管特点。它由加热段、绝热段、冷却段组成，在热管内部进行两相传热。可以在很小的温差下，传输大量的热量，其导热比导热性能良好的铜高出几十倍甚至上百倍；热管的加热段和冷却段的面积可以人为地调节，管壁温度也可相应得到调节，因此具有较强的抗露点腐蚀能力；此外，即使一支或几支热管腐蚀发生泄漏了，也不会造成冷热两种流体介质的掺混；由于冷热两种流体介质的换热全为热管外部换热，表面上的积灰比较容易清洗。c. 聚灰室作用。聚灰室主要是对烟气进行扩容缓冲，用来收集沉降下来的烟灰，通过出口排出，降低烟灰排放量，减少环境污染。

本例中YLW-2900-MWⅡ型的导热油锅炉引风量15500m³/h，在无装设排烟余

热回收设备时排烟温度为 330℃，经改造后装设了烟气余热高效回收装置时，排烟温度降至 150℃，取得了很好的节能效果。

三、热管式换热器应用

热管是一种高级的导热元件，现已作为传递热量和控制温度的基本元件，广泛应用于核反应堆、电子、机电、化工、热工测量、空气调节及医疗器械等许多工业领域。由于热管具有热回收效率高、温度均匀、结构简单、工作可靠以及无运行部件等特点，现已作为重要的节能技术，广泛应用于工业余热回收。

1. 热管的原理

一般轴向热管主要由密闭管壳、管芯（吸液芯）、工质（工作流体）组成，如图 4-5 所示。管壳一般由金属制成，两端焊有端盖。管壳内装有一层由多孔金属线网和多孔陶瓷材料构成的管芯，管内抽真空后注入某种工质，再行密封。

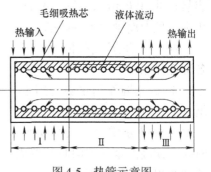

热管全长分为蒸发段、绝热段和冷凝段。其工作原理是在管子的一端被加热时，管芯中工质吸收蒸发热，蒸发成蒸气，由于不断产生蒸气，使压力增高。蒸气沿着中间通道流向另一端，并冷凝成液体，放出凝结热。凝结液靠吸液管芯的毛细作用或自身重力返回蒸发段，继续吸热蒸发，如此循环不已，使热量源源不断地从热管的一端传递到另一端。

图 4-5　热管示意图

Ⅰ—蒸发段　Ⅱ—绝热段　Ⅲ—冷凝段

1）热管的相当热导率比良金属热导率高数倍至数千倍，且两端温差很小，一般只有 1~2℃。铜棒与热管导热性的比较如图 4-6 所示。

热管使用的温度范围很广，为 -259~2200℃，而且结构简单，运行可靠，使用寿命可达 30 年之久。热管材料应满足使用的温度要求，并且要耐压，有好的导热性能和化学稳定性，一般采用铜、铝、碳素钢、不锈钢、钢铜复合管等。在特殊的情况下，也可以采用非金属材料，如玻璃、陶瓷等。

2）热管的工质选择，主要取决于热管的工作温度范围，工质物理性质与工质、管壳及管芯之间的化学相容性。其具体要求是：汽化热高、热导率高、黏度低、表面张力大、适当的沸点等。

热管常用工质所适用的温度范围见表 4-10。

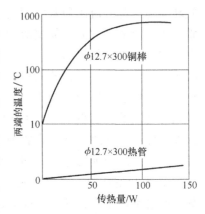

图 4-6　铜棒与热管导热性能的比较

表4-10　热管常用工质所适用的温度范围

常 用 工 质	适用的温度范围/℃	常 用 工 质	适用的温度范围/℃
氮	-200 ~ -80	汞	190 ~ 550
丙烷	-150 ~ 80	钾	400 ~ 800
氨	-70 ~ 60	钠	500 ~ 900
甲醇	-45 ~ 120	锂	900 ~ 1500
氟利昂12	-60 ~ 40	银	1500 ~ 2000
水	5 ~ 230		

3）在热管中蒸气或液体的流动，都需要一定的压差来克服其流动阻力，这些压差必须由管芯和液体所产生的毛细压差来加以平衡。热管常用的管芯结构如图4-7所示。图4-7a为最早采用的单一的毛细结构，由金属丝网、纺织物、玻璃纤维或烧结金属材料所组成，称为均匀结构；图4-7b为目前应用较多的一种管芯结构；图4-7c由于在轴向槽道上加了丝网，其使用效果优于图4-7b；图4-7d是在丝网和管内壁间形成了环形通道，所以称为环形通道式管芯；图4-7e由于传热量大，称为第二代热管。此外，还有板式管芯、螺纹干道管芯、不等距轴向槽道管芯等。

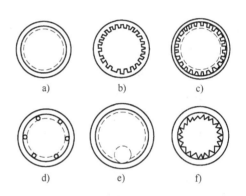

图4-7　热管常用的管芯结构

a）均匀管芯结构　b）轴向槽道式管芯
c）轴向槽道上加丝网的管芯　d）环形通道
式管芯　e）干道式管芯（又称第二代热管）
f）波纹丝网式管芯

2. 热管换热管在工程上的应用流程图（见图4-8）

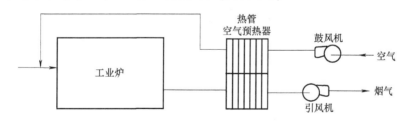

图4-8　热管换热器流程图

3. 热管换热器的分类

1）按工作温度来分：低温热管适用于-270 ~ 0℃；常温热管适用于0 ~ 200℃；中温热管适用于200 ~ 600℃；高温热管适用大于600℃以上。

2）按凝结液回流方式来分：输液芯热管是利用毛细管虹吸力原理制成；重力

式热管是利用地心引力原理制成；旋转式热管是利用离心力原理制成；电场式热管是利用电场力原理制成；渗透式热管是利用渗透力原理制成。

3）按工质与外壳的组合来分：铜-水热管；钢-氨热管；不锈钢-钠热管；钢铜复合-水热管；铝-丙酮热管；钢镀铜-水热管。

4. 应用

热管式空气换热器在 1974 年由加拿大首先用于工业炉烟道烟气余热回收，回收热量为 6.8 万 ×4.19kJ/h。美国于 1976 年使用了一套 13.6 万 ×4.19kJ/h 热管式空气换热器，其热管直径为 25.4mm，长度为 1.5m，共 80 根。美国在 1979 年还使用了传热最为 80.7 万 ×4.19kJ/h 的热管式空气换热器，其热管直径为 51mm，长度为 4.57m，共 144 根。日本提出了回收热量为 960 万 ×4.19kJ/h 的热管式空气换热器的设计，其热管外径为 25.4mm，长度为 3.8m，共 3456 根，并推荐了一种蜗壳形的新式最佳排列方案。

我国已在炼油工业中开展了热管式换热器的试验和研究工作，如江苏某炼油厂和某化工学院合作在加热炉上做了部分烟道烟气余热回收试验，回收的余热约为 15 万 ×4.19kJ/时，其热管直径为 25mm，长度为 1.5m，共 90 根。又如西北某炼油厂加热炉上安装了一套回收余热为 26.7 万 ×4.19kJ/h 的热管式换热器，其热管直径为 25mm，长度为 1.5m，共 220 根，如图 4-9 所示，尺寸见表 4-11。该厂热管式换热器的整体布置如图 4-10 所示。该加热炉对流室的烟气出口温度小于 350℃。为了降低热管造价，该厂选用了不带吸液芯，内壁不拉槽的重力辅助热管。该热管与国内、外热管的比较见表 4-12。

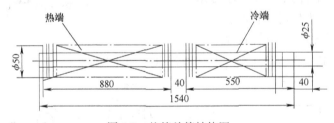

图 4-9　热管单管结构图

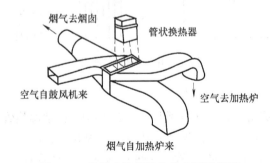

图 4-10　热管式换热器整体布置示意图

表 4-11 热管单管结构尺寸

名 称	热 端	冷 端
管长/m	0.88	0.58
材质	钢铜复合管	钢铜复合管
直径/mm	φ25×2.5	φ25×2.5
筋片高/mm	12.5	12.5
筋片距/mm	3	2.3
筋片厚/mm	0.35	0.3
筋片形式	穿片	绕片
筋片材质	钢	铝
光管总长度/m	1.5	

表 4-12 某炼油厂热管与国内外热管的比较

厂 名	热管尺寸 /mm	热管数	回收热量 /(4.19kJ/h)	单管功率 /kW	热强度 / [4.19kJ /(m²·h)]	单位功率 / [kW /(m·℃)]
西北某炼油厂	φ25×1500	220	275945	1.46	2.75×10⁴	5.16×10⁻³
东北某石油二厂	φ25×2000	140	173000	1.44	1.57×10⁴	4.67×10⁻³
日本某企业	φ25×1000	196	188000	1.115	3.85×10⁴	7.07×10⁻³
美国卡特拉斯堡炼油厂	φ51×4570	144	807000	6.52	2.4×10⁴	9.87×10⁻³

5. 热管式换热器发展的趋势

在国外, 热管式气-气换热器已得到广泛的应用, 其中以暖通空调应用最多。在我国热管式换热器在工业炉烟气余热利用中也发挥着重要的作用。为此, 必须考虑以下问题:

1) 要研制价格低廉、使用寿命长的热管式换热器, 这是个关键问题。如碳钢-水热管, 只要能很好地解决相容性问题, 在回收 350℃以下的烟气余热中, 可以广泛应用。

2) 要采用重力式和重力辅助式热管, 这样可以简化热管结构, 降低成本。目前国内外都在大力发展这种热管。

3) 要研制适用于多灰烟气的热管, 如日本在试验回转式热管换热器、流动层式热管换热器。

4) 要研究利用烟气温度更高的 (大于800℃) 热管式换热器。

目前, 国内外正在研究以煤水浆作为代油燃料, 由于煤水浆在燃烧时烟气中含有大量的水蒸气, 需要回收潜热, 必须使烟气温度降到很低, 有时甚至要降低到 100℃，因此，就需要研制能回收这种汽化热的热管式换热器。

在用热管式换热器回收低温余热时，要特别注意露点的腐蚀问题，为此，热端钢管（包括筋片）应采用渗铝式喷铝材料以延长热管的使用寿命。

四、余热锅炉的应用

余热锅炉又称废热锅炉，是余热利用的主要设备之一。其主要作用是将各种形式的余热转化为有用的高、中、低压蒸汽，作为动力、供热能源，以提高能源的利用率。

余热锅炉节能效果十分显著。现代工业企业的大型化、工艺流程的合理化及三废处理的综合化，已经和能源经济不可分割地结合在一起，成为现代工业较突出的标志之一。

冶金工业的连续式加热炉、机械行业的锻造加热炉及高温热处理炉所排出的废气经过换热器回收一部分热量后，仍然还有 400 ~ 600℃温度，如果再增加换热器的面积，用换热器来提高余热的回收率，成本较高，但用热交换率高的蒸汽和水回收这部分低温热量比较有利。因此，可在高温工业炉后烟道上增设余热锅炉，把废气的显热变为蒸汽。是否安装余热锅炉可根据具体情况确定，既可以单独安装，也可以和换热器组合安装。余热锅炉的形式与一般工业锅炉相同，只是具有回收余热的特殊性，一般有以下几种：

1) 按锅炉水或热源可分为水管锅炉和烟管锅炉。

2) 按锅炉水循环可分为自然循环锅炉、强制循环锅炉和直流式锅炉。

3) 按布置形式可分为竖式锅炉、立式锅炉和斜置式锅炉。

4) 按锅炉受热面结构，可分为有燃烧器锅炉、无燃烧器而有辐射受热面的锅炉，以及仅有对流受热面的锅炉。

5) 按热交换器结构，可分为 U 形管式锅炉、盘管式锅炉、列管式锅炉、双套管式锅炉、插入管式锅炉以及其他特殊形式的锅炉。

1. 余热锅炉的特点

余热锅炉由于有回收余热的特殊性，因而具有以下特点：

1) 由于热源燃烧不同，使用条件特殊，不仅包括高、中、低各级压力参数，而且其结构性能也有很多特殊要求。

2) 由于介质工作情况不同，有耐高温、耐腐蚀、吹灰除渣等要求，采用的材质比一般高压锅炉复杂。因此，制造余热锅炉，除应具备制造普通锅炉的一般条件外，还有特殊工艺要求。

2. 安装使用实例

余热锅炉的安装使用实例如图 4-11 所示。高温烟气余热利用所采用余热锅炉的几个实例见表 4-13。

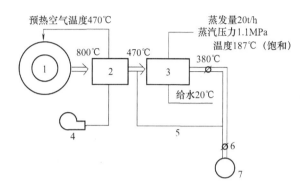

图 4-11　余热锅炉系统

1—炉子　2—空气换热器　3—余热锅炉　4—鼓风机（空气20℃）

5—旁路烟道　6—烟道闸板　7—烟囱

表 4-13　高温烟气余热所采用余热锅炉的实例

流程名称	流 程 名 称		余热锅炉型号	蒸发量 /(kg/h)	蒸 汽 参 数		每台余热锅炉的节煤能力（t标准煤/年）
	烟气流量 /(m³ 标态/h)	烟气温度 /℃			压力（表压）/MPa	温度 /℃	
加热炉排烟	20000～35000	500～700	F30/650-6/13-250	3000～8000	1.3	250～300	～6000
	35000～45000	500～700	F40/650-8/13-250	5000～10000	1.3	250～300	～8000
	45000～55000	500～700	F50/650-12/13-250	7000～14000	1.3	250～300	～10000
	20000～30000	550～700	HJ25/550-5-13/250	4000～7000	1.3	250～300	～6000
	30000～45000	550～700	HJ40/550-8-13/250	6000～10000	1.3	250～300	～8000
	45000～70000	550～700	HJ55/550-10-13/250	9000～16000	1.3	250～300	～10000
玻璃熔窑排烟	8000	500	B8/500-1-13	1000	1.3	饱和	1200
	25000	500	B25/550-3-13	3000	1.3	饱和	3500
	40000	500	B40/500-5-13	5000	1.3	饱和	6000

3. 余热锅炉的经济效果

使用余热锅炉，不仅可以利用余热来产生蒸汽，用于生产和生活方面，还可以节省大量投资。如制造 1 台蒸发量为 1t/h 的余热锅炉，约需投资 4 万～5 万元，而制造同等容量的烧煤锅炉，则需投资 3.5 万～4 万元。因此，每台余热锅炉似乎多花投资 0.5 万～1 万元，但是每台余热锅炉每年可以节省标准煤约 1000t。

总的来看，制造 1 台 1t/h 的余热锅炉，就可以为国家节省投资 10 万元左右，如果全国能够使用余热锅炉的地方都采用余热锅炉，那么所节省的投资是非常可观的。

4. 余热锅炉节能的前景

余热锅炉投入运行以后，原有的锅炉就可以部分或全部停用，可直接减少燃料的消耗量。如果被取代的锅炉是陈旧的和热效率低于 75% 的工业锅炉，则实际节能量要超过表 4-13 所列数据。

国内已有不少企业利用余热锅炉产生的中、高压蒸汽驱动工业汽轮机，再用它直接带动各类高转速机械，如高压鼓风机、离心压缩机及离心泵等，或者驱动背压式汽轮发电机组，发电供企业使用或输入电网。工业汽轮机和背压汽轮机的低压尾汽可再用于工艺过程、供热、采暖等方面，从而形成现代化工业企业以余热锅炉为核心的热能综合利用系统。也有些企业，特别是钢铁厂，把余热锅炉产生的蒸汽外供或并入区域供热管网，以及与邻近单位联合使用，以节约能源。

国外的先进经验之一就是从企业的规划阶段起，就把能源的综合利用列入重要的技术项目，使企业的布局从能源利用的角度出发，进行考虑，达到合理利用能源的目的。且有很多现代化的工艺流程的实现，就是由于余热锅炉的正确设计和利用。国内外的经验表明，采用旧工艺流程，耗用大量能源的工业企业，只有通盘考虑工艺的合理性，合理利用能源，才能达到最高的技术经济指标。凡是工业炉余热资源比较集中的企业，都应该在流程的改造工作中，慎重考虑余热的合理利用问题。

五、凝结水节能回收技术

凝结水回收是蒸汽供热系统中的最后一个环节，这个环节的好坏直接影响整个供热系统的经济性和合理性。回收凝结水方面，由于系统设计技术难度大，蒸汽疏水阀选用不正确，管理水平不高，维护修理跟不上等原因，造成严重的浪费。一般损失为 10% ~30% ，有的高达 60% 。

1. 凝结水回收的目的

正确使用疏水阀回收凝结水可以节约能源，其主要原因是：凝结水余热的利用；凝结水作为锅炉给水，减少了锅炉排污损失；防止了蒸汽的直接排放，节约了新蒸汽。

(1) 凝结水余热的利用　蒸汽在用气设备中放热变成凝结水后，仍含有 25% 左右的显热，将这部分余热加以利用，可以节约能源。凝结水余热的利用包括将凝结水回收系统中的高温凝结水用于低压采暖或其他用热设备。假定每小时回收 1t 凝结水，回收凝结水的温度为 90℃，冷水温度为 20℃，年运行 3000h，1 年可节约标准煤 30t。

(2) 凝结水作为锅炉给水供锅炉用　凝结水作为锅炉给水，节约了软化水量，也可以节约软化水设备的投资。由于凝结水呈酸性（pH 值为 6~7），对于炉水碱度较大的锅炉，可使锅炉的排污率降低。炉水的碱度越小，锅炉的排污率就降低得越多，节约燃料就越显著。如某厂蒸发量为 10t/h 的锅炉，没有回收凝结水之前锅炉的排污率为 19.6% ，锅炉给水用了凝结水后，排污率下降到 6.6% ，仅此一项每年节约标准煤 97t。

（3）防止蒸汽直接排放　在蒸气供热系统中，正确地使用疏水阀，不仅能回收凝结水，更重要的是防止了蒸汽由用气设备的尾部直接排放。直接排汽造成的热损失高达 30%。

（4）凝结水回收的燃料节约率　凝结水回收的燃料节约率按下式计算：

$$\varepsilon = \frac{h_{gs2} - h_{gs1}}{h'' - h_{gs1}} \times 100\%$$

式中，ε 为燃料节约率；h'' 为饱和蒸汽的比焓 $[kJ/(kg \cdot K)]$；h_{gs1} 为不回收凝结水时的给水比焓 $[kJ/(kg \cdot K)]$；h_{gs2} 为回收凝结水后的给水比焓 $[kJ/(kg \cdot K)]$。

2. 凝结水回收的要求

1）凝结水回收必须做到总体规划远近结合，技术先进、设备可靠、经济合理。

2）在满足工艺要求的条件下，凡凝结水有可能被回收的，应尽量采用蒸汽间接方式加热，以提高凝结水回收量。

3）在技术上可行、经济合理的前提下，必须回收凝结水，回收率不得低于 60%。

4）对于有可能被污染或确被污染的凝结水，经技术经济比较后，确认有回收价值的，应设置水质监测及净化装置予以监测回收或净化回收，确实不能被回收的也应设法回收其热能。

5）二次蒸发箱产生的蒸汽和高温凝结水的热能应尽量利用。

6）作为锅炉给水时，必须符合 GB/T 1576—2008《工业锅炉水质》的有关规定。

3. 凝结水回收系统

凝结水回收系统可分为开式和闭式两大类。所谓开式系统就是和大气相通的系统。该系统存在几个不足：首先由于自然蒸发，系统会产生大量闪蒸蒸汽；其次冷凝水回收的温度，在开式时理论上约为 100℃，而实际上为了防止水泵汽蚀，回收的水温一般只能控制在 70℃ 左右，这样热能就白白浪费 30℃ 的焓差；最后，由于空气接触系统，会加速冷凝管道的腐蚀，冷凝水由于和空气接触，也丧失了原先的软化处理的水质条件。

1）开式回收系统虽有这些缺点，但由于投资相对较低，所以，在要求不是很高的场合，其凝结水仍然可以回收加以利用。开式回收通常分 3 类：低压重力凝结水回收系统、背压凝结回收系统及压力凝结水回收系统。3 个系统的示意图如图 4-12、图 4-13、

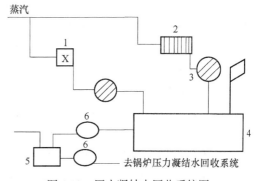

图 4-12　压力凝结水回收系统图

1—生产汽设备　2—供暖用热设备　3—疏水阀
4—车间或区域凝结水箱　5—总凝结水箱
6—凝结水泵

图4-14所示。

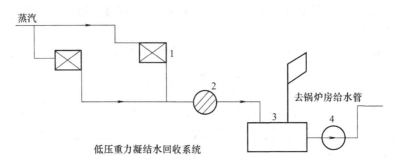

图 4-13 低压重力凝结水回收系统

1—用汽设备 2—疏水阀 3—凝结水箱 4—凝结水泵

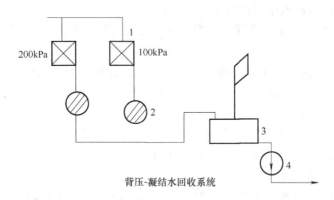

图 4-14 背压-凝结水回收系统

1—用汽设备 2—疏水阀 3—凝结水箱 4—凝结水泵

2）闭式回收系统就是指整个回收过程中，冷凝水始终不与大气接触的系统，使冷凝水的热量得到比较充分的利用，而且在用于锅炉给水时，不会增加溶解氧量。但单纯的闭式系统存在输水泵汽蚀问题。因为是闭式，从理论上讲，冷凝水应为同温度饱和水，冷凝水温度大大超过开式系统。输送冷凝水时，水温超过80℃，泵将产生汽蚀。为防止汽蚀产生，则需要在泵入口处附加一定的压力，温度越高，附加压力越大。所以回收高温冷凝水的关键，就是如何达到水泵所需压力。早期的采用高位水箱回收，只是改善了汽蚀，而不能从根本上解决离心泵的汽蚀问题。为此，工程技术和学者纷纷研究开发各种回收装置和系统。如日本 TLV 公司最先提出以喷射增压原理解决离心泵在输送高温饱和水时的汽蚀问题，并成功地用在实际高温饱和凝结的回收中。由于该技术广泛的适用性和高效的节能性，在 20 世纪 80 年代即获日本通产省科技进步一等奖。目前由国内研究人员研制成功的 LN8—150 型回收装置，通过了实用性技术鉴定，已在辽宁使用后逐步在全国推广。

该密闭式冷凝水回收系统主要特点：

1) 回收冷凝水温度接近用汽设计排放压力的饱和温度（大于100℃以上），并直接送到锅炉锅筒或除氧器，提高了锅炉给水温度，直接利用了高温饱和冷凝水的潜在热能，同时离水泵不会出现汽蚀。

2) 差压回水的闪蒸汽全部用于除氧器或软水箱，能节省大量热力除氧的直接蒸汽费用。

3) 锅炉—用汽设备—回收装置，锅炉组成闭式的热力循环系统，回收的冷凝水不与大气接触，几乎是纯净的蒸馏水，节省了大量水处理费用。同时，闭式运行稳定了锅炉的用汽负荷，提高了锅炉单位时间产汽量及效率。

【案例4-5】 江苏省某市大型机械厂的蒸汽用于工艺生产和工艺空调，工艺生产设备的用汽压力为0.8MPa，工艺空调的用汽压力为0.04MPa，均为饱和蒸汽。

蒸汽经换热器释放潜热后，变成饱和的凝结水。凝结水是一种高温软化水，其含有的热量占蒸汽总热量的25%左右。经统计，目前该大型机械厂每年产生的凝结水量约为6.5万t。这些蒸汽凝结水中蕴藏了大量的热能，若将其回收利用，不仅可降低成本，还能减少环境污染，从而实现节能减排的目标。

1) 改造前，该大型机械厂采用的是开式凝结水回收系统。各用汽点产生的凝结水通过凝结水管道回流到动力中心地下室的开式凝结水箱。其中主要的凝结水回收管路有两路。

① 工艺生产凝结水管路：生产用蒸汽在各用汽生产设备释放潜热后，经疏水器及管道回到开式凝结水箱。

② 工艺空调凝结水管路：空调用蒸汽经换热器换热将空调风加热后热量降低成为乏汽和乏水，经疏水器及管道直接回到开式凝结水箱。

回到开式凝结水箱中的水经过化验合格后由水泵送到除氧罐作为锅炉进水使用。凝结水从管道进入水箱，压力下降，产生大量的二次闪蒸蒸汽。闪蒸蒸汽通过凝结水箱的排放管排入大气，蒸汽中的热能和水分均排放到环境中。闪蒸出来的二次蒸汽包含了大量热能，蒸汽的热能由显热和潜热两部分组成，系统回收的凝结水只含有显热部分，大部分热量随二次蒸汽排入大气，造成能源的浪费，也造成了热污染。

2) 将开式凝结水回收系统改为闭式回收系统。在生产、空调和其他冷凝水回收管道上安装阀门，阀门关闭后冷凝水不再直接回到凝结水箱。在这些管道上连接旁通管道，将凝结水分别接入多路共网器，多路共网器根据引射原理将不同压力的凝结水汇流到一起形成高温热水进入凝结水闭式回收器。凝结水闭式回收器的水泵将高温热水送往用热点，再经过换热降温后回到容器罐实现供水循环。

凝结水闭式回收器是由余压利用机构、主动引流和加压机构、汽蚀消除装置、液位变送传感控制系统、承压储水容器、自控箱及电机泵等组成的成套装置，采用了一系列汽蚀消除技术，彻底消除了凝结水加压泵的汽蚀，使水泵处于输送单相高温水的最佳状态。

该闭式回收器采用智能化自动控制，在凝结水回收罐上安装了一个磁翻板的液位传感器，用来测量罐内的水位。磁翻板可以直观显示水位情况，同时水位信号以 4～20mA 的形式送给控制箱上的 PID 控制仪。控制仪根据水位来调节回水管上的排水阀的开度、当不断回流的冷凝水使容器的液位上升时，控制系统命令安装在回水管道上的自动控制阀门开启，将低温水排到凝结水箱，当水位下降时逐渐关小阀门，直至达到低水位限制时阀门关闭，以此来保持容器罐的水位稳定。

经过一年来运行，凝结水回收量提高 55%。

六、热能回收和余热利用的重点

在热能回收及余热利用中需要特别考虑如下重点工作。

1. 热能回收利用，应建立在提高现有设备利用效率的基础上

由于利用余热要相应添置一部分设备和装置，花费一笔投资，所以在节能技术改造中，企业注意力首先应放在提高现有设备的效率上，尽量减少余热排出量。

2. 热能回收利用应优先考虑本工序和本设备

热能回收利用从工艺角度来看：一方面是用于工艺设备本身，另一方面是用于其他工艺设备。一般来说用于生产工艺本身比较合适，这一方面回收措施往往比较简单，投资比较少，另一方面能量便于协调和平衡。如锅炉的高温烟道余热回收利用要预热燃烧进入炉膛的空气，或加热锅炉的给水。只要锅炉正常运行，余热回收利用就不会停止，而锅炉与回收装置都将稳定地工作。当锅炉停止运行时，余热回收利用也随之停止了。如果把余热回收利用在其他工艺设备上，由于相互牵扯难以发挥效果，设备运行与回收装置运行无法保持同步。

3. 余能资源选择和回收利用方式的确定，要落实到效果上

企业的余能资源很多，并不是全部都可回收利用的，可以回收利用部分也有多少之分，这就存在一个选择问题，由于用途不同，余热利用形式也不一样，还存在余热回收利用的效率问题。只有根据余热资源的特点和用途，以及回收利用后所能获得的效率，来选择能量回收利用的形式，才能取得整个能量利用系统的最佳效果。一般应注意：

1）高品位能源易于回收的余热，应优先考虑回收利用的可能性。例如对可连续利用的高温排气热等。固体的显热和低温余热通常比高温流体余热回收困难得多。

2）余能直接利用的效率比较高，转换次数越少越好，同时回收利用设备简单易于实现。

3）要按质用能，即把高温余热尽量用到需要高温的地方，因此对余能回收利用要从量和质两方面进行考虑。

4）余热回收利用一定要讲求经济效果

余能的回收利用必须取得经济效益，节能并不完全等于节约。因此对余能回收利用方案要进行技术经济评价，要做到：①余热回收利用要有连续性，回收效率高，节约量大；②投资少，投产快；③有利于改善和保护环境。

第三节　供电运行合理化

企业从电力系统接受的电能，经过降压分配给各生产车间或用电设备，企业必须有内部的供配电系统，承担其供配任务，电能由降压变配电所输送到用电设备需经过变压器、线路等电气设备。企业供配电系统的配置，应以负荷的重要性、用电容量大小及地区供电条件为依据，予以合理解决。

由于企业供配电系统电能的输送和分配过程中，要产生电能损耗，为了降低企业供电损耗，需要对企业供电系统中某些不合理部分进行技术改进，确定最佳运行方式，达到企业供电运行合理化。

一、供电运行合理化

1. 负荷分类

根据用电设备对供电可靠性的要求，将企业电力负荷分为一类负荷、二类负荷、三类负荷三类。

2. 企业的供电系统

企业的供电系统一般分为两部分，如图4-15所示。

1）电源系统（俗称外部供电系统）：是指电源至企业总降压变电所（总配电所）的供电系统，包括高压架空线路或电力电缆线路。

2）供电系统（俗称内部供电系统）：是指总降压变电所（总配电所）至各车间变电所及高压用电设备的供电系统，包括厂区内的高压线路、

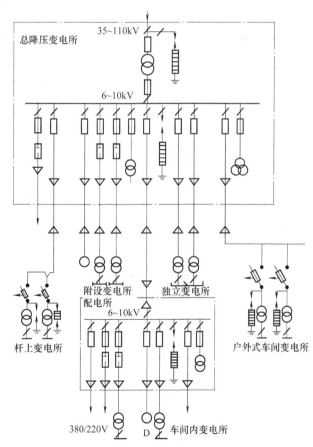

图4-15　企业供配电系统示意图

车间变电所等。

　　企业内的供电系统可能有各种组合方案，因此可以通过不同方案的技术经济比较，从而得出安全可靠、经济合理的方案。

　　总降压变电所的作用是将 35 ~ 110kV 的电源电压降至 6 ~ 10kV 的电压，然后分别送至各车间变电所，总降压变电所应接近负荷中心。总配电所的作用接受 6 ~ 10kV 电源供来的电能，重新分配送至附近各个车间变电所。车间变电所的作用是将 6 ~ 10kV 的电源降至 380V/220V 的使用电压，并送至车间各个低压用电设备。

　　3. 供电电压

　　企业应根据负荷的类别、容量和分布情况选择供电电压等级，当然供电电压选择还涉及供电可靠性、配电的合理性、电能损耗与有色金属耗用量、设备投资、运行维护、今后发展情况等。确定工业企业供电电压应考虑到：

　　1）某一供电电压必然有它所对应的最合理的供电容量和供电距离。不同电压时合理的输送容量和输送距离见表 4-14。

　　2）简化企业内部供电系统。对一般企业可将 35kV 高压深入厂区后，直接用 35kV 变压 400V 向车间内部供电，不需要设置总降压变电所，从而降低了供电损耗。

　　3）企业内部供配电系统电压的选择，一般企业均应选用 10kV 或 6kV 作为配电电压，在传输相同容量的条件下，当导线的电流密度相同时，则 10kV 比 6kV 线路

表 4-14　不同电压时合理输送容量和输送距离表

额定电压/kV	输送功率/kW	输送距离/km
0.22	<50	<0.15
0.38	<100	<0.6
3	100 ~ 1000	1 ~ 3
6	100 ~ 1200	4 ~ 5
10	200 ~ 2000	6 ~ 20
35	2000 ~ 10000	20 ~ 50
110	10000 ~ 50000	5 ~ 150

功率损失减少约 40%，电压损失亦减少约 40%。

　　4）供电部门规定了用户受电端的电压变动幅度不超过：①35kV 及以上供电和对电压质量有特殊要求的用户为额定电压的 ±5%；② 10kV 及以下高压供电和低压电力用户为额定电压的 ±7%。

　　供电部门还规定企业受电端电压在额定电压范围之内，企业内部供电电压偏移允许值，一般不应超过额定电压 ±5%。为使企业内部供电电压维持在额定电压 ±5% 范围之内，必须采取相应的措施：a. 正确选择变压器的变比和电压分接头；b. 合理减少供配电系统的阻抗，合理选择导线截面以减少系统阻抗，可在负荷变动的情况下，使电压水平保持稳定；c. 尽量使三相负荷平衡，如果三相负荷分布不均匀将产生不平衡电压，从而加大了电压偏移。

二、降低线损电量

1. 线损电量与线损率

电能通过变压器、线路等电气设备，在这些电气设备上所产生的电能损耗叫作线损电量。线损电量占供电量的百分数叫作线损率。

线损电量 = 供电量 − 售电量

$$线损率 = \frac{线损电量}{供电量} \times 100\% = \frac{供电量 - 售电量}{供电量} \times 100\% = \left(1 - \frac{售电量}{供电量}\right) \times 100\%$$

供电量：是指工业企业从电力系统接受的电量之和，即计费有功电度表所计电量之和。

售电量：是指工业企业所有供用电设备和用电设施耗用电量的总和。

2. 线损的组成

企业的线损电量主要由如下几部分组成：

1）各变压器的铜、铁损耗。

2）高、低压架空线路的损耗。

3）电缆线路和车间配电线路的损耗。

4）汇流排、高低压开关、隔离刀闸、电力电容器、电抗器及各类电气仪表等有关元件的损耗。

在工业企业线损电量构成中，变压器和各种供配电线路的损失，约占企业供配电系统损失的90%以上，而配电装置中各种电气设备的损失所占比重很小，线损率是衡量工业企业供用电管理水平的一项技术经济指标，它的高低直接反映了企业的供用电效率和节能效果。

目前，计算线损率实绩的方式是根据电度表计量的供电量和售电量相减统计出来的，因此线损电量是个余量，而这个余量的组成包括很多损耗因素，有些因素是合理的，有些是不合理的。通过线损理论计算能分析出线损的构成情况，对不合理的损耗因素，就可以制定改造措施，为企业合理供用电提供理论依据。

3. 降低线损的主要措施

1）减少变压次数，减少变电容量。降低企业受电端至用电设备的线损，线损率应达到下列指标：一次变压应在3.5%以下；二次变压应在5.5%以下；三次变压应在7%以下。

2）简化电压等级，合理提高电压。适当的合理提高运行电压，既可提高电能质量，又可降低线损。提高运行电压与降低线损关系如下：

$$\Delta P_{\mathrm{p}}\% = \left[1 - \frac{1}{\left(1 + \dfrac{\alpha}{100}\right)^2}\right] \times 100\%$$

式中，$\Delta P_\mathrm{p}\%$ 为线损降低的百分数；$\alpha\%$ 为电压提高的百分数。

表 4-15 为提高运行电压与降低线损的关系。

3）提高功率因数，减少输送的无功电流，降低线损。

4）均衡企业供电三相网络的负荷，单相用电设备应均匀地接在三相网络上，降低三相负荷电流不平衡度，供电网络的电流不平衡度应小于 20% 。否则不仅要增加线损，而且影响配电变压器的供电效率。

表 4-15 提高运行电压与降低线损表

电压提高（%）	线损降低（%）
1	1.93
3	5.74
5	9.09
10	17.35
15	24.39
20	30.50

5）合理选择导线截面。当线路传送电能时，电流的变化对线损的影响是较大的，合理选择导线截面，从技术经济观点出发，确定导线的经济电流密度。电流密度直接与导线截面有关，导线截面越大，功率损耗和电能损耗越小，但线路的投资和耗用的有色金属增多。综合考虑各方面的因素，定出按年运行总费用最小所对应的导线截面，称为经济截面，对应于经济截面的电流密度，称为经济电流密度，经济电流密度与导线材料、线路最大利用小时有关，表 4-16 为经济电流密度值表。按经济电流密度选择导线截面：

$$S = \frac{I_\mathrm{G}}{j}$$

式中，S 为选择的导线截面（mm^2）；I_G 为最大负荷电流（A）；j 为经济电流密度（$\mathrm{A/mm}^2$）。

一般计算出选择的导线截面，再选用接近的标准导线截面。

【案例 4-6】 一条电压 35kV 的供电线路，最大输送电流为 130A，线路年最大负荷利用小时为 4000h，当采用钢芯铝导线时，按经济电流密度选择导线截面。按最大负荷利用小时为 4000h，查表 4-16 钢芯铝导线的经济电流密度为 $j = 1.115\mathrm{A/mm}^2$ ，所以：

表 4-16 经济电流密度值表 （单位：$\mathrm{A/mm}^2$）

导线材料	年最大负荷利用小时数/h		
	<3000	3000 ~ 5000	>5000
裸铜线和母线	3.0	2.25	1.75
裸铝线和母线（钢芯）	1.65	1.15	0.9
铜芯电缆	2.5	2.25	2.0
铝芯电缆	1.92	11.73	1.54
钢线	0.45	0.4	0.35

$$S = \frac{I_\mathrm{C}}{j} = \frac{130\mathrm{A}}{1.15\mathrm{A/mm}^2} = 113\mathrm{mm}^2$$

按上述计算选择的导线截面113mm²，再选用 LGJ –95 标准导线。

4. 供电运行合理化的措施

有些工厂由于在建厂时对用电设备的安装没有很好全面规划，或生产规模扩大时没有重视节约用电工作的，因此出现了企业内部供配电网络布局和机电设备选型上的不合理，为了做好供电运行合理化用电工作，必须认真抓好用电节能的技术措施。

1）将高压引入负荷中心。

2）合理布局供配电系统，消除近电远供、迂回供电等现象。

3）合理安装无功补偿装置，提高运行力率，改善电压质量。

4）企业供配电系统用经济方式进行运行。

5）两台或多台变压器并列运行时按经济运行曲线运行。

6）采用节能型变压器和电动机等设备，对淘汰机电产品进行更新换代。

7）企业内部电气设备的检修要统一计划．减少线路停运次数，做好企业的电能平衡测试工作，使企业用电合理化。

8）调整设备用电班次和用电时间，均衡企业用电负荷，减少线损。

9）平衡变压器三相负荷和空载配变等。

三、供电运行指标的确定

为促进企业合理的有效使用电能，因此企业供、用电设备在运行时，必须对一些主要的经济运行指标．如企业用电负荷率、功率因数等提出合理的要求。

1. 用电负荷率

在企业供配电系统中，电气设备所需要的电功率称为负荷或电力负荷。由于电力负荷的大小是随时间而变化，因此在某个时间间隔内必然会出现一个最大值，称为最高负荷，最高有功负荷用 P_{max} 表示，单位是 kW。平均负荷是指某一时间范围内电力负荷的平均值，平均有功负荷用 P_p 表示，单位是 kW。如某企业日用电量为120000kWh，日平均有功负荷为

$$P_p = \frac{120000\mathrm{kWh}}{24\mathrm{h}} = 5000\mathrm{kW}$$

在一昼夜间出现的最大负荷，称为高峰负荷，出现的最小负荷为低谷负荷。由于企业用电特点不同，出现高峰负荷和低谷负荷的时间也不相同。将电力负荷随时间变化的关系用曲线表示出来，这个曲线称为负荷曲线。负荷率系指平均有功负荷与最高有功负荷之比的百分数。

$$K_p = \frac{P_p}{P_{max}} \times 100\%$$

式中，K_p 为日负荷率。

负荷率是一个小于1的数，是反映企业用电均衡程度的主要标志。企业通过调

整用电设备的工作状态，合理分配与平衡负荷，提高企业负荷率，使企业用电均衡化。企业日负荷率不应低于：

1）连续性生产的企业为 95%。

2）三班制生产的企业为 85%。

3）二班制生产的企业为 60%。

4）一班制生产的企业为 30%。

企业调整用电负荷，做到均衡用电，不仅能对当前缓解缺电局面起到一定作用，并给企业电力系统经济运行提供了有利条件。

2. 提高用电负荷率的措施

1）调整企业内部高峰负荷，调节生产工序，变更交接班时间，错开午间休息和就餐时间等。

2）调整大容量用电设备的用电时间，错开高峰时间用电。

3）调整企业各车间的生产班次和工作时间，实行在电力系统高峰时间内让电。

4）企业实行计划用电，搞好企业电力平衡，高峰电力指标下达到车间、班组，严格控制高峰时间的电力负荷。

5）分车间安装电力定量器；合理地分配高峰电力指标。

调整负荷，提高负荷率不仅使企业的用电达到经济合理，而且也为电网安全、合埋、经济运行创造了条件。

3. 功率因数

电网需要电源供给两部分能量：一部分用于做功而被消耗掉，这部分电能将转换为机械能、热能、化学能和光能，并称为有功功率；另一部分能量是用来建立交变磁场，对于外部电路并不做功，它是由电能转换为磁能，再由磁能转换为电能，这样反复交换的功率称为无功功率。许多用电设备是根据电磁感应原理工作的。如变压器通过磁场才能改变电压并将电能传送出去，电动机才能转动并拖动机械负荷，没有磁场这些设备将不能工作，而电动机和变压器在能量转换过程中建立交变磁场所需的功率都是无功功率。在交流电路中，有功功率和无功功率构成为视在功率，如图 4-16 所示。

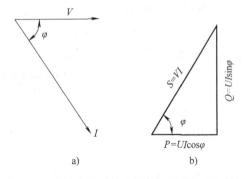

图 4-16　视在功率、有功功率和无功功率的关系

a）电压和电流相量　b）功率三角形

$$S = \sqrt{P^2 + Q^2}$$

式中，S 为视在功率；P 为有功功率；Q 为无功功率。

根据交流电路的基本原理：

$$S = I \cdot U$$
$$P = I \cdot U \cdot \cos\varphi = S \cdot \cos\varphi$$
$$Q = I \cdot U \cdot \sin\varphi = S \cdot \sin\varphi$$

式中，I 为通过设备的电流；U 为设备两端的电压；$\cos\varphi$ 为功率因数。

φ 角为功率因数角，表示电流和电压之间的相位差，它的余弦（$\cos\varphi$）表示有功功率与视在功率之比，称为功率因数，$\cos\varphi = \dfrac{P}{S}$。由功率三角形可以看出，当企业的无功功率越大，其视在功率亦越大，这样为满足用电需要，必须增大供电线路和变压器的容量，不仅增加了供电投资，而且亦造成企业用电的浪费。

四、提高功率因数

1. 提高功率因数的效益

1）提高企业的功率因数，减少线路或变压器输送的无功功率，可以有效地减少电压损失，改善电压质量。

2）提高功率因数，则线路电流减小，同时线路损耗亦相应的减少。

3）节省企业的电费开支。

2. 提高功率因素的方法

企业应在提高自然功率因素的基础上，采用合理装置无功补偿设备，使企业的功率因数应达到 0.9 以上。

（1）提高自然功率因数　电动机特别是异步电动机的装机容量占用电设备总容量的比重最大；因此重点要提高电动机的自然功率因数。

1）电动机功率因数低的主要原因：①电动机本身具有较大电感；②同容量电动机低转速时功率因数低；③同转速电动机小型比大型功率因数低；④封闭型、绕线型、套轴承型电动机比开启型、笼型、球轴承型电动机的功率因数低；⑤电源电压达到设备额定电压高时，功率因数要降低；⑥电动机空转或负载率低时，功率因数低。

2）提高自然功率因数的主要措施：①在允许条件下应尽可能选用高转速、开启型、笼型、球轴承型电动机；②若设备普遍轻载时，可改变绕组接线，当采用三角形接法电动机负载低于 40% 以下时，应改为星形联结法运行；③空载运行时间较长时，应加装空载限制器；工艺过程改变时应配合使用特种开关。

（2）人工补偿无功功率　人工补偿无功功率分串联补偿和并联补偿，前者多用于提高长距离送电线路的电压，后者多用于提高功率因数、改善电压质量等方面。

进行人工无功补偿，按其安装位置和接线方法分，有以下三种方式：

1）集中补偿：在高压区域变电所或企业供电的进口处，即在总降压所集中安装一批高压电力电容器，以补偿本区域或本企业所需的无功能量。具有提高供电能力，降低变损、线损，稳定电压等效益，但不能解决企业内部无功流动和降低企业内部网损的问题，如图 4-17 所示。

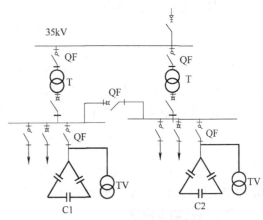

图 4-17　集中补偿接线图

C1、C2—电容器组　T—变压器

QF—断路器　TV—电压互感器

2）分组补偿（分散补偿）：根据企业各个负荷中心而进行的局部补偿（其实是中小型企业的集中补偿或大型企业的车间补偿），一般装在配电变压器的低压侧母线上，它使企业内部的无功功率被限制在一个较小范围内，具有提高企业内部高压供电能力，降低企业内部高压线损和变损的作用，但仍未解决企业内部大量低压无功流动和降低低压网损的问题，如图 4-18 所示。

3）就地补偿（个别补偿）：就是在异步电动机附近安装并联电容器，也称随机补偿。它使企业内部的无功电流局限在需要的那个地方，克服了上述两种补偿方式的缺点，是一种较为完善的补偿方式。而且因距电源最远，电阻最大，具有最大的无功经济当量如图 4-19 所示。

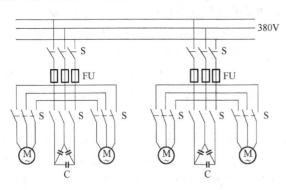

图 4-18　分散补偿接线图

S—空气开关　C—电容器组　M—电动机　FU—熔断器

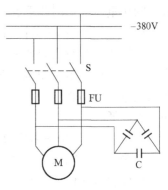

图 4-19　就地补偿接线图

C—电容器　M—电动机

S—空气开关　FU—熔断器

就地补偿的优点是：①因电容器与电动机直接并联，同时投入或停用，可使无功不倒流，保证用户功率因数始终处于滞后状态，既有利于用户，也有利于电网。②有利于降低电动机启动电流，减少接触器的火花，提高控制电器工作的可靠性，延长电动机与控制设备的使用寿命。

就地补偿相对于集中和分散补偿而言，电容器的利用率和经济效益相应降低。三种补偿方式的比较见表 4-17。

表 4-17　三种补偿方式的比较表

对 比 项 目	高压集中补偿	低压分组补偿	低压就地补偿
补偿效果	只补偿高压系统	只补企业 6kV 以上系统	从低压至高压全补偿
安装场地	需高压电容器室	占用车间配电室	不占用专门场地
无功经济当量	小	较小	大
投切操作方式	人工投切	人工或自动投切	自动投切
合闸冲击	过电流大	过电流较大	过电流小
切除过电压	严重	较严重	无过电压产生
运行产生过电压	轻载时过电压严重	轻载时过电压严重	不产生过电压
清除无功引起压降	差	较差	很有效
投资	80 元/kvar	100～120 元/kvar	40 元/kvar
安装维护	难	较难	易
投资回收期	回收视运行而定	3～4 年	从 1～2 年节电效益中回收

企业内部配电所的无功补偿设备应装设在负荷侧。在负荷侧补偿，可以最大限度地减少企业供配电系统的无功负荷，降低有功电能损耗。总之，企业采用哪种补偿方式最为合理，需要进行技术经济比较后加以确定。

3. 提高功率因素的具体计算

（1）按提高功率因素确定补偿容量　一般采用公式：

$$Q_c = KP$$

式中，Q_c 为电容器组之相总容量（kvar）；K 为补偿率系数；P 为有功功率（kW）。

通过表 4-17 提供的数值，查出当功率因数由 $\cos\varphi_1$ 提高到 $\cos\varphi_2$ 时的 K 值，即可求出无功补偿容量。

【案例 4-7】　某工厂最大负荷月的平均有功功率为 400kW，$\cos\varphi_1 = 0.6$，要将功率因数提高到 $\cos\varphi_2 = 0.9$，问需装设电容器组的总容量为多少？

解：通过查表 4-18 得 $K = 0.848$kvar/kW，则

$$Q_c = KP = 0.848\text{kvar/kW} \times 400\text{kW} = 339.2\text{kvar}$$

需要装设电容器组的总容量是 339kvar。

（2）按提高电压确定补偿容量　按提高电压要求确定补偿容量的方法，适用于以调压为主的枢纽变电所和电网末端的用户变电所。其补偿容量按提高电压的要求，采用近似计算法公式为

$$Q_c = \frac{\Delta U U_2}{X}$$

式中，ΔU 为需要提高的电压值（V）；U_2 为需要达到的电压值（kV）；X 为线路电抗（Ω）。

表 4-18　每 1kW 有功功率所需补偿容量（kvar/kW）表（K 值表）

补偿前	补偿后 $\cos\phi_2$										
$\cos\phi_1$	0.8	0.82	0.84	0.86	0.88	0.90	0.92	0.94	0.96	0.98	1.0
0.44	1.288	1.342	1.393	1.445	1.499	1.533	1.612	1.657	1.749	1.836	2.089
0.46	1.180	1.234	1.285	1.377	1.394	1.445	1.504	1.567	1.641	1.728	1.981
0.48	1.076	1.130	1.181	1.233	1.287	1.341	1.400	1.463	1.537	1.624	1.827
0.50	0.981	1.035	1.086	1.138	1.192	1.246	1.305	1.368	1.442	1.529	1.732
0.52	0.890	0.944	0.995	1.047	1.101	1.155	1.204	1.277	1.351	1.438	1.641
0.54	0.808	0.862	0.913	0.965	1.019	1.073	1.132	1.195	1.269	1.356	1.559
0.56	0.728	0.782	0.833	0.885	0.939	0.993	1.052	1.115	1.189	1.276	1.479
0.58	0.655	0.709	0.760	0.812	0.866	0.920	0.979	1.042	1.116	1.203	1.406
0.60	0.583	0.637	0.688	0.740	0.794	0.848	0.907	0.970	1.044	1.131	1.334
0.62	0.515	0.569	0.620	0.672	0.726	0.780	0.839	0.902	0.976	1.063	1.266
0.64	0.450	0.504	0.555	0.607	0.661	0.715	0.777	0.837	0.911	0.998	1.201
0.66	0.388	0.442	01493	0.545	0.599	0.653	0.712	0.775	0.849	01936	1.139
0.68	0.327	0.381	0.432	0.484	0.538	0.592	0.651	0.714	0.788	0.875	1.078
0.70	0.270	0.324	0.375	0.427	0.481	0.535	0.594	0.657	0.731	0.818	1.021
0.72	0.212	0.266	0.317	0.369	0.423	0.477	0.536	0.599	0.673	0.760	0.963
0.74	0.157	0.211	0.262	0.314	0.368	0.422	0.481	0.544	0.618	0.705	0.906
0.76	0.103	0.157	0.208	0.260	0.314	0.368	0.427	0.490	0.564	0.651	0.854
0.78	0.052	0.106	0.157	0.209	0.263	0.317	0.376	0.439	0.513	0.600	0.803

【案例 4-8】　某工厂 10kV 变电所处于电网末端电源专用线路为 20km，线路电抗值为 8Ω，线路电压损失为 800V，一次母线实际电压为 9.2kV，需要多大补偿容量才能使母线电压达到 10kV。

$$\Delta U = 800V, U_2 = 10kV, X = 8\Omega$$

$$Q_c = \frac{800V \times 10kV}{8\Omega} = 1000kvar$$

由此可知，需要 1000kvar 的补偿容量，变电所一次母线电压就可达到 10kV。

（3）按降低线损确定补偿容量　按降低线路电能损耗的要求确定补偿容量的方法，它可以说明补偿容量与线损降低率之间的关系，有一定的实用价值。安装电容器后线损降低率可按下式求出：

$$\Delta P = \left[1 - \left(\frac{\cos\varphi_1}{\cos\varphi_2} \right)^2 \right] \times 100\%$$

由上式可以绘制出图 4-21 的曲线。欲求电容器的补偿容量，可根据原有功率因数和已知的线损降低率，查图 4-20 曲线，得补偿后需要达到的功率因数，然后根据补偿前后的功率因数即可求出所需安装的电容器容量。

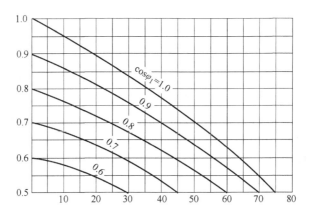

图 4-20　线损降低率与提高功率因数关系曲线

【案例 4-9】　某工厂 10kV 架空线路，电力负荷为 1500kW，原有线路损耗为 100kW，原有功率因数为 0.72，拟降低线损 40kW，需要安装多大补偿容量的电容器组。

线损降低率为

$$\Delta P = \frac{40\text{kW}}{100\text{kW}} \times 100\% = 40\%$$

根据线损降低率 40% 和原有功率因数 $\cos\varphi_1 = 0.72$，查图 4-20 曲线得出补偿后的功率因数 $\cos\varphi_2 = 0.9$，将 0.72 与 0.9 代入：

$$Q_c = 1500\text{kW} \times \left[\sqrt{\frac{1}{0.72^2} - 1} - \sqrt{\frac{1}{0.9^2} - 1} \right] = 1500\text{kW} \times (0.963 - 0.484) = 718.5\text{kvar}$$

因此，若降低线损 40kW，需要安装电容器组的总容量为 718.5kvar。

（4）按感应电动机空载电流确定补偿容量　感应电动机个别补偿时，应按其空载电流来选择电容器的容量，其计算公式为

$$Q_c \leqslant \sqrt{3} U_e I_0$$

式中，U_e 为电动机的额定电压（kV）；I_0 为电动机的空载电流（A）。

由于一般感应电动机的空载电流 I_0 占额定电流的 25% ~ 40%，因此，电动机的单台无功补偿为其容量的 25% ~ 40%。

五、智能电网技术将大力推动节能减排

随着我国电力需求不断增加，智能电网已经进入全面建设的重要阶段。对输配电设备制造商来讲，智能电网建设不仅是一次促进产品技术提升的机会，更是一次产品整合与改革的机遇。

1. 电气设备迎来新商机

目前，我国面临电力资源紧张的局面，为了确保正常的生产生活及可持续发

展，国家在智能电网升级，农村电网改造，高压、特高压调度控制技术方面的投入力度不断加大。到 2015 年我国智能电网建设计划总体投资 1.6 万亿元，变电站智能化改造总投资 93.8 亿元，智能化部分投资约为 537.6 亿元。

到 2015 年，在智能电网建设方面，我国新建智能变电站已达到 5182 座，其中计划新建 750kV 智能变电站 19 座，500kV 智能变电站 182 座，330kV 智能变电站 60 座，220kV 智能变电站 1198 座，110（66）kV 智能变电站 3710 座；改造 64 座 500kV、18 座 330kV、320 座 220kV、630 座 110（66）kV 变电站。

除了智能电网建设与农村电网改造工程的陆续展开，节能改造工程也为我国输配电及控制设备制造业提供了巨大的市场需求。到 2015 年输配电市场规模已达 3200 亿元。

国家电网公司仅 2014 年完成固定资产投资 4035 亿元，其中电网投资为 3815 亿元，增长近 20%。

输配电设备市场增长需求依旧旺盛，一是产业政策鼓励输配电及控制设备行业的发展；二是新型城镇化建设、轨道交通投资、大量新能源并网带来了新的增长点；三是西电东送、南北互供、跨区域联网、南水北调，智能电网等重大工程的陆续开工建设，也将带动我国输配电设备行业的快速发展；四是出口需求不断增长。

2. 面临多种挑战

智能电网建设为电气设备企业带来新机遇的同时，也遇到一些挑战。

1）首先，更大范围优化资源配置能力亟待提高。随着我国经济的高速发展，电力需求持续快速增长，就地平衡的电力发展方式与资源和生产力布局不均衡矛盾日益突出。缺电与窝电现象并存，跨区联网建设滞后，区域间输送及交换能力不足，电力资源配置范围和配置效率受到很大限制，更大范围优化资源配置能力亟待提高。另外，由于环境问题日益突出，尤其是频繁出现的雾霾天气带来环保压力，也要求加快建设以电为中心，实现"电从远方来"的能源配置体系。

2）其次，新能源接入与控制能力需要进一步强化。我国风电、光伏等新能源发展迅猛。一方面，八大千万千瓦级风电基地正在加快建设，呈现大规模、集约化开发的特点；另一方面，分布式新能源及其他形式发电方兴未艾，未来存在爆发式增长的可能。2002 年以来，国家电网公司经营区域内风电装机年均增长 74.9%，光伏发电装机年均增长 52.2%。这给电网运行带来了重大挑战：一是需要进一步提高天气预报的精度，提高新能源发电预测准确性；二是需要合理安排新能源并网方式，实现风光与传统电源、储能等联合运行；三是需要进一步提升大电网的安全性、适应性和调控能力；四是需要进一步加强城乡配电网建设与改造，要求配电网具有自愈重构、调度灵活的特点，具备分布式清洁能源接纳能力。

3）电网装备智能化水平需要持续提升。自 2009 年以来，国家电网公司应用了输变电设备状态监测、故障综合分析告警、配电网自愈等一批先进适用技术，但整体来说，这些技术应用的规模、范围和深度仍较低，需要进一步加大推广。同时，需要更加注重应用先进的网络信息和自动控制等基础技术，进一步提升电网在线智能分析、预警、决策、控制等方面的智能化水平，满足各级电网协同控制的要求，支撑智能电网的一体化运行。

4）与用户的互动需要不断增强。随着用户侧、配网侧分布式电源的快速发展，尤其是随着屋顶太阳能发电、电动汽车的大量使用，电网中电力流和信息流的双向互动不断加强，对电网运行和管理将产生重大影响。一是需要重点研究由此带来的电网物理特性的改变，建立数学、物理模型，解决信息交换及调度控制等相关问题；二是需要大力探索配套政策与商业运营模式，适应分布式电源并网的需要，丰富服务内涵，拓展终端用能服务领域和内容，促进终端用能效率的提升，实现可持续发展。

3. 展望未来

1）近年来，智能电网建设方兴未艾，各种新思路、新模式、新技术层出不穷。从各国对智能电网的规划中可以看出，智能电网未来的发展潜力无论是从国家政策的扶植，还是内在发展需求，都将拥有广阔的发展空间。

2009 年生效的美国联邦资助计划在 2012 年结束，而欧盟规定到 2020 年 80% 的家庭要安装智能电表的法律规定，迫使政府在这一板块拨款。我国则计划到 2020 年在输电基础设施上投资 6010 亿美元，其中 1010 亿美元将用于智能电网技术。

2）我国智能电网发展的成效。在输电领域，随着特高压交直流项目建设，特高压交直流标准体系基本完善，在世界上完成了首套关于特高压交直流输电的标准体系；在用电领域，智能电表等一系列行业标准也相继出台。

我国智能电网的发展近年来虽然取得了巨大成就，但在发展中也存在一些问题和不足。如智能电网在包括接网、并网、计量、电压控制等方面还存在一些问题，其中微网更是一个难题，即微网要解决自身的安全与平衡问题，还要和大电网进行有效互补和沟通。同时，还有体制和机制问题。如国有企业和政府联系紧密，但很多创新又要依赖外部力量，所以协调很重要，需要行业产业联盟、技术联盟进行协调。此外，智能电网关键技术尚未取得实质性突破，经济性和商业化模式并不确定。

3）对于智能电网未来的发展，有专家提出八点建议：①加快制订清晰的智能电网国家战略与规划；②加快智能电网标准体系建设，建议国家尽快建立统一规范的智能电网标准主导机构，进一步推进标准化工作；③国家对清洁能源和智能电网的支持要有度，如果花过多的钱，从某一个技术领域将会造成浪费；④推进试点工程；⑤加强自主创新与人才培养，必须用技术推动经济的进一步发展，以此规避现在面临的资源、环境、劳动力缺失等问题；⑥统筹推进产业链延伸和相关行业协调发展；⑦统筹推进智能电网产业国际化；⑧智能电网的发展一定要注重与用户和社会相结合。

第四节　绿色照明技术

自 1879 年美国发明家爱迪生研制出世界上第一盏实用白炽灯以来，电光源经历了 100 多年的发展历史。20 世纪 30 年代中期发明了管形荧光灯；50 年代研制出高压汞灯、卤钨灯；60 年代发明了高压钠灯、金属卤化物灯；70 年代研制出稀土三基色高效细管径荧光灯；80 年代初又发明了紧凑型荧光灯。综观电光源 100 多年的发展，也是提高光效、节约电能、发展节能光源的历史。电光源产品从无到有，从单一白炽光源发展到如今四万多种灯型，每一阶段、每一品种的发展，无不与照明节电密切相关。节电已成为电光源产品能否生存、发展的重要标志。世界上大多数国家总能耗的 10% ~ 20% 用来发电，而电能的 10% ~ 20% 用于照明。我国照明用电约占总用电量的 10%。

照明装置既是保证安全生产，提高劳动生产率的设施，又是保护人们视力健康必不可少的设施。随着工农业生产的发展，城乡人民生活水平的提高，住房条件的改善，城镇公共设施的扩建、增建，照明用电与日俱增。照明用电涉及各行各业、千家万户，节约照明用电应引起人们的足够重视。

节约照明用电，有政策问题，也有技术问题。应本着在保证必需的照明数量和照度标准的前提下，尽最大限度地节约照明用电。

一、照明合理化要求

1. 我国照明存在的问题

1）照明技术比较落后，大部分还使用光效低的白炽灯。近几年来。我国白炽灯的产量约占全都照明光源的 85% 以上，农村用量高达 98%，如能使其中的 10% 用节能光源代替，每年可节电十几亿千瓦时，而高效节能新光源的使用不足 1%，稀土三基色灯还刚刚发展，故照明电能消耗大。

2）照明水平低，特别公共场所和道路照明。

3）照明设计不合理，偏爱美观，考虑光效少，特别有些宾馆、饭店照明功率很大而光效差，为了追求美观而牺牲了照明效果。

4）照明控制装置的应用很少，造成浪费电能。

5）照明维护管理水平低，特别是公共场所、生产车间、室外灯具，不按时正常开与关，更少定期清扫与维护修理。

6）电价低，节电意识淡薄，造成更大的浪费。

2. 照明合理化

（1）照明合理化要求

1）根据使用场所和周围环境对照明的要求及不同电光源的特点，经济合理地选择高效光源。

2）根据使用场所和环境条件及灯具特点，合理选择高效灯具。

3）各种工作场所的照度标准，应符合工业企业照明设计的规定，同时进行定期测量、记录。

4）合理选择照明方式，加强照明设备的运行管理，以消除不必要的照明。

5）要充分利用自然光，工业建筑的开窗面积及室内表面反射系统应符合工业企业采光设计的规定。

6）布线合理，减少配线损失。

7）工业企业应制定照明管理办法，对照明灯具应定期进行清扫维护及更换。

（2）照明设备的用电量　照明设备的用电量是将每台照明灯具消耗的功率与点灯时间的积，乘以照明灯具的台数 N。如果将灯数 N 进行分析的话，照明用电量可用下式计算如图 4-21 所示。

$$N = EA/FuM$$

式中，N 为灯数，是由照明设计计算通量法公式而来，即 $E = \dfrac{NFuM}{A}$；E 为需要的照度（lx）；A 为室内面积（m^2）；F 为光通量（Im）；u 为照明率（％），<1；M 为维护率（％），>1。

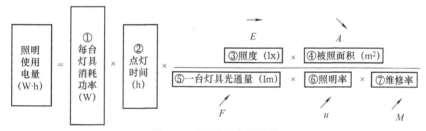

图 4-21　照明用电量计算

灯的发光效率（单位为 lm/W）$\eta = \dfrac{F}{P}$，P 为耗用电力（单位为 W）。由上式可知，节电照明设计的结论是将各项目如图 4-22 中箭头所示那样，使分子尽量降

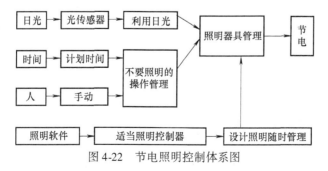

图 4-22　节电照明控制体系图

低，使分母尽量增大。

关于照明系统的节电，还涉及照明管理的问题。照明电力是由于点灯而使用的，因此，照明节电，除了光源、镇流器、照明灯具的高效之外，在不失照明舒适感的前提下，还可以通过有效的照明开关管理或调光等来实现，即需要引入 TPO 管理 ［Time（时间）、Place（场所）、Ocation（情况）］。各电器生产厂家出售的节电照明系统，都是自动进行这样的开关以及调光管理的照明控制系统，节电照明控制体系图如图 4-22 所示。

二、企业照度要求

1）企业照明的照度（lx）一般可分成 2500、1500、1000、750、500、300、200、150、100、75、50、30、20、10、5、3、2、1、0.5、0.2 级别。

2）企业生产车间工作面上的最低照度值见表 4-19：一般工作场所工作面上的最低照度值见表 4-20；办公室、公共用房、生活用房的最低照度值见表 4-21；工厂露天工作场所和交通运输线的最低照度值见表 4-22。

3）为限制直接眩光的作用，室内一般照明器距地面的最低高度不宜低于表 4-23 内所列数值，但在下列情况下，亦可降低 0.5m，但最少不应低于 2m：①一般照明的照度小于 30lx 的房间；②长度不超过照明度 2 倍的房间；③人员短时停留的房间。

表 4-19　生产车间工作面上的最低照度值

识别对象的最小尺寸 d/mm	视觉工作分类		亮 度 对 比	最低照明/lx	
	等	级		混 合 照 明	一 般 照 明
$d \leqslant 0.15$	I	甲	小	1500	—
		乙	大	1000	—
$0.15 < d \leqslant 0.3$	II	甲	小	750	200
		乙	大	500	150
$0.3 < d \leqslant 0.6$	III	甲	小	500	150
		乙	大	300	100
$0.6 < d \leqslant 1.0$	IV	甲	小	300	100
		乙	大	200	75
$1 < d \leqslant 2$	V	—	—	150	50
$2 < d \leqslant 5$	VI	—	—	—	30
$d > 5$	VII	—	—	—	20

注：1. 一段照明的最低照度一般是指距墙 1m（小面积房间为 0.5m），距地为 0.8m 的假定工作面上的最低照度。

2. 混合照明的最低照度是指实际工作面上的最低照度。

表 4-20　一般工作场所工作面上的最低照度值

车间和工作场所名称	视觉工作分类等级	最低照度/lx		
		混合照明	混合照明中的一般照明	单独使用一般照明
机械加工车间： 　一般 　精密	II乙 I乙	500 1000	30 75	— —
机电装配车间： 　大件装配 　精密小件装配	II乙 I乙	500 750	50 75	— —
焊接车间： 　弧焊 　电阻焊 　一般画线 　精密画线	V V IV乙 II甲	— — 750	— — 50	50 50 75 —
钣金车间	V	—	—	50
冲压剪切车间	IV乙	300	30	—
锻工车间	X	—	—	30
热处理车间	VI	—	—	30
铸工车间： 　熔化、浇铸 　型砂处理、清理 　造型	X VII VI	— — —	— — —	30 20 50
木工车间： 　机床区	III乙	300	30	—
表面处理车间： 　电镀槽区 　酸洗间 　抛光间 　电源（整流器）室	V VI III甲 VI	— — 500 —	— — 30 —	50 30 — 30
喷漆车间	V	—	—	50
喷砂车间	VI	—	—	30
电修车间： 　一般 　精密	IV甲 III甲	300 500	30 30	— —
动力站房 压缩机房、泵房 风机房、锅炉房	VI VIII VII	— — —	— — —	30 20 20

（续）

车间和工作场所名称	视觉工作分类等级	最低照度/lx		
		混合照明	混合照明中的一般照明	单独使用一般照明
降压站，配、变电所：				
变压器室	Ⅶ	—	—	20
高、低压配件电室	Ⅵ	—	—	30
一般控制室	Ⅳ乙	—	—	75
主控制室	Ⅱ乙	—	—	150
理化实验室、计量室	Ⅲ乙	—	—	100
热工仪表控制室	Ⅲ乙	—	—	100
电话站：				
人工交换台、转接台	Ⅴ	—	—	50
蓄电池室	Ⅶ	—	—	20
配线架、自动机房	Ⅴ	—	—	50
广播站（室）	Ⅳ乙	—	—	75
仓库：				
大件贮存	Ⅸ	—	—	5
中小件贮存	Ⅶ	—	—	10
精细件贮存	Ⅶ	—	—	20
工具库	Ⅵ	—	—	30
乙炔瓶库、氧气瓶库、电石库	Ⅶ	—	—	10（防爆要求）
汽车库：				
停车库	Ⅷ	—	—	10
充电间	Ⅶ	—	—	20
检修间	Ⅵ	—	—	30

注：1. 用气体放电灯作一般照明时，在常有人工作车间，照度值不宜低于 30lx。
　　2. 冲压剪切车间和造型工部为一级照度。

表 4-21　办公室、公共用房、生活用房的最低照度值

房间名称	单独使用一级照明的最低照度/lx	规定照度的平面/m²	
设计室	100		0.8
阅览室	75	距	0.8
办公室、会议室		地	
资料室、医务室	50	面	0.8
托儿所、幼儿园	30		0.4 ~ 0.8
休息室、宿舍、食堂	30		0.8
更衣室、浴室、厕所	10		地面
通道、楼梯间	5		地面

表 4-22 工厂露天工作场所和交通运输线的最低照度值

工作种类及地点	最低照度/lx	规定照度平面
视觉要求比较高的工作	20	工作面
眼检质量的焊接	10	
仪器检查质量的焊接	5	
间断观察的仪表	5	
装卸工作	3	
露天堆场	0.2	
主干道	0.5	地面
次干道	0.2	
视觉要求较高的站台	3	
一般站台	0.5	
码头	3	

表 4-23 室内一般照明器距地面的最低悬挂高度

光源种类	照明器形式	照明器保护角	灯泡功率/W	最低悬挂高度/m
白炽灯	带反射罩	10°~30°	100 及以下	2.5
			150~200	3.0
			300~500	3.5
	乳白玻璃漫射罩	—	100 及以下	2.0
			150~200	2.5
			300~500	3.0
荧光高压汞灯	带反射罩	10°~30°	250 及以下	5.0
			400 及以上	6.0
卤钨灯	带反射罩	30°及以上	500	6.0
			1000~12000	7.0
荧光灯	无罩	—	40 及以下	2.0

三、常用照明合理使用

1）常用照明光源的特性见表 4-24 各种光源适用场所见表 4-25；可供各企业参考。

2）局部照明的照明器具应具有不透明材料或漫反射材料制成的反射罩，照明器的位置高于工作者眼睛水平视线时，其保护角不应小于 30°，若低手工作者眼睛水平视线时，不应小于 10°。墙壁、天棚及地面反射系数见表 4-26。

3）当工作面或识别物件的表面呈现镜面反射时，应采取防止反射眩光射至工作者眼内的措施，如采用温射型或装有磨砂灯泡照明器。

表 4-24　常用照明光源的特性

光 源 名 称	白炽灯	卤钨灯	荧光灯	荧光高压汞灯	管形氙灯	高压钠灯	金属齿化物灯
额定功率/W	15 ~ 1000	500 ~ 200	6 ~ 200	50 ~ 1000	1500 ~ 10000	250 ~ 400	250 ~ 3500
光效/(M/W)	7 ~ 19	19.5 ~ 21	27 ~ 67	32 ~ 53	20 ~ 37	90 ~ 100	72 ~ 80
寿命/h	1000	1500	1500 ~ 5000	3500 ~ 6000	500 ~ 1000	3000	1000 ~ 15000
显色指数（Ra）	95 ~ 99	95 ~ 99	70 ~ 80	30 ~ 40	90 ~ 94	20 ~ 25	65 ~ 80
开启稳定时间/s	瞬时		1 ~ 3	4 ~ 8	1 ~ 2	4 ~ 8	4 ~ 10
再次开启时间/s	瞬时			5 ~ 10	瞬时	10 ~ 20	10 ~ 15
功率因数（cosφ）	1	1	0.32 ~ 0.7	0.44 ~ 0.67	0.4 ~ 0.9	0.44	0.5 ~ 0.61
频闪效应	不明显		明显				
表面亮度	大	大	大	较大	大	较大	大
电压对光通量影响	大	大	较大	较大	较大	大	较大
温度对光通量影响	小	小	大	较小	小	较小	较小
耐震性能	较差	差	较好	.好	好	较好	好
所需附件	无	无	镇流器辉光启动器	镇流器	镇流器触发器	镇流器	镇流器触发器

表 4-25　各种光源适用场所

光 源 名 称	适 用 场 所	举　　例
白炽灯	（1）要求照度不高的生产厂房、仓库 （2）局部照明、事故照明 （3）要求频闪效应小的场所，开、关频繁的地方 （4）需要避免气体放电对无线电设备或测试设备产生干扰的场所 （5）需要调光的场所	高度较低的机加工车间、配电所、变电所、小型动力站房、仓库、办公室、礼堂、宿舍、厂区次要道路等
卤钨灯	（1）照度要求较高，显色性要求较高，且无振动的场所 （2）要求频闪效应小的场所 （3）需要调光的场所	装配车间、精密机械加工车间及礼堂等
荧光灯	（1）悬挂高度较低，又需要较高照度的场所 （2）需要正确识别色彩的场所	表面处理、仪表装配、主控制室、设计室、阅览室、办公室等
荧光高压汞灯	照度要求高，但对光色无特殊要求的场所	大中型机械加工车间、热加工车间、大中型动力站房及厂区主要道路等
管形氙灯	宜用于要求照明条件较好的大面积场所，或在短时间需要强光照明的地方，一般悬挂高度在 20m 以上	露天工作场所
金属囱化物灯	厂房高、要求照度较高，光色较好的场所	铸钢车间，铸铁车间的熔化工段总装车间、冷焊车间等

（续）

光源名称	适用场所	举　例
高压钠灯	(1) 需要照度高，但对光色无特殊要求的场所 (2) 多烟尘的车间	铸钢车间、铸铁车间的熔化工程，清理工段、露天工作场地、厂区主要道路

表4-26　墙壁、天棚及地面反射系数

反射面特征	反射系数（%）
白色天花板、带窗的白色墙壁	70
混凝土及光亮的天花板、潮湿建筑物的白色天花板、白色墙壁	50
有窗混凝土墙、用光纸糊的墙、木质天花板、一般混凝土地面	30
暗灰建筑的混凝土、天花板、砖墙及有色地面	10

四、绿色照明

1. 绿色照明的内容

"绿色照明"是通过推广使用高效节能电光源、高效节能灯具和高效灯用电器附件及照明控制设备等照明节电高新技术产品，达到降低照明负荷、节约照明用电、减少发电对环境的污染、保护生态平衡的一项复杂的系统工程。

国际上 1992 年提出"绿色照明"，旨在节约电能，保护环境。我国于 1994 年开始组织制订"绿色照明"工程计划，并作为国家"九五"期间节电工作的一项重要任务。

"绿色照明"的主要内容包括以下几个方面：

1）推广使用高效节能电光源　电光源是照明的主体，用光效高、光色好、寿命长的荧光灯（如细管径直管荧光灯和紧凑型荧光灯）和高强度气体放电灯（如高压钠灯和金属卤化物灯）来替代白炽灯、卤钨灯、粗管径直管荧光灯和高压汞灯，不仅可以提高照度，而且在保持相同照度的情况下可以节电 20% ~75%，效果非常明显。

2）采用高效灯具　目前我国照明灯具的生产落后，光能传输效率低。要大力开发和应用新技术、新材料、新工艺来提高照明灯具的透过率、反射率，使光能得到充分利用。

3）推广和应用高新技术产品　电子镇流器、照明控制设备、调光装置及各种遥控开关，红外开关、接触开关等电子产品是主要的照明电器附件，其质量优劣对电力系统和电力用户的影响很大。要开发和推广自身功耗小、噪声低、安全可靠、对环境和人无污染的灯用电器附件。

4）采用先进合理的照明设计　"绿色照明"除利用先进的科学技术和照明设备外，还要对照明场所的照度水平、照度均匀性、照明功率、光源配置以及眩光等进行科学计算，在充分利用自然光源的基础上，合理选用高效节能产品。为人们提供一个安全、舒适和节能的现代化照明环境。

此外，"绿色照明"还应包括：组织制定相关政策、法规、标准，培育市场，促进优质产品销售等一系列工作。

2. 各类电光源的特性

1）常用单一电光源的分类如图4-23所示。

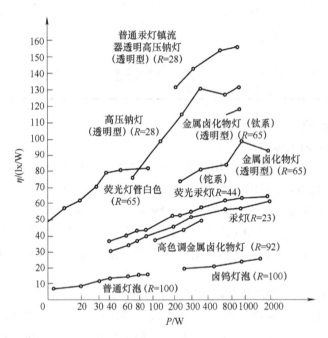

图4-23　常用单一电光源的分类

注：R 为平均显色指数。

2）各类电光源发光效率：各类电光源按其经济特性及节能优劣次序排列为低压钠灯、高压钠灯、节能荧光灯、金属卤化物灯、高压汞灯、卤钨灯、白炽灯，近几年来电光源产品已从低成本、高能耗转向高成本、低能耗发展。目前大量应用具有传统市场的普遍白炽灯不仅受到卤钨灯、荧光灯、节能荧光灯的挑战，而且在某些世袭领域受到高压钠灯、金属卤化物灯等高强度气体放电灯的冲击；根据目前情况按各类灯的用途，室内照明宜开发和推广使用各类节能荧光灯，节能白炽灯；室外及大面积照明场所宜开发和推广使用高压钠灯、低压钠灯、金属卤化物灯；局部照明宜开发的推广使用节能卤钨灯；节能电光源量大、面广，几乎所有灯种中都有节能类型，各种电光源的发光效率如图4-24和图4-25所示。

3）照明率见表4-27。

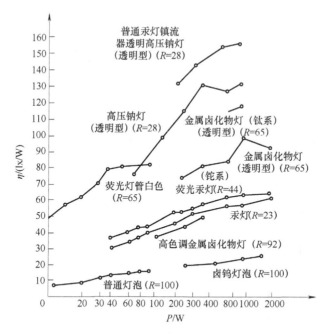

图 4-24　各种电光源的发光效率

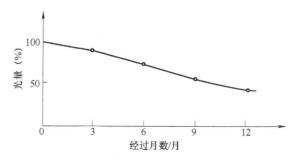

图 4-25　灯具脏污对灯光量的影响

表 4-27　照明率参考值

地面反射率（%）		10				
天棚反射率（%）		70		50		
墙面反射率（%）		40	20	60	40	20
房间指数	0.60	0.29	0.26	0.32	0.28	0.26
	0.80	0.35	0.31	0.38	0.34	0.34
	1.00	0.39	0.36	0.42	0.39	0.36

3. 照明节电措施

1）选用高效电光源。电光源的选用应根据使用场所对照明的视觉要求，在保证照明系统技术特性的同时，全面考虑初投资、运行费用与使用寿命等综合经济效益之间的关系。选用白炽灯初投资最省，但运行费用最高，主要是在寿命期内的电费支出最大。而高效电光源的初投资虽然大一些，但整个寿命期内的运行费用则很低。

此外，新建工程如在照明设计时就采用节能高效电光源则可减少电力增容，从而将节省的增容费作为节能灯具的投资，这无疑是一种明智的选择。

电光源一般可按如下方案选择：①一般房间、办公楼、学校、图书馆等可优先采用节能灯或 LED 照明灯等；②高大房屋和室外场所宜采用高压钠灯和金属卤化物灯；若需较好显色性的场所可采用高压钠灯、金属卤化物灯等进行混光照明。

2）选用直射光通集中度高、控光性能合理的高效灯具。①室内用灯具效率不宜低于 70%（装遮光格栅时不低于 55%），室外灯具效率不应低于 40%，室外投光灯具的效率不宜低于 55%；②根据使用场所不同，采用控光合理灯具，房屋较高、照明面积较大的场所宜用直接配光，使光通集中提高照明效率，即采用镀银反射镜可使工作面照度值提高 30%～40%，如板块式高效灯具；③装有遮光格栅的荧光灯具，宜采用与灯管轴线相垂直排列的单向格栅；④在符合照明质量要求的原则下，选用光通利用系数高、控光器变质速度慢，配光特性稳定及反射或透射系数高的灯具；⑤灯具的结构和材质应易于清洁维护和更换光源。

3）采用自身功耗小，性能稳定的电器附件。①荧光灯各类灯具宜配全功能电子镇流器；②高强度气体放电灯宜采用电子触发器。

4）选用合理的照明方案。①要保证各种场所必需的照度水平，但应避免过度照明，要有效控制单位面积的照明安装功率；②国际照明委员会（CIE）对不同场所和活动的推荐照度见表 4-28。

表 4-28　CIE 对不同场所和活动推荐的照度范围

照度范围/lx	作业和活动的类型
20～30～50	室外入口区域
50～75～100	交通区、简单地判别方位或短暂逗留
100～150～200	非连续工作用的房间，如工业生产监视、储藏、衣帽间、门厅
200～300～500	有简单视觉要求的作业，如粗加工、课堂
300～500～750	有中等视觉要求的作业，如普通机加工、办公室、控制室
500～750～1000	有一定视觉要求的作业，如缝纫、检验和试验、绘图室
750～1000～1500	有精细视觉要求的作业，如精密加工和装配、颜色辨别
1000～1500～2000	有特殊视觉要求的作业，如手工雕刻、很精细的工作检验
＞2000	很严格的视觉作业，如微电子装置、外科手术

注：表的中间值为推荐值，在考虑作业面的反射系数、亮度对比、工作重要性及员工年龄等因素时，可采用较低值或较高值。

五、LED 照明工程

以 LED（发光二极管）为主体的半导体照明，具有体积小、耗电量低、使用寿命长、高亮度、低热量、坚固耐用、可控性强，且环保等优点，大力发展半导体照明产业对节能、环保和建设节约型社会都有重要的战略意义。因此，世界各国均加大投入，将 LED 产业作为未来国家能源战略的重点。

1. 目前世界 LED 产业的发展特点

1）发展 LED 照明产业成为市场焦点，全球大批厂商竞相投入这一新兴产业领域。全球半导体照明产业已形成以美国、亚洲、欧洲三大区域为主导的三足鼎立的产业分布与竞争格局。全球的照明市场约在 700～800 亿美元之间，最大的市场为美国与欧洲，两者约占全球近 60% 的市场，其他新兴国家如中国、印度对照明灯具的需求亦快速上升中，发展 LED 照明成为全球产业的焦点。由于激光剥离技术、白光单芯片技术等发展迅速，并有大批新产品上市。国际主要厂商掌握了若干项核心专利，并采取横向和纵向扩展方式，在世界范围内布置专利网，并通过专利授权，抢占国际市场份额。由于 LED 的应用范围不断扩大，LED 通用照明类产品的不断增多，如 OSRAM、Philips 等公司在 LED 灯具研发技术的大力投入，使应用类 LED 专利也在迅速增长。

2）各国研发投入逐步加大。由于半导体照明产业潜在的巨大经济和社会效益，许多国家和地区纷纷制订发展计划。日本、美国、欧盟等不断加大支持力度，继续增加研发资金投入。如日本于 2003 年开始实施半导体照明计划第二期，2005 年底出台 LED 采购减免税法。美国于 2004 年由能源部（DOE）设立 2800 万美元经费支持半导体照明研发，从 2006 年到 2011 年每年安排 5000 万美元用于半导体照明计划（NGLI）的技术研发，2006 年美国 DOE 决定投入 1000 万美元资助 LED 照明的五个产品发展项目。欧盟也在有关计划中加大了对欧洲 LED 企业创新活动的扶持力度。

3）产业规模不断扩大。美国、日本、欧洲各主要厂商纷纷扩产，加快抢占市场份额。日、美等国际著名半导体照明厂商新增投资超过几十亿美元。国际大公司之间的合作步伐正在加快，同时为了降低生产成本，近年来纷纷将技术成熟的产业环节主要是劳动密集型和技术密集型特性的产业中下游环节，向劳动力成本低的发展中国家和地区转移。

2. 我国大规模应用 LED 照明

1）上海世博会 80% 夜景照明采用 LED 技术。LED，发光二极管，是一种固态的半导体器件，可以直接把电转化为光，而且改变电流就可以变色，实现多色发光。目前，LED 照明已经成为各国节能新技术领域的竞争焦点。上海世博会在全世界第一次大规模创新应用 LED 照明，使世博园成为 LED 技术的集中示范区。

世博会开幕式上黄浦江边那巨大的 LED 屏幕长 300m、高 30m，总面积超过

9000m² 的显示屏，像素点距15cm，是当时全球最大的户外 LED 显示屏。此外，世博园广场边、馆壁上也随处可见大大小小的 LED 显示屏。相比从前的传统实物展示和张贴告示，LED 显示屏带来了更丰富的信息和便利。

除了显示屏，更值得称道的是世博园对 LED 照明技术的应用。整个园区 LED 芯片用量在 10 亿以上，80% 以上的夜景照明光源均采用 LED 技术。主题馆的雅致，世博中心的庄重，文化中心的未来感，世博轴的动感，"中国红" 的映衬，所有这些，都靠 LED 灯光来营造。以世博轴阳光谷为例，在轻型钢结构的每个交叉点都安装了可直视式 LED 发光点，这样的发光点约有 8 万个，通过数字控制系统可显示解析度较低的图像和文字。同时，世博轴顶部的大型张拉膜也利用 LED 进行投光灯照明，使整个世博轴利用 LED 全光谱的动态变化特点，创造出欢快喜庆的节日氛围。

2）综合节能效率达 70%。作为一种新型固态光源，LED 具有体积小、功耗低、寿命长、响应快、可靠性高等特点，目前已被世界公认为一种节能环保的重要照明材料。而相对于传统照明技术，LED 目前最被看重的一个优势就是更加节能。

如 LED 是冷光，不发热，仅这一项，LED 照明就可节能 25%。精确计算，世博公园内 1700 套 LED 照明系统比传统照明节电 60%，主干道和台阶上使用的白光 LED 照明节能更是达到 75%。同时 LED 相比传统光源还有一个优势是可以实现数字化的可控变化。

3）市场潜力巨大。我国大陆 LED 产业经过 30 多年的发展，先后实现了自主生产器件、芯片和外延片。根据中国光协光电器件分会统计，2007 年全国从事 LED 产业的人数已达 5 万多人，研究机构 20 多个，从事外延、芯片研发和生产的单位有 30 多家，封装企业约 600 家，LED 应用产品与配套企业有 1700 多家，已初步形成较为完整的产业链。LED 照明在北京奥运会期间的出色表现，2010 年的上海世博会又成为 LED 应用的又一个里程碑。目前，厦门、上海、北京、重庆等地纷纷推出应用示范工程，在城市景观照明中大规模采用半导体照明。

4）关键技术及装备取得重大突破。国内用于白光照明的功率型芯片已开发成功，指标达到国际先进水平，改变了完全依赖进口的局面。在功率型封装方面，白光 LED 发光效率已步入国际先进水平。用于半导体照明生产的 MOCVD（金属有机化合物化学气相淀积）机、划片机、分选机等关键装备研发取得实质性进展。我国已初步实现了外延片和芯片自主生产，形成了较为完整的产业链。

5）相关资源整合成为必然。国内 LED 领域几大研究单位已与一些地方建立合作关系，共同进行半导体照明技术和产品的开发。从全国来看，已初步形成珠三角、长三角、福建及江西、环渤海湾等四个有着较好产业和研发基础的地区，每个地区都已形成了比较完整的产业链。

　　目前，我国 LED 照明产业得到了政府扶持和政策倾斜，启动了"国家半导体照明工程"，半导体照明还被《国家中长期科学和技术发展规划纲要》列为能源领域工业节能优先主题。同时，我国有色金属资源丰富，劳动为成本低廉，也为我国 LED 产业发展带来机遇，我国 LED 产业区域分布如图 4-26 所示。但是，我国半导体照明产业也面临着 LED 照明产品价格偏高、LED 产业结构不均衡、LED 产业缺乏自主知识产权、国际厂商对我国的技术封锁与出口壁垒、LED 产业尚未形成规模化市场等挑战。

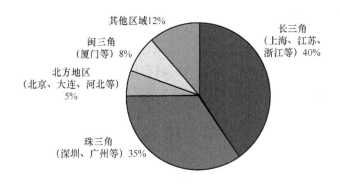

其他区域12%

闽三角
（厦门等）8%

北方地区
（北京、大连、河北等）
5%

长三角
（上海、江苏、
浙江等）40%

珠三角
（深圳、广州等）35%

图 4-26　我国 LED 产业区域分布图

3. 常州 LED 产业发展

　　常州 LED 产业基地建设以上中游（外延片、芯片）产业项目、中游（封装）产业项目、下游 LED 照明灯具项目、LCD 显示器 LED 背光应用项目、LED 结合太阳能照明灯具项目、大功率 LED 为代表的封装领域等为重点领域与项目。

　　常州 LED 产业基地采取以下重点工作及保障措施：

　　1）充分发挥政府领导协调作用。建立常州市半导体照明产业化基地建设领导小组，制订实施 LED 专项产业政策与招商引资政策，协调各部门关系和利益，调动相关单位的积极性。

　　2）建立政府、行业组织、企业、研发机构、服务机构等单位分工合作、相互协调的运营机制。

　　3）行业协会和产业组织在相关部门的配合下，组织落实领导小组交办的任务和其他日常管理工作，负责建立信息平台、研发平台和产业联盟，成为各企业之间、企业与研发机构之间、企业与政府机构之间合作与沟通的桥梁，同时跟踪产业发展动向，加强与国内外的交流与合作。

　　4）企业作为产业发展的主体，在政策引导下，按照市场发展规律在规划框架内不断增强生产和研发能力，同时与政府主管机构和行业组织密切互动，形成良好的政策、产业、市场相互反馈机制。

5）进一步加强招商引资的力度，通过招商引资与产业承接，加大薄弱环节的引进与承接，并完善 LED 产业配套工程。

6）建立半导体照明产业联盟，加强企业与科研院所之间的合作，为产业持续创新发展提供支撑平台。

7）搭建公共研发创新平台，成为资源有效整合、成果中试及后期产业化示范平台。

8）建设公共信息服务平台，建立围绕用户需求的全方位信息服务系统。

9）建设示范引导工程，在古运河及中吴大道两边建设 LED 景观应用示范工程；建设绿色城市景观工程，实施 LED 路灯改造工程。展现常州特色、满足功能需求，起到示范带动和展示作用。

10）资源整合与资源共享，培育跨区域合作机制，推进多层次的区域互动与合作，加大资源整合范围，进行优质资源的共建与共享。

第五节　保　温　技　术

加强对企业热设备、热管道、热装置等节能减排运行管理，其中减少这些设备装置散热损失，不但保证了企业文明生产，减少了热污染，更重要的是节约了宝贵的能源。

一、设备及装置保温合理化

1）对采用先进的电热元件，必须改善炉壁表面的性能和形状，在技术和工艺条件允许下，应采用热容量小、热导率低的耐火材料。

2）改进加热设备的本体、台架及运送被加热物的台车、链爪、辊道等的结构，减少其重量，采用比热容及热导率小的材料，以降低其蓄热量及热损失，提高设备的加热速度及热效率。

3）输送载热体的管道、装置及热设备的保温标准，按《设备及管道保温技术通则》及有关专业规定工业锅炉外壁表面温度不得超过 50℃。

4）各种炉温的工业炉窑的炉体外表面温度标准，作为设计、建造与维修工业炉窑时评价炉体保温性能的依据。

5）为了掌握热设备的热损失状况，定期进行保温状况的测定与分析，在有条件的情况下可与设备的热平衡测定与分析结合进行。

6）对热设备及其附件和保温结构定期进行检查与维修，避免由于设备和保温结构损坏而引起载热体流失及热损失的增加。

7）热设备的砌体（外壳），包括炉底、吊挂炉顶、炉门等均应具有完好有效的绝热层。在技术经济合理的前提下适当增加绝热层的厚度，采用多层绝热，采用耐火纤维材料，以提高热设备的隔热性能，降低间歇工作热设备的蓄热损失。

8）热设备中的连接。旋转部分应可靠密封，防止载热体泄漏损失。

9）合理布置输送载热体的管路，减少散热面积。

10）输送高温物体的设备，采用开放型利用蒸汽的设备应加盖或罩，以减少散热损失。

二、绝热材料的主要性能

1. 常用绝热材料

绝热材料主要包括各种耐火材料与制品、各种保温材料与制品。合理使用绝热材料既可确保达到生产工艺要求，又可节约宝贵的能源。常用耐火制品主要性能见表4-29；常用保温材料及制品的主要性能见表4-30。

表4-29 常用耐火制品的主要性能

名称	牌 号	使用温度 /℃	密度 /(kg/m³)	比热容 /[4.19kJ/(kg·℃)]	热导率 /[4.19kJ/(m·h·℃)]
耐火黏土砖	(NZ)—40	1300~1400	2100	$(0.2+0.63)\times10^{-4}$	$(0.5~0.72)\times10^{-3}$
	(NZ)—35	1250~1300			
	(NZ)—30	1200~1250			
轻质黏土砖	(QN)—1.0	1300	<1000	$(0.2+0.63)\times10^{-4}$	$(0.22~0.25)\times10^{-3}$
	(QN)—0.8	1250	<800		$(0.18~0.37)\times10^{-3}$
	(QN)—0.4	1150	<400		$(0.07~0.19)\times10^{-3}$
高铝砖	(LZ)—65	1450~1500	2500	$(0.2+0.56)\times10^{-4}$	$(0.16~1.31)\times10^{-3}$
	(LZ)—55	1400~1450	2300		
	(LZ)—48	1300~1400	2190		
硅砖	(GZ)—94	1600	1900	$(0.19+0.7)\times10^{-4}$	$(0.8~0.9)\times10^{-3}$
	(GZ)—93	1550			$(0.6~0.8)\times10^{-3}$
镁砖	(MZ)—81（1）	1700	2800	$(0.25+0.7)\times10^{-4}$	$(1.5~4.0)\times10^{-3}$
	(MZ)—87（2）				
镁铬砖	(ML₀)—12	1750	2800	$(0.17+0.93)\times10^{-4}$	$(0.95~3.5)\times10^{-3}$
	(ML₀)—8				
刚玉砖	烧结刚玉	1950	2800	$(0.2+0.1)\times10^{-3}$	
	再结晶刚玉		3500	$(0.21+0.1)\times10^{-3}$	25（10℃），5（1000℃）
碳化硅砖	黏土结合的	1450	2100	$(0.23+0.035)\times10^{-3}$	$(9~18)\times10^{-3}$
	硅铁结合的	1500	2400	0.19~0.24（100~1000℃）	8.5（1000℃）
	再结晶的	1800	2070	$(0.23+0.035)\times10^{-3}$	$(0.0295~0.99)\times10^{-5}$
红砖	100⁰	500	1600	$(0.193+0.75)\times10^{-4}$	$(0.4~0.44)\times10^{-3}$

表 4-30　常用保温材料及制品的主要性能

名　称		密度/(kg/m³)	热导率（常温）/(4.19kJ/m·h·℃)	适用温度/℃	特点及规格
玻璃棉类	（1）沥青玻璃棉毡	120～140	0.033～0.04	-20～250	3000mm×900mm×（25～50）mm，可按用户要求，适用于油罐及设备保温，刺人
	（2）缝制沥青玻璃棉毡	120～140	0.035～0.04	-20～250	5000mm×900mm×（25/30/50）mm，可按用户要求，适用于油罐及设备保温，刺人
	（3）酚醛玻璃棉毡	120～140	0.035～0.04	-20～250	
	（4）玻璃纤维保温缝毡	100～120	0.035～0.042	350～450	5000mm×1000mm×50mm，设备保温
	（5）超细玻璃棉毡	15～18	0.028～0.03	-20～250	密度小，虽然有刺人特点，但比玻璃棉好得多，产量小
	（6）酚醛玻璃棉管壳（喷吹短棉）	120～150	0.031～0.04	-20～250	DN20～DN600 密度小，施工方便，具有弹性，不怕碰摔，但刺人，包铁皮后不能踩
	（7）酚醛玻璃棉管壳（拉丝长棉）	120～140	0.03～0.04	-20～250	DN15～DN600 密度小，施工方便，具有弹性，不怕碰摔，但刺人，包铁皮后不能踩
	（8）酚醛玻璃棉管（喷吹短棉）	120～150	0.03～0.04	-20～250	5000mm×1000mm×100mm 密度小，施工方便，具有弹性，不怕碰摔，但刺人，包铁皮后不能踩
	（9）酚醛玻璃棉管（拉丝长棉）	120～140	0.032	-20～250	800mm×700mm×45mm 特点同（8）
	（10）淀粉玻璃棉管壳（拉丝长棉）	130～150	0.04～0.05	-20～250	DN15～DN600 密度小，施工方便，具有弹性，不怕碰摔，但刺人，包铁皮后不能踩
	（11）淀粉玻璃棉板	120～140	0.049～0.053	350	1200mm×600mm×厚度按要求。特点同（10）
	（12）酚醛玻璃棉三通弯头壳	140～150	0.049～0.058	250	DN50～DN200
矿渣棉类	（1）沥青矿渣棉毡	120～150	0.035～0.045	11	100mm×750mm×（30～50mm）热导率均与玻璃棉相近，适应温度高，价格低强度较低，刺人
	（2）矿渣棉管壳、板	200～300	0.045～0.05	-20～450	
	（3）矿渣棉（长纤维）	70～120	0.035～0.042	650	
	（4）矿渣棉（普通）	110～130	0.037～0.045	650	

（续）

名　　称	密度/(kg/m³)	热导率（常温）/(4.19kJ/m·h·℃)	适用温度/℃	特点及规格
蛭石类 (1) 膨胀蛭石	80～280	0.045～0.06	-20～1000	粒度≤30mm，规格可按用户要求，适用温度高，强度大，价格低，密度、导热系数较石棉低，施工条件好
(2) 水泥蛭石板、管壳	450～400	0.0765～0.182	600	
(3) 沥青蛭石板、管壳	350～400	0.07～0.09	250	
(4) 水玻璃蛭石板、管壳	380～500	0.06～0.09	800	规格可按用户要求，适用温度高，强度大，价格低，密度、导热系数较石棉低，施工条件好
石棉硅藻类 (1) 硅藻土保温管板	550～700	0.066～0.11	900	管 φ15～φ900mm 密度较大，导热系数较大，强度较好，施工方便，不刺人
(2) 石棉碳酸镁管板	360～450	0.064	300	
(3) 硅藻土保温砖	500～650	0.081	900	
(4) 碳酸镁石棉灰	240～290	0.074	300	
(5) 硅藻土石棉灰	280～380	0.066	900	
(6) 石棉绳	590～730	0.16～0.18	500	
珍珠岩制品 (1) 特级膨胀珍珠岩	50～70	0.016～0.025	-194～1600	粉状，密度小，导热系数小，适用范围广，但目前产量较少
(2) 一级膨胀珍珠岩	81～120	0.025～0.029	-194～1600	
(3) 二级膨胀珍珠岩	129～160	0.029～0.038	-194～1600	
(4) 水玻璃珍珠岩制品	200～300	0.048～0.053	-40～650	板管壳密度较小，导热系数较小，施工条件好，没有玻璃棉制品刺人的缺点，目前，产量与价格均不如玻璃棉制品。板、管壳、密度及导热系数介于水玻璃和水泥珍珠岩之间，施工条件同前，温度范围较广，但价格高
(5) 磷酸盐珍珠岩制品	200～300	0.045～0.069	900	
(6) 水泥珍珠岩制品	300～400	0.05～0.07	20～800	板管壳密度及导热系数较前三种大，施工条件同前，价格稍低
(7) 珍珠岩胶泥		<0.12	1000	用于多种珍珠岩制品接缝的黏结或设备的绝热喷涂材料

2. 耐火纤维

近年来耐火纤维材料得到了充分的发展，耐火纤维又称陶瓷纤维，它具有容重轻、导热系数小、耐高温等特点，而且筑炉中施工方便，易于维修，广泛被用于作炉体内衬。

1）工业炉窑通过应用硅酸铝耐火纤维和高纯含铬硅酸铝、高铝耐火纤维的节能效果见表 4-31，这是一项行之有效的节能措施。硅酸铝耐火纤维的密度与热导率的关系见表 4-32；硅酸硅铝耐火纤维与其他保温材料热导率的比较表见表 4-33。

表 4-31　耐火纤维的节能效果

耐火纤维种类	炉　型	工作温度/℃	节能率（%）
硅酸铝耐火纤维	某厂热处理炉	600 ~ 1100	22 ~ 33（燃油）
	某厂罩式退火炉	800	20（燃煤气）
	45kW 箱式电阻炉	850	54（电热）
	大型真空热处理炉	850	30（电热）
	75kW 箱式电阻炉	980	30（电热）
	320kW 连续式电阻炉	600	15.8（电热）
高纯硅酸铝耐火纤维毡	贯通式煤气加热炉	1100	50（煤气）
高铝耐火纤维毡	钢板封头加热炉	1200	36 ~ 38（煤气）
含铬硅酸铝耐火纤维毡	50kW 箱式电阻炉	1200	30（电热）

表 4-32　硅酸铝耐火纤维的密度与热导率

［单位：4.19kJ/（m·h·℃）］

表面温度/℃	密度/（kg/m³）			
	41	105	168	210
300	0.061	0.053	0.047	
500	0.104	0.073	0.058	
700	0.177	0.092	0.080	0.071（600℃）
900	0.277	0.127	0.104	0.075
1200	0.491	0.205	0.154	0.11

表 4-33　硅酸硅铝耐火纤维与其他保温材料热导率的比较

材料名称	密度/（kg/m³）	300℃	600℃
		热导率/［4.19kJ/（m·h·℃）］	
硅酸铝耐火纤维	105	0.053	0.09
硅酸铝耐火纤维	168	0.047	0.08
硅酸铝耐火纤维	210	0.041	0.071
膨胀珍珠岩	218	0.1	0.12
硅藻土保温砖	550	0.12	0.14
轻质泡沫耐火砖	400	0.16	0.2
普通黏土耐火砖	2040	0.79	0.86

2）硅酸铝耐火纤维除了有良好的保温性能外，由于它含碱量非常低，吸湿性小，还具有优良的绝缘性能，但绝缘电阻因温度升高而降低。如某耐火纤维密度

为120kg/m³，当温度为150℃，绝缘电阻为10¹¹Ω；当温度为400℃，绝缘电阻为
$10^{10}\Omega$；当温度为600℃，绝缘电阻为10⁸Ω；当温度为800℃。绝缘电阻为10⁷Ω。
在工业电阻炉上，硅酸铝耐火纤维常做内衬或隔热材料使用。同时硅酸铝耐火纤
维还是一个很好的吸声材料，如用于锻造室加热炉的内衬，还能收到吸声、隔声
的效果。

耐火纤维具有特殊的性能，但在下列情况下，不宜使用耐火纤维：

1）与熔融液态金属和熔渣接触的部位。

2）火焰直接接触和高速气流冲击的部位。

3）容易与被加热的工件相碰撞而无法防护的内衬。

4）耐火纤维没有经过特殊处理时，而炉内气体流速超过13m/s。

5）用氢气作保护气体的热处理炉。

上述情况不宜用耐火纤维做炉衬的工业炉，可以把耐火纤维放在中间和外层
作保温材料使用，同样会收到节能的效果。

3. 涂料

涂料分密封涂料和保护涂料两种，密封涂料用以提高炉子的气密性；保护涂
料用以保护炉子内衬不受高温气体、炉渣和金属氧化物的破坏。

密封涂料的配料与性能见表4-34；保护涂料的配料与性能见表4-35。

表4-34　密封涂料的配料与性能

涂料名称	成分名称	体积比（%）	使用温度范围/℃
1号涂料	（1）石英砂或硅砖粉（粒径小于1mm） （2）石棉纤维（6级） （3）水玻璃（密度1.3~1.4） （4）水	70 10 20 —	400~500
2号涂料	（1）石英砂或硅砖粉（粒径小于1mm） （2）石棉硅藻土粉 （3）水玻璃（密度1.3~1.4） （4）水	30 50 20 —	400~500
3号涂料	（1）石英砂或硅砖粉（粒径小于1mm） （2）石墨粉（粒径小于1mm） （3）水玻璃（密度1.3~1.4） （4）水	70 10 20 —	400~500
4号涂料	（1）石英砂或硅砖粉（粒径小于1mm） （2）石墨粉（粒径小于1mm） （3）水玻璃（密度1.3~1.4） （4）水	45 45 10 —	400~500

表 4-35　保护涂料的配料与性能

涂料名称	成分名称	体积比（%）	使用温度范围 /℃
黏土质涂 (1)	任何牌号的黏土砖制成的粉 耐火生黏土粉 水玻璃（占干料体积）	88 12 3	800 ~ 1100
黏土质涂 (2)	（NZ）—41 黏土砖制成的粉 耐火生黏土粉 水玻璃（占干料体积）	91 9 2	1100 ~ 1400
石英高岭土涂料	SiO_2 含量不少于 95% 的石英砂 高岭土 耐火生黏土	70 19 11	1100 ~ 1400
铬质涂料	Cr_2O_3 含量不少于 35% 的铬铁矿 耐火生黏土粉 密度为 1.2 的亚硫酸盐纸浆废液（占干料体积）	88 12 7	1400 ~ 1500
镁铬质涂料	Cr_2O_3 含量不少于 35% 的铬铁矿 镁砂粉（YB411—63 二等） 耐火生黏土粉 密度为 1.2 的亚硫酸盐纸浆废液（占干料体积）	44 39 17 7	1400 ~ 1600
铬镁质涂料	Cr_2O_3 含量不少于 35% 的铬铁矿 镁砂粉（YB411—63 二等） SiO_2 量大于 80% 的旧型砂 耐火生黏土粉 水玻璃（占干料体积）	70 20 4 6 10	1400 ~ 1600
高铝质涂料	三等高铝矾土熟料或红柱石 耐火生黏土粉 密度为 1.2 的亚硫酸盐纸浆废液（占干料体积）	91 9 6	1400 ~ 1600

4. 耐火可塑料

耐火可塑料是一种新型不定型的耐火材料，是以耐火骨料和细粉为主，加入适当的黏结剂经过充分搅拌而成的混合物，由于耐火可塑料生产工艺简单、施工方便、成本低，目前在国内外已得到广泛应用。

耐火可塑料由骨料（一般采用硅酸铝质）、矾土磨粉、生黏土、结合剂（一般采用工业硫酸铝 $[Al_2(SO_4)_3 \cdot 18H_2O]$、添加剂（一般采用木质素磺酸钙）等组成。

耐火可塑料的性能见表 4-36。

表 4-36　耐火可塑料的性能

耐火可塑料种类		以焦宝石为骨料的耐火可塑料	以混级矾土为骨料的耐火可塑料	
			甲	乙
耐火度/℃		1790	>1790	>1790
Al_2O_3 含量（%）		63.2	68.48	70
烧后线变形（%）	800℃	+0.04		
	1000℃	+1	-0.1	-0.1
	1400℃	+7	+0.7	+0.7
加热后强度 /(9.8N/cm²)	110℃	227	183	144
	800℃	153		
	1000℃	263	314	285
	1400℃	373	481	383
热态强度 /(9.8N/cm²)	800℃	342		
	1000℃	200		
	1400℃	30		
荷重软化点 /℃	KD	1440	1480	1480
	4%	1510	1580	1560
线膨胀系数（1200℃）/10⁻⁶		3.26		
热稳定性 800℃水冷 15 次后强度/(9.8N/cm²)		101		

耐火可塑料的特性：

1）随着温度升高，耐压强度迅速增高，在 800~1000℃时，热态耐压强度可达 $200kgf/cm^2$。抗剥落性能也较好。

2）热稳定性比一般耐火砖和耐热混凝土好。

3）在干燥中收缩较大，随着加热温度升高，其收缩逐渐变小。

三、管道保温技术

加强热力管道的保温管理是十分重要的。一根热力管道散热损失可以用经验公式估算出来，亦可以用散热量公式计算：

$$q = \pi da(T_z - T_w)$$

式中，q 为单位时间内 1m 长裸管表面的散热量[4.19kJ/(m·h)]；d 为管外径（m）；a 为传热系数；T_z 为裸管表面温度；T_w 为周围空气温度。

做好管道的保温工作，必须对管道保温层厚度进行可行性经济核算，以确定经济上最合理的保温层厚度（单位为 mm），一般可用下列公式进行计算：

$$\delta = 2.75 \times \frac{D^{1.2} \cdot \lambda^{1.35} T_1^{1.73}}{q_1^{1.35}}$$

式中，D 为管道外径（mm）；λ 为保温材料的热导率；T_1 为管道外表面温度（℃）；

q_1 为最大允许热损失。

当然在实际运用中，亦可采用经验数据来选择管道保温层的厚度。管道最大允许热损失 q_1 见表 4-37。

表 4-37　管道最大允许热损失 q_1

外径/mm	单　位	流体温度/℃						
		100	150	200	250	300	350	400
57		60	80	90				
108		85	110	130	165	180	200	220
159	4.19kJ/(m·h)	105	135	165	195	215	230	265
216		120	160	195	235	260	285	315
267		135	185	220	265	295	330	365
325		155	210	245	300	335	365	410
376	4.19kJ/(m·h)	170	280	280	330	365	400	445
427		185	255	305	355	395	430	475
529		220	295	350	410	445	500	545
平面	4.19kJ/(m²·h)	100	130	150	180	200	225	250

四、炉体保温技术

1. 工业炉体绝热保温与节能

工业炉炉体一般是由各种耐火材料砌筑而成，其热损失一般包括散热损失和蓄热损失两部分。如果不计炉口和各种小孔所引起的泄热损失，则散热损失是指通过炉衬传导至外炉壁面散发给炉子周围大气的那一部分热量；而蓄热损失是指炉子在生产过程中，炉体本身被反复加热、冷却而消耗的那一部分热量。这两部分热量损失一般占炉子总能耗的 20%～45%。采用炉体绝热保温，就是为了减少这两部分热量损失。在设计工业炉时，要求炉体蓄热和通过炉体向外传导的热损失越小越好，这样加热的速度就越快，炉子的热效率就越高，热能的消耗也就越少。

过去我国设计的加热炉，大多数没有考虑炉体的绝热保温，而是采用单一厚度为 464mm 的普通黏土砖。根据热工理论计算，这样设计的炉子的散热量为 $q_w = 2680 \times 4.19$kJ/(m²·h)，当加热炉的炉温为 1300℃ 时，炉体表面温度 $T_{表}$ 约为 160℃。而在实际操作中，炉体的散热量比理论计算高出约 30%，若 $\eta_{热}$ 为 0.60，年实际工作小时 τ 为 6000h，那么每 m² 炉墙的年散热损失折合耗油量 B 为

$$B = \frac{1.3 q w \tau}{Q_{net} \eta_{热}} = \frac{1.3 \times 2680 \times 6000}{9500 \times 0.6}\text{kg}/(\text{m}^2 \cdot \text{a}) = 3667\text{kg}/(\text{m}^2 \cdot \text{a})$$

炉顶的散热损失更大，一般炉顶厚度为 300mm 的黏土砖，在不绝热的情况下，炉顶的表面温度 $T_{表}$ 按照热工理论计算达 220℃，炉顶散热量 $q_w = 4700 \times 4.19$kJ/(m²·h)，

那么每 m² 炉顶的年散热损失为

$$B = 1.5 \times 4700 \text{kg}/(\text{m}^2 \cdot \text{a}) \approx 6000 \text{kg}/(\text{m}^2 \cdot \text{a})$$

一座炉底面积为 100m² 的中型连续式加热炉，炉墙的散热损失每年消耗 600 ~ 700t（重油），占炉子油耗总量的 5% ~ 8%。

如果在设计加热炉时，把单一炉墙厚度为 464mm 的黏土砖改为 348mm 厚的黏土砖加一层 116mm 厚的硅藻土砖，并在炉顶铺上一层厚度为 70mm 的保温砖，那么就可以减少这一项热损失一半以上，每年就可以节约重油的 3% 左右，每座加热炉每年就可以节约重油 300t 以上。如果全国在冶金系统所有的主要加热炉都采取这一简单的节能措施，每年至少可以节约重油 3 万 ~ 4 万 t，这是一个很可观的节油数字。如果进一步加强炉体的绝热措施，如省能结构的加热炉炉墙，采用 60mm 厚的隔热板，加 115mm 厚的绝热板，再加 295mm 厚的耐火可塑料层，总计炉墙厚度为 470mm，那么这一节能的数字将更为可观。

如上海某钢厂有一座炉底面积为 $2 \times 19 = 38\text{m}^2$ 的推钢式连续加热炉，炉墙原设计厚度为 580mm 的黏土砖，高温段炉墙表面温度为 150℃，低温段为 80 ~ 100℃，炉顶厚度为 230mm 的黏土砖，没有采取绝热措施，其外表面温度为 220℃以上。经过改造，在炉墙外钉上一层厚度为 60mm 的珍珠岩绝热板，使炉体高温段的外表面温度降低到 70 ~ 80℃，低温段降低到 40 ~ 50℃，炉顶只加了一层厚度为 60mm 的硅藻土砖加蛭石粉，其炉顶外表面温度就降低到 130℃。这种既简单又有效的炉体绝热措施，可使散热损失减少一半以上，即减少约 $36 \times 104 \times 4.19 \text{kJ/h}$ 的热量损失，折合重油为 36kg/h，一年就可以节约油约 200t，而这项措施的成本费只有 700 元左右。同时，由于炉体外表面温度的降低，改善了操作工人的劳动条件。

此外，如加热炉或热处理炉经常要开炉升温降温，进行周期性地操作，由于过去大多数是采用普通耐火黏土砖和隔热砖做炉墙，其热容很大，升温时耗费的热量很多。以 9kW 的电阻炉为例，装进 15.8kg 铜制件，升温到 900℃时，其热损失见表 4-38。

表 4-38　9kW 的电阻炉升温过程的热损失

温升过程	砖碳棒升到 1130℃	炉气升到 900℃	工作件升到 880℃	炉墙升到 783℃	炉壳升到 72℃	散热损失
占总热量比例（%）	2.5	1.2	11.4	71.5	7.5	6.2

由表 4-38 中可以看出，小型工业炉在升温时，70% 以上的能源都用于炉墙和炉壳，因此，工业炉炉体选用比重轻、热容小的绝热保温材料，对节能具有很大的现实意义。

2. 炉体散热计算

炉体散热计算一般可以用坐标作图法查表而得。例如某工业炉窑炉膛温度为

1350℃，其内层黏土砖热阻 $R_1 = 0.29℃/1.163kW$，中间层硅藻土砖热阻 $R_2 = 0.64℃/1.163kW$，外层石棉板热阻 $R_3 = 0.13℃/1.163kW$ 计算炉体散热量，如图 4-27 所示。

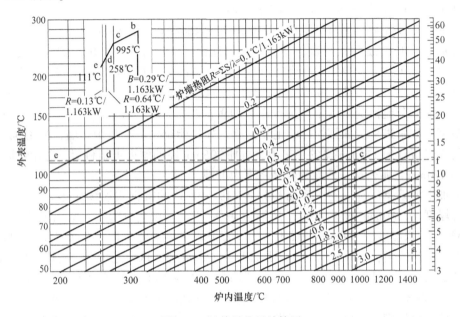

图 4-27　炉体散热量计算图

热阻 $R_总 = (0.29 + 0.64 + 0.13)℃/1.163kW = 1.06℃/1.163kW$。由炉膛温度 1350℃ 做向上垂直线与炉墙热阻 $R_总 = 1.06℃/1.163kW$ 交于 b 点。由 b 点做水平线，交于纵坐标上 e 点，即为炉体外表面温度 111℃；交于另一纵坐标 f 点，得其炉体散热量为 11704.19kJ/m² · 2h。

3. 工业炉窑炉墙厚度

高温工业炉窑炉体的绝热保温技术在不断地发展，特别在 20 世纪 70 年代初工业炉体的保温管理有了明显的加强，20 世纪 60 年代炉墙厚度采用 350mm，近年来则采用 400～470mm 多锚固炉墙，并广泛采用耐火可塑料，取得了较好的节能效果。工业加热炉炉体保温情况见表 4-39。

表 4-39　工业加热炉炉体保温

国家	炉墙总厚度/mm	在炉子所在位置	炉体的组成/mm	炉温/℃	炉体外表面温度/℃	散热损失/(4.19kJ/m² · h)
日本	430	墙	耐火可塑料295 + 绝热板115 + 隔热板20	1270	111	1270
	470	墙	耐火可塑料305 + 绝热板115 + 隔热板50	1270	98	1050
	470	墙	耐火可塑料295 + 绝热板115 + 隔热板60	1270	97	1020

（续）

国家	炉墙总厚度/mm	在炉子所在位置	炉体的组成/mm	炉温/℃	炉体外表面温度/℃	散热损失/(4.19kJ/m²·h)
中国	464	墙	黏土砖 464	1300	165	2680
	480	墙	黏土砖 348 + 硅藻土砖 116 + 石棉板 16	1300	98	1290
	600	墙	黏土砖 464 + 硅藻土砖 116 + 石棉板 20	1300	73	850
	640	墙	黏土砖 580 + 珍珠岩 60	1300	95	1200
	720	墙	黏土砖 580 + 硅藻土砖 116 + 石棉板 24	1300	69	800
	300	墙	黏土砖 300	1300	220	4700

4. 工业炉窑开孔辐射热损失计算

在工业炉窑上开孔辐射热损失可按下列公式进行计算：

$$Q_k = 4.88 \cdot \phi \cdot A_k \cdot \left(\frac{T_1}{100}\right)^4$$

式中，Q_k 为辐射热损失量 [kJ/(m²·h)]；A_k 为开孔面积（m²）；ϕ 为开孔辐射系数（相当于完全黑体辐射系数）；T_1 为炉温（℃）。

关于开孔辐射系数可用查表或查图求得。如某工业炉窑炉门尺寸为 600mm × 450mm，墙厚为 225mm，可以通过查图 4-28 开孔辐射热损失计算图而得。其中 D/B 为开孔的直径或开孔的最小宽度与墙厚之比，本炉孔最小宽度为 450mm，其墙厚为 225mm，故 $\dfrac{D}{B} = 2$，而炉门尺寸 600mm × 150mm，归属于正方形类。从横坐标 $D/B = 2$ 向上做垂线，与正方形开孔辐射热损失曲线相交，然后再做水平线交纵坐标，则得 $\phi = 0.7$。

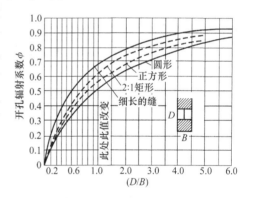

图 4-28　开孔辐射热损失计算图

五、加强调控保温材料

近年来，由于北京、上海、沈阳等地多次发生了大火，当前大量使用的外墙外保温有机材料的防火弊端暴露出来。国家规定不允许非 A 级保温材料用于外墙保温。市场占有量达 90% 的有机保温材料的销售处于停滞，而防火等级 A 级的外墙外保温无机材料岩棉迎来了前所未有的市场良机。

每年春节期间都是防火的重点时期，这时期风干物燥、鞭炮、烟火燃放渐多，防火形势非常严峻。因此，公安部出台了史上最严厉的文件——《关于进一步明确民用建筑外保温材料消防监督管理有关要求的通知》（即"65 号文"）。该通知规定，不允许非 A 级保温材料用于外墙保温。公安部 65 号文通知发出后，A 级保温材料成为市场焦点，市场占有率占比较多的 B 级保温材料退出了建筑市场。保温材料大致可分为两类：A 级，一般是无机材料，如岩棉、发泡水泥等，不会燃烧；B 级，一般是有机材料，如聚苯板、挤塑板、聚氨酯等，使用时需添加阻燃剂，阻燃剂加得多可以达到 B1 级（难燃），阻燃剂适量加入可以是 B2 级（可燃），少量阻燃剂加入是 B3 级（易燃）。实际上，B 级材料也可以达到很好的防火性能，施工时添加的阻燃剂必须到规定量，防火性能才能达到要求。但很多企业为了降低成本，不加或少加阻燃剂，就极大地增加了火灾的隐患。此外，现在建筑工人没经过专业培训，不懂安全操作规程，结果造成严重的安全隐患。

　　工信部也发布了《岩棉行业准入条件》（以下简称《条件》）。安全环保型外墙外保温材料是建筑安全和建筑节能不可或缺的基础材料。岩棉是安全环保型外墙外保温材料中本质不燃的重要品种。该文件对岩棉生产规模、工艺与装备做出了量化规定。《条件》规定，新建岩棉项目总规模不得低于 5 万 t/年，单线规模不得低于 2 万 t，改扩建岩棉项目规模不得低于 2 万 t/年，鼓励建设单线 3 万 t/年及以上的项目。并且，新建和改扩建岩棉项目采用先进技术和装备，使用清洁燃料，严格限制使用发生炉煤气。同时，新建和改扩建岩棉项目要采用成熟可靠、节能环保的生产装备。原料系统要由计算机自动控制，实现自动称量、自动配料、自动加料。熔融系统鼓励使用电炉，采用冲天炉的，必须配套建设烟气脱硫、除尘和余热综合利用等系统，连续运行不短于 7 天，鼓励采用富氧低氮燃烧技术。成纤系统的四辊离心机辊轮最高线速度不低于 120m/s。打褶系统应当保证产品力学性能达到要求。固化系统采用高精度固化炉，保证产品外形尺寸达到要求。现有岩棉项目装备水平达不到上述要求的，应通过技术改造在 2015 年底前达到。

　　能源消耗上《条件》规定，新建和改扩建岩棉项目，吨产品综合能耗不得高于 450kg 标煤。已投产岩棉项目吨产品综合能耗高于 450kg 标煤的，应通过技术改造在 2015 年底前达到。新建和改扩建岩棉项目，应在项目核准或备案前，开展节能评估和审查。年耗标准煤 5000t 及以上的岩棉生产企业，应当每年提交上年度的能源利用状况报告。能源利用状况包括能源消费情况、能源利用效率、节能目标完成情况和节能效益分析、节能措施等内容。

　　对于产品质量，《条件》规定，产品必须达到《建筑外墙外保温用岩棉制品》（GB/T 25975—2010）标准，酸度系数不小于 1.6，抗拉强度不低于 7.5kPa，短期吸水量不大于 $1.0kg/m^2$，燃烧性能经具有法定资质的检验机构检验必须合格。新建和改扩建岩棉项目应当配备满足产品出厂检验要求的实验室和检测设备。

第六节　润滑油添加剂应用技术

　　我国每年消耗润滑油 650 万 t，而这 650 万 t 的润滑油牵连着数以亿计的设备，对于设备状态的优劣是至关重要的，所以润滑是设备的灵魂和生命线！设备的润滑管理是工业企业管理的一件大事，必须引起人们的普通关注。当然也要看到，目前国内润滑油回收还不到10%，流失严重、浪费严重。

由于设备管理与维修人员对润滑技术不了解，造成择油不合理，润滑管理不善，从而导致设备严重损坏。据统计，由于润滑不良或润滑失效造成的设备事故和故障已高达65%以上。设备润滑是一项投入很小但产出巨大且效益非常高的重要工作，一定要给予充分的重视，并认真做好。

一、润滑材料选用

在机器的摩擦副之间加入某种介质，使其减少摩擦和磨损，这种介质称为润滑材料，也称润滑剂。由于摩擦副的类型和性质不同，相应地对润滑材料的要求和选用也有所不同。按摩擦副对润滑材料性能的要求，合理选用润滑材料，才能减小摩擦、降低磨损、延长设备的使用寿命，从而达到节约能源、保证设备正常运转、提高企业经济效益的目的。尤其是现代化高精度、高速度、高效率的生产设备，对润滑材料的耐高温、高压、高速、腐蚀等要求愈来愈高。

1. 润滑工作原理

在两个相互摩擦的表面间加入润滑剂，使其形成一层润滑膜，将两摩擦表面分开，使其间的直接干摩擦为润滑剂分子间的摩擦所代替，从而达到降低摩擦、减少磨损的目的，这就是润滑作用的基本原理。按润滑膜状态的不同，润滑可分为以下三种。

1）液体润滑（完全润滑）：润滑剂所形成的油膜完全将两摩擦表面隔开，呈现油膜内层流间的液体分子摩擦，称为液体润滑。获得液体润滑的方法有两种：一为液体静压润滑，即人为地将压力油输入润滑表面之间，用以平衡外载而使两表面分离；二是液体动压润滑，即利用摩擦副两表面的相对运动作用，把油带入摩擦面之间，形成压力油膜而把两表面隔开。液体润滑的摩擦因数为 0.001~0.008。

2）边界润滑：润滑剂在摩擦表面上形成一层吸附在金属表面上极薄的油膜，或与表面金属形成金属皂，但不能形成流体动压效应；边界润滑状态下的摩擦是吸附油膜或金属皂膜接触的相对滑动形成的摩擦，摩擦因数为 0.05~0.1。当负荷增大或速度改变时，吸附油膜与金属皂膜可能破裂，引起摩擦表面直接接触而形成干摩擦。

3）半液体润滑：润滑剂在摩擦面间形成较边界润滑为厚的油膜，但由于摩擦面粗糙不平或负荷与运动速度的变化，使局部摩擦表面出现边界润滑或干摩擦，这种润滑状态叫作半液体润滑，其摩擦因数为 0.01~0.05。

液体、边界及半液体润滑是典型的润滑状态，是在特定条件下形成的。实际上，三种润滑状态是可以转化的，如由于载荷突变、供油不足、间隙过大、油品流失、油温升高等，都可能导致润滑状态的改变。

2. 润滑油性能指标

1）黏度：它是在一定温度下测定润滑油流动时内部阻力大小的数值，也称黏稠程度，是润滑油的一项主要指标。我国常用的是运动黏度，单位为斯托克斯（cSt，$1cSt = 10^{-6}m^2/s$），有时也用恩氏黏度（°E，$1°E = 7.6 \times 10^{-3}m^2/s$）。

黏度指数表示润滑油的黏度—温度性质。黏度指数高表示黏度随温度的变化较小，油品黏度比较稳定。

2）水分：以油中含水量占油重量的百分比表示。水分能破坏油膜，形成泡沫或乳化，引起金属锈蚀、添加剂分解沉淀、降低油品绝缘性等。

3）机械杂质：油中沉淀和悬浮的不溶解物质，如灰尖、砂粒、金属粉屑等，以含量百分比表示。杂质容易堵塞油路，加剧摩擦副的磨损，在电器设备中会降低油的绝缘性能。

4）闪点与燃点：在测定的条件下，把润滑油加热蒸发出的油蒸气与空气形成一定浓度的混合气体，在接触火焰时产生短暂闪火，此时的油温即为闪点。闪火时间长达5s以下时的油温为燃点。闪点是油品的安全性指标。油品的最高工作温度一般应低于闪点以下30℃。

5）凝固点：指在试验条件下，将油品冷却至不流动时的最高温度，亦即在45°倾角下油面保持1min不流动时的油温。对低温下工作的机械和车辆，应选用低凝固点的润滑油。

6）酸值：指中和1g润滑油所需氢氧化钾的毫克数，亦即指该油样中有机酸含量的多少。油中的有机酸极易腐蚀金属表面，当所用油料的酸值大到一定值时即应更换，故酸值也是判定润滑油废旧程度的主要指标之一。

7）腐蚀性：将一定大小的铜片、钢片或铝片浸入到规定温度（一般为100℃）的油中保持3h，如金属表面产生污点或变色，即表示油有腐蚀性，不允许在机械中使用。

8）灰分：指油样完全燃烧后的残留物占油样重量的百分率。灰分大说明油品在使用中易形成积炭和结焦，会加速机件磨损。

9）残炭：在不通入空气的条件下把油加热经蒸发分解和燃烧后生成焦炭状物质残余物，其重量占试油重量的百分率即表示残炭值。残炭值高的油品易氧化，稳定性差，易堵塞油路，加速机器磨损。

10）抗乳化速度：在一定条件下将油和水混合，并按规定搅拌条件使之乳化，再在一定温度下静置使其重新两相分离，为此所需的时间以分钟表示，称为抗乳化速度。此值用来判断油品的破乳化能力。油品破乳化性能好，才能在循环润滑系统中起到正常的润滑作用。

3. 润滑油选用因素

设备说明书中有关润滑规范的规定是设备选用油品的依据。若无说明书而需由使用单位自选油品时，可参照下列因素：

1）运动速度：速度愈高愈易形成油膜，可选用低黏度的润滑油来保证油膜的存在，若选用的黏度高，则产生的阻抗大，发热量多，会导致温升过高。低速运转时，靠油的黏度承载负荷，应选用黏度较高的润滑油。往复运动和间歇运动时速度变化较大，不利于形成油膜，应选用黏度较高的润滑油。

2）承载负荷：一般负荷越大选用油的黏度应愈高，低速重负荷应考虑油品的允许承载能力，边界润滑和重负荷摩擦副应选用极压性好的油。冲击振动负荷的瞬时压强很大，往复及间歇运动对油膜形成不利，均应选用黏度较高的油品。

3）工作温度：温度变化范围大时，应选用黏度指数高的油品。高温条件下工作应选用黏度和闪点高、油性和氧化安定性好、有相应添加剂的油品。低温条件下工作应选用黏度低、水分少、凝固点低的耐低温油料。

4）工作环境：潮湿环境及有气雾的环境应选用抗乳化性强、油性及防锈性好的油品。尘屑飞扬的环境应注意防尘密封，并采用有效的过滤装置。有腐蚀性气体的环境应改善通风系统，并选用抗腐蚀性好的油品。

5）摩擦副的表面硬度、精度与间隙：当表面硬度高、精度高、间隙小时，应选用黏度低的油品；反之，则选用黏度较高的油品。

6）摩擦副的位置：对垂直导轨、丝杠、外露齿轮、链条、钢丝绳等，因润滑油容易流失，应选用黏度较高的油品。

7）润滑方式：循环润滑因供油量大，要求散热快，应选黏度较低的油品。人工间歇浇油时则选用黏度较高的油品。用油线、油芯、油毡及滴油杯等润滑时，要求油的流动性好，宜选用黏度较低的油品。采取飞溅与油雾润滑时，为了防止油氧化，应选用有抗氧化添加剂的油品。

8）液压系统：为了保证液压系统循环良好，运行稳定，应采用液压油或液压导轨油。选用时，要考虑工作温度、工作压力和油泵类型对黏度的影响。温度或压力高时，液压油的黏度应较高，反之应较低。工作温度较高时，齿轮泵、柱塞泵应选用黏度较高的液压油。

二、润滑技术新进展

多年来润滑技术取得很大进展。润滑技术关于高效、节能、环保的要求是今后润滑研究的发展方向，并确立了金属磨损表面再生技术的重要地拉。

1. 润滑油行业呈现优胜劣汰局面

2017 年 7 月 1 日起，国家机动车污染物排放标准第五阶段限值（以下简称国 V 标准）在全国实施。我国润滑油企业已然出现了优胜劣汰的局面。

目前，我国有 4000 余家润滑油企业，其中有很大一部分是产品定位低端、科技含量较低的中小企业，有的企业甚至还处于手工作坊阶段，根本不具备生产环保产品的能力。面对"苛刻"的国 V 标准，这些企业将面临生存危机。

面对未来更高的挑战，实力企业显得颇为从容。高难度的挑战更能发挥企业的优势，因而排放标准的提高对大企业来说是很好的机遇。

对于国 V 带来的润滑油行业的震荡，优胜劣汰是市场的必然选择，同时，这种行业洗牌将有利于市场的良性发展。今后润滑油市场竞争将更为激烈，挑战也将更严峻，有实力大企业需要抓住市场机遇加速发展，而中小企业只有不断提升技术实力，才能在市场竞争中站稳脚跟。

2. 润滑技术的新进展

(1) 润滑的目的　润滑的目的在于用第三种物质（液体、气体、固体等）将两摩擦表面分开，避免两摩擦表面直接接触，减小摩擦和磨损。众所周知，摩擦磨损是机械零部件的三种主要破坏形式（磨损、腐蚀和断裂）之一，是降低机器和工具效率、准确度甚至使其报废的一个重要原因。随着工业生产的不断发展，人们愈来愈深刻地认识到摩擦消耗了大量能量，全世界有 1/2 ~ 1/3 的能量消耗在摩擦上。零件的磨损直接影响到机器的性能和使用寿命。据统计，80% 的破损零件是由于磨损造成的。磨损失效不仅造成大量材料和部件的浪费，而且可能导致灾难性的事故，如机毁人亡等。为了减少摩擦副间的摩擦和磨损，保证机器设备的安全运行，延长其使用寿命，可以对摩擦副间的工作表面进行润滑。正确的利用润滑是减少磨损、提高效率、节约材料及能源的一个有效途径。因此愈来愈受到人们的重视。

(2) 润滑技术的新进展

1) 薄膜润滑。随着制造技术的发展，流体润滑的设计膜正在不断减少以满足高性能的要求。滑动表面间的润滑膜厚可达到纳米级或接近分子尺度，这时就在弹流润滑和边界润滑之间出现一种新的润滑状态：薄膜润滑。薄膜润滑中润滑剂的流动和流体动力效应依然存在，但已明显偏离传统的规律。但在薄膜润滑状态，当润滑膜厚度达到纳米量级时，基体表面的物理特性对润滑的影响就达到了不可忽视的地步；薄膜润滑的另一个特性是时间效应。在静态的接触区内的润滑膜厚度随时间基本不变；在高速情况下，膜厚度随时间增加而略有降低；在低速下，膜厚度随时间增加而不断增加。

2) 润滑油添加剂。近年来，润滑油添加剂的研制已取得了重大进展，为研究和应用高性能润滑剂奠定了基础，促进了润滑方式的改进。由于摩擦学和摩擦力化学的突破性进展，使润滑油添加剂的种类得以不断增加，性能不断提高，而且润滑油的复配技术也得到不断改进和成熟。

3) 高温固体润滑。现代科学技术的发展使得材料在高温条件下的摩擦、磨损和润滑问题日益受到重视，迫切要求发展与之相适应的高温润滑剂和自润滑材料，从而使高温摩擦学的研究和发展成为目前摩擦学领域的重要研究热点。目前，高温固体润滑主要体现在两个方面：高温固体润滑剂和高温自润滑材料。常用的高温固体润滑剂主要有金属和一些氧化物、氟化物、无机含氧酸盐、如钼酸盐、钨酸盐等，另外，还有一些硫化物，如 $PbS_1Cr_xS_y$ 也可作为高温固体润滑剂。高温自润滑材料可分为金属基自润滑复合材料，自润滑合金和自润滑陶瓷等。金属基自润滑复合材料是指按一定工艺制备的以金属为基体，其中含有润滑组分的具有抗磨减磨性能的新型复合材料，它将润滑剂与摩擦副合二为一，赋予摩擦副本身以自润滑性能。自润滑合金是对合金组元进行调整和优化，使合金在摩擦过程中产生的氧化膜具有减摩特性。自润滑陶瓷包括金属陶瓷和陶瓷两大类。

4）绿色润滑油。绿色润滑油是指润滑油不但能满足机器工况要求，且油及其耗损产物对生态环境不造成危害。因此，在一定范围内，以绿色润滑油取代矿物基润滑油将是必然的趋势。绿色润滑油研究工作主要集中在基础油和添加剂上。基础油是生态效应的决定性因素，而添加剂在基础油中的响应特性和对生态环境的影响也是必须考虑的因素。从摩擦角度而言，绿色润滑油及其添加剂，必须满足油品的性能规格要求；而从环境保护角度出发，它们必须具有生物可降解性，较小的生态毒性和毒性累积性。作为绿色润滑油的基础油主要是合成脂和天然植物油。植物油基润滑剂具有无毒性，生物可降解，资源可再生，价格合理，良好的润滑性，高的黏度指数和闪点，是理想的绿色润滑油。但因其氧化稳定性差、水解不稳定等因素，还没有被广泛应用。合成脂的热稳定性及低温性突出、黏度指数高，可生物降解，低毒性，并已在航空领域得到广泛应用。但其水解稳定性较差，且价格相对较高。绿色润滑油要求添加剂低毒性、低污染和可生物降解。

5）纳米润滑材料。将纳米材料应用于润滑体系中是一个全新的研究领域。纳米材料具有表面积大、高扩散性、易烧结性、熔点降低、硬度增大等特点，不但可以在摩擦表面形成一层易剪切的薄膜，降低摩擦因数，而且可能对摩擦表面进行一定程度的填补和修复。

三、润滑油添加剂应用

为改善油品的性能及质量而添加一种或几种少量的化学物质，称为添加剂。

添加剂的种类很多，从作用来看主要分为两大类：一类是为了改善润滑油物理性能的；另一类是改善润滑油化学性质的。

1. 润滑油添加剂工作原理

由于润滑油中加入了高效添加剂，而绝大多数添加剂是极性物质，这些极性物质与金属表面发生反应，形成化学吸附膜，因此，在润滑系统中就由化学反应膜取代了润滑油吸附膜，或化学吸附膜代替了物理吸附膜，使膜更加牢靠，润滑性能更好。另外，摩擦副在局部高温高压下，添加剂分解出硫、磷、氯等极性物质，这些极性物质与金属反应，也会生成反应膜，防止了胶合的发生。同时，由于添加剂的存在增加了真实接触面积，降低了接触应力；使表面逐渐趋于光滑，从而大大地改善了润滑状态。

2. 润滑油添加剂的开发

国内主要的润滑油制造商先后对润滑油基础油的炼制装置进行改造，建立了加氢基础油生产装置，采用合资方式与国外知名添加剂公司共同研发新型多功能添加剂，不断跟进世界润滑油发展新潮流。同时，不断与汽车制造商，液压泵、齿轮箱等专业厂商合作开发高档润滑油产品，为满足类似南极、北极、航空航天等极端苛刻应用条件的符合 API IV/V 标准的 PAO、酯类等合成型基础油也在小批量应用。

作为润滑油核心内容的添加剂技术我们与世界先进水平仍有较大差距，虽然基本上能够满足我国多数设备润滑要求，但是产品缺乏竞争力、利润空间狭小，已经严重制约了润滑油行业的健康发展。自从 20 世纪 90 年代末期开始，我国一些润滑油公司一起对国外生产的复合汽油机油添加剂与国内研制的同类产品进行使用性能的研究，试验结果表明通过调整国产润滑油添加剂的组成和比例，可以获得较优的试验结果。国际润滑油添加剂公司的核心技术是拥有一套先进合理的添加剂评价和筛选手段，确保在众多化合物中成功找出适宜在润滑油中使用的产品。我国润滑油企业在这方面的工作起步较晚，技术储备也不丰富。如果简单模仿国外润滑油添加剂的发展路线，仍将无法改变相对落后的局面。

3. 添加剂的作用

1）改善润滑材料的性能。降低油的凝点，迅速消除油中的泡沫、改善黏温特性、改善黏滑性能、增加油膜强度等。

2）保护油、脂不氧化变质，延长油脂的使用寿命，提高抗氧化能力，提高抗腐能力，提高抗乳化性能。

3）保护金属不受腐蚀，提高油的黏附力和油性，提高油的防腐性，钝化金属提高防锈能力。

4）增强润滑油脂在恶劣工作条件下的工作能力，增强极压抗磨性，提高机件的抗擦伤能力，提高机件的磨损自修复能力。

润滑油添加剂按作用可分为清净剂、分散剂、抗氧抗腐剂、极压抗磨剂、油性剂、摩擦改进剂、黏度指数改进剂、降凝剂等。

添加剂的使用方法和用量应根据添加剂的出厂说明。有的需要配制成母液再混合于油中，有的需要用时加以稀释后再兑入润滑油里。如硅油需用 10 倍左右的煤油稀释后再兑入润滑油里。油溶性好的添加剂也可直接按比例掺入油中。润滑油中需加入哪种添加剂及加入的重量，要依据油品的标准。通常还要先进入少量试配，经过检验和试用，确认性能符合方可批量调配。

4. 润滑油添加剂的应用

当今机械设备日益向着体积小、重量轻，高速度、高精度、重荷载，低噪声、低振动、低能耗及使用寿命长的方向发展。常规的矿物润滑油无法满足这些机械设备的运作需要和严格要求。

1）LBT-16 润滑油添加剂系列是 2009 年研制的新一代高科技产品，该添加剂是通过化学工程技术制成，它是靠分子极化生成的油膜来达到减少摩擦因数的，是一种强力抗磨节能减排的环保产品。该产品绝对不含任何腐蚀性，不含塑料微粒、聚四氟乙烯、二硫化钼、石墨和铅，不会对密封件有任何损害。

只要将 3%～5% 的添加剂直接加入润滑油箱内，它就会发生化学分子反应，在机件表面产生一层柔韧的附着力超强的持久保护油膜，使内部部件之间接近零摩擦，从而释放动力极限，并延长机械工作寿命。该添加剂可以直接添加到新、旧引擎和新、旧设备，以及高速车辆使用。

2）LBT-16 系列润滑油添加剂根据不同的型号，分别适用于矿物油、合成油、润滑脂及润滑水中，可有极佳的效果，其具体功能如下：①延长机器设备的使用寿命，对不同工具和设备，有 2～3 倍以上不同的提高值。能减低磨损，能将内燃机和其他机械使用寿命延长，一般寿命提高系数在 1.61～3 之间。②由于所形成的特殊化学反应膜，对摩擦副表面有极优的保护作用，从而使机件磨损量降低 80%以上。③大大提高润滑功能，从而减少机器的内部摩擦功，结果在输出同样功率的前提下节约消耗的能量，内燃机的油耗通常可节省 5%～15%，对一些重型工程机械其至可节约达 30%～40%。④能减低机器内部摩擦，降低内部摩擦功的损耗，从而提高其输出功率。经多方面的使用实例的测定，内燃机输出功率一般情况下可提高 7.5%～11%。⑤当添加剂与润滑油按比例混合后，其黏度改变甚微。当在 -49～310℃温度范围内发挥极佳的润滑作用；当在 310℃及以上温度时运转，可降低机械的温升；当在 -400℃以下时仍可随意流动，发挥润滑作用，使发动机在寒冷地带仍能易于起动。⑥由于添加剂所产生的特异化学反应膜牢固地保持于摩擦表面，从而降低金属表面滑动接触时所产生的噪声。在液压系统中应用时，可降低运行的温升和噪声，减少密封件的磨损。⑦减少内燃机或压缩机的活塞和活塞环的积炭，改善燃烧过程，从而降低废气的污染程度，减少对环境污染。⑧内燃发动机或其他机器设备在润滑油供应不充分甚至因油泵损坏、油管堵塞而导致润滑点缺油时，已形成的润滑膜仍能支持机器安全运转，不会突然"咬死"或致使摩擦副表面严重损害而停台。用循环水冷却的内燃发动机，由于水箱或水泵突然损坏而导致冷却水断流时，机器的温升不会过分增高，仍可保证机器安全运转一段时间。⑨降低润滑油的氧化进程，延长润滑油的工作寿命。可减少机件的磨损量，降低润滑油的金属磨粒量，减少润滑油的污染程度。因而减少摩擦副的颗粒性磨损。同时该添加剂内含适度的碱性，能延缓油的氧化和酸化，从而延长其工作寿命，一般可达 1～3 倍，延长润滑油的贮存周期。⑩提高抗腐蚀性能。特别能抗止内燃机因高硫量燃油（如重柴油）不完全燃烧后产生的含硫化合物，通过活塞和活塞环之间而进入曲轴箱的润滑油中所引起的酸化腐蚀作用和导致油黏度变化变质的不良作用。⑪洁净机器内部。该添加剂中含有清洁剂和弥散剂，有极优的清洁功能，能将黏附于机件上的积垢油泥、残渣、积炭等清洁干净，并通过极性化之作用，使之聚集于油箱底部，便于清理。也可以减少润滑油不洁而产生的颗粒性磨损。⑫减低振动。该添加剂的化学反应膜附着力特强，其柔韧的油膜形成一层垫子作用，从而吸收机器运转时所产生的振动，减少振幅。

3）添加剂的适用范围。凡是需要使用润滑油（包括矿物油、人工合成油、润滑水剂和润滑脂）润滑的地方都需要加入添加剂。即：

①各类内燃发动机、空气压缩机、蒸汽机、水泵等的曲轴箱，特别是在极寒冷地区使用的发动机要在低温下起动，极为有利。②汽车、运输设备的变速器和传动机构，前后桥变速驱动桥。③手控或自动控制的动力传动机构。④工业用的齿轮箱、蜗杆传动机构及终端传动机构。特别是在蜗杆传动机构中，对降低发热、减少磨损有明显效果。⑤各种形式的滑动轴承和滚动轴承（包括用稀油润滑及润滑脂润滑）。据协和式超声速机使用后反映，高速滚动轴承的疲劳寿命提高至 7 倍，而温升、噪声和振动也显著地降低。⑥液压系统（包括以油剂或水剂作液压介质的）能显著地降低运行噪声、发热和磨损。⑦鼓风机和压缩机、风动工具和设备。⑧农业、林业及木材加工机械和矿山设备等。⑨金属切削机床，能有效地保护精密的丝杆、导轨，可以消除爬行现象。⑩航海轮机及海轮的附属设备（具有很好的防蚀作用，适用于在海水的强腐蚀气氛环境中工作）。⑪汽轮机、燃气轮机、水轮机、发电机、电动机、离心机、离心泵等高速运转机器设备。⑫高温作业机械，如冶金、9LUM 等设备和低温作业机械。⑬用作金属切削加工用冷却剂，可以成倍地提高刀具寿命和提高工件的光洁度。

【案例 4-10】　LBT-16 润滑油添加剂实际使用

1）某发电机分厂 C61125A 大型普通车床属工厂的重点设备，原设计顶尖、活动托架载荷可达 18t，由于载荷加大，致使转速降低，长期以来一直影响分厂的生产能力，降低了分厂的生产效率，造成产品质量下降。即（表面粗糙度达不到工艺要求：Ra 为 3.2μm）只能加工重量在 2000～3000kg 的发电机、励磁机等转子；对于重量在 3900～5800kg 的发电机转子，由于主轴轴承负载过重造成机床主轴转速下降。为了减轻主轴轴承的载荷使主轴转速升高，在转子中间增加一个滚动托架，但增加了调整卡钳、滚动托架、后滚动托架的找正时间，延长辅助时间和产品的加工周期，影响了分厂生产进度。另外，转速只能达到 40～50r/min，加工出的产品质量（表面粗糙度）不能满足工艺要求。针对上述情况，采取在原机床主轴箱原有润滑油（L-AN46 全损耗系统用油）内按润滑油油量比例添加 5% 的润滑油添加剂措施。经过 8 个月试运行，主轴载荷重量在 2000～5000kg 的发电机、励磁机转子，加工试验效果很好，机械、电器均未发现异常，加工出的产品精度达到工艺要求（表面粗糙度 Ra 为 1.6μm）。而后又对主轴载荷重量在 8900～9800kg 的发电机转子进行加工试验，由低速 40r/min 逐渐升至 80r/min，检测电机的起动电流、升速电流、运载电流的变化，均在正常范围内。后来又把转速上升到 140 ~ 160r/min 之间，用同样方法对机械、电器检测，均未发现异常变化，加工出的产品的质量满足工艺要求（表面粗糙度提高一级达到 Ra 为 1.6μm）。最后对机床主轴轴承用 CMJ-1 型冲击脉冲计检测，均无异常，并证明了机械磨损明显减小，轴承使用寿命延长。

2）某厂大钢瓶车间的主要设备之一的空气压缩机属于连续作业设备。由于运转速度高，压缩部分经常与高温空气接触。在高温的压力下，润滑油的黏度急剧下降，油的轻质馏分加速蒸发，其重质残渣被热空气氧化而形成积炭（积炭能缩小和堵塞空气通道），从而增加空气阻力，使空气压送力和温度相应增高，积炭也随之增多。如此，往复循环使系统中的积炭大量堆积，致使阀门不能正常开闭，活塞环失去弹性，造成气缸盖和活塞环散热不好，最终导致空压机不能正常运转工作。为此，在空压机上使用 LBT-16 润滑油添加剂。在此之前，先用"DJ 电能综合测试仪"测试空压机电动机负荷电流为 29A，用"JS—1 精密声波计"测空压机的噪声为 91dB。加入适量的润滑油添加剂后再用上述两种仪器进行测试，数值分别为 26A 和 86dB，电流平均降低 3A，机械效率提高 10.3%；空压机的温度也随之下降。

第七节　工业用水与节水技术

我国是一个水资源短缺的国家。人均水资源量约为 2200m³，约为世界平均水平的 1/4。由于各地区处于不同的水文带及受季风气候影响，降水在时间和空间分布上极不均衡，水资源与土地、矿产资源分布和工农业用水结构不相适应。水污染严重，水质型缺水更加剧了水资源的短缺。

水资源供需矛盾突出，全国正常年份缺水量约 400 亿 m³。水危机严重制约我国经济社会的发展。由于水资源短缺，部分地区工业与城市生活、农业生产及生态环境争水矛盾突出。部分地区江河断流，地下水位持续下降，生态环境日益恶化。近年来城市缺水形势严峻，缺水性质从以工程型缺水为主向资源型缺水和水质型缺水为主转变。城市缺水有从地区性问题演化为全国性问题的趋势，一些城市由于缺水，严重影响了城市的生活秩序，城市发展面临挑战。

一、工业用水科学管理

随着经济社会发展，用水量持续增长，用水结构不断调整。"十二五"期间农业用水（含林业、湿地等）占总用水量的比例已由 1980 年的 88% 下降到 55%，工业用水由 10% 提高到 24%，城镇生活用水由 2% 提高到 13.4%。由于我国各地经济社会发展水平和水资源条件不同，用水结构差异显著，城乡生活及工业用水的增加，用水结构将进一步调整，对供水水质和保障率的要求更高。

1. 工业用水

水是工业生产中重要的原材料和传热介质，它既是某些工业（如食品、饮料工业）的原料，也是许多工业产品的冷却剂、润滑剂、清洗剂，还是某些化工生产的反应剂，水更是广大人民的生活必需品，因此工业用水问题几乎涉及所有工业部门，涉及生产、生活的各个方面。

在工业取水量接近乃至超过了本地区可用水资源量，或因用水增加而产生的大量污废水已超过水域环境容量时，工业用水必须认真管理。随着工业生产走向系统的专业化生产，采用自动化流水线，产品的质量要求日益提高，对供水量的保证程度要求更高，对水质的要求也日益严格，因此建立合理的工业用水系统已成为现代化工业生产中不可缺少的一个重要组成部分，而工业用水的科学管理也就成为现代化工业企业管理的重要组成部分。

2. 工业用水管理

工业用水管理大体上可分为三个历史阶段。

（1）松弛管理阶段　当工业发展规模较小，工业用水量未超出地区可能供水量时，工业用水处于"自由取用"状态，这时的管理是松弛的，其特征是对工业取水用水不作限制。

（2）强化管理阶段　工业发展，用水量迅速增加，地区水资源的可供量已不能满足工业发展对需水量的增加要求，出现了供需矛盾；或者工业用水增加后，排出的大量污废水已接近或超过了自然水体的稀释自净能力，因而造成了相当程度的水污染。这时为了缓和供需矛盾的紧张状态和控制水污染，对工业用水加强了管理，制定了一系列的法规和标准来控制用水；同时采用经济手段鼓励节约用水、限制水的浪费和污染，对生产工艺进行节水技术改造以减少取水量。这一阶段的特征是对工业取用水进行日益严格的限制，力求将工艺发展需要的水量控制在可利用的水资源量的范围内。

（3）科学管理阶段　经过对工业用水本身和水循环规律的研究，人们发现只要对工业用水的水量、水质进行科学的控制，采取适当的方法进行水处理，并利用水循环的规律，则现有的水资源可以为工业提供更多的发展条件。因此人们自觉地采取了水的循环处理措施，并严格按各种工业、不同工艺对水量、水质的不同要求确定合理的用水程序进行管理运用，从而在现有有限的水资源条件下，又使工业得到了继续发展的机会。这一阶段的主要特征是：运用现代化的科学技术和经济管理手段，对工业用水进行科学的控制，不断提高水的利用率，使用水日趋合理化，因而在一定的水资源可利用量的条件下，工业仍能获得合理的增长。

3. 我国城市工业用水管理的现状

目前，我国城市工业用水管理的现状是一种分散的行政管理系统，各分管部门的管理职权是相互交叉的，这种管理系统特点是：行政干预的力量强，主要通过发挥与工业用水有关部门的行政力量来实施管理，对工业用水、节水起到了并还将继续起到控制作用，但也存在着分散、交叉、信息反馈慢等弱点。从近几年某市工业用水与节水管理来看，以下几点是有效的。

（1）集中领导，统一协调　城市水资源管理委员会对全市水资源（包括工业用水）管理实行集中领导，从全市角度统一协调各方面的工作，对水资源的开发利用统一调配，保证了全市人民生活和工农业发展的大局。

（2）限额供水，指标分层落实　在对工业用水大户进行认真调查的基础上，根据用户的产值、产量、用水性质，用水数量的历史和现状，分析计算后确定了限额用水指标，超用加价收费并限期把水耗压缩到限额指标以内。

（3）用水统计汇总日益完善　对工业取水的三水源——自来水、井水、河水进行全面统计。这样就能较全面地反映工业用水的取水总量，并有利于对地面水、地下水的统一管理，也便于发现地下水开采利用中的问题。

（4）科技协作攻关，为节水服务　为做好工业节水的技术研究和推广工作，由政府各部门先后组织协调成立了十个节水专题组，由研究单位、高等院校和生产部门协作攻关，对水平衡测试、计量仪表、絮凝净化、逆流洗涤、电镀废水处理、苦咸水淡化、海水利用、水分蒸发抑制、冷却循环与水质稳定以及饮水除氟等课题进行了研究或组织推广，有力地推动了节水工作。

4. 企业工业用水科学管理

企业工业用水管理系统是工厂整个技术经济管理系统的一部分。

企业工业用水科学管理的目标是：在一定的水资源条件和一定的技术、经济条件下，充分发挥工厂的潜力，采取有效的行政、技术和经济等措施，实现工厂用水的合理化和科学化，使所获得的水资源在本厂获得最有效的利用，保证工厂的正常生产并持续发展，以取得良好的经济效益和环境效益。

（1）不断完善工业用水管理系统　我国工厂工业用水的管理系统应根据统一领导、分级管理的原则，实行厂部、车间（或分厂）、班组（或工段）的三级管理，并在各级设立专管（或兼管）机构或人员，从而形成完整的管理网。

对某些规模大、生产复杂的联合企业，可实行四级管理；对一些小型的、生产较简单的企业，可实行两级管理。

工厂管水的主要权力都必须集中在厂级，以保证厂部的集中统一领导。同时，在厂级的统一领导下，赋予车间、班组以必要的管理责任和管理权力，以充分调动各级行政组织和职工群众管水的积极性。

根据工厂规模大小、生产技术的复杂程度不同，工厂管水系统可有直线管理制、区域网络管理制（简称节水管理网）及职能管理制3种形式。

在各级职能机构的职责范围方面：厂级能源科（或能源办）负责全厂用水的综合平衡，制定节水规划和节水管理制度，总结节水经验，推广节水新技术，节水技术培训，制定并修改厂控制产品的单耗定额等，车间节水组或节水技术与管理人员，则负责本车间的节水技术与管理工作，制定本车间的节水规划和具体节水措施，并须有专职或兼职的节水检查员和用水统计员。

（2）加强管水的基础工作　要做到工厂用水的科学管理，除健全管理机构、明确职责外，还要加强以下基础工作：

1）调整用水管路，完善计量手段。为便于分车间、分部门、分产品单独考核，应按车间、部门及产品的不同进行全厂供水（还有电、汽、油等能源）管路的调整，并同时安装必要的计量仪表，应做到通往各车间、各部门的管路以及需要单独计量的机台均有水表计量，以便准确统计。

对于工厂使用的所有水源（自来水、深井水、河水）也按表计量，全面管理。一些先进工厂，全厂各车间和各进水口的仪表计量率达到100%，工序、岗位和设备用水的计量率达到85%以上。

2）定期进行全厂水平衡测试。

3）完全职能管理制，如图 4-29 所示。

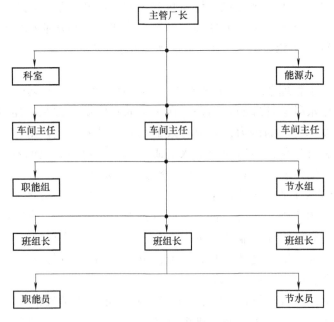

图 4-29　完全职能管理制

4）健全抄表、统计、汇总制度，加强信息传递，在完善计量手段、进行水平衡测试的基础上，工厂应将合理确定的产品用水单耗指标与产量指标、质量指标、原料消耗指标一样，下达给车间，在生产、技术、财务及车间的统计中，有统一填报的用水报表。

为及时准确了解和传递信息，应有专人在每星期的指定时间对水表进行抄录，一般一星期一统计，一月一结算。

（3）加强车间核算经济责任制　为调动各车间及广大职工管理企业的积极性，在厂内用水管理上应实行以本车间为独立核算单位的经济责任制。具体做法是：

1）制定和下达车间产品用水单耗定额指标。产品单耗定额指标是考核的基础，一般是由能源管理部门根据本厂水平测试结果，并参照国内同行业同类产品的单耗定额、原设计数据、平时掌握的实际消耗情况等来制定，经试行一段（如半年）再提出较切实可行的考核指标，再报主管厂长、总工程师审核，批复后正式下达给车间、部门实施。

2）进行考核的依据。一切统计均以计量仪表的读数为准，各产品的成本核算、职工的奖励，均以下达的指标为依据。

3）生产工艺用水，按质计价收费。某厂按照不同的水源、水质制定了厂内七种不同的水价，见表4-40。

表4-40　某厂制定的厂内七种水价

项　　目	自来水	深井水	一次混合水	回收二次水	多次循环回收水	软化水	冷凝水
水价/(元/t)	2.60	2.30	1.50	0.90	0.60	3.40	3.80

注：一次混合水是指自来水、深井水与冷却回水的混合水；冷凝水指蒸汽冷凝水。

工厂规定：各车间成本核算一律以上述水价进行核算，回收水的数量不计单耗指标考核，但仍要计入成本进行核算。

众所周知，水价管理的实质是运用经济杠杆来调节、控制水的使用，是以经济手段控制水的使用。在工厂内部以车间为单位分清水质、分别计量进行经济核算，有利于鼓励节约用水和利用回收水，车间职工均可以从直接的经济核算中看到水资源的宝贵和处理回用水的必要。水的使用价值和节约水的经济利益也表现得较为直接。由于用水量直接关系到产品成本的高低，因此车间、部门为了降低产品的成本，能用回用水的就不用自来水或一次混合水，能循环再用的绝不白白放掉。

（4）技术和设备管理的不断改进　工业的用水、节水牵涉一系列技术问题，随着工业技术水平的提高和生产的日益专业化、自动化，这类技术问题也日益复杂化，因此必须加强技术管理。工业用水技术管理的内容，包括用水、节水的工艺、设备、计量仪表、水处理回用、节水新技术的开发研究以及用水、节水技术档案管理等。

（5）节水经济与财务管理　工业用水的经济与财务管理，主要是指3个方面内容：水费及水价管理，节水的资金管理和对用户的节奖超罚制度。

关于节水的资金管理，按照全国城市节水会议的规定，今后节水投资主要靠企业自筹，地方给予适当的补助。今后节水投资的管理，应注意考核单位节水量的投资额，即日节水 1t 需要投入的资金以及节水投资的偿还年限，以便优选节水方案，提高节水投资的经济效益。

节水中的节奖超罚制度，也是节水经济管理的一个重要方面。

（6）积极推广节水新技术、新工艺　目前我国许多工厂水资源利用率低，技术上的原因就在于生产工艺落后、技术装备陈旧，耗费了大量水资源，因此今后必须把工厂节约用水的重点逐渐转移到工艺革新、设备更新、技术改造的方向上来，这方面的管理要跟上去以便起到促进节水的作用。

1）推广节水新技术。对于量大面广、通用性较强的节水技术，如间接冷却水的管理，主要是推广冷却塔，使冷却水循环使用。据统计，我国冷却水占工业用水的一半以上，而美国在 2002 年制造业工业用水中冷却水已占 73.4%。在冷却水循环使用中技术问题很多，从目前推广冷却塔的情况来看，需要从以下几个方面加强管理：①冷却塔正确选型。冷却塔正确选型的关键是容量合适、填料先进及风机高效。冷却塔的额定容量比实际工作水量超过 20% 较为理想；填料则是厚度薄、结构强度高、孔径小而风压阻力不大，亲水性良好；风机则要求效率高、电耗低、噪声小。单塔循环水量在 500t/h 以下时，宜选用不同规格的玻璃钢小塔；而 500t/h 以上时最好选用直径 4.7m 或直径 8m 的钢筋混凝土大塔。②水质稳定措施要跟上。冷却水在循环中由于蒸发散失，盐分浓缩，形成了水质的不稳定性，为使冷却水在循环中处于腐蚀和结垢都少的"稳定"状态，就需及时投加一定数量、具有一定作用的一种或几种药剂。③加强设备管理，保证正常运转。以冷却塔系统而言，在冷水泵出口处需设压力表、温度计、流量计，回水应设热水温度计与流量计，以便进行水量、水质平衡与调度；对于冷却塔中旋转布水器、填料、风机等装置的清洁、结构的工作状态，均要严密注意并及时处理有关问题。

2）加强节水工艺改造及节水装置的设置。看准技术上成熟、经济上合理的措施要大胆改革，推广使用，特别要注意：①必须从生产工艺本身对水使用的本质要求出发，考虑采用少用水、不用水工艺或采用（处理）回收再用装置的可能性。如纺织印染行业用逆流洗涤（或称倒流、倒流水）方式代替原先的分流洗涤方式，就是考虑了印染布洗涤的本质要求是将印染工艺中织物上所带有的不同杂质和化学沾染物（织物上的浮色和染料）经水洗而去除。既节约了大量工艺用水，同时还大大减少了污水排放。②必须同时注意节水措施的经济效益和环境效益。如造纸行业普遍推广的造纸白水封闭循环回收工艺，不仅大量节水，而且回收大量废纸浆，减少了环境污染。以某造纸厂采用插管气浮法进行造纸白水封闭循环为例，每吨纸的耗水量由 120t 降到 10t 以下，原水的悬浮物去除率在 85% 以上，一年可回收纸浆 79t，节水与回收旧纸浆的价值使节水设施的投资在不到 10 个月的时间内就可全部收回，并且大大减少了造纸废水排放量。某地有机合成厂的甲醛余热回收装置，发挥了改善工艺操作条件、节电、节水、节气、改善环境的作用，估计总节约价值达 24 万多元，而回收装置的投资是 20 多万元。

3）用水、节水技术管理的自动控制。在冷却塔的自动控制方面，已研制成功水量、水温、水泵启闭的自动控制设备，可根据水位、水温的变化自动调节水量和风量。如上海某钢铁厂已做到严格的逐级（纯水→软水→工业水→除尘水）水质控制，并统一由厂能源中心电子计算机全面监视和控制全厂供水、循环水和排水系统。这些都预示着我国工业用水技术管理将很快走向电子计算机自动控制阶段。

二、工业用水分类

工业用水是指工、矿企业各部门在工业生产过程中，制造加工、冷却、空调、洗涤、锅炉等处使用的水及厂内职工生活用水的总称。

1. 工业用水水源

工业生产过程所用全部淡水的引取来源，称为工业用水水源。工业用水水源分为：

1）地表水。地表水包括陆地表面形成的径流及地表贮存的水（如江、河、湖、水库等水）。

2）地下水。地下水指在地下的水径流或埋藏于地下的，经过提取可被利用的淡水（如潜水、承压水、岩溶水、裂隙水等）。

3）自来水。自来水是由城市给水管网系统供给的水。

4）城市污水回用水。经过处理达到工业用水水质标准又回用到工业生产上来的那部分城市污水。

5）海水。沿海城市的一些工业用作冷却水源或为其他目的所取的那部分海水。

6）其他水。有些企业根据本身的特定条件，使用上述各种水以外的水作为取水水源，称为其他水。

2. 企业工业用水分类

1）企业工业用水总的可以分为生产用水和生活用水，生产用水又可分为间接冷却水、工艺用水和锅炉用水，具体如图 4-30 所示。

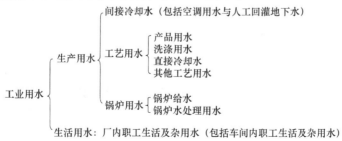

图 4-30　企业工业用水分类

2）漏水量（L）。漏水量是企业给水系统和用水设备（包括地上管道、设备、地下管道、阀门等）所漏流的水量之和。这部分水量包括在企业取水量之内，即

$$Q = H + P + L$$
$$Y = H + P + C + L$$

如图4-31所示为企业主要水量关系图。

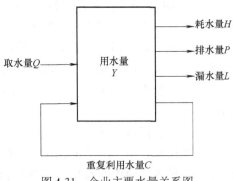

图4-31　企业主要水量关系图

进行工业用水分类的目的就是为了便于掌握工业系统内部用水状况，根据各行业工业用水的特点，工业用水的历史和现状，制定合理的工业用水的考核指标，并确定相应的计算方法，统一统计表格和汇总范围，实现工业用水的科学管理。

三、工业用水考核

工业用水考核指标包括重复利用率、间接冷却水循环率、工艺水回用率、万元产值取水量、单位产品取水量、蒸汽冷凝水回收率和职工人均日生活取水量。

1. 考核指标中的有关水量计算

（1）重复利用水量 C

1）企业日重复利用水量。对直接利用河流或湖泊进行循环用水，不做重复利用水量计算。

2）企业年重复利用水量：由不同季节或不同用水情况的日重复利用水量乘以实际用水天数，得到不同季节或不同用水情况的重复利用水量，再相加得到全年重复利用水量。

（2）取水量 Q

1）企业日取水量：由企业水源进口水表或其他计量仪表计算得到。

2）企业年取水量：由企业日取水量相加得到。

（3）用水量 Y

1）企业日用水量：由企业日重复利用水量和企业日取水量相加得到。

2）企业年用水量：由企业年重复利用水量和企业年取水量相加得到。

（4）间接冷却水循环量 $C_冷$

1）企业日间接冷却水循环量：根据情况可以测量和计算出企业日间接冷却水循环量。

2）企业年间接冷却水循环量：由每日间接冷却水循环量累加得到，或由不同季节或不同用水情况平均日间接冷却水循环量乘以实际用水天数，得到不同季节或不同用水情况的循环量，然后相加求得全年的间接冷却水循环量。

（5）间接冷却取水量 $Q_冷$

1）企业日间接冷却取水量：根据企业情况测量和计算出企业日间接冷却取

水量。

2）企业年间接冷却取水量：由不同季节或不同用水情况的每天平均间接冷却取水量乘以实际用水天数，得到不同季节或不同用水情况的取水量，再相加得到全年的间接冷却取水量。

(6) 间接冷却用水量 $Y_冷$

1）企业日间接冷却用水量：由企业日间接冷却水循环量和日间接冷却取水量相加得到。

2）企业年间接冷却用水量：由企业年间接冷却水循环量和年间接冷却取水量相加得到。

(7) 工艺水回用量 $C_工$

1）企业日工艺水回用量：根据企业情况可以测量和计算出企业日工艺水回用量。

2）企业年工艺水回用量：由每天工艺水回用量相加得到，或由企业每天平均工艺水回用量乘以各行业全年实际生产天数得到。

(8) 工艺水取水量 $Q_工$

1）企业日工艺水取水量：根据企业情况可以测量和计算出企业日工艺水取水量。

2）企业年工艺水取水量：由企业每天平均工艺水取水量乘以实际生产天数得到。

(9) 工艺用水量 $Y_工$

1）企业日工艺用水量：由企业日工艺水回用量和日工艺水取水量相加得到。

2）企业年工艺用水量：由企业年工艺水回用量和年工艺水取水量相加得到。

(10) 职工生活取水量 $Q_生$

1）企业职工日生活取水量：根据企业的情况可以测量并计算出企业职工日生活取水量。

2）企业职工年生活取水量：由每日生活取水量相加得到，或由全厂平均每日生活取水量乘以实际生产天数得到。

2. 重复利用率 Φ

重复利用率是工业用水中能够重复利用的水量的重复利用程度，它是考核工业用水水平的一个重要指标，也是包括冷却水循环率（$C_冷$）、工艺水回用率（$C_工$）和锅炉蒸汽冷凝水回收率（$C_凝$）在内的综合水回用指标。重复利用率是指一定时间内，生产用水中的重复利用水量（$C_复$）与生产用水量（$Y_产$）之比：

$$\Phi = \frac{G_复}{Y_产} \times 100\%$$

$$C_复 = C_冷 + C_工 + C_凝$$

$$Y_产 = Y_冷 + Y_工 + Y_锅$$

3. 间接冷却水循环率 $R_冷$

间接冷却水循环率是考核工业生产用间接冷却水循环和回收程度的专项性指

标，它是重复利用率的一个主要组成部分。间接冷却水循环率是工业生产用间接冷却水中循环和回用水量 $C_冷$ 占间接冷却水用水量（$Y_冷$）的百分比，即

$$R_冷 = \frac{C_冷}{Y_冷} \times 100\% = \frac{C_冷}{Q_冷 + C_冷} \times 100\%$$

4. 工艺水回用率 $R_工$

工艺水回用率是考核工业生产中工艺水回用程度的专项性指标，是重复利用率的一个重要组成部分。工艺水回用率是工业生产的工艺用水中回用水量（$C_工$）占工艺用水量（$Y_工$）的百分比，即

$$R_工 = \frac{C_工}{Y_工} \times 100\% = \frac{C_工}{Q_工 + C_工} \times 100\%$$

5. 万元产值取水量 W

万元产值取水量是综合性的考核指标，它表示在工业生产中每万元产值的产品需要的取水量 Q，包括企业的生产、生活取水量，即

$$W = \frac{年取水量 Q}{年产值}(\mathrm{m}^3/万元)$$

6. 单位产品取水量 V

单位产品取水量是考核工业用水较合理的指标之一，它表示每生产单位产品需要的生产和辅助性生产的取水量，一般不包括厂区生活用水，即

$$V = \frac{年生产取水量 Q}{年产品产量}(\mathrm{m}^3/单位产品)$$

7. 蒸汽冷凝水回用率 $R_凝$

蒸汽冷凝水回用率是考核蒸汽冷凝水回用程度的专项性指标，它是重复利用率的一个组成部分。蒸汽冷凝水回用率是用于工业锅炉蒸汽冷凝水回用量 $C_凝$ 占锅炉蒸汽生产量的百分比，即

$$R_凝 = \frac{C_凝}{Z} \times 100\%$$

8. 职工人均日生活取水量 $Q_生$

$Q_生$ 指标是反映不同企业、不同工业部门职工生活的取水情况，相对地也能反映出生产和生活用水组成情况，它反映了每个职工平均每天用于生活的取水量。

四、工业节水技术

节约用水、高效用水是缓解水资源供需矛盾的根本途径。节约用水的核心是提高用水效率和效益。目前，我国万元工业增加值取水量是发达国家的 5 ~ 10 倍，灌溉水利用率仅为 40% ~ 45%，距世界先进水平还有较大差距，节水潜力很大。

国家实行节约用水政策，并把节水放在更加突出的位置；大力鼓励节水新技术、新工艺和重大装备的研究、开发与应用；推行节约用水措施，发展节水型工业、农业和服务业，建设节水型城市、节水型社会。同时，采取法律、经济、技

术和工程等切实可行的综合措施，全面推进节水工作。

1. 工业节水

工业用水主要包括冷却用水、热力和工艺用水、洗涤用水。其中工业冷却水用量占工业用水总量的80%左右，火力发电、钢铁、石油、石化、化工、造纸、纺织、非铁金属、食品与发酵九个行业取水量约占全国工业总取水量的60%（含火力发电直流冷却用水）。

2. 工业用水重复利用技术

大力发展和推广工业用水重复利用技术，提高水的重复利用率是工业节水的首要途径。

（1）大力发展循环用水系统、串联用水系统和回用水系统　推进企业用水网络集成技术的开发与应用，优化企业用水网络系统。鼓励在新建、扩建和改建项目中采用水网络集成技术。

（2）发展和推广蒸汽冷凝水回收再利用技术　优化企业蒸汽冷凝水回收网络，发展闭式回收系统。推广使用蒸汽冷凝水的回收设备和装置，推广漏气率小、背压度大的节水型疏水器。优化蒸汽冷凝水除铁、除油技术。

（3）发展外排废水回用和"零排放"技术　鼓励和支持企业外排废（污）水处理后回用，大力推广外排废（污）水处理后回用于循环冷却水系统的技术。在缺水及生态环境要求高的地区，鼓励企业应用废水"零排放"技术。

（4）循序用水　循序用水系统是根据各用水地点水质的不同要求，将水重复利用。

1）化工厂用水的循序使用。如重碱净氨塔用过的水，水温升高到27℃，再把这部分水送到煤气洗涤塔使用，水温又升高到40℃左右；然后把这部分水回收起来；用泵返送到重碱洗水中，最后再送到过滤机三次利用，可节约水量30%。

2）造纸厂的一水多用。如先将夹层设备冷却水回收到蓄水池，由蓄水池用水泵送到制纸机洗微酸性纸面后，流入一号蓄水池；再用水泵将此蓄水池的水送往洗碱性纸面，流入二号蓄水池，用泵送往洗酸性纸面，洗完后排出，这样可节约水量40%左右。

3）纺织厂的一水多用。如纺织厂生产、空调用的地下水，经使用后回收、过滤、消毒，最后作回灌水源和生活冲洗之用。

4）印染业一水多用。如人造棉漂洗后的酸洗水，除第一台pH值较低外，后两台机漂洗水质洁净，可采取倒流回用，利用后台机水位高于前台，使后台机的水向前面机台倒流，代替酸洗后第一台洗机用水。

3. 冷却节水技术

发展高效冷却节水技术是工业节水的重点。

1）发展高效换热技术和设备。推广物料换热节水技术，优化换热流程和换热器组合，发展新型高效换热器。

2）鼓励发展高效环保节水型冷却塔和其他冷却构筑物。优化循环冷却水系统，加快淘汰冷却效率低、用水量大的冷却池、喷水池等冷却构筑物。推广高效新型旁滤器，淘汰低效反冲洗水量大的旁滤设施。

一般循环冷却水系统是采用冷却塔，利用水池、水泵和管道等设备组成。其冷却效果取决于冷却塔的选型、安装位置及冷却水的水质。一般冷却塔选型应考虑噪声低、耗电省、效率高等因素。冷却塔冷效计算公式

$$\eta = \frac{t_1 - t_2}{t_1 - t}$$

式中，t_1 为进入冷却塔的水温（℃）；t_2 为放出冷却塔的水温（℃）；t 为空气湿球温度（℃）。

循环冷却水系统，冷却水吸收热量后，经冷却塔与大气直接接触，二氧化碳逸散，溶解氧和浊度增加，水中溶解盐类浓度增加，使循环水水质恶化，给系统带来结垢、腐蚀、污泥和菌藻等问题，大大降低了冷却效果。为此，必须对循环冷却水进行水质处理。

3）发展高效循环冷却处理技术。对敞开式循环间接冷却水系统，推广浓缩倍数大于 4 的水处理运行技术；逐步淘汰浓缩倍数小于 3 的水处理运行技术；限制使用高磷锌水处理技术；开发应用环保型水处理药剂和配方。

4）发展空气冷却技术。在缺水及气候条件适宜的地区推广空气冷却技术。鼓励研究开发运行高效、经济合理的空气冷却技术和设备。

5）对加热炉等高温设备，推广应用汽化冷却技术，充分利用汽、水分离后的汽。

4. 热力和工艺系统节水技术

工业生产的热力和工艺系统用水分为锅炉给水、蒸汽、热水、纯水、软化水、脱盐水、去离子水等，其用水量居工业用水量的第二位，仅次于冷却用水。节约热力和工艺系统用水是工业节水的重要组成部分。

1）推广生产工艺（装置内、装置间、工序内、工序间）的热联合技术。

2）推广中压产汽设备的给水使用除盐水，低压产汽设备的给水使用软化水；推广使用闭式循环水汽取样装置；研究开发能够实现"零排放"的热水锅炉和蒸汽锅炉水处理技术、锅炉气排灰渣技术和"零排放"无堵塞湿法脱硫技术。

3）发展干式蒸馏、干式汽提、无蒸汽除氧等少用或不用蒸汽的技术。优化蒸汽自动调节系统。

4）优化锅炉给水、工艺用水的制备工艺。鼓励采用逆流再生、双层床、清洗水回收等技术，降低自用水量。研究开发锅炉给水、工艺用水制备新技术、新设备，逐步推广电去离子净水技术。

5. 洗涤节水技术

在工业生产过程中洗涤用水分为产品洗涤、装备清洗和环境洗涤用水。

1) 推广逆流漂洗、喷淋洗涤、汽水冲洗、气雾喷洗、高压水洗、振荡水洗、高效转盘等节水技术和设备。

2) 发展装备节水清洗技术。推广可再循环、再利用的清洗剂或多步合一的清洗剂及清洗技术;推广干冰清洗、微生物清洗、喷淋清洗、水汽脉冲清洗、不停车在线清洗等技术。

3) 发展环境节水洗涤技术。推广使用再生水和具有光催化或空气催化的自清洁涂膜技术。

4) 推广可以减少用水的各类水洗助剂和相关化学品。开发各类高效环保型清洗剂、微生物清洗剂和高效水洗机。开发研究环保型溶剂、干洗机、离子体清洗等无水洗涤技术和设备。

6. 工业给水和废水处理节水技术

1) 推广使用新型滤料高精度过滤技术、气水反冲洗技术等降低反洗用水量技术。推广回收利用反洗排水和沉淀池排泥水的技术。

2) 鼓励在废水处理中应用臭氧、紫外线等无二次污染消毒技术。开发和推广超临界水处理、光化学处理、新型生物法、活性炭吸附法、膜法等技术在工业废水处理中的应用。

7. 废水回用案例

(1) 中水的重复利用 将淋浴、洗衣等生活的废水集中处理消毒后,再供厕所、冲洗、草地、浇洒等地方使用。

(2) 空调废水回用 空调废水经过净化、消毒处理后可用作回灌的水源和生活饮用及冲洗。

(3) 造纸白水处理——气浮法 一般处理程序:造纸白水加混凝剂到反应池中反应后进入气浮池,在气浮池中通入一定压力的溶气水,产生密集微气泡附着在废水中悬浮物上,并随其上升到池子表面,回用水由池中下部进入蓄水池,便可供纸机回用,如图4-32所示。

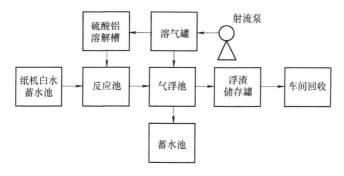

图4-32 气浮法工艺流程示意图

（4）电镀废水处理　一般采用电解-气浮法和离子交换法处理含铬废水，如图 4-33 所示。

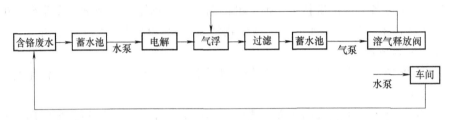

图 4-33　电解-气浮法处理电镀废水工艺流程示意图

8. 非常规水资源利用技术

1）发展海水直接利用技术。在沿海地区工业企业大力推广海水直流冷却和海水循环冷却技术。

2）积极发展海水和苦咸水淡化处理技术。实施以海水淡化为主，兼顾卤水制盐及提取其他有用成分相结合的产业链技术，提高海水淡化综合效益。通过扩大海水淡化装置规模、实施能量回收等技术降低海水淡化成本。发展海水淡化设备的成套化，系列化、标准化制造技术。

3）发展采煤、采油、采矿等矿井水的资源化利用技术；推广矿井水作为矿区工业用水和生活用水、农田用水等替代水源的应用技术。

9. 工业输用水管网、设备防漏和快速堵漏修复技术

降低输水管网、用水管网、用水设备（器具）的漏损率是工业节水的一个重要途径。

1）发展新型输用水管材。限制并逐步淘汰传统的铸铁管和镀锌管，加速发展机械强度高、刚性好、安装方便的水管。发展不泄漏、便于操作和监控、寿命长的阀门和管件。

2）优化工业供水压力、液面、水量控制技术。发展便捷、实用的工业水管网和设备（器具）的检漏设备、仪器和技术。

3）开发管网和设备（器具）的快速堵漏修复技术

堵漏原理：管道带压堵漏是当管道运行时，在泄漏部位上装上专用的卡具，用高压液压泵做动力源（压力可达 6MPa），推动高压注射枪中的柱塞推料杆，将专用密封剂压注到泄漏的部位上去，密封剂中的润滑脂被迅速炭化使石棉纤维固化，并建立起新的密封结构，从而快速地消除管道上的泄漏，达到密封目的，修复时管道压力下降到 0.2MPa。

专用工具：专用工具是由产生动力源的液压泵、注射密封剂的高压注射枪、高压软管、压力表和连接件等组成，如图 4-34 所示。

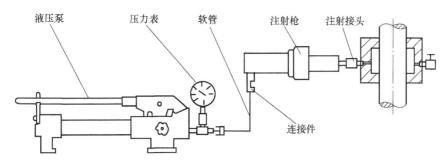

图 4-34 堵漏专用工具组成

五、实行最严格水资源管理

《中共中央关于制定国民经济和社会发展第十三个五年规划的建议》表示，推进生态文明建设，解决资源约束趋紧、环境污染严重、生态系统退化的问题，必须采取一些硬措施，真抓实干才能见效。即实行能源和水资源消耗、建设用地等总量和强度双控行动，既要控制总量，也要控制单位国内生产总值能源消耗、水资源消耗、建设用地的强度。这项工作做好了，既能节约能源和水土资源，从源头上减少污染物排放，也能倒逼经济发展方式转变，提高我国经济发展绿色水平。

1. 生态环境已成为突出短板

生态环境特别是大气、水、土壤污染严重，已成为全面建成小康社会的突出短板，是"十三五"时期必须高度重视并切实推进的一项重要工作。现以块为主的地方环保管理体制，使一些地方重发展轻环保、干预环保监测监察执法，存在环保责任难以落实，有法不依、执法不严、违法不究问题，如难以落实对地方政府及其相关部门的监督责任，难以解决地方保护主义对环境监测监察执法的干预，难以适应统筹解决跨区域、跨流域环境问题的新要求，难以规范和加强地方环保机构队伍建设。

2. 实施水资源管理制度

实行最严格的水资源管理制度，以水定产、以水定城，建设节水型社会。坚持最严格的节约用地制度，调整建设用地结构，降低工业用地比例，推进城镇低效用地再开发和工矿废弃地复垦，严格控制农村集体建设用地规模。

以提高环境质量为核心，实行最严格的环境保护制度，形成政府、企业、公众共治的环境治理体系。

采取市场化管理手段，确定水耗、能耗、地耗标准，开展水权、碳排放权的交易。

3. 建设项目无节水设施不予供水

如北京率先落实最严格的水资源管理制度，即今后北京市新建、扩建，改建建设项目都要配套建设节水设施。北京市政府公布关于全面推进节水型社会建设的意见，市、区有关部门将严格审查建设项目节水设施方案和施工图，对节水设施未经验收或验收不合格的建设项目，供水单位将不予供水。

北京市按照"四定"原则积极调整产业结构，2014 年末常住人口 2170.5 万人，同比增加 18.9 万人，北京的水资源形势依然严峻。虽然南水进京一定程度上缓解了北京水资源紧缺的局面，但水资源短缺仍是制约北京可持续发展的主要瓶颈，未来还需争取南水北调中线工程向北京多输水，同时按照外调水与本地水结合、常规水与应急水结合、逐步构建"多水源双水路"的水源保障格局。2020 年，全市年度新水用量控制在 31 亿 m^3 以内；再生水利用量达到 12 亿 m^3；万元地区生产总值用水量降到 $15m^3$ 以下，万元工业增加值用水量降到 $10m^3$ 以下，农田灌溉用水有效利用系数达到 0.75 以上；计划用水覆盖率达到 95% 以上，城市公共供水管网漏损率控制在 10% 以内。

4. 北京市 2015 年内换装 5 万套节水器具

北京市全面推广高效节水型器具财政补贴，2015 年内换装 5 万套节水生活器具，"十三五"期间计划每年换装 10 万套，预计可实现年节水 61 万 m^3，按照现行水价，居民家庭可节约水费支出 305 万元。因此，进一步提升生活用水的用水效率，是解决北京水资源短缺的重要措施之一。

2015 年，在北京城六区部分居民小区和典型用水单位开展了高效节水型生活用水器具财政补贴试点工作，2016 年在全市范围内推广。财政投入 1000 万元，在16 个区县全面推广补贴高效节水型生活用水器具的安装，其中老旧小区居民户优先换装。在选定的小区内，每户限购补贴手持花洒或者水嘴一套，每套政府给予固定额度补贴 200 元。实施财政补贴的高效节水型生活用水器具包括手持花洒和水嘴限流器。其中花洒用水量将由通常的 9L/min 降至 7.2L/min；水嘴换装限流器用水量由通常的 9L/min 降至 3.6L/min。若每人每天使用 10min，对于已安装的高效节水型手持花洒 12349 个、高效节水型水嘴限流器 22349 个来讲，年可节水 206 万 m^3。

市水务局算了一笔账，如果全市 700 万户家庭有 40% 用户（300 万户）每户换装一个高效节水型淋浴器、一个水嘴限流器，共计年可节水 0.78 亿 m^3，节约自来水费 3.9 亿元，节约污水处理费 0.37 亿元。

第八节　发展清洁新能源

新能源指在新技术基础上系统地开发利用的能源，是正在开发利用但尚未普遍使用的能源。现在世界上重点开发的新能源有太阳能、风能、海洋能、地热能、核能等。新能源大多是天然的和可再生的能源，是未来世界持久能源系统的基础。随着科技水平的提高，新能源的供应量将不断提高。

清洁能源是指在开发使用过程中，对环境无污染或污染程度很小的能源，如太阳能、风能、水能、海洋能及气体燃料等。用太阳能直接分解水制氢和核聚变能利用的研究如果能成功，则太阳的能量和地球上的水都可以成为人类取之不尽、用之不竭的清洁能源。发展清洁新能源可大大推进减排，而减少温室气体排放最好的解决途径之一，就是充分利用和发展清洁新能源。而清洁新能源的发展是保护气候的重要手段，也是开展清洁发展机制项目的工作重点。

到 2030 年世界清洁新能源如风能、太阳能和地热能等的销售额将达到 1 万亿美元/年。人口增长和化石燃料价格的上涨正在促进这一市场的发展，与此同时，清洁新能源的成本也在不断下降，使用清洁新能源更有助于提高能源安全性和减缓气候变化。

一、清洁新能源发展趋势

1. 能源消费持续增长，我国能源缺口加大

"十二五"期间年均 GDP 增长为 8%，2015 年的能源消费总量已达到 43 亿 t 标煤。要看到我国各省加总的能源消耗增长速度将快于国家规划的能源消耗量增速，且两者的缺口逐年扩大。其中，2011 年相差 8270 万 t，2012 年相差 1.7 亿 t，2013 年相差 2.6 亿 t，2014 年相差 3.6 亿 t，2015 年相差 5 亿 t。5 年累计缺口可达 15 亿 t。

（1）能源消费总量控制难度很大　跨入 21 世纪以来，我国能源需求超高速增长，化石能源包括煤炭、石油、电力等生产总量一直在高速增长，2002 年一跃成了世界第二大能源消费大国。到 2010 年，我国一次能源消费量已达到 32.5 亿 t 标煤，同比增长了 6%，成为全球第一能源消费大国。

"十三五"期间，我国处于城市化、工业化的快速发展过程中，这决定了我国能源需求仍然会保持较快的增长速度。2020 年我国的能源消耗将达近 50 亿 t 标煤，占目前世界能源消费总量的 30% 以上，在 2025 年之后，我国的能源消费也将占世界的 32% 以上。建设节能型国家是"十三五"期间乃至以后长时间内的战略选择。

随着我国能源资源需求刚性上升，对外依存度不断攀升，能源资源短缺已成为制约我国经济社会可持续发展的瓶颈。特别是我国当前的经济增长方式，已受到能源资源的严重制约。加快实现找矿突破，增强能源资源保障能力，成为当前和今后一定时期的重要战略任务。

为了有效缓解我国资源环境制约，促进找矿勘查重大突破，国土资源部在全国部署开展找矿突破战略行动，明确提出 3 年有重大进展，新发现一批油气资源有利目标区和其他重要资源矿产地；5 年实现重大突破，形成一批油气资源勘探接续区和其他重要资源勘查开发基地；8~10 年新打造一批能源资源基地，建立重要能源资源储备体系，重塑我国能源资源勘查开发新格局。

（2）加快新能源增量推进，做好节能减排　"十三五"能源规划清晰表明：

除了通过优化发展化石能源，加快推进新能源等满足能源增量的方式外，还将在节能增效等方面推出新举措。

我国能源利用效率偏低，提高能源效率是降低单位 GDP 能耗、实现单位 GDP 碳排放强度降低的重要手段。

低碳化是我国"十三五"能源发展的重要特征。我国政府已经做出了"到 2020 年 GDP 二氧化碳排放比 2005 年下降 40% ~45%"、"到 2020 年非化石能源占一次能源消费比重达 15% 左右"，两项承诺。据预计，到 2020 年我国一次能源消费总量可以控制在 45 亿~48 亿 t 标煤。如果进一步强化节能的措施，切实转变经济发展方式，这个数字可以控制在 48 亿 t 以内，这将对今后"十三五"期间完成双目标打下很好的基础。

在"十三五"期间，我国要优化发展煤炭产业，制定切实可行的政策措施，优化煤炭产能结构，重点支持大型煤矿企业兼并重组中小型煤矿。同时，要大力发展天然气，加强天然气储备体系建设，发挥价格杠杆调节作用，确保天然气稳定供应。而且要强化天然气、液化天然气进口渠道建设，扩大天然气、液化天然气进口规模。适时调整天然气利用政策，鼓励以气代油。

同时，"十三五"期间我国将加快推进包括水电、核电等非化石能源发展，积极有序做好风电、太阳能、生物质能等可再生能源的转化利用。2015 年，我国常规水电、核电的发展规模已分别达到 2.5 亿 kW、3900 万 kW，在一次消费中的比重提高 1.5%。风电行业到 2015 年实现装机为 9000 万 kW，光伏发电行业 2015 年实现装机为 500 万 kW，水电实现常规水电装机达到 2.7 亿 kW，抽水蓄能实现装机达到 3000 万 kW，实现核电装机达到 3900 万 kW。风电、太阳能和生物质能占一次能源的消费由原来的 0.8% 达到接近 2.6% 左右，规模已达到 1.1 亿 t 标煤。届时我国非化石能源占一次能源的消费比重已达到 11%。

2. 可再生能源规划出台

《可再生能源"十三五"规划》已明确到 2020 年水电装机到 3.8 亿 kW 风电装机 2.1 亿 kW，太阳能发电装机 1.1 亿 kW，生物质能发电装机 1500 万 kW，地热供暖利用总量 4200 万 t 标煤。2020 年商品化可再生能源利用量约为 5.8 亿 t 标煤，约占非化石能源消费总量的 15%。"十三五"期间，我国可再生能源发展要在规模和基本产业链形成的基础上，在质量上实现飞跃，建立真正有竞争力的产业体系，即形成包括标准、认证等在内的整个产业体系，到 2020 年我国的可再生能源产业将达到世界先进水平。

2015 年以后，我国可再生能源的经济性可以有很大改善，可再生能源可以具备和其他常规能源同样的价格水平。此外，还将提供更多可再生能源发展的基础平台、基础设施，让整个能源系统比较容易、比较自由、比较情愿地接纳可再生能源，以最终实现我国 2020 年可再生能源发展目标。

　　未来我国可再生能源的发展，需要克服发电、上网和市场消纳三大障碍，而三大障碍的消除，单纯依靠技术进步是不可能实现的，必须进行重大的制度创新。

　　可再生能源电力配额制主要是为了推动企业和各级政府积极发展可再生能源发电，这是一种考核方式，技术上如何落实，还需要做大量的工作。

　　我国可再生能源的发展需要整个能源结构互相配合、互相适应，需要统筹考虑可再生能源和煤电的发展，使整个系统有序运行。这也将是中国可再生能源规模化发展项目合作研究的重点之一。

　　"十三五"期间我国可再生能源的发展重点为，加强风电行业管理，狠抓风电并网和消纳工作，提高风电技术和质量要求，对风电实行年度开发计划管理，保证风电开发有序进行的同时，完善光伏发电补贴政策，支持分布式光伏发电的应用；促进农村可再生能源利用。"十三五"期间我国将推出新能源示范城市的建设，其主要目的在于推动包括太阳能、生物质能利用、地热等分布式能源的发电。其中，生物质能利用是重点之一。

　　3. 开发利用清洁新能源是必然趋势

　　随着石油和天然气的日趋枯竭及全球对于温室气体排放引起气候变暖问题的关注，节约能源、提高能源利用效率和开发利用清洁新能源不仅是世界能源发展的必然趋势，也是我国能源战略的必然选择。表4-41所示为2010年石油探明储量前10位国家；表4-42所示为2009年世界前12个国家石油消费量；表4-43所示为2010年主要天然气探明储量国家。

　　我国清洁新能源已步入快速发展期。清洁新能源在我国的大规模开发利用还存在很多问题，其中成本太高是制约发展的关键因素。降低清洁新能源成本需要法规政策的支持，但更重要的是依托科技进步和技术创新。

表4-41　2010年石油探明储量前10位国家

排　序	国　家	探明储量/亿t 亿桶
1	委内瑞拉	2965 (107)
2	沙特阿拉伯	2667 (362)
3	加拿大	1780 (245)
4	伊朗	1384 (181)
5	伊拉克	1150 (157)
6	科威特	1040 (138)
7	阿联酋	978 (126)
8	俄罗斯	600 (82)
9	利比亚	415 (54)
10	尼日利亚	362 (49)

表 4-42　　2009 年世界前 12 个国家石油消费量

排　　序	国　　家	石油消费量/亿 t	占世界消费量份额（%）
1	美国	8.429	21.7
2	中国	9.046	10.4
3	日本	1.976	5.1
4	印度	1.485	3.8
5	俄罗斯	1.249	3.2
6	德国	1.139	2.9
7	巴西	1.043	2.7
8	韩国	1.043	2.7
9	加拿大	0.970	2.5
10	法国	0.875	2.3
11	墨西哥	0.856	2.2
12	意大利	0.756	1.9

表 4-43　　2010 年主要天然气探明储量国家

排　　序	国　　家	探明储量/万亿 ft³	占世界储量份额（%）	储采比 R/P
1	俄罗斯	1680	23.4	72
2	伊朗	1045.7	16.0	>100
3	卡塔尔	899.3	13.8	>100
4	沙特阿拉伯	263	4.1	96
5	美国	244.7	3.3	11.3
6	阿联酋	214.4	3.3	>100
7	尼日利亚	185.3	2.9	>100
8	阿尔及利亚	159	2.5	53.3
9	委内瑞拉	176	2.4	>100

注：据美国能源信息署 2010 年 1 月 1 日公布的数据。$1 ft^3 = 0.0283168 m^3$。

当前，我国清洁新能源发展面临着节能减排、可持续发展等难得机遇，同时也面临着关键技术不成熟、标准不完善的挑战。自主开发高效、低成本的核心技术是未来推动清洁新能源发展的根本所在。

4. 我国正在加速发展清洁新能源

据统计，全球在 2010 年向清洁新能源市场投资达 2430 亿美元，2011~2020 年我国在新能源领域将投资 5 万亿元，清洁能源市场投资达 1000 亿美元。这样大的财政支持，将使我国成为清洁新能源生产的领先者。我国已确定到 2020 年消耗能源的 15% 将采用清洁新能源。到 2050 年，我国电力的 30% 将来自于清洁新能源。

在全球气候的未来进程中，我国可望在引领世界进入清洁新能源时代发挥大的作用。据统计，我国在 2010 年在清洁能源技术领域吸引投资 20 亿美元，我国需要为 14 亿人口提供安全的、能自给的和环境可持续的能源，2010 年我国能耗总量 32.5 亿 t 标煤成为世界第二大消耗国。到 2020 年，我国年汽车销售量预计将大大超过美国的汽车销售量，而我国的电力大部分来自于煤炭和水力发电，我国快速发展的汽车使用油量增长，正在对能源安全造成较大的问题。能源安全、电力短缺和空气污染问题都给经济发展带来压力，这必将要求转向替代技术和燃料，包括提高能效、发展"洁净煤"技术、核能发电和再生能源。

"十三五"期间，可再生能源总的投资规模将达 2.5 万亿元。届时，可再生能源年利用量相当于减少二氧化碳排放量约 14 亿 t，减少二氧化硫排放量约 1000 万 t，减少氮氧化物排放约 430 万 t，减少烟尘排放约 580 万 t，节约用水约 38 亿 m^3，带动就业人口将逾 1300 万人，经济、环境和社会效益突出。

到 2020 年实现能源消费总量的 15% 为清洁新能源，总电力能力将达到 400GW，将接近 2006 年 135GW 的 3 倍。水力能、风能、生物质能和太阳能光伏发电将成为最大的来源。如果现行目标和政策持续下去，2020 年中国家庭将会有超过 1/3 可望使用太阳能热水。使用其他的清洁新能源，包括生物气体和还有太阳能集热发电也会有较大的增长。全球气候的未来可能使人相信，中国在清洁新能源时代中将起到很大的作用。

二、新能源是我国经济发展战略重中之重

伴随经济持续增长，我国对一次性能源需求急剧增加，能源的供需矛盾也越来越突出，且已经成为影响我国经济安全与经济发展的重要因素之一。虽然能源资源总量位于世界前列，但是我国人均能源资源占有量很低，还不到世界平均水平的一半；而且我国能源利用效率低、浪费严重。据估计，我国每增长 1 万美元 GDP 的能源消耗是美国的 4 倍、法国的 7 倍、日本的 14 倍。与世界其他国家一次能源构成不同的是，我国以煤为主，占一次能源的比例为 70%，由于煤的高效、洁净利用难度大，使用过程中已对人类的生存环境带来严重的污染。这些都在提醒我们，一方面要节约有限的资源；另一方面要积极开发新的能源。2015 年，我国由于新能源的利用将减少 3000 多万 t CO_2 的温室气体及 200 多万 t SO_2 等污染物的排放，不但有利于节能减排，而且有助于我国的可持续发展。

1. 完善核电中长期发展规划

核电是我国新兴能源产业发展的重要支柱，是替代化石能源的主要选择之一。但是目前我国核电发展速度无法满足社会经济快速发展对能源的巨大需求，因而我国核电发展战略也应适时做出调整。

1）国家相关部门曾出台《国家核电中长期发展规划（2005—2020 年）》，规划目标是中国到 2020 年实现核电装机 4000 万 kW，在建 1800 万 kW。但是从我国核电发展速度来看，这一目标显然已经无法满足国民经济发展的需要，更无法实现我国向世界承诺的到 2020 年单位 GDP CO_2 排放量比 2005 年下降 40%～50% 的减排目标。

国家核电中长期发展规划调整的主要内容之一是核电装机目标。对装机发展目标，最初是 6000 万 kW，现在则已扩容到 1 亿 kW。针对我国核电产业发展的现状，到 2020 年我国核电装机目标在 7500 ~ 8000 万 kW。我国虽然提出要大力发展核电，但是也应当保持一定的发展节奏，从我国核电技术装备发展水平和核电人才培养来看，也无法满足 1 亿 kW 的核电装机目标要求。同时，核电安全是我国发展核电工业的前提，一旦核电装机目标过高，核电建设节奏过快，在目前我国核电监管力量不足的情况下，核电安全将很难得到完全保证。

2）从核电技术路线选择来看，虽然我国引进的美国西屋公司三代核电技术 AP1000 已经得到消化，但是我国核电工业发展的最终目标是要回归到国产技术，实现核电技术自主化。目前我国自主核电技术 CAP1400 到 2017 年实现发电，为了吻合我国核电技术发展进度，现阶段我国核电工业发展速度也要相应进行控制，核电装机目标不宜过高。

《2010—2015 年中国核电行业投资分析及前景预测报告》指出，我国核电工业布局已经呈现出由东向西、由南到比、从沿海到内陆的发展趋势。为了满足内陆地区经济发展对能源的需求，这一发展趋势在即将出台的核电中长期发展规划中也应当有所体现，以加快内陆地区核电建设步伐。

3）我国当前在建核电机组 23 台，占世界在建 57 台机组的 40%，在"十三五"期间会进入核电建设高峰。同时我国核电建设仍将保持较平稳的节奏，每年建设 6 ~ 8 台机组。如果我国保持每年建设 6 ~ 8 台百万 kW 级核电机组的速度，到 2020 年将达到近 9000 万 kW 的核电装机。在此期间，如果人才、设备制造等方面的能力获得提升，则可能将进一步提高核电建设的速度。

2. 建造 7 个 4 万 kW 级风电基地

"十二五"期间，我国在甘肃、新疆、河北、吉林、内蒙古、江苏六个省区打造 7 个千万 kW 级风电基地。甘肃酒泉地区首个千万千瓦级风电基地建设规划已经完成，规划建设 9 个风电场，2015 年装机容量为 1270 万 kW，已进入实施阶段。

1）首个千万 kW 级风电基地一期工程完成。中国首个千万 kW 级风电基地——酒泉风电基地一期工程 516 万 kW 装机已经全部完工。在风电场建设的带动下，中国风电装备制造业也快速发展。仅酒泉风电设备产业制造园就落户 29 家企业，其中中国风电设备总装的前三强——华锐、金风、东气，以及叶片制造前三强——中材、中复、中航等全部落户园区。酒泉风电基地一期 2010 年年底已实现装机 516 万 kW，2015 年实现装机 1271 万 kW。在一期建设工程完成的同时，二期工程 755 万 kW 风电项目也完成测风、规划选址等前期工作。

2）海上风电项目启动。我国首个 100 万 kW 海上风电特许权项目招标于 2010 年 5 月启动，共有 4 个项目，都在江苏。参与投标的公司大多数为央企，包括大唐电力、国电电力、华电国际、华能和中电投旗下各个新能源子公司，以及中海油、中广核、中节能、河北建设和京能公司等。中电投在此次海上风电特许权项目中的东台和大丰两个项目中，投出 0.6101 元/kWh 的最低投标价；在滨海和射阳两个项目中的投标价分别为 0.6119 元/kWh 和0.6559 元/kWh。此次海上风电特许权项目招标的最低投标价格，几乎与陆上风电最高上网标杆价0.61 元/kWh 持平。与陆上风电相比，海上风电虽具有风速高、风资源稳定、发电量大等特点，但因其技术和所处的运行环境远较陆上风电复杂，因此其发电成本应比前者更高。

我国沿海省份工业发达、耗电量大，同时缺少传统资源，电力供应始终难以完全满足。除了太阳能光伏发电，在沿海省市，风能发电是未来发展可替代能源的主要方向。我国陆上风能资源主要集中在西部地区，远离沿海用电负荷中心。即使未来实现内陆风能大省并网发电，长距离输电至东部沿海城市，还会受到智能电网建设进度的制约。相比之下，如果发展靠近用电负荷的海上风电，则没有上述制约。事实上，东部沿海风能发电已有先例：我国第一个海上风电示范项目——上海东海大桥10 万 kW 级海上风电场项目的税后上网电价为 0.978 元/kWh。该项目总投资约 23.65 亿元，2010 年 7 月已实现并网发电。

3. 最大光伏电站特许项目招标

总建设规模达 28 万 kW 的国家第二批光伏电站特许权项目招标在 2011 年 6 月公布了中标名单，13 个中标企业的价格均在 1 元/kWh 以下。这次招标最终将我国的光伏发电价格带入"1 元时代"，并有望促使这个行业加速突破最为敏感的价格瓶颈。

1）国家第二批光伏电站特许权项目 2010 年 6 月下旬已启动，共有西部 6 个省的 13 个项目，总规模 28 万 kW，特许经营期 25 年，这是我国迄今最大的光伏电站特许权项目。

此次光伏电站特许权项目招标竞争异常激烈，共有 50 家企业递交了 135 份标书，5 大发电集团以及中广核、中节能等电力企业唱了主角，还出现同一发电集团所属不同子公司竞争同一个项目的现象，显示这些发电集团对此次光伏特许权招标项目"志在必得"。在此次招标过程中，出现了唯一一家外资企业——比利时 EnfinityNV 集团，它分别与中广核太阳能开发有限公司、国电科技环保集团及中节能太阳能科技有限公司组成了 3 个投标联合体，参与了 6 个总计达 120MW 的项目投标。2009 年，EnfinityNV 集团也作为唯一一家外资企业，与中国广东核电集团一起成功中标了中国首个光伏并网发电特许经营权项目——甘肃敦煌 10MW 示范项目。

2）在此次中标的项目中，中电投新疆能源投资公司以 0.7388 元/kWh 的最低价中标新疆哈密20MW 项目，这也成为此次 13 个项目的最低价。这个价格比 2009 年国内首个光伏发电特许权项目招标时报出的 0.69 元/kWh 只高出4分钱，但最后，中广核与 EnfinityNV 集团联合以第二低价 1.09 元/kWh 中标。出现 0.7388 元/kWh 的低价,而且 13 个项目的价格均在 1 元/kWh 以下,说明市场看好这个行业。

参与投标的企业表示,2010 年光伏发电特许权项目数量较多,各个项目的日照、气候等情况有所不同,有些地区条件优良,是难得的资源。更重要的是,目前多晶硅价、硅片价、光伏系统造价等成本与 2009 年高峰期有明显下降,这都使 1 元以下的报价成为可能。

3）国际金融危机后,我国光伏制造业日趋成熟,产量增加,成本逐步下降。国内最大的多晶硅制造商江苏中能硅业公司负责人称,2010 年多晶硅已降至每千克为 35 美元,在 2011 年底已达到 30 美元以下。而一些企业的生产规模将迈过百万千瓦级,如晶澳太阳能 2010 年的产量已达到 1.35GW。同时,欧洲的光伏企业正在逐步向东南亚和中国转移。

此次中标价均在 1 元/kWh 以下的另一个因素在于,此次光伏发电项目的建设期为两年,因此报价一定程度上反映了今后光伏组件价格下降的预期。

4）除了设备组件价格的下降之外,光伏电站的建设、管理和运营效率也有望提高。光伏电站是一个建设与使用周期长达数十年的产品,对于前端开发、系统优化、融资、建设,以及后期运营和维护等方面都有严格要求。正因为如此,不少企业选择了和在全球拥有大量开发经验的 EnfinityNV 集团合作,以提高效率,最终达到降低电价的目的。EnfinityNV 集团羿飞新能源开发有限公司在 2009 年与中广核以 1.09 元/kWh 的次低价中标敦煌10MW 项目时,也被多数人认为是在赔本,但仅仅一年的时间,这个低价就变成了最高价,说明市场认同这个产业具有巨大的空间。以目前的中标价格来看,这些中标企业要想保质保量地完成建设,是一个很大的挑战,也有一些企业会因顾及如此低的“价格标杆”而推迟进入的时间。但目前光伏产业难以在国内推广最大的原因在于成本偏高。如果这次招标真能促成国内光伏发电成本的下降,那么从长远来说,这对我国的光伏产业而言是一个好消息。

三、“十三五”新能源设备实现自主化

“十三五”期间,我国将会加快绿色发电的发展,新能源发电设备将实现自主化。

1. 水电将获优先发展

“十三五”电力发展的思路是：优先开发水电；优化发展煤电；大力发展核电；积极推进新能源发电。今后每 5 年煤电发电比重将降低 4% ~ 5%,风电、太阳能等清洁能源在 2020 年之后一定会迎来大发展。基于现阶段成本及资源等特点,水电将会被放在“十三五”电力发展的第一位。“十三五”水电开发将会继续加快开发长江上游、乌江、南盘江红水河、黄河中下游及北干流、湘西、闽浙赣和东北等 7 个水电基地,尽早开发完毕。

2015 年全国常规水电装机为 2.5 亿 kW，2020 年全国水电装机预计达 3.3 亿 kW 左右。抽水蓄能电站规划装机容量为 4000 万 kW 左右，2020 年为 6000 万 kW 左右。

与此同时，"十三五"期间国家对环渤海、长江三角洲、珠江三角洲和东北的部分地区，严格控制煤电发展，煤电开发不断向中西部移动。我国将重点开发山西、陕北、宁东、准格尔、鄂尔多斯、锡林郭勒盟、呼盟、霍林河、宝清、哈密、准东、伊犁、淮南、彬长、陇东、贵州等大型煤电基地，今后大型煤电基地将成为电力主要来源。全国规划煤电开工规模 3 亿 kW，2015 年煤电装机已达到 9.3 亿 kW，2020 年装机将在 11.6 亿 kW 左右。

2. 核电装机逐年增加

"十三五"期间，核能、风能、太阳能等新能源有望实现跨越式发展。核电方面，2015 年，我国已形成"东中部核电带"，即在辽宁、山东、江苏、浙江、福建、广东、广西、海南等沿海省区加快发展核电；稳步推进江西、湖南、湖北、安徽、吉林等中部省份内陆核电项目。到 2015 年，我国核电装机达 4300 万 kW。此外，"十三五"规划中建议，到 2020 年核电规划装机容量为 9000 万 kW。截至 2010 年，我国核电累计装机达到 1016 万 kW，在我国总电力装机容量的比重呈逐年上升态势。

此外，"十三五"期间，我国风电重点在"三北"地区规划和建设大型和特大型风电场。2015 年和 2020 年风电规划容量分别为 1 亿 kW 和 1.8 亿 kW。"十三五"期间我国也会适当控制风电高速发展的节奏。

太阳能方面，国家在甘肃敦煌、青海柴达木盆地和西藏拉萨建设大型并网型太阳能光伏电站示范项目，在内蒙古、甘肃、青海、新疆等地选择荒漠、戈壁、荒滩等空闲土地，建设太阳能热发电示范项目。到 2015 年太阳能发电规划容量已达 200 万 kW，到 2020 年太阳能发电规划容量将达到 2000 万 kW。

3. 重点装备将给予鼓励政策

"十三五"期间，电力工业将会继续建设坚强智能电网。但与以往不同的是，新的智能电网建设计划将会更加强调新能源、电动汽车等发展内容。

2015 年，华北、华东、华中特高压交流电网形成"三纵三横"网架结构，建成锦屏—江苏、溪洛渡—浙江、哈密—河南、宁东—浙江等交直流输电工程，将西部、北部大型能源基地电力送至华北、华东、华中负荷中心。建成青藏直流联网工程，实现西藏电网与西北电网联网，满足西藏供电要求。未来几年，电力工业将会格外注重行业自主创新发展，以具有自主知识产权技术的二代核电技术等，将会获得更大的发展空间。今后我国将会加强技术创新能力建设，着力促进电力设备产业的技术升级改造。为此，相关部门将会出台重点装备鼓励政策等，促进行业竞争力的整体提升。

四、能源装备培育成新兴产业

"十三五"期间，在能源装备领域，我国重点推进核电、洁净煤发电、新能源、燃气轮机、油气勘探开发及管道、海洋油气钻探、天然气液化等关键设备的自主化制造工作，还要努力将能源装备制造业培育成我国重要的战略性新兴产业。

1. 能源装备自主化成绩显著

回顾"十二五"我国能源装备取得的重要成就，其中，二代改进型核电关键设备国产化率达到 80% 以上，核电控制系统、锆管、蒸发器 U 形管、应急电源、核级阀门等一大批核电关键设备实现了国产化。三代核电超大型锻件、蒸发器、主管道、安全壳等关键设备能够自主制造。百万千瓦超超临界、大型空冷和循环流化床等火电机组达到国际先进水平。3MW 风电机组形成批量生产能力，5MW 风电机组已经下线。±800kV 直流输电和 1000kV 交流输电示范工程设备国产化率分别达到 90% 和 67%。千万吨炼油和百万吨乙烯装置实现自主设计和自主制造。3000m 深水钻井平台建造成功，LNG 运输船和 VLCC 超级油轮实现"国轮国造"。国产 600 万 t 成套采煤装备投入使用，1000 万 t 综采装备开始试用。

2. 能源装备须先行

发展能源装备必须坚持自主创新，不断提高科技装备水平。坚持依托重大工程，推动装备自主创新取得了明显成就，并在西气东输二线工程中积极推进长输管道设备国产化。坚持以国内需求为导向，优先支持具有重要战略意义、产业关联效应强、能够大量替代进口的产品。特高压输变电设备、核电设备、大型空冷发电设备、海上风电设备等，都是根据国家经济建设的需要研制的，并取得了很好效果。如从美国西屋公司引进 AP1000 三代核电技术，在世界上率先进行工程建设和消化、吸收、再创新，形成自己的核电品牌。依托大型企业、科研院所和民营企业研究机构，建设国家能源研发（实验）中心，充分调动和支持社会各方面力量开展能源科技自主创新。

3. 以自主的核心技术和装备做支撑

能源按照它的产业链可大致分成四个部分：一是一次资源的勘探开发；二是从一次能源到二次能源的加工转换；三是成品能源的传输配送；四是能源的应用。这四个环节无论是从勘探开发、加工转化、传输配送，还是节约利用都是依靠装备来实现的，所以能源产业链是一个技术密集的产业链，它的技术主要体现载体就是装备。

我国在"十三五"期间风电要上一个新台阶，但风电领域有几个问题必须要解决：一是关于风力机的质量，即在几十米、上百米这样的高空，特别是海上风电，风吹、浪涌等，原则是不能维修的或维修难度很大，所以一定要有一个高可靠、高寿命的风力机，这一点要做到非常不容易。二是并网。由于它依附于资源间歇的变化，导致它是一种不稳定的变体，这个变体涉及的核心技术就是电力电子技术，这是我国的弱项，这一点在能源领域里体现得特别明显。三是常规的电力设备实际上也有很多问题需要解决。如阀门，一台超超临界机组四五千万元的阀门都是进口的。还有管道，火电四大管道，P91 材料都是进口的。另外能源领域还有一些薄弱之处，如燃气机，还不能实现完全国产化，因没有核心技术，尤其是高端材料部件、燃气管制造的检验标准、检验场所没有最后解决。

此外，发展风电能源和核电能源，解决大规模的储能，就要把抽水蓄能发展起来。

实际上，能源领域有很多装备、很多技术需要开发，完成能源科技装备的"十三五"规划，就是要坚持科研，打造自己的研发中心，要抓住工程发展来实现重大能源装备的自主化。要从能源大国真正变成能源强国，没有自己的核心技术、核心装备支撑这一点是不行的。

4. 推进能源科技创新和装备自主化进程

"十三五"期间，要推动我国能源发展方式转变，必须更多依靠科技创新。在"十三五"能源发展，乃至维护国家更长时期的能源安全，科技创新都具有十分重要的战略地位。

要依托国家科技重大专项，带动能源科技创新取得重大突破。以国家科技重大专项实施为载体，增强能源领域原始创新、集成创新和引进消化吸收再创新能力，抢占未来能源科技竞争制高点。

五、五项技术突破改变清洁能源前景

1. 电网规模的电池储能

近年，智能电网的使用及与可再生能源的融合提出了快速使传统基础设施现代化的需求。由于工业规模的大容量储能电池将提高电网的安全性和可靠性，并且促进可再生能源如风能或太阳能的融合。不过，目前电网规模的电池价格仍然高得令人望而却步。过去 5 年中，大容量电池的价格下降了 50% 以上，但要想让这种电池商业化，价格需要降至目前的十分之一左右。

2. 燃料电池汽车

燃料电池可以把氢的化学能转变成电能。它们还能驱动汽车行驶 300mile（约合 480km）。燃料电池汽车面对和电网规模电池同样的障碍——价格高昂。

3. 高空风力发电

比尔·盖茨在 2016 年度公开信中说，他相信世界将在未来 15 年中实现某项能源突破，而潜在的突破之一是利用在我们头顶上空呼啸的风能。研究表明，来自高空急流的风所生成的能量是全球所需能量的 100 多倍。近来，高空风力发电技术吸引了大量投资。致力于该技术的初创公司获得了谷歌和三菱等大公司的投资，也获得了诸如瑞士和德国的政府的投资。

4. 可持续生物燃料

生物燃料一直被视作取代传统化石燃料、用于汽车和飞机的潜在替代燃料。但这种能源的可持续性究竟如何仍然存在疑问。一些研究人员指出，生物燃料的生产会导致森林乱砍滥伐，进而助长全球变暖，而且许多植物在转变成燃料时需要大量水和能源。由此，美国高级研究计划局正在研究一些新技术，即使生物燃料的生产过程实现碳中和及环境可持续性，用机器人收集的作物数据被用于识别如何种植需要更少肥料和更少水的生物燃料作物。

5. 核聚变

核聚变通常被认为是人类最渴望的清洁能源。几十年来，科学家们在实验室中苦心研究原子的聚合，以模拟太阳产生能量的方式。虽然取得了一些进展，但利用核聚变产生的能量被证明要比许多人所期望的困难。如果科学家最终取得成功，那么人类将掌握获取几乎无限清洁能源的钥匙。与核裂变不同，核聚变产生的废物没有放射性。

第五章 行业节能减排与能耗考核

"十三五"（2016—2020 年）是我国经济社会发展的重要战略机遇期，也是转变发展方式，加快建设资源节约型和环境友好型工业体系的关键时期。工业化、城镇化快速发展，经济增长的能源资源和环境约束日益强化，工业作为能源消耗的主要领域，是节能工作的重点和难点，实施工业节能减排"十三五"规划，对促进工业行业转型升级，实现工业可持续发展，确保完成节能减排约束性目标具有重要意义，积极推进行业节能减排与能耗考核工作将为工业节能降耗提供有力支撑。

第一节 强化行业能耗考核

一、行业能耗考核的意义

从近年国民经济发展情况来看，高耗能行业发展增速高于国民经济增速，高耗能产品产量也在不断增长，单位工业产品能耗与国际先进水平相比仍存在较大差距，节能潜力仍然很大。要实现行业又好又快发展，必须要控制能源消费总量，出路在于能源节约，强化行业节能减排与能耗考核。从长远战略看，节能减排是解决能源安全和保障供应的优先举措，只有加大节能减排力度，进一步挖掘行业节能潜力，才能确保实现可持续发展。

二、能耗考核指标

能耗考核指标的科学性、可操作性、指导性涉及全国地区差异、消耗能源品位、企业规模大小、生产工序设定、设备加工能力等各种因素，所以一般采用产品单位能耗定额和限额来进行考核。如某省主要产品单位能耗定额和限额见表 5-1，可供全国各地区参考。

表 5-1 某省主要产品单位能耗定额和限额

序号	指标名称	单位	2006 年		2010 年		2015 年		2020 年	
			定额	限额	定额	限额	定额	限额	定额	限额
1	原煤生产综合电耗	kWh/t 原煤	26	33	24	30	22	26	20	24
2	炼油单位能量因数能耗	kg 标油/t 因数	11.5	15	10	13	9	12	8	10
3	乙烯综合能耗	kg 标油/t	660	680	640	660	630	650	610	640
4	火电厂供电标准煤耗	g 标煤/kWh	350	400	330	380	310	360	300	330

（续）

序号	指标名称	单　位	2006 年		2010 年		2015 年		2020 年	
			定额	限额	定额	限额	定额	限额	定额	限额
5	吨钢综合能耗	kg 标煤/t	720	780	680	720	670	700	650	680
6	吨钢可比能耗(联合企业)	kg 标煤/t	700	750	670	710	660	695	640	670
7	电炉钢冶炼耗电	kWh/t	350	480	320	400	315	365	300	320
8	电解铝耗电	kWh/t	14200	15000	14000	14600	13900	14200	13500	14000
9	水泥综合电耗(机立窑)	kWh/t	80	90	70	80	65	75	62	70
10	水泥综合电耗(回转窑)	kWh/t	95	115	90	105	85	110	82	90
11	水泥熟料煤耗(机立窑)	kg 标煤/t	130	140	110	130	105	125	102	110
12	水泥熟料煤耗(加转窑)	kg 标煤/t	120	140	110	135	105	130	102	110
13	平板玻璃综合能耗	kg 标煤/重量箱	18	20	17	19	16	18	15	17
14	日用玻璃综合能耗	kg 标煤/t	460	500	420	480	410	470	400	420
15	建筑陶瓷综合能耗	kg 标煤/t	260	300	240	280	230	260	210	230
16	纤维板生产综合能耗	kg 标煤/m³	220	260	200	240	190	230	180	200
17	合成氨综合能耗	kg 标煤/t	1600	1900	1400	1600	1300	1500	1250	1400
18	烧碱综合能耗	kg 标煤/t	1200	1550	1150	1360	1050	1200	950	1150
19	纯碱综合能耗(联碱法)	kg 标煤/t	430	500	400	450	380	430	350	400
20	纯碱综合能耗(氨碱法)	kg 标煤/t	500	550	460	500	440	480	410	460
21	炭黑综合能耗	kg 标煤/t	2700	3000	2600	2900	2500	2700	2480	2600
22	瓦楞原纸综合能耗	kg 标煤/t	490	600	420	520	410	490	400	420
23	箱纸板综合能耗	kg 标煤/t	500	680	420	550	410	520	400	420
24	印染布可比综合能耗	kg 标煤/100m	33	50	30	45	28	40	26	30
25	棉布全厂生产用电(折标)	kWh/t	16.5	18	16	17	15.5	16.5	14.5	16
26	卷烟综合能耗	kg 标煤/箱	35	40	30	35	29	32	27	30

1) 到 2015 年，规模以上工业增加值能耗比 2010 年下降 21% 左右，"十二五"期间实现节能量 6.7 亿 t 标煤。钢铁、有色金属、石化、化工、建材、机械、轻工、纺织、电子信息等重点行业单位工业增加值能耗分别比 2010 年下降 18%、18%、18%、20%、20%、22%、20%、20%、18%。

2) 在钢铁、有色金属、石化、化工、建材、机械、轻工、纺织、电子信息等行业，大力推进结构节能。按照循环经济理念，优化产业结构和空间布局，推进产业向上下游一体化、能源资源综合利用方向集中；严格控制高耗能行业过快增长，淘汰落后的工艺、装备和产品；发展节能型、高附加值的产品和装备，大力提升行业能源利用水平；继续加强重大节能技术创新和示范，加大先进适用节能技术推广力度；加快重大节能标准制定，确保实现"十三五"行业节能目标。

3）各行业为了进一步细化能耗考核指标，重点强调行业内各企业能耗可比性，通过考核使企业之间了解本单位、本部门能源消耗水平，从而找到薄弱环节，通过采取多种措施使企业能耗和产品单耗进一步下降，以取得明显节能效果。由于行业产品及加工工艺差别较大，对冶金、机械、电子行业、建材及水泥行业还可以采用工业炉窑及站房能耗等级考核；对化工、纺织行业也可以采用工序能耗来进行考核。

除此之外，按照在"十三五"，期间，工业和信息化部还将组织实施工业锅炉窑炉节能改造、内燃机系统节能、电机系统节能改造、余热余压回收利用、热电联产、工业副产煤气回收利用、企业能源管控中心建设、两化融合促进节能减排、节能产业培育等九大重点节能工程，提升企业能源利用效率，促进节能技术和节能管理水平再上新台阶。

第二节 石油化工行业节能减排与能耗考核

一、石化"十三五"发展路线图浮现

中国石油和化学工业联合会（下称"石化联合会"）组织前期调研及起草工作，并制定完成以《石油和化学工业"十三五"发展指南》为主体、以高端装备等两个专项规划和天然气等20个专业规划相配套的全行业"十三五"发展指南体系。

1）根据规划，"十三五"期间预计全行业主营业务收入平均增长率将近乎至7%左右，到2020年达到19.8万亿元。在着力改造提升传统产业的同时，将大力培育化工新材料、生物化工、现代煤化工、生产性服务业等战略性新兴产业。而未来五年世界经济弱势复苏，我国经济发展进入新常态，工业经济深度调整还将持续，作为支柱产业的石油和化学工业产品需求增速也将放缓，东亚和东南亚地区市场竞争更加激烈，新业态、新技术兴起也将带来更大的不确定性。

2）"十三五"首要主攻方向是着力改造提升传统产业，按照严控增量、区别对待、分类施策、逐步化解的原则，有序推进石化产业基地建设，完善中俄、中缅、中哈陆上原油进口通道配套石化项目布局。同时严格限制新增炼油能力和化工产品产能扩张，加快淘汰200万t及以下、油品质量和环保不达标的炼油项目。

3）另一大主攻方向则是大力培育战略性新兴产业。化工新材料以高端聚烯烃塑料、工程塑料、特种橡胶三大重点领域为突破，力争带动行业整体自给率2020年提高到80%以上。现代煤化工则重点建设六大产业基地，到2020年煤制油产能达1000万t/年，煤制天然气为100亿m³/年，煤制烯烃达1300至1500万t/年。与此同时，促进生物基新材料、生物基化学品和生物燃料等生物化工的规模化、商业化应用，力争"十三五"末生物质燃料乙醇产量达500万t，生物柴油产量200万t。此外，加快发展第三方物流、检验检测认证、电子商务等生产性服务业。

4）"十三五"期间将推进石油贸易体制改革，放宽原油进口限制，赋予符合条件的炼油企业进口原油的资质和使用权。同时适时打破原油国有贸易与非国有贸易的政策界限，建立统一的原油贸易商资质条件。改进成品油出口配额管理办法，充分利用自贸区、保税区的政策优势，加快原油期货市场建设。与此同时，将推进油气价格改革以建立市场决定价格的机制。2017年基本放开成品油价格，全面理顺天然气价格，加快放开天然气资源和销售价格，网络型自然垄断环节实行政府定价，并妥善处理和逐步减少交叉补贴。

石化联合会在规划中还提出，推进混合所有制改革，促进国有企业和其他所有制企业共同发展。此外，推进成品油消费税改革，取消石油特别收益金政策，建立国家风险勘探基金。加大对页岩油气、致密油气等非常规油气的政策支持，减免天然胶进口关税，支持国产橡胶产业发展。

二、石油化工行业能耗考核

统计数据显示，自2000年开始，石油和化工行业能源消耗量占工业能源消耗量的比例逐年下降。2014年，石化行业能源消耗量为5.28亿t标煤，占全国能源消耗总量的15.2%；占工业能源消耗量的22.6%，比2000年下降了4.47个百分点。2000~2009年，石化行业能源消耗量年均递增7.72%；2014年，石化行业能耗比2013年增长5.2%，明显放缓。尽管如此，目前石化行业的能源消耗量仍占全国工业能源总消耗量的五分之一。

1. 石油化工行业能耗考核的现实意义

石油和化学工业既是能源生产大户，又是能源消费大户。石油和化工行业是能源消耗量大、污染产生多的行业，其能源消费量在3亿t标煤以上，排放的废水、废气和固体废弃物均名列各个工业部门的前列。

石油和化工行业必须转变以追求速度为主的粗放型增长方式，走出一条科技含量高、经济效益好、资源消耗低、环境污染少，人力资源优势得到充分发挥的新型工业化道路。

石油和化工行业中，炼油、乙烯、合成氨、烧碱、电石、甲醇、硫酸等17个重点耗能产品，"十三五"期间节能潜力巨大。2005年至2030年，国家实现节能减排目标大约要投入41万亿元，截至2015年已投入10.4万亿元。未来将投入30万亿元。从产业规模来看，未来15年将吸纳4800万人就业。

2. 石油化工行业节能减排面临的压力

"十二五"期间，我国石化行业万元工业增加值能耗累计已下降12.2%，化工行业万元工业增加值能耗累计下降 22.5%，合计实现节能量约 6125 万 t 标煤；2014 年行业万元产值取水量和用水量分别为 3.7t 和 49.1t，近十年来平均降幅分别达到 9% 和 7% 以上。

"十三五"我国石化行业节能节水和低碳发展目标是：到 2020 年，万元工业增加值能源消耗和二氧化碳排放量均比"十二五"末下降 10%，重点产品单位综合能耗显著下降；万元增加值用水量比"十二五"末降低 18%，废水全部实现处理并稳定达标排放，水的重复利用率提高到 93% 以上。

作为国民经济重要支柱产业，石化化工行业近 10 年持续稳定增长，在我国经济体系中占有重要地位。2015 年行业总产值 11.8 万亿元，占全国工业总产值的 10.8%，我国已成为世界第一大化学品生产国和第二大石化产品生产国。行业稳步发展的同时，行业废水排放总量一直居高不下，2014 年行业废水排放量 35.5 亿 t，占全国工业总排放量的 19%，居第一位。总体上看，行业废水排放总量呈现总体下降趋势，但总量及占比仍维持较高水平。"十三五"时期是我国资源、能源支撑工业化完成、经济爬坡过坎、城镇化进程推进的重要阶段，石化化工行业还将保持稳定增长。

能源消耗总量仍保持增长，资源利用率依然较低，"十三五"期间行业传统节能技改空间将进一步收窄，节能边际效应将逐步降低，完成指标任务将更加艰巨。石化行业排放 COD、氨氮、石油类、挥发酚、氰化物、汞、镉、砷的排放量均占全国工业总排放量的 10% 以上，其中氨氮、石油类、挥发酚、氰化物、砷的排放量占工业行业总排放量的 1/3 以上，居行业第一位。到 2020，万元 GDP 用水量将下降 23%，万元 GDP 能源消耗、二氧化碳排放降低 18%，全国化学需氧量、氨氮、二氧化硫、氮氧化物排放总量分别控制在 2001 万 t、207 万 t、1580 万 t、1574 万 t 以内，比 2015 年分别下降 10%、10%、15% 和 15%。全国挥发性有机物排放总量比 2015 年下降 10% 以上，重点行业挥发性有机物排放量削减 30% 以上。

但我国节能环保产业起步较晚、规模较小、集中度较低、创新能力较弱，特别是缺少灵活高效、符合现代产业要求的服务模式，总体服务水平比较低，制约了产业的培育与发展，急需从产业战略上予以强化，从政策上给予扶持。

石油和化学工业的节能工作目前面临的挑战有：①能源消费量大。全行业年消费能源 4.7 亿多 t 标煤，占我国能源总消费量的 15.2% 左右。能源在石油和化学工业生产中，不仅作为燃料、动力，而且作为原料，在产品成本中占有很大比重，一般产品的能源费用达到 20% ~ 30%，高耗能产品的能源费用达到 60% ~ 70%。②能源供应日趋紧张，市场竞争日趋激烈，环境保护的要求越来越高。主要问题有能源供求矛盾突出、价格上涨、成本加大、产品缺乏竞争力、节能降耗、结构调整、技术进步等缺乏必要的资金支持等。③对经济的增长，在思想观念上还没有改变传统的模式，一些企业片面追求增长速度和规模扩张，对节能的意义认识不足、重视不够，从而造成节能法规不健全、管理制度不完善、节能投入不足、技术开发和推广应用不够、节能管理队伍建设、统计和计量等基础工作严重滞后。

石油化工行业主要产品能耗见表 5-2，近年来石油化学工业主要产品平均先进能耗见表 5-3 石油化工行业六种产品能耗指标，也是石油化工企业应该达到的节能目标见表 5-4。

表 5-2　石油化工行业主要产品能耗

产品名称	指 标 名 称	2005 年加权平均数	2006 年加权平均数	2010 年加权平均数
原油加工	单位原油加工综合能耗/(kg 标油/t)	V95.9	88.7	76.1
	单位原油加工耗电/(kWh/t)	V60.8	60.1	53.4
乙烯	单位乙烯生产综合能耗/(kg 标煤/t)	V996.0	974.0	958.0
	单位乙烯生产耗电/(kWh/t)	V363.38	331.94	310.7
电石	单位电石生产综合能耗/(kg 标煤/t)	V1196.3	1175.5	1158.2
	单位电石生产电力消耗/(kWh/t)	V767.6	665.5	634.3
纯碱	单位纯碱生产综合能耗/(kg 标煤/t)	V467.5	447.1	434.1
	单位原油加工耗电/(kWh/t)	V253.7	251.5	248.4
合成氨	单位合成氨生产综合能耗/(kg 标煤/t)	V1582.1	1515.8	1465.4
	每吨合成氨耗电/(kWh/t)	V1271.7	1257.4	1243.8
	每吨合成氨消耗天然气/(m³/t)	V1079.2	1039.2	1008.4
	每吨合成氨耗标准原料煤/(kg/t)	V1245.2	1213.8	1194.7
	每吨合成氨耗标准燃料煤/(kg/t)	V355.4	331.5	322.5
烧碱（离子膜法 30%）	单位烧碱生产综合能耗/(kg 标煤/t)	V1476.7	1451.4	1424.8
	单位烧碱生产耗交流电/(kWh/t)	V2315.9	2277.7	2242.4
	单位烧碱生产耗蒸汽/(kg/t)	V706.5	663.7	629.3

表 5-3　石油化学工业主要产品平均先进能耗

年　度	2000	2004	2005	2006	2010
原油加工/(kg 标油/t)	82.9	78.4	73.0	72.7	70.2
乙烯/(kg 标油/t)	787.4	703	690	682	674.8
合成氨/(kg 标煤/t)	1498.7	1496.6	1400	1386	1369.2
烧碱/(kg 标煤/t)	1435.0	1355.5	1297.2	1288	1279.1
隔膜法/(kg 标煤/t)	1563	1493.3	1447.9	1424	1410.4
离子膜法/(kg 标煤/t)	1090	1080.3	1066.5	1035	1012
纯碱/(kg 标煤/t)	406	397.6	395.8	394	389
电石/(kg 标煤/t)	1246	1200	1188	1145	1102
黄磷/(kg 标煤/t)	7308	7200	7150	7131	7098

表 5-4　石油化工行业产品能耗指标

序　号	指 标 名 称	2005 年	2010 年	2020 年
1	炼油单位能量因数能耗/(kg 标油/t(因数))	13	12	10
2	乙烯综合能耗/(kg 标油/t)	900	850	750
3	大型合成氨综合能耗/(kg 标煤/t)	1410	1340	1250
4	烧碱综合能耗/(kg 标煤/t)	350	340	310
5	纯碱综合能耗(联碱法)/(kg 标煤/t)	500	410	305
6	纯碱综合能耗(氨碱法)/(kg 标煤/t)	550	500	450
7	炭黑综合能耗/(kg 标煤/t)	300	2850	2700

三、石油化工工业节能减排要求

目前我国石油和化学工业能源利用率比国外发达国家低 10% ~ 15%，除了和使用以煤（焦）为主的低质能源结构有关外，主要原因还是技术装备落后，资源能源消费结构不尽合理。

1. 强化结构调整

对于石油和化学工业来说，结构调整是转变增长方式、实现节能减排的一项重要措施。长期以来，石油和化学工业的快速增长主要靠铺摊子、上项目、高投入来支撑，这种粗放型经济增长方式相应带来了能源和原材料的高消耗，经济效益差。我国化工行业的 GDP（国内生产总值）能耗比国际水平高出很多的一个重要原因，就是以资源消耗大、技术含量和附加值低的初级产品为主，而发达国家是以资源消耗少、技术含量和附加值高的精细化学品为主。因此，节能减排必须抓结构调整：一是要坚决遏制部分行业盲目投资、低水平重复建设，严格限制高耗能、高耗水、高污染产业和落后的工艺技术，鼓励发展技术含量和附加值高、资源消耗和环境污染少的产品；二是要通过延伸产业链、增加加工深度，提高产品的精细化率，扩大高端产品的比例；三是对氮肥、纯碱、烧碱、电石、黄磷等高能耗行业，要通过结构调整、技术改造、企业整合和产品延伸，提高经济规模，降低能源消耗；四是对铬盐、农药、染料等高污染行业，要严格准入条件，加大治理力度；五是对国家已经或正在采取的部分过热产品调控措施，必须坚决地执行。

2. 推进重点工程

我国节能中长期专项规划中提出了十大工程，这十大工程绝大多数与石油化工有关，特别是能量系统优化工程、节约和替代石油工程，是我们的工作重点，其中原油加工、乙烯、合成氨三个产品能量系统优化方案是实施的主要内容，节约和替代石油工程项目也大部分在石油化工企业。

节约和替代石油工程包括：冶金、电力、石油石化、建材、化工等企业以洁净煤、石油焦、天然气、可燃性气体为燃料及原料的节代油改造工程；以煤化工、天然气化工、生物化工产品替代石油化工产品；发展混合动力汽车、燃气汽车、醇类燃料汽车、燃料电池汽车、太阳能汽车等清洁汽车；推广机动车节油技术；醇醚类燃料及煤炭液化技术的示范及醇类燃料的推广等，实现节约和替代石油3800 万 t。

重点工程的推进应该做到支持节能重点项目、示范项目和高效节能产品的推广应用，制订支持十大重点节能工程的配套政策措施，组织对重点项目实施情况的检查，落实支持重点节能工程的配套资金，强化对重点项目实施情况的监督检查。

3. 狠抓重点企业

在"千家企业"节能行动中（2006 年 4 月启动），石油和化学工业占 340 家。千家企业 2006 年能源消费量 6.7 亿 t 标煤，占全国能源消费总量的 1/3，占工业能源消费量的 50%。石油、石化、化工 340 家的能源消费量占千家能源消费量的 25% 左右，占全行业能耗的一半以上。抓好这些重点企业，将对整个行业乃至我国的节能事业产生巨大的影响。要协助政府制定节能降耗目标，开展能源平衡测评、技术服务和达标认定工作，组织专家到企业"诊断"，帮助重点企业搞清能耗高在哪里，浪费在什么地方，潜力从哪里挖掘，做到心中有数。重点企业要制订用能规划，提出节能目标、产品能耗标准及具体措施。

参加 2009 年考核的千家企业共 901 家，石化行业为 298 家。其中 873 家完成了年度节能目标，占 96.89%；28 家未完成年度节能目标（10 家石化企业关停并转）占 3.11%；2009 年共实现节能量 2925 万 t 标煤。

2015 年能效领跑企业的单位产品能耗为 1136kg 标煤/t，与 2011 年能效领跑企业的 1554kg 标煤/t 相比，下降了 26.9%。此外重点耗能产品如乙烯单位产品综合能耗下降 9.1%，合成氨下降 4.9%，30% 离子膜烧碱下降 9.3%，电石下降 9.6%，全部完成了"十二五"工业节能规划目标，行业水资源重复利用率也持续上升至 2014 年的 92.5%。"十二五"期间，共有 2393 家石油和化工企业被列入万家企业节能低碳行动方案，其中 160 多家企业建设了能源管理中心，初步实现了能源的系统化、扁平化管理。

4. 依靠技术进步

技术进步是实现节能降耗最重要的措施。据研究分析，技术进步对节能贡献率达到 40% ~ 60%。要提高能源利用效率，缩小与国际先进水平的差距，必须依靠科技进步，不断增强自主创新能力。要按照新型工业化道路的要求，大力开发和推广节能降耗的先进实用技术，重点是能源节约和替代技术、能量梯级利用技术、延长产业链和相关产业链接技术。通过自主创新，突破制约节能降耗的技术瓶颈，尽快使资源消耗从高增长向低增长、再向零增长转化。

同时要认识到行业的技术装备落后和企业规模偏小，目前我国合成氨生产主要以煤为主，采用的还是20世纪六七十年代的固定床的间歇气化技术和设备；烧碱生产大多数还是采用隔膜法的设备和技术；而合成氨、烧碱、纯碱、电石、黄磷等行业的小型企业占70%以上。

5. 抓好节能管理

节能管理具体实施包括：①完善对新建项目的审批制度：相关部门对新建项目，凡是能耗高于目前世界先进水平的不准立项；进行技术改造项目，产品能耗指标达不到国内先进水平或世界先进水平的，也不批准立项。同时，鼓励企业开展热电联产、蒸汽多级利用，在合成氨、烧碱、纯碱和部分有机化工企业开展余热回收。②充分利用国内国际两种资源和市场，制定高能耗产品出口政策，我国化工基础原材料产品出口量较大，如烧碱、电石、纯碱产品，最近10年来出口逐年增加。这种消耗大量能源的产品长期大量出口，将给我国经济发展和环境造成一定的影响。在对高能耗产品出口利与弊进行研究的基础上，制定高能耗产品出口政策，以利于我国石油、化学工业的发展。

四、新时期节能减排重点工作

随着节能减排工作的不断深入，行业节能减排的空间趋小、难度加大。"十二五"期间，石油和化工企业能减的已减，能降的已降，好干的已干，剩下的大多是难啃的'硬骨头'，在同样的投入条件下，取得的效果则可能比较小，这意味着今后节能减排工作难度越来越大。"十二五"期间，石化行业节能减排取得显著成效，以较低的能源消耗增长支撑了行业的较快发展。然而，进入"十三五"，一些项目投资过热，使石化行业产能结构性过剩矛盾更加突出，增加了节能减排的难度。加之能源供应日趋紧张、环保法规更加严格、碳减排压力增大，石化行业节能减排形势更为严峻。

"十三五"期间还将推进以下几方面工作：加快构建节能节水和低碳发展的绿色产业体系、培育新绿色经济增长点、推进清洁生产和循环经济、实施化工园区绿色化改造、推动能源资源机制改革。

1. 石化行业节能减排形势更为严峻

新时期石油和化工行业将进入加快转变经济发展方式的攻坚阶段，行业节能减排工作面临着新的任务和挑战。

石油和化工行业节能减排工作面临着更大的国际压力。国际社会正在努力推进资源节约，减少碳的排放。我国政府已做出庄严承诺，到2020年实现单位GDP CO_2 排放下降40%~45%的目标，另外国际关于汞污染防治公约谈判，都对今后我国石油和化工行业节能减排提出了更高的目标和更严的要求。

与此同时，石油和化工行业节能减排工作面临着"转方式"的更高要求。国家将出台能源总量控制、资源税、环境税、环境责任险等一系列节能和环境保护新政策，出台固定资产投资项目节能评估制度、高能耗产品能耗限额标准、化学品管理、化工园区污染防治等新的节能环保规章制度和标准，对石油和化工行业节能减排提出的要求越来越高。

另外，石油和化工行业节能减排工作面临更加严峻的挑战。石油和化学工业行业能耗和污染排放水平仍居工业行业前列。目前，全行业综合能源消费量已占全国能耗总量的13%左右，占工业能耗总量的18%左右。随着我国社会经济的高速发展，能源供应日趋紧张，用水指标逐渐压缩，碳减排压力不断增大，环保要求愈加严格，这些问题都将对石化行业发展构成进一步的挑战。

石油和化工行业要解决这些矛盾和问题，实现"十三五"节能减排目标，就必须将发展方式转变到内生增长、创新驱动上来，大力提高能效水平，坚决淘汰落后产能，积极推行清洁生产，大力发展节能环保产业和循环经济，从源头上减少资源消耗、降低污染物产生，建立低投入、低消耗、低排放、高效益，废弃物能回收利用的新的发展模式。

石油化工行业"十三五"期间节能减排责任大、任务重，要做好以下工作：要解决好对节能减排的思想认识问题，特别是领导干部要充分认识到，这不仅是国家的要求，也是行业自身发展的需要；加快调整产业结构，进一步淘汰落后产能，控制氮肥、磷肥、聚氯乙烯、新型煤化工、轮胎等行业产能盲目扩张；提高传统产业的节能降耗、安全环保、产品质量水平；壮大节能环保产业；加强技术创新和技术改造，着力解决制约节能减排的一些技术瓶颈，在高效节能、资源循环利用、低成本减排等共性、关键技术方面取得重大突破；认真总结硫酸、磷肥、氯碱、纯碱、农药、橡胶等行业推进循环经济的成功经验，通过典型示范推广到全行业，并构建清洁生产推行机制，创建一批化工清洁生产示范企业，培育一批清洁生产示范园区；借鉴国际先进经验，努力构建具有中国特色的责任关怀体系，制定标准、评价指标和评价方法。

要构建行业节能减排长效机制，进一步完善行业节能减排标准体系，引导和组织企业开展能效和污染物排放强度对标工作。要做好重要能耗限额标准的制修订工作，建立主要耗能设备和用能产品"能效领跑者"制度。要以控制能耗总量、优化能源结构、提高能源利用效率、减少污染物排放为重点，分行业提出平均标准和先进标准，确立追赶的标杆，引导和组织企业开展能效和污染物排放强度对标工作。

2. 石油化工行业重点工作

（1）石油行业

1）原油开采行业要全面实施抽油机驱动电机的节能改造，推广不加热集油技术和油田采出水余热回收利用技术，提高油田伴生气回收水平。鼓励符合条件的新建炼油项目发展炼化一体化。原油加工行业重点推广高效换热器并优化换热流程、优化中段回流取热比例、降低汽化率、塔顶循环回流换热等节能技术。

2）以提高石化产品附加值为重点，大力发展聚碳酸酯、聚甲醛、聚对苯二甲酸丁二醇酯、高强度高模量碳纤维、高性能聚四氟乙烯、丁基橡胶、乙丙橡胶、异戊橡胶等高端或专用石化产品，加强可再生树脂的研发和废塑料的回收利用，努力增加节能环保型丁苯橡胶、丁二烯橡胶、丁腈橡胶、氯丁橡胶的新产品、新牌号，积极推进节能型溶聚丁苯橡胶的应用。

3）全面推广大型乙烯裂解炉等技术；重点推广裂解炉空气预热、优化换热流程、优化中段回流取热比、中低温余热利用、渗透汽化膜分离、气分装置深度热联合、高效加热炉、高效换热器等技术和装备；示范推广透平压缩机组优化控制技术、燃气轮机和裂解炉集成技术等；研发推广乙烯裂解炉温度与负荷先进控制技术、C_2加氢反应过程优化运行技术等。

4）石化行业重点产品节能措施。

①乙烯：优化原料结构，推动原料的轻质化，支持乙烯生产企业进行节能改造，实现生产系统能量的优化利用，到2020年，乙烯综合能耗降至750kg标煤/t。

②芳烃：优化操作流程，实现蒸汽能级的合理利用。通过降低加热炉有效负荷、提高加热炉热效率等措施，降低加热炉燃料消耗量。推广新型高效催化剂（吸附剂），提高装置能源利用效率和经济效益。

③合成材料及单体：对聚乙烯、聚丙烯、己内酰胺、丙烯腈、乙二醇等生产装置，开展针对性的节能技术改造，降低蒸汽、水、原料的消耗量，提高装置能效水平。研发和生产节能环保型合成树脂、合成橡胶、合成纤维的新产品、新牌号。

（2）化工行业

1）以合成氨、烧碱、纯碱、电石和传统煤化工等行业为重点，合理控制其新增产能。淘汰能耗高污染重的小型合成氨装置，汞法烧碱、石墨阳极隔膜法烧碱、未采用节能措施（扩张阳极、改性隔膜等）的普通金属阳极隔膜法烧碱生产装置，不符合准入条件的电石炉和10万t以下的硫铁矿制酸和硫黄制酸装置（边远地区除外）。大力发展功能膜材料、先进储能材料、生物降解材料、环保及节能型涂料等高端化学品和电子级含氟精细化学品、新型催化材料、高性能环保型水处理剂等专用化学品。推进化肥、甲醇、电石等资源型产品生产向原料产地集中。组织实施好煤制油、煤制烯烃、煤制天然气、煤制乙二醇等现代煤化工示范工程，全面评价并探索煤炭高效清洁转化的新途径。提高新材料国内保障能力和化工行业精细化率，到2020年精细和专用化学品率达到55%。

2）全面推广先进煤气化、先进整流、液体烧碱蒸发、蒸氨废液闪法回收蒸汽等技术及新型膜极距离子膜电解槽、滑式高压氯气压缩机、新型电石炉等装备；重点推广氯化氢合成余热副产中高压蒸汽、真空蒸馏、干法加灰、黄磷烟气回收利用、电石炉尾气综合利用等技术；研发推广氧阴极低槽电压离子膜电解、节能型干铵炉、无机化工生产过程中低温余热回收利用等。

3）合成氨行业重点推广先进煤气化技术、节能高效脱硫脱碳、低位能余热吸收制冷等技术，实施综合节能改造。烧碱行业提高离子膜法烧碱比例，加快零极距、氧阴极等先进节能技术的开发应用。纯碱行业重点推广蒸汽多级利用、变换气制碱、新型盐析结晶器及高效节能循环泵等节能技术。电石行业加快采用密闭式电石炉，全面推行电石炉炉气综合利用，积极推进新型电石生产技术研发和应用。

4）化工行业重点产品节能措施与目标

① 合成氨：优化原料结构，实现制氨原料的多元化，支持氮肥企业进行节能改造，加快大型粉煤制合成氨等成套技术装备国产化进程，到 2020 年，合成氨综合能耗降至 1250kg 标煤/t。

② 烧碱：推动离子膜法烧碱用膜国产化，支持采用新型膜极距离子膜电解槽进行烧碱装置节能改造，到 2020 年，烧碱（离子膜法 30%）综合能耗降至 300kg 标煤/t。

③ 纯碱：加大产品结构调整，提高重质纯碱和干燥氯化铵的产能比例，鼓励大中型企业采用热电结合、蒸汽多级利用措施，提高热能的利用效率，到 2020 年，纯碱综合能耗降至 305kg 标煤/t。

④ 电石：推动电石行业兼并重组，鼓励企业向资源和能源产地集中，促进产业布局结构合理化发展，加快内燃炉改造，提高技术装备水平，到 2020 年，电石综合能耗降至 950kg 标煤/t。

⑤ 黄磷：加强尾气回收利用，推广深度净化、生产高技术高附加值碳一化学品、干法除尘替代湿法除尘技术，加强熔融磷渣热能及渣综合利用研究和示范工程建设。

五、推广石油化工行业节能新技术

加快石油化工行业节能改造和节能新工艺、新技术的推广是十分重要的。

1. 石油行业新技术

石油行业生产和加工油气的过程中要消耗大量的能源，特别是随着许多老油田开发难度的增加，能耗也逐年大幅度上升。开发及应用新的节能技术，可以进一步深挖节能潜力，提高节能效益。当前应积极推广采用的新技术包括：

1）机械采油系统节能技术。

2）钻井系统节能技术。

3）不加热集油工艺技术。

4）节能型原油脱水设备。

5）油气降耗回收利用技术。

2. 石化行业新工艺

1）改进工艺条件，降低工艺总用能。①工艺总用能是衡量装置用能水平的重要指标，它是原料变化过程中在要求条件下（温度、压力）所需要能量的数量。一般工艺总用能可分为热、蒸汽和动力用能三种形式，即用热工艺总用能、用汽工艺总用能和动力工艺总用能；②降低用热工艺总用能；③减少用汽工艺总用能。

2）提高能量回收率，减少排弃能量及用能损耗。

3）提高能量转换环节效率，减少装置供入能耗。

4）低温热回收利用。

5）搞好蒸汽逐级利用。

3. 化工行业新技术

1）多效蒸发。若将二次蒸汽当作加热蒸汽，引入另一个蒸发器，只要后者的蒸发室压力和溶液沸点比原来蒸发器的低，则引入的二次蒸汽就能起到加热作用。利用这个原理将多个蒸发器连接起来一同操作，即组成一个多效蒸发器。由于各工序（除最后一工序外）的二次蒸汽都用做下一工序蒸发器的加热蒸汽，这就提高了蒸汽的利用率。

但随着产量的增加，设备费用不断增加，而产生蒸汽的降低率也慢慢减小，在设备 5 效以后，再增加效数，节能效果就不太明显了。目前，对于无机盐溶液，由于其沸点升高较大，效数为 4 ~ 6 效；只有对海水淡化等极稀溶液的蒸发采用设备 6 效以上。

2）预热进料。精馏塔的馏出液、侧线馏分和塔釜液在其相应组分的沸点下，作为产品或排出液由塔内采出，但在送往后道工序使用、产品储存或排弃处理之前常常需要冷却。利用这些液体所放热量对进料或其他工艺流进行预热，是简单的节能方法之一。

3）塔釜液余热的作用。塔釜液余热除了可直接预热进料外，还可将塔釜液显热变为潜热利用。

4）蒸汽喷射泵式热泵精馏应用。

5）膜反应器的应用。膜反应器的结构，可分为惰性膜反应器和催化膜反应器两类。惰性膜反应器所用的膜本身是惰性的，只起分离作用。惰性膜大多为微孔陶瓷、微孔玻璃或高分子膜，而催化膜反应器所用的膜同时具有催化和分离的双重功能，反应物从膜一侧进入（如脱氢反应）或从膜两侧进入（如加氢反应、部分氧化反应）。

4. 推行石油化工行业两化深度融合

石化工业发展重要的不协调是硬件和软件不配套，硬件发展非常快，世界第二，软件跟不上，围绕石化行业的所有软件服务没有，石化行业在国际上就没法站稳脚跟。

当前形势下，提高石化行业的水平，关键要服务于石化行业的结构调整与产业升级的发展，服务和改造传统产业，服务和发展高端行业。还要助推石化中小企业的发展，推广信息化的应用，引导和服务中小企业转型升级，提高各方面的管理水平和产业水平。

如何推进两化深度融合？一要推进企业的综合集成和创新；二要使企业信息化迈向更精细的产品信息化和服务信息化；三要推进生产性服务业（工业服务业）的信息化发展；四是在国家层次要出台更好地推进两化深度融合的政策；五是在区域层次加快推进两化深度融合。工信部将来以区域形式推进两化深度融合的推进工作还会进一步加强。按照区域形式，大到省，小到市，再到工业园区都是推进两化深度融合的新方向。六要高度重视新一代信息通信技术的变革。七要高度地重视信息安全工作。过去把注意力集中在互联网安全方面，现在也要更加重视的工业信息系统安全。

"十三五"期间，工信部将从国家及技术层面给予政策支持，推进石化行业信息化的转型升级，全面促进两化深度融合。

5. 石油化工企业实现节能减排新跨越

【案例5-1】 上海石化节能减排工作成效。

位于杭州湾畔上海金山的上海石化，近几年在污水治理、异味整治、固废处置、能源利用等方面打出环保、节能"组合拳"。

2011年上海石化节约新鲜水300多万t，减排污水200多万t，新鲜水用量、污水排放量都同比减少10%以上，节水减排成效显著。

在治水方面，该公司成立了环保水务中心污水预处理车间，将原分布在各单位的污水处理装置实施集中管理。这一举措，促使各单位生产装置优化工艺管理，减少排污量，使源头的环保管理得到了加强，又减少了对下游环保设施的高负荷压力。

上海石化舍得对治水硬件设施的投入，目前共有污水预处理装置23套，深度处理装置3套，污水回用装置1套，使污水治理实现了"层层把关，分级治理"

上海石化狠下决心治理大气污染，开展为期两年的"环保绿色行动"，把剑锋直指厂区异味。

堵疏结合，精细管理。他们分区、分片，每根管线、每个角落，开展地毯式检查。数以千计的泄漏点被"逮"了出来，然后针对各自特性，或加装"丝堵"，或加盖密封等，解决泄漏问题。堵，还要堵住管理上的漏洞。该公司在大规模的设备大检修中，严格把住"油不落地、气不上天"的关口。在2011年的检修停车中，仅乙烯装置就回收加氢尾油、石脑油、裂解汽油等13种物料达1268.98t。在开车中，乙烯装置创新地采用在线开车理念，不仅缩短了投料后产品合格的时间，而且有效避免了 200 多 t 裂解气的放空损失。

上海石化平均每天处理的各类污水 12 万 t 左右，积聚的污泥量达 120t，后期处理费用昂贵。从 2007 年起，该公司环保水务部科技人员开展污泥减量的科研攻关。2011 年下半年，科研成果获国家两项发明专利，目前正向工业化应用推进。据介绍，采用该成果可使污泥中微生物的生命活力提高数倍，使污泥量减半，由此不仅能减少大量填埋等处理费用，而且可节约稀缺的土地资源，经济效益和社会效益十分巨大。

上海石化环保水务将通过优化生化装置工艺、确保污泥处理系统高效运行、改进污泥处理工艺等措施，力争用 3 年时间将每年产生的 4 万 t 污泥减到 4000t，使污泥量降低 90%。

上海石化以结构调整为支撑点，以技术进步为突破口，实现了节能工作的新跨越。

以结构调整实现能源节约。上海石化在"十一五"期间新建了几套结构调整装置，大大提高了能源利用效率。330 万 t/年柴油加氢装置、120 万 t/年延迟焦化装置的投产，使该公司增强了含硫重质原油加工能力，提高了原油加工深度和资源综合利用率；60 万 t/年芳烃联合装置、15 万 t/年碳五分离装置的投产，使上下游结构更趋合理。

综合利用变废为宝。2009 年，上海石化全面打响"消灭火炬"战役，通过装置消缺、精细管理、燃料优化、设施改造等措施，当年回收利用火炬气 20000 多 t，相当于节约了 2.8 万 t 标煤。目前已有近 8 万 t 火炬气作为燃料气使用。

【案例 5-2】　茂名石化节能减排创新高。

(1) 炼油综合能耗又下降　茂名石化炼油分部按照"节能效果最好，装置运行最优，投资回报率最高"为原则，实施精细化管理，炼油综合能耗一路走低，国内同行业继续领先。2012 年 1～10 月，实现炼油综合能耗 49.14kg 标油/t，同比下降 0.32 个单位，创历史新低，节约成本 1350 万元。

2012 年以来，茂名石化炼油分部加大对水、电、汽、燃料、氢气等公用介质的日监控力度，进一步提升节能效果。他们加大对节能的督促检查及考核力度，确保实现节能降耗目标。对已投用的节能项目跟踪，确保已投用节能项目日常化管理。同时，结合生产实际变化情况，做好系统、区域节能项目的论证工作，将节能降耗项目由点扩大到面，提高全厂能源综合利用效率，减少能源损失。

(2) 单点卸油量创新高　2012 年第 51 艘油轮"远富湖"扫舱泵停止运转，茂名石化单点安全卸下 12.8 万 t 沙轻和沙中原油，也使得单点今年的卸油量超过 1000 万 t，达到 1000.5 万 t，比去年同比增加 46.16 万 t，创同期历史新高。

2012 年以来，针对原油采购品种多样化、油轮租用拼装形式灵活的特点，茂名石化港口分部各个专业相互配合，努力将到达单点油轮的每一滴油都输送到岸罐。为实现油轮安全接卸这一目标，港口分部单点加强了设备的日常检查和卸油过程中严格监督，安全完成各类检修 49 次，并对发现卸油过程中存在的隐患及时进行更正，全年没有出现非计划停工事件。通过与船方密切配合，严格监控船方的操作，把好卸货、洗舱、扫舱、验舱的各个关口，做到舱净管干，为茂名石化多接收原油接近 1000 方。

（3）优化沥青产品结构 为了更好地挖潜增效，茂名石化优化沥青产品结构，深入科技创新，尝试新的工艺，加大了 70A 等高等级沥青的生产量，并加强与总部专业销售公司的衔接，A 级沥青全部销往西南地区；与铁道部衔接好外运车源，确保产品全部外运，提升了茂名石化 A 级沥青的市场占有率。

茂名石化历来有"沥青大王"的美誉，其生产沥青产品一直非常畅销。过去，生产的沥青牌号以 70B 为主，无法满足市场的需求，同时，A 级沥青比 B 级沥青的效益好，A 级沥青的销售价格比 B 级沥青平均高 50 元/t。从 2012 年 7 月开始，茂名石 A 级沥青的比例由 6 月的 22.48% 逐月提高到 10 月的 95.95%，创历史新高，7~10 月共销售 A 级沥青 23 万 t，增效 1147 万元。

6. 石化行业大型高端压缩机节能潜力

1）据统计，我国主要石油化工企业（中国石化、中国石油、中国海油）目前拥有在用大型压缩机组（200kW 以上）约 4000 台，设计功率约 900 万 kW。如果通过实施在役再制造工程，使压缩机组的运行效率提高 10%，每年将节电 76 亿 kWh，节约成本达 46 亿元。

2）健康与能效监控智能化发展战略思路及目标。

2016—2020 年具体措施：

① 调查发达国家工业装备健康及能效监控和在役装备技术升级现状和趋势，分析存在和差距及原因。对石化行业开展普查和调研，查明主要问题和发现培育示范工程。

② 建立应第三者机构负责监测工业装备绿色和评估装备效能和环保等级，完善和推广应用基于工业互联网的装备健康能效监测诊断体系。明确企业及主管部门责任，设备部门要管设备节能。设计部门设立装备和工程系统部门及协调审核制度。

③ 突破石化行业高端压缩机组健康与能效监控关键技术，形成适合我国国情的压缩机组优化综合控制系统（ITCC）。

④ 基本完成老旧机组控制系统升级改造，改造覆盖率达到 90% 以上。

第三节　冶金行业节能减排与能耗考核

一、冶金行业"十三五"发展规划发布

当前，我国钢铁工业已经到了阶段更新、结构转变、动力切换的关键时期，传统动力逐渐减弱，创新动力正在形成，开始进入减量发展新阶段。

《钢铁工业"十三五"发展规划》出台，其中将发展目标锁定为"化解产能过剩、进行大型结构性重组、遏制行业无序竞争、加大产品创新、促进绿色发展及鼓励企业走出去"等。

产业结构升级成为《钢铁工业"十三五"规划》的重要内容，并将遵循三大发展主线：一是去产能化，二是补齐环保欠账和实现绿色发展，三是拥抱互联网和多元化发展，其中转型与升级成为重中之重。

1. 支持企业减量重组

《中共中央关于制订国民经济和社会发展第十三个五年规划的建议》指出，要用创新、协调、绿色、开放、共享五大发展理念为"十三五"谋篇布局，决定了国家"十三五"时期的发展路径，将其与钢铁行业的运行特点相结合是谋划《钢铁工业"十三五"规划》的最重要导向，其中化解产能过剩、兼并重组成为《钢铁工业"十三五"规划》的重点。

2015年，全国粗钢产量8.04亿t产能利用率不足64%，属于严重过剩范畴，且产业集中度进一步下滑。2016年2月，国务院发布的《关于钢铁行业化解过剩产能实现脱困发展的意见》指出，"十三五"期间，我国将压减钢铁产能1亿~1.5亿t。

当前，我国钢铁行业正处在适应新常态、加速结构调整、转型升级发展的关键时期，作为传统产业中高污染、高耗能的典型代表，钢铁行业通过结构性重组促转型升级已是必然。而引导企业兼并重组是钢铁行业化解产能过剩矛盾的有力抓手，也是企业做大做强、提高市场占有率和竞争力的有效措施，有利于加快形成由优强企业主导的产业发展格局。

《钢铁工业"十三五"规划》将按照市场化运作、企业为主体、政府引导的原则，以优势企业为兼并重组主体，结合化解过剩产能和深化区域减量布局调整，支持钢铁企业加快实施减量重组。通过兼并重组形成1~2家超亿吨粗钢产量企业，3~5家5000万t级以上企业，6~8家3000万t级以上企业。

2. 深层次调整优化将展开

我国钢铁工业在"十二五"期间取得了巨大进步，品种质量、服务和技术水平不断提升，节能环保水平逐步提高，尤其在推动国民经济发展方面发挥了重要作用。目前，在生态文明建设及经济新常态背景下，我国钢铁区域产业布局长期

存在的不合理现象愈发明显，深层次调整优化钢铁产业发展布局，对钢铁产业转型、重装上阵意义重大。

与发达国家相比，我国钢铁工业集中度依然过低，其中企业数量多、规模小、布局分散的局面尚未得到根本改变是造成钢铁行业运营成本居高不下、钢铁企业效益较差的重要原因。从总量上看，"十二五"期间，我国粗钢产能新增 4 亿 t，"减量调整"和"等量淘汰"要求都未达到。

我国钢铁工业布局多是利用国内资源和靠近铁矿原料产地的原则展开的，产能过于分散，导致一系列的恶性竞争和产能分布不合理问题。而且，相当一批钢铁产能远离市场，大量的钢材需要经过长距离运输，导致企业物流成本增加。中国工程院工程管理学部主任、中国工程院院士孙永福介绍说，当前我国钢铁企业大规模减产、减薪、减员甚至全厂停产现象频发，"三减一停"已经成为钢铁企业生产经营极为困难的新特征。

"十三五"期间，我国钢铁产业将进行深层次调整优化，并配合"一带一路"的发展契机，在战略带动的区域市场，从建设钢材供应基地开始，逐步推进深加工、物流配送直至建设适度规模的钢铁厂。同时，将推进中心城市城区钢厂转型和搬迁改造，实现国内钢铁产能向优势企业和更具比较优势的地区集中。

3. 一票否决倒逼绿色发展

随着我国经济迈入到新的发展高度，过去产能过剩、资源密集型的产业将转向绿色低碳循环产业，尤其我国新环保法实施以来，环保一票否决制将逐步成为新常态，也将成为钢铁行业化解过剩产能的重要抓手。"十三五"期间，我国钢铁产业需要深层次调整优化，以节能求效益、以环保求生存将成为钢铁行业发展的重要主题。

《钢铁工业"十三五"规划》中，创新及多元化发展产业是重头戏，彻底改变了过去依靠规模扩张和无序发展的方式，并通过创新应对挑战、转型应对挑战、升级应对挑战，完成去产能任务，提高发展质量，实现破冰前行。

随着国家"互联网＋"战略的提出，为钢铁电商带来了前所未有的发展机遇。"十三五"期间，我国将促进互联网与钢铁的结合，一方面提升钢铁工业生产流程的绿色化和智能化；另一方面互联网的应用将进一步降低流程制造业的成本、提高效率、推动技术进步、组织变革，形成更广泛的以互联网为基础设施和创新要素的发展新形态。

"十三五"期间，我国钢铁工业需要以减量化、绿色化、有序化、品质化、多元化、差异化、智能化、国际化、服务化"九化"协同为核心，最终实现绿色矿山、绿色采购、绿色物流、绿色制造、绿色产品、绿色产业。

二、冶金行业能耗情况

我国冶金行业存在的问题主要有三个方面：一是能耗高；二是二次能源利用

效率低；三是固体废物利用率低。

　　2015年我国成品钢产量为4.8亿t/年，粗钢生产量为8.04亿t/年。而冶金行业粗钢产能及产能利用率，如图5-1所示，图5-2为2001～2012年我国占世界钢产量的比重。

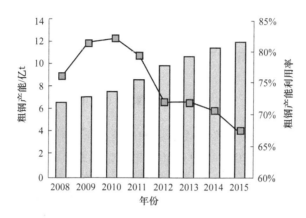

图 5-1　2008～2015年我国粗钢产能及产能利用率

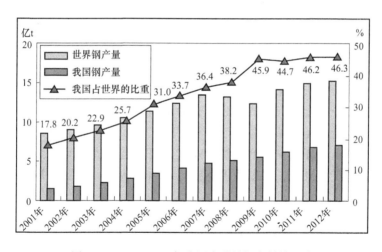

图 5-2　2001～2012年我国占世界钢产量的比重

1. 我国冶金行业能耗与国外冶金行业有一定差距

　　国内外钢铁企业能耗情况如图5-3所示，以日本钢铁企业能源单耗为100计算，韩国钢铁企业能源单耗略大于日本，为105，欧洲为110，我国大中型钢铁企业为130，全行业则为150，也就意味着我国钢铁企业吨钢能耗是日本的1.5倍，我国与日韩钢铁在能耗上还存在一定的差距。

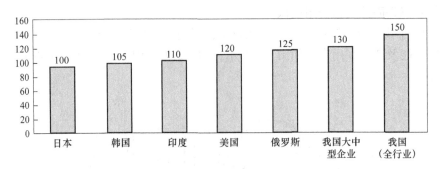

图 5-3　国内外钢铁企业能源单耗与中国对比

　　近年来，冶金行业在粗钢产量逐渐增加的情况下，吨钢能耗逐年下降，重点钢铁企业吨钢综合能耗从 2010 年的 0.605t 标煤，降到 2015 年的 0.572t 标煤；吨钢耗新水量从 4.1m³ 降至 3.25m³，提前实现 4m³ 节水目标；吨钢二氧化硫排放量从 1.63kg 降至 0.74kg，超额实现 1.0kg 的污染防治目标；吨钢化学需氧量从 70g 降至 22g。钢铁行业在节能减排方面虽然取得了一定的成绩，但我国钢铁行业能耗、环保与国外先进水平的差距依然较大。如高炉-转炉流程的能耗是电炉流程的 2 倍以上，CO_2 排放是电炉流程的 3.8 倍，而我国的电炉钢比例增长缓慢。另外，我国废钢资源紧缺，电炉钢生产中大多使用 30% ~ 40% 的高炉铁水，造成了我国电炉流程的能耗与国外比偏高。

　　2. 近期我国冶金行业能耗已有较大进步

　　但尽管如此，钢铁行业的总体能耗还是在上升的。

　　近期钢铁行业持续进行的节能减排有助于国家节能减排总目标的完成，受减排影响，钢铁产量已经下降。钢铁行业"十三五"规划已明确加大减排力度，逐步实现资源节约型、环境友好型钢铁行业就是要重点解决的问题，另外还要加快结构调整，加快产业升级，实现我国钢铁行业由大转强，加强兼并重组，提升产业集中度。

　　3. 冶金系统节能减排迫在眉睫

　　在全国各地"铁腕"淘汰落后产能的背景下，并根据工业和信息化部发布的重点用能行业能效对标参数，钢铁工业选择焦化、烧结、球团、炼铁、转炉炼钢和电炉炼钢等主要工序，以国内先进水平划定标杆值。从 2010 年全国重点钢铁企业主要工序能耗指标来看，虽然部分企业的部分指标已经达到或接近国际先进水平，但是"最落后"企业的能效水平与标杆值落差较大。

　　基于钢铁工业多层次、不同发展阶段并存的现状，钢铁企业需要运用系统工程的方法对单体设备、某个工序和联合钢铁企业的节能工作开展综合研究，即实施系统节能。

（1）建立主要工序能效标杆　2010年4月，工业和信息化部发布的《钢铁工业节能减排指导意见》（以下简称《指导意见》）明确新时期我国将建立和完善行业能效对标信息平台，定期发布主要工序能耗领先水平和"领跑"企业名单，引领钢铁企业结合自身能耗现状开展对标达标活动。钢铁行业能效对标的主要参数包括：粗钢综合性能效标杆指标、焦化工序标杆指标、烧结工序标杆指标、球团工序标杆指标、炼铁工序能效标杆指标、转炉炼钢工序能效标杆指标和电炉炼钢工序能效标杆指标七大类。其中，在粗钢综合性能效指标中，吨钢二次能源回收量和二次能源利用量标杆分别为500kg标煤/t和460kg标煤/t，而利用余热、余压、余能的自发电比例应该达到50%。

在炼铁工序上，吨铁新水耗和蒸汽消耗分别为0.12m³和13.32kg；转炉炼钢吨钢电耗、新水耗分别为12kWh和0.24m³；电炉炼钢吨钢电耗、新水耗分别为320/260（全废钢/30%铁水）kWh和0.5m³。

这个钢铁行业能效对标参数体系，既是完成"十二五"节能减排任务的重要参考，也将作为国家编制"十三五"规划的主要依据。除了制定主要工序能耗标杆之外，国家准备加入作为技术支撑的重要生产指标。

（2）企业间能效水平悬殊　全国重点钢铁企业总能耗达到12689万t/标煤，由于产量增加同比增加14.23%；吨钢综合能耗为607.48kg标煤，同比下降2.15%；焦化、烧结、炼铁、转炉炼钢和电炉炼钢能耗分别达到111.3kg标煤/t、53.74kg标煤/t、408.29kg标煤/t、0.52kg标煤/t、72.27kg标煤/t。

目前，我国钢铁企业节能工作发展不平衡，企业之间的各工序能耗最高值与先进值之间的差距较大，这表明我国钢铁工业还存在较大的节能潜力。以炼铁工序为例，降低燃料比、提高喷煤比、降低入炉焦比是推动节能的关键环节。按照工信部划定的能效参数，燃料比、入炉焦比和喷煤比标杆值分别为464kg/t、264kg/t和200kg/t。我国最落后的企业燃料比、焦比和喷煤比分别为601kg/t、499kg/t和44kg/t。

可见，虽然部分高炉技术经济指标已达到或接近国际先进水平，但是我国仍有一批应淘汰的落后技术和装备还在生产之中。

提高喷煤比是国内外炼铁技术发展的大趋势，可以实现炼铁系统的结构节能。但是，从目前来看，我国重点钢铁企业喷煤比还存在较大的提升空间。国内最先进的德龙钢铁这一指标为183kg/t，依然低于200kg/t的标杆值。

（3）节能减排任重道远　我国粗钢生产能源消耗约占工业总能耗的23%，新水消耗、废水、SO_2、固体废物排放量分别占工业的3%、8%、8%和16%。与国际先进水平相比，我国钢铁工业能源利用效率相对较低，吨钢综合能耗比国际先进水平高出15%左右。若以工序能耗计算，在重点大中型企业中，48.6%的烧结工序、37.8%的炼铁工序、76%的转炉工序、38.7%的电炉工序能耗高于

《粗钢生产主要工序单位产品能源消耗限额》国家强制性标准中的参考限定值，13% 的焦化工序能耗高于《焦炭单位产品能源消耗限额》国家强制性标准中的参考限定值；而高炉、转炉煤气放散率分别达到 6% 和 10%，余热资源回收利用率不足 40%。

减量化用能、提高能源利用效率和二次能源回收利用水平，是钢铁企业节能的基本思路，而系统节能是提升钢铁工业节能水平的重要举措。

系统节能需要研究生产过程的物质流、能源流、能源转换及物质的合理循环利用，进而实现生产工艺流程的最优化。为此，钢铁企业需要运用系统工程的方法对单体设备、某个工序和联合钢铁企业的节能工作开展综合研究。技术节能是推进系统节能的重要一环。目前我国钢铁行业先进节能技术的推广应用力度不够，重点大中型企业高炉干式炉顶压差发电（简称 TRT）、干熄焦、转炉干法除尘的配备率只有 30%、52% 和 20%，而煤调湿技术仅在少数企业获得应用。为鼓励企业积极采用先进的节能工艺、技术、设备，钢铁行业应该尽快建立依靠先进技术推进节能减排的激励机制，同时完善相应的节能减排技术规范。

对于钢铁企业而言，节能技术的选择要结合自身的具体情况进行科学分析，找出经济合理、可操作性强的先进技术尽早实施。

三、冶金行业主要工序能耗及节能减排新技术、新工艺

1）以工序优化和二次能源回收为重点，提高物料、燃料的品质，提高高炉喷煤比和球团矿使用比例，加大废钢回收和综合利用，降低铁钢比。大力发展绿色钢材产品，有效控制钢铁产量增长，淘汰 90m² 以下烧结机、400m³ 及以下高炉、30t 及以下转炉和电炉、炭化室高度小于 4.3m（捣固焦炉 3.8m）常规机焦炉、6300kVA 及以下铁合金矿热电炉、3000kVA 以下铁合金半封闭直流电炉和精炼电炉。加大能源高效回收、转换和利用的技术改造力度，提高二次能源综合利用水平。

2）优化高炉炼铁炉料结构，降低铁钢比。推广连铸坯热送热装和直接轧制技术。推动干熄焦、高炉煤气、转炉煤气和焦炉煤气等二次能源高效回收利用，鼓励烧结机余热发电，到 2020 年重点大中型企业余热余压利用率达到 60% 以上。支持大中型钢铁企业建设能源管理中心。

3）全面推广焦炉干熄焦、转炉煤气干法除尘、高炉煤气干法除尘、煤调湿、连铸坯热装热送、转炉负能炼钢等技术；重点推广烧结球团低温废气余热利用、钢材在线热处理等技术；示范推广上升管余热回收利用、脱湿鼓风、利用焦炉消纳废弃塑料和废轮胎等技术；研发推广高温钢渣铁渣显热回收利用技术、直接还原铁生产工艺等；加快电机系统节电技术、节能变压器的应用。到 2020 年，转炉负能炼钢、脱湿鼓风、烧结余热发电、煤调湿等技术的应用比例分别达到 65%、20%、40% 和 50%。

4）冶金行业主要工序能耗及能源利用效率目标，见表 5-5。

表 5-5　冶金行业 2020 年主要工序能耗及能源利用效率达到目标值一览表

项　　目	达到目标值
焦化	能耗达到国家单位产品能耗限额标准先进值的企业数量占比达 60%
烧结	能耗达到国家单位产品能耗限额标准先进值的企业数量占比达 15%
高炉	能耗达到国家单位产品能耗限额标准先进值的企业数量占比达 15%
电炉	能耗达到国家单位产品能耗限额标准先进值的企业数量占比达 65%
二次能源综合利用	大中型钢铁企业余热余压利用率达到 50% 以上、利用副产二次能源的自发电比例达到全部用电量的 50% 以上

四、冶金行业产品能耗定额考核

1. 加快结构调整与淘汰落后工艺技术装备

首先，从行业结构来看，行业集中度低，大中型企业和小型企业之间单吨能耗差距大。因此，应该严格贯彻环保法、技术质量监督，以及行业市场准入的规定，整顿、淘汰不合格的小钢铁厂，小铁合金厂、小耐火材料厂，一律不准新建这类落后的小企业，合理配置资源，减轻环境污染负荷，提高行业集中度。

其次，从钢铁企业产品结构看，在我国粗钢产量中氧气顶吹转炉钢的比例高达 90%，而造价、能耗和成本低的电炉钢仅占 10% 的比例，是世界十大产钢国中，电炉钢比例最低的国家，全球平均水平 30%，部分发达国家甚至达 50%，应尽快提高电炉钢的比例。扣除原料条件、生产品种等因素影响，<300m³ 高炉的工序能耗高于 80kg 标煤/t 的和 <20t 转炉的工序能耗高于 20kg 标煤/t 的，按规定应全部淘汰。

2. 冶金行业主要产品能耗定额

加快实施对冶金行业主要产品能耗定额的管理，是十分重要的考核手段，如某省对冶金企业下达到的节能目标，即冶金行业产品能耗定额和限额见表 5-6（供参考）。

表 5-6　冶金行业主要产品能耗定额和限额

指标名称单位	2006 年		2010 年		2015 年		2020 年	
	定额	限额	定额	限额	定额	限额	定额	限额
吨钢综合能耗/(kg 标煤/t)	720	780	680	720	670	700	650	680
吨钢可比能耗/(kg 标煤/t)	700	750	670	710	660	695	640	670
电炉钢冶炼电耗/(kWh/t)	350	480	320	400	310	380	305	320

五、冶金行业节能减排技术

1. 加快开发自有知识产权节能减排技术

如前所述，"十二五"期间我国钢铁业节能减排取得进展，单位耗能和排放量继续下降。

　　钢铁工业一些先进的节能工艺装备技术，如 CDQ（干熄焦）技术、TRT（高炉煤气导压透平发电装置）等得到进一步的推广应用。如我国先后有攀钢、马钢、包钢、唐钢、济钢等 14 套干熄焦装置投入使用。我国已投产干熄焦装置 91 套，年处理能力达 8581 万 t，居世界第一位，成为干熄焦装置最多、处理能力最大的国家，如图 5-4 所示。

　　干熄焦技术对炼焦工序可实现吨焦节能 40kg（标煤），按目前我国重点大中型企业高炉入炉焦比平均 390kg/t 铁计算，干熄焦可使吨钢能耗降低 15kg 标煤。

　　2. 冶金行业节能减排发展应大力应用"三干"与"三利用"技术

　　"三干"指干熄焦、高炉煤气干式除尘、转炉煤气干式除尘；"三利用"指水的综合利用、以副产煤气（煤炉、高炉、转炉）为代表的二次能源利用，以高炉渣、转炉渣为代表的固体废弃物综合利用。

　　推广"三干"技术，能够提高能源的一次使用效率和能源的二次回收利用率，减排二氧化碳，减少粉尘、污水对环境的污染。同时可以尽量多地回收电能，减少发电用煤量，提高企业用电自给率，推动节能减排增效作用，实际上也就是建立不断循环利用的循环经济发展模式，组成一个"资源—产品—二次能源利用"的物质反复循环过程。

图 5-4　马钢 5、6 号干熄焦系统西侧远眺图

　　3. 通过技术引进实现冶金工业技术进步

　　提高我国冶金工业节能环保技术的国际竞争力是一个亟待解决的重要课题，而技术进步是其中的关键。寻求技术进步的途径通常有两种：一种是自主创新，另一种是利用国际技术引进。目前我国钢铁工业研发资金和能力尚显不足，技术基础比较薄弱，自主创新能力十分有限。鉴于这一实际情况，我国应当重视加强

在节能环保技术方面的国际协作，积极通过技术引进实现钢铁工业的技术进步。

(1) 冶金工业节能环保技术发展的主要表现

1) 对各生产工序功能及流程的分析及重组优化，这方面是节能环保最重要的推动力，主要是对现有工艺技术的改造，包括铁前、炼钢连铸及轧钢工序技改技术，以及促使钢铁生产流程朝着高效优质、连续紧凑、可控与智能化的方向不断完善与发展的新技术，这是节能降耗、清洁生产的根本动力所在。

2) 新的生产方法及工艺流程的研究，促使能源系统结构化的改变。这方面是确保钢铁生产节能环保的功能得到进一步完善，主要针对工艺创新，如熔融还原炼铁技术 COREX、流化床工艺和 COREX 的熔融气化炉工艺 FINEX、HISMELT 流程等非焦、少焦炼铁技术，气基燃料在尽可能大的范围内替代煤、油技术等。

3) 污染治理与二次能源的回收利用相结合。这方面将成为节能环保的重要方向，主要包括各类煤气、废气等二次能源的综合回收利用（炉顶煤气余压发电、燃气蒸汽联合循环发电、低温余热发电等），烟尘。还有炉渣固体废料的回收利用，大幅度节水，水循环复用实现"零排放"等技术。

(2) 节能环保项目技术引进特点 技术引进要基于提高生产技术水平，降低创新成本，节约产品进入市场的时间，同时还应能够加快经济追赶速度，从而达到快速缩小与发达国家差距的目的。节能环保项目的技术引进具有以下特点：

1) 利益出发点不同。常规的技术引进都是引进在技术输入国国内可以得到足够商业回报的技术，其单纯是为了追求经济利益，而节能环保项目的技术引进首先是在于对整体社会的贡献，其引进的是在技术输出国尚未商业化的技术。

2) 技术引进限制较少。常规的技术引进往往会受到来自技术输出国的技术出口限制，一些发达国家的技术出口企业也常凭借其各种优势，把大量的限制性条款强加给国内企业。相比较而言，节能环保项目受此方面的限制相对较少，原因在于该项目所产生的效果往往不仅有益于技术输入国，同时能够为周边国家乃至全球带来收益。

3) 政策支持力度逐渐加大。近年来，我国相继出台了多项关于鼓励节能环保项目技术引进的文件，同时发改委等机构也积极开展与日本、德国等国家的交流与合作，大力呼吁发达国家向发展中国家引进节能环保技术。应该说随着我国对节能减排工作的日益重视，节能环保项目的技术引进将获得更多的政策支持。

(3) 低热值煤气 CCPP 技术引进案例 低热值燃气蒸汽联合循环发电技术（简称低热值煤气 CCPP 技术）是充分利用钢铁企业富余煤气，由燃气轮机循环及蒸汽轮机循环所组成，煤气的热能既参与了燃气轮机的布雷顿循环又参与了蒸汽轮机和锅炉组成的朗肯循环，从而显著提高了煤气的利用效率，其同时具有耗水量少、低污染物排放、占地面积小等优势，对于提高资源利用率、降低环境污染具有积极的带动作用。该项技术至 20 世纪中叶发展以来，已在多个国家钢铁企业得到了成功的应用，对于副产低热值煤气的高效利用发挥了重要的作用。

进入 21 世纪，随着我国钢铁行业的迅速发展，该项技术的节能环保优势日益彰显。从低热值煤气 CCPP 技术的技术引进案例分析来看，通过跨国公司的技术引进对国内钢铁企业技术进步有着显著的促进作用，该项技术的引进是成功的。也证明了通过国际技术引进国内需要且总体水平高于我国平均水平的技术和设备，对我国的整体技术水平将产生明显的推进作用。

同时，通过低热值煤气 CCPP 项目的技术引进也积累了一些经验教训，值得引起注意与借鉴。

1）注重引进关键技术，大力发展国内配套设备技术。我国节能环保技术与国外先进技术相比，还有着较大的差距。所以在引进技术时，必须充分考虑国内的配套技术能力及吸收、消化和创新的能力。低热值煤气 CCPP 技术引进近 10 年来，燃气轮机的核心部件仍需进口，主要原因在于国内相关机械制造水平无法满足技术要求，同时煤气净化设备、煤气压缩机等相关配套设备，尽管国内已可完全国产化，但性能指标、稳定运行等方面尚存在一些问题。

2）以市场为前提，不盲目追求技术先进性。在进行技术引进评价时，首先要充分分析和研究引进技术的国内市场潜力，不要盲目追求引进发达国家最先进的技术。在低热值煤气 CCPP 技术引进方面，目前只针对 50MW 系列装机容量，并未涉足 100MW 以上装机容量系列，主要原因是结合国内钢铁企业的市场前景，因地制宜的引进技术。

3）加强在技术引进中吸收、消化和创新的能力建设。对于技术引进，特别是跨国技术引进，必须高度重视吸收、消化和创新的能力建设。我国引进技术的经验教训主要集中在发展配套技术能力和专业技术培训上，因为技术能否尽快国产化、尽快适应我国的社会经济环境，取决于国内的配套技术能力和技术人员储备。在这一方面，低热值煤气 CCPP 的技术引进同样经历过类似的教训，早期几套机组运行效果不够理想，很大程度是由于国产及进口设备之间没有形成良好配套以及操作人员技术水平不高等因素造成的。此外，国内节能环保技术自主创新方面的能力应该进一步加强，缩短我国与国外先进技术水平的差距最终要依靠技术创新。同时，在加强技术能力建设的同时要做好技术引进和技术创新的相互协调，对于我国已掌握的核心技术及有能力商业化的技术不再引进。

4）充分发挥中介机构的职能作用。日本及欧美国家非常重视中介机构在技术引进过程中的作用，其对提升企业的创新能力和国际竞争力均能起到关键作用，我国的技术引进中介到目前为止发展缓慢，还没有形成规模效应，导致在很多情况下，技术引进中介是缺位的。例如，低热值煤气 CCPP 技术转让过程无中介机构参与，属技术输入及输出方企业单独行为，这种模式存在两个问题：一是合作初期由于双方文化、经营理念等差异导致沟通合作较为困难；二是由于缺乏相关指导，导致该技术整体创新能力不足。因此，未来节能环保项目的技术引进应借鉴国外先进经验，注重加强中介的职能作用。

5）进一步扩大国际协助范围。改革开放以来，我国各项事业发展迅速，接受了国外多种国际协助，从资金方面到技术服务，钢铁企业在节能环保领域也受益颇多。例如太钢低热值CCPP建设项目即为日元贷款项目，其利用日本协力银行贷款（年利率仅为0.75%，偿还期达40年），对于弥补企业建设资金不足、促进技术进步、提高管理水平均起到了积极作用。建议今后节能环保项目的技术引进应进一步扩大国际协助的利用范围，并应更着重在技术服务层面。

【案例5-3】　电弧炉余热利用的节能改造。

1. 主要问题

随着山东某特殊钢厂50t超高功率电弧炉装备水平的提升和操作工艺优化，钢产量不断提高，冶炼产生的烟气也大量增加，已远远超出除尘系统的处理能力。为此新上了余热利用及除尘系统，利用电炉第四孔回收余热并完善电炉除尘。

系统投入运行后，满足了除尘需求，但也存在着一些问题，如连接水冷滑套与燃烧沉降室的高温烟道，由于工作条件恶劣及设计上的缺陷，故障率居高不下，其主要表现为耐火材料脱落、烟道烧穿等，使系统被迫停止运行。系统工艺流程如图5-5所示，电炉产生的烟气通过第四孔进入水冷滑套，然后通过高温烟道进入燃烧沉降室，再经过热管式余热锅炉后进入除尘器净化，最后排入大气。

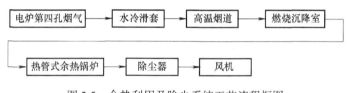

图5-5　余热利用及除尘系统工艺流程框图

2. 原因分析

通过调研，影响高温烟道使用寿命的原因主要有如下两点。

（1）耐火材料寿命低　抗热震性是耐火材料对温度迅速变化所产生损伤的抵抗性能，一般认为，制品的热膨胀率越大，抗热震性越差；热导率越高，热震稳定性越好。耐火混凝土的抗热震性指标经实测，在电炉冶炼阶段，高温烟道内的温度高达1200℃，至停炉出钢时，则迅速降到200℃左右，且随冶炼周期（约40mm），烟道内的耐火材料反复经受200～1200℃的温度变化。因此对耐火材料热震稳定性要求较高。原先使用的耐火材料由于Al_2O_3含量低，线膨胀率较大，热震稳定性能较低，从而影响了烟道使用寿命。另外，电炉烟气含尘量大，特别是含氧化铁尘较多，烟气流速也较高，烟尘的冲刷作用使耐火材料表面不断受到侵蚀，耐火层逐渐变薄；余热锅炉定期进行声波吹灰，吹灰器所产生的振动对耐火材料也造成一定的影响，从而影响耐火材料使用寿命。

（2）高温烟道结构设计存在缺陷　原高温烟道结构为圆形截面，其最外层为 12mm 厚的钢板，中间是 50mm 厚的莫来石喷涂料，内层是 120mm 厚的莫来石轻质高强喷涂料，烟气流通截面积约为 2.55m²。从实际使用情况看，烟道设计截面积偏小，加上烟气流经烟道时，一部分粉尘不断沉降在烟道的底部，使烟道有效截面积逐渐减小。流速不断提高，增加了烟气对耐火材料的冲刷。

烟道的耐火层是一个整体，当某一部位的耐火材料局部损坏，很难再修补。

3. 改造措施

针对上述问题，对高温烟道进行了改造，改造后的烟道结构如图 5-6 所示。将烟道结构改成由顶部预制件和两侧耐火砖组成，如果顶部损坏，只需将顶部的预制件拆除更新，如果两侧墙损坏，也可以在不动炉顶的情况下修补墙体。

将烟道两侧墙和顶部使用的耐火材料都换成高铝低蠕变耐火材料，该种耐火材料 Al_2O_3 含量高，线膨胀率低，因此抗热震性稳定。

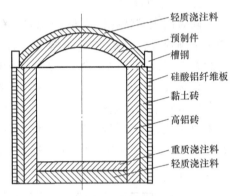

图 5-6　改造后高温烟道结构图

改造后的烟道流通截面积增大到 4m² 左右，既可有效降低烟气流速，减少烟气对耐火材料的冲刷，又可以在烟道下部沉积粉尘的情况下，还保证烟气有足够的流通面积。

改造后的烟道底部直接砌筑在地面基础上，抗振动能力得到加强。

4. 效果

改造后的高温烟道投入运行后，满足了生产需要，使用寿命由原来的 3 个月提高到 1 年以上，耐火材料消耗量大大降低，满足了电炉除尘要求，烟尘排放量达到环保要求，取得了良好的生产环保效益。

【案例 5-4】 莱钢节能减排取得成效。

1. 莱钢改造余热锅炉沉降室炉墙

莱钢通过对炼钢区域余热锅炉沉降室炉墙结构中的保温砖材质进行了技术攻关改造，有效延长了炉墙被烧穿的时间，提高了炉墙寿命，减少了烟尘排放，取得了经济效益和社会效益的双丰收。

余热锅炉沉降室炉墙由于受到高温烟气的冲刷与侵蚀，导致耐火砖烧损严重，炉墙一些部位经常被烧穿，迫使余热锅炉停止工作以维修炉墙，导致部分烟尘排到大气中，造成环境污染。通过分析原因后，对炉墙结构中的轻质保温砖更换为高铝砖，炉墙高铝砖厚度进行加高，延长炉墙被烧穿的时间，提高了炉墙寿命。

同时为了不降低炉墙的保温效果，将最外层的硅钙板厚度由 60mm 增加到 80mm，保证炉墙外壁温度在合理的范围内。由此，炉墙寿命提高三分之一以上，每年减少维修费用 12000 元，减少了烟尘异常排放，净化了大气环境，取得了明显的经济效益和社会效益。

2. 莱钢转炉煤气回收利用创新高

2012 年 1~11 月，莱钢特钢事业部转炉煤气回收完成 109.02m³/t 钢，热值 6300kJ/m³ 左右。同比提高 21m³/t 钢，创出历史最好水平。

特钢事业部把余能回收利用作为节能降耗的核心内容，优化煤气回收工艺参数，加强煤气设施的管理，降低了设备停机率，提高了煤气回收量。组织专业人员对转炉煤气回收条件和参数进行研讨，确定最佳开始回收浓度参数，优化煤气回收工艺和入炉料结构，根据转炉入炉料结构变化，结合炉口烟气活动状态，采取调整风机转速、活动烟罩升降时机等措施，提升了煤气成分浓度和煤气回收量，增加了煤气热值，单炉平均回收时间达到 10.5min 以上。与能源动力厂转炉煤气工序进行信息互通，调整回收并网模式，使合格煤气全部回收、并网，降低了转炉炼钢工序能耗，同比煤气回收增加效益 500 多万元。

3. 莱钢精炼炉合金实现自动化加料

莱钢特钢 50t 电炉精炼炉主控室，炼钢工轻点电脑画面上的"自动下料"按钮，就将精炼炉所用的高锰等 5 种合金料准确无误地称量出来，并送入精炼炉内。这样，合金料从配料到下料的整个过程便自动完成。在电炉炼钢中合金料主要用来调节钢水的成分和温度，合金料的加多或加少都会造成整炉废钢的巨大损失，所以合金料准确称量和加入对电炉炼钢成分和成本控制至关重要。对此开展技术创新，在精炼炉开发了一套"一键式"下料控制系统。该系统由自动化加料平台、合金料仓、称量斗、高位合金料仓等组成。这套系统的成功开发使用不仅减少了生产过程中的人工操作环节，减轻了操作人员的劳动强度，改善了大家的作业环境，还有效提高了产品质量和合金收得率，降低了合金消耗。

六、冶金行业启动能源管理中心建设

工业和信息化部与财政部联合下发的《工业企业能源管理中心建设示范项目财政补助资金管理的暂行办法》中提出，为提高工业企业能源管理水平和能源利用效率，将在钢铁、有色、化工、建材等重点用能行业逐步开展能源管理中心建设的示范工作。

工业和信息化部表示该项工作首先在钢铁行业开展，中央财政将安排资金对示范项目给予支持。

工业是我国耗费能源、资源和产生环境污染的主要行业。能源管理中心的建设是我国走新型工业化道路、加快建设资源节约和环境友好型工业的必然要求。

1. 建设能源管理中心的目的

目前我国吨钢能耗、火电供电煤耗、水泥综合能耗等主要工业产品能耗仍高出发达国家先进水平 20% 左右，单位 GDP 能耗远高于世界平均水平。

根据重点产业调整和振兴规划有关要求，建设工业企业能源管理中心项目，目的是为了加快推进工业化和信息化融合，进一步提高工业企业能源管理水平及能源利用效率，促使工业企业用能由粗放型向集约型转变，为深入开展工业领域节能减排工作奠定基础。

2. 能源管理中心的内涵

能源管理中心是指采用自动化、信息化技术和集中管理模式，对企业能源系统的生产、输配和消耗环节实施集中扁平化的动态监控和数字化管理，改进和优化能源平衡，实现系统性节能降耗的管控一体化系统

1）工业企业能源管理中心将主要借助完善的数据采集网络，获取生产过程的重要参数和相关能源数据，经过处理、分析并结合对生产工艺过程的评估，实时提供在线能源系统平衡信息和调整决策方案，确保能源系统平衡调整的科学性、及时性和合理性，从而提高能源利用水平，实现生产工序用能的优化分配及供应，保证生产和动力工艺系统的稳定性和经济性，最终实现提高整体能源利用效率的目的。

企业能源管理中心技术发源于西方发达国家，在借鉴国外经验的基础上，我国在工业领域尤其是重点用能行业中推广企业能源管理中心项目建设，是信息化和工业化融合的表现之一。

2）工业主管部门大力推进信息化和工业化融合，通过采用适当的政策措施规范和鼓励工业企业采取综合措施，提高能源利用效率，达到节能降耗的目的。

对于首先在钢铁行业进行的工业企业能源管理中心建设，因为钢铁行业是节能减排的重点行业，有建设能源管理中心的经验基础和推广空间。钢铁行业的能源管理中心建设，将首先在年生产规模 300 万吨钢以上的钢铁企业推广，要求钢铁企业的主要生产工艺技术及设施符合国家产业政策。目的是通过在钢铁行业树立一批两化融合示范项目，及时总结提高能源利用效率的经验，为其他行业提供借鉴。

钢铁工业的耗能量占我国总能耗的 15% 左右，占工业行业能耗的 15% ~ 25%。当前，能源价格的调整仍呈上升趋势，这对于能源费用占企业生产总成本 20% ~ 30% 的钢铁企业将是严峻的挑战。

3）以现代化的能源管理中心代替传统的能源管理模式，可使钢铁企业的总用能量降低 2%。能源管理中心的建立不仅对钢厂能源的统一调度、节能降耗有重要作用。同时，对于钢铁企业能源事故预案的制订和执行、事故原因的快速分析和事故的及时判断处理、正常和异常情况时能源供需的合理调整和平衡等方面，都十分有效。

3. 建设能源管理中心的工作要点

为了做好能源管理中心建设工作，财政部及工信部联合印发了《工业企业能源管理中心建设示范项目财政补助资金管理暂行办法》。企业可根据该办法和上报的方案要求准备材料上报各地财政厅（局）、工业和信息化主管部门，各地财政厅（局）、工业和信息化主管部门按照属地管理原则联合上报财政部和工信部。

工业企业建设能源管理中心的工作主要分为两个方面：

1）继续推动石化、有色、建材等其他行业企业建设能源管理中心项目。由于能源管理中心的概念起源于钢铁行业，在其他行业虽有类似做法，但与实时在线能源系统平衡和调度还有区别。因此，要首先将这些做法和概念移植到其他行业，并促进其他行业结合自身特点吸收改进并推广能源管理中心项目建设，从而促进重点用能行业的节能减排，政府部门将主要起到政策指导和推动促进的作用。

2）加强对钢铁行业获得财政支持的能源管理中心项目的监督管理。工信部将会同相关部门，按照国家固定资产投资项目管理的有关规定，加强对项目建设的跟踪和管理，确保项目进度、工程质量和资金使用符合国家有关要求并实现预期节能目标。

第四节　有色金属行业节能减排与能耗考核

一、新时期有色金属行业仍延续偏弱态势

当前有色金属行业产能扩增仍在持续，但势头在减弱，短期价格波动并不能改变总体偏弱的格局。

1. 有色行业整体出现积极向好趋势

自 2016 年 10 月以来，短期内有色金属产业呈现企稳回暖态势，供需关系明显改善。

工业和信息化部发布的《有色金属工业发展规划（2016—2020 年）》，明确要以加强供给侧结构性改革和扩大市场需求为主线，以质量和效益为核心，以技术创新为驱动力，以高端材料、绿色发展、两化融合、资源保障等为重点，加快产业转型升级，拓展行业发展新空间，到 2020 年底我国有色金属工业迈入世界强国行列。"十二五"以来，我国有色金属工业发展迅速，基本满足了经济社会发展和国防科技工业建设的需要。2015 年有色金属工业增加值同比增长 10%，有色金属行业规模以上企业完成主营业务收入 5.7 万亿元、实现利润总额 1799 亿元。"十二五"期间，规模以上单位工业增加值能耗累计降低 22%，累计淘汰铜、铝、铅、锌冶炼产能分别为 288 万 t、205 万 t、381 万 t、86 万 t，主要品种落后产能基本全部淘汰；氧化铝、铜冶炼、电锌综合能耗分别为 426kg 标煤/t、256kg 标煤/t、885kg 标煤/t，比 2010 年分别下降 27.8%、35.7% 和 11.4%。

2. 铝：50%产能陆续放量

2015年实施弹性生产的电解铝企业遍及17个省、市、区，主要集中在甘肃、青海、河南等地；全年累计关停规模427万t/年。其中44%产能集中在四季度削减。

2016年我国电解铝新增产能约300万t/年，其中年内可投产规模约150万t/年。目前国内关停可重启产能约为350万t/年，新建未投产能约为100万t/年。

3. 铜：电力行业消费仍是增长引擎

2000～2015年，我国的精铜消费量从187万t增长至993万t，增长量达到806万t，年均增速11.8%。但随着我国经济进入转型调整期，自2010年以来，铜消费增速持续下滑，2012年跌破10%，近两年进一步下跌，2015年增速跌破3%。

2016～2020年我国铜消费低速增长。我国未来铜消费主要增长潜力，电力行业仍是最大消费增长引擎，清洁能源投资、新能源汽车、新型城镇化建设等因素都将拉动铜消费。2016年国际市场铜价全年主要波动区间为4000～5300美元，均价在4600美元左右。

4. 铅锌：原料供应可能重现紧张

2016年国内投产的矿山产量贡献有限，同时环保政策和资金压力将迫使一些小矿山退出市场，加上铅锌矿的合理贫化率。国内铅精矿产量增长受限。此外韩国、比利时、印度等国家原生铅产能增加，将在国际市场与我国争夺铅精矿，我国原生铅原料供应可能重现紧张，但是考虑到之前的市场积累和银精矿进口政策的变化，总体原料供应有保障。

2016年锌需求疲弱，国内消费保持微增长；由于年初锌价上涨过快，锌精矿短缺还不明显，基本面缺乏强有力支撑，短期锌价上涨乏力，将在1650～1800美元/t波动。因此，全年来看，锌价为前低后高，筑底时间较长。国内锌价波动区间主要在13000～15500元/t，年均价为14500元/t，低于上年均价；LME锌价主要波动区间为1650～2000美元/t，年均价为1900美元/t，低于上年。

5. 镍钴：需关注库存与下游消费疲软矛盾

全球镍行业当前面临的主要问题是高库存与下游消费减慢的矛盾冲突，从供给侧入手，长远看有助于供需失衡的恢复，但需求端仍是牵制行业发展的重要因素，不锈钢产量依旧有负增长的预期，我国单方面的减产对基本面的恢复作用不会立竿见影。2015年全国镍产量194万t，全球消费量194万t，呈现平衡状态。

其中我国地区产量64万t，消费量96万t，我国仍然是全球最大的消费地。菲律宾中高镍矿产量增加，2015年菲律宾中高镍矿量为2800万～3000万t，折镍量26万～28万t。2016年我国金属钴现货价格徘徊在19.5万～22万元/t之间。

6. 锂：有望受益于新能源车爆发增长

2015年我国新能源汽车产业呈现出爆发的态势，2014年是我国新能源汽车爆发"元年"，全年产量8.39万辆，同比增长近4倍。2015年，全球新能源汽车产量69.2万辆，同比增长97.9%。我国产量37.9万辆，占全球的55%。2015年，全球锂离子电池总产量达到100.75GWh，同比增39%。我国产量为47.13GWh，占全球的46.78%。全年产量将达到37万~38万辆，完全超出市场预期。

从保有量来看，2015年我国顺利完成50万辆新能源汽车的既定目标。从销量上看，2015年我国新能源汽车销量达到22万~25万辆，成为全球最大的新能源汽车市场。我国已经成为名副其实的锂消费大国，根据锂业分会统计，2014年，我国消费总量达到6.58万t。2014年全球锂消费量为16.2万t。我国占到世界总量的40%。2015年，我国锂消费量为7.87万t，同比增长20%。

未来供应增加将缓慢，考虑已有规划的其他新增产能投放计划，合计新增产能约23万t。但因锂资源供给的特殊性，新增矿山建设周期普遍在3~5年以上，新增盐湖开发周期增更长，达5年以上，因此新增产能投产进度将较为缓慢，且开发成本亦将显著提升。

二、有色金属行业能耗情况

1. 能源下降及工艺技术不断提升

有色金属行业工艺流程比较长，采矿、选矿、冶炼及加工过程中都需要消耗能源，2014年，铝锭综合交流电耗为13596kWh/t，同比下降144kWh/t，铜冶炼、铅冶炼和电锌综合能耗分别为251.8kg标煤/t、430.1kg标煤/t、96kg标煤/t，同比下降16.2%、6%、1%。

"十二五"期间，有色金属行业不仅仅在"量"上体现着大国向强国迈进的气魄，更是在"质"上预示着有色强国的到来。有色金属加工产品的质量迅速提高，海水淡化装置用铜合金无缝管大量出口日本和欧盟等发达国家。我国自主开发的大型预焙槽电解铝生产技术已在国内广泛应用。骨干铜冶炼企业的技术装备已达到世界先进水平，拥有自主知识产权的氧气底吹——鼓风炉炼铅技术（SKS）获得成功。

2. 节能减排任重道远

（1）强化节能减排工作　有色金属由于其矿物的特点致使生产工艺较其他工业复杂，且能耗较高，导致节能减排工作变得格外的严峻。与世界强国相比，我国有色金属产业在技术创新、产业结构、质量效益、绿色发展、资源保障等方面仍有一定差距。近年来，随着环保标准不断提高，有色金属企业面临的环境保护压力不断加大。我国有色金属矿山尾矿和赤泥累积堆存量越来越大，部分企业无组织排放问题突出，锑等部分小品种及小再生冶炼企业生产工艺和管理水平低，难以实现稳定达标排放，重点流域和区域砷、镉等重金属污染治理、矿山尾矿治理及生态修复任务繁重。部分大型有色金属冶炼企业随着城市发展已处于城市核心区，安全、环境压力隐患加大，与城市长远发展相互矛盾也越来越突出。

（2）产业结构日趋合理　　通过兼并重组，有色金属行业形成了一批具有较强竞争力的大型企业集团，促进了产业的快速发展和技术进步，提升了可持续发展能力和竞争力。中国铝业公司积极整合国内资源，加快开拓全球业务以及广泛的产品组合，电解铝产量为 331 万 t，现已成为全球第二大氧化铝和第三大电解铝生产商。

有色金属产业结构的改变主要体现在三个方面：

1）淘汰落后产能成效显著。电解铝行业已全部淘汰了自焙电解槽，铝冶炼已全部采用先进的冶炼工艺，新建或改扩建项目全部采用 300kA 以上大型预焙电解槽工艺。

2）产业布局更趋合理。我国有色金属矿产资源开发和冶炼能力逐步从东部向中部、西部转移；铜、铅、锌产业结构向开采冶炼、加工一体化方向调整；电解铝产业逐步向煤—电—铝—铝加工一体化的产业结构转化。

3）有色金属加工品种日益完善，产品结构日趋合理。我国铜加工材约有 250 种合金，近千种产品，产量位居第一，是产品品种最丰富的国家之一。铝加工企业产品结构日趋合理，铝加工产品轧制材所占比例达到 37%。高档板带材增幅较大，高速列车车体型材为代表的大截面、薄壁空心型材已成功应用。新型节能型铝型材的市场不断扩大，有效改变了我国传统铝型材的产品结构。

目前，铜冶炼能力近 350 万 t、精铜能力近 600 万 t，江西铜业、铜陵有色、云南铜业的产量排名居世界前列。排名前十的冶炼企业占全国产量的 75%。电解铝产量超过 50 万 t 的企业有 6 家，产量合计达到 660 万 t，占全国电解铝产量的 51.3%。

三、有色金属行业重点产品节能措施

1）重点推广新型阴极结构铝电解槽、低温高效铝电解等先进节能生产工艺技术。推进氧气底吹熔炼技术、闪速技术等广泛应用。加快短流程连续炼铅冶金技术、连续铸轧短流程有色金属深加工工艺、液态铅渣直接还原炼铅工艺与装备产业化技术开发和推广应用。加强有色金属资源回收利用。提高能源管理信息化水平。

2）大力发展铜、铝深加工产品和新材料等高附加值产业，加快发展再生资源加工园区和再生金属资源综合利用产业，严格控制电解铝新增产能，引导电解铝生产向能源资源丰富的西部地区转移，淘汰 100kA 及以下电解铝预焙槽，密闭鼓风炉、电炉、反射炉炼铜工艺及设备和烧结锅、烧结盘、简易高炉、烧结—鼓风炉、未配套制酸及尾气吸收系统的烧结机等炼铅工艺及设备。

3）以电解铝、氧化铝、铜、铅、锌、镁等产品生产过程节能为重点，全面推广有色金属冶炼烟气余热发电、铜材料短流程生产、金属矿山高效选矿等技术和高效节能采矿、选矿设备；重点推广新型结构铝电解槽、低温高效铝电解、电解铝液合金化成形加工技术、氧气底吹熔炼液态高铅渣直接还原炼铅新工艺；研发推广闪速炼铅工艺等。

4）重点产品节能措施与目标

① 电解铝：推广新型阴极结构铝电解槽、新型导流结构铝电解槽、高阳极电流密度超大型铝电解槽，到2020年，新型结构铝电解槽普及率达到90%以上。

② 氧化铝：推广低品位铝土矿高效节能生产氧化铝技术、拜耳法高浓度溶出浆液高效分离技术、串联法生产氧化铝工艺技术等。

③ 铜冶炼：研发推广氧气底吹炉连续炼铜、闪速炉短流程一步炼铜等技术。

④ 铅锌冶炼：加快短流程连续炼铅节能技术、液态高铅渣直接还原炼铅工艺与装备的研发和推广。到2020年，氧气底吹（顶吹）先进工艺占铅冶炼总产能的比重达到90%。

⑤ 镁冶炼：以焦炉煤气、半焦煤气、发生炉煤气、天然气或水煤浆等清洁能源为燃料，全面改造落后的镁冶炼生产工艺，支持内电阻加热硅热法还原技术及装备的研发和产业化示范，推广蓄热高温空气燃烧技术。

四、有色金属行业能耗指标考核

目前，我国铝的冶炼技术在世界上也是先进的，工艺非常成熟，电解槽新型阴极技术使原铝直流单耗下降了900~1000kWh/t，目前已在部分铝厂推广应用；方圆氧气底吹熔炼多金属捕集技术、氧气底吹铅冶炼技术等一批铜镍铅锌冶炼技术术取得重大创新成果，并且技术还在出口。我国2005年全部淘汰自焙槽，现在已经开始要淘汰小的预焙槽。

1. 有色金属行业节能减排面临困难

1）冶炼项目投资继续增加。

2）冶炼生产能力增长过快，导致产业结构性矛盾突出，能耗总量增加，对资源、能源、环境的支撑构成较大压力。

3）难以淘汰高能耗的落后产能。我国有色金属工业目前尚有落后粗铜生产能力约50万t、粗铅冶炼能力约100万t、锌冶炼能力约90万t等落后的生产工艺装备需要更新和淘汰。在目前有色金属处于高价位的形势下，淘汰落后产能有一定的难度，尤其是铅锌产业企业集中更低，中小企业居多。

4）技术创新能力不足，产品单耗与世界先进水平仍存在一定差距。与国际先进水平相比仍有至少429kWh/t的差距，且企业之间差距较大，国内最好企业电解铝综合交流电耗为13618kWh/t，而最差企业为17597kWh/t，相差3000kWh/t以上。如2009年我国铅冶炼综合能耗0.475t标煤/t，而国外的先进水平0.3t标煤/t，很多先进的节能减排技术未得到推广应用。

2. 有色金属行业能耗指标考核

做好有色金属行业产品能耗指标考核是十分重要的，表5-7为某省考核能耗指标。

表 5-7　有色金属行业能耗指标考核

指标名称	2006 年		2010 年		2015 年		2020 年	
	定额	限额	定额	限额	定额	限额	定额	限额
电解铝耗电/(kWh/t)	14200	15000	14000	14600	13900	14200	13400	14000
铜综合能耗/(t 标煤/t)	4.50	4.58	4.26	4.34	4.15	4.25	4.10	4.26

五、有色金属行业节能减排措施

1. 有色金属行业节能减排的具体措施

鉴于有色金属行业已列入在工业和信息化部重点节能减排行业，有色金属行业的节能减排措施包括：

1）在 2012 年已发布的 10 项强制性能耗标准的基础上，尽快建立和全面完善有色金属行业能耗标准体系，加大宣贯力度及有效实施。

2）大力发展循环经济，合理利用再生资源。有色金属具有良好的再生循环利用性能，是有色金属工业发展的趋势。与原生金属生产相比，每吨再生铜、再生铝、再生铅分别相当于节能 1054kg 标煤、3443kg 标煤、659kg 标煤，节水 395m³、22m³、235m³，减少固体废弃物排放 380t、20t、128t，每吨再生铜、再生铅分别相当于少排放二氧化硫 0.137t、0.03t。据工业和信息化部等部门发布的数据，到 2020 年，主要再生有色金属产量将达到 1200 万 t，其中再生铜、再生铝、再生铅分别要占当年铜、铝、铅产量的 40%、30%、40%。

3）严格执行节能环保政策体系，对不符合节能环保标准的新建项目不准开工建设，充分发挥财政杠杆作用。如 2011 年 4 月工业和信息化部等九部委联合发文紧急叫停拟建 774 万 t 电解铝项目，总投资达 770 亿元。依靠科技进步、技术创新，积极采用新技术、新设备，对现有的企业经整改仍不达标的必须依法停产关闭。

4）发挥财政杠杆作用。电解铝是第一能耗大户，虽然我国电解铝单位能耗有所下降，但是由于产量不断攀升，总能耗也在不断攀升。在目前的情况下，我国电解铝和铝材出口数量巨大。我国电解铝、锌等产品大量出口，对此国家应从税收政策上加以调整，限制高能耗、低附加值的有色产品出口。

2. 电解铝节能减排任务艰巨

铝作为耗能最大的有色金属品种，与能源产业的波动息息相关，而在国家对能源方面关注度不断提高的背景下，铝行业更容易受到国家政策的影响。综合近年来的统计数据可以看出，我国的电解铝产能一直处于过剩的状况下，设备利用率仅为 70%。但是却依旧有一些新的电解铝产能企业项目上马，而重点都集中在宁夏、内蒙古等西部开发地区。综合两方面情况，在淘汰落后、产业升级的行业调整需求下，电解铝行业陷入了一边是无可奈何减产、一边是如火如荼投产的"两难"境地。工业和信息化部等九部委已联合发文紧急叫停774万t电解铝项目，以缓解目前困难局面。

工业和信息化部发布了《关于开展重点用能行业能效水平对标、达标活动的通知》（以下简称《通知》），要求企业强化对标、达标活动管理，认真制订开展能效水平对标、达标活动的工作方案。其中，有色金属行业中的电解铝作为能耗大户，成为唯一入选的有色金属品种，并规定铝锭综合交流电耗在13307kWh/t。

开展行业对标、对达活动是为了让企业更好地了解行业内先进的能耗指标，明确自己的行业位置，通过这种找差距的方式来减少行业能耗。

（1）开展能耗达标活动　我国有色金属工业的能源消耗主要集中在矿山、冶炼和加工三大领域，其中以铝行业能耗为最。2012年，电解铝生产能耗占全年有色金属能耗总量的56%以上。近几年，由于电解铝行业快速扩张，电解铝毫无疑问地成为第一能耗大户。

尽管通过最近几年的科技攻关，我国电解铝行业的能耗指标有所下降，但与国际发达国家的最好水平还有很大差距。

而正是看到这一点，近年来国家一度对电解铝行业进行了限制，从取消优惠电价到逐步下降的出口退税，从行业准入门槛的制定到国务院上调电解铝项目资本金比例。虽然这些都是对电解铝行业发展的限制，但从长远来看并非是治理铝行业的"治本"之策。

《通知》中规定的指标大大高于目前电解铝企业平均电耗指标，如果按照该标准执行的话，行业内将有80%以上的企业将被贴上"整改"标签。《通知》中的数据是以国内同类企业能效先进水平作为参照值，制定出的能效水平对标、达标指标。而开展这次高耗能行业对标、达标活动，只是为了让企业找差距，让企业了解自己在行业中的位置。

工业和信息化部会根据上报情况，组织相关行业专家帮助这些企业进行节能指导。同时，对各地工业和信息化主管部门推荐的在能效对标、达标活动中，取得显著成效的对标企业进行表彰。

在电解铝方面，我国还规定了一个限额指标，该指标是具有一定的强制性，对达不到该指标的企业将在电价、税收等方面给予限制。根据各地对标、达标活动情况及行业能效水平发展情况，适时调整和更新能效水平标杆，完善指标体系，并陆续开展其他行业产品（工序）的能效水平对标、达标活动。

（2）技术进步是根本　要建立和完善科学合理的有色金属能耗标准体系，并适时制定出一批能耗标准。同时，制定的耗能标准要有利于推动有色金属技术进步、产业进步，要适合今后的国情，才能达到节能的目的。

一方面，从原生资源的开采中千方百计节能；另一方面，还要考虑大力发展循环经济，从根本上改变能耗结构已经成为解决能耗过高问题的必由之路。

另外，还要大力发展节能、淘汰落后工艺和技术。实践证明，先进的技术设备和工艺是保证我国有色金属行业节能降耗的根本。目前我们正在工业化实现的铝电解节能技术，可以使现在的吨铝直流电耗低于 1.2 万 kWh/t。如果该项技术在国内成功推广运用，不仅有利于国内电解铝企业降低成本，而且环保效果显著。据预计，该技术吨铝节电在 1000kWh 以上，这对于世界铝工业来说也是一大贡献。

3. 有色金属行业节能减排技术

实践证明，先进的技术设备和工艺是保证我国有色金属行业节能降耗的根本。

有色矿山重点采用大型、高效节能设备，提高采矿、选矿效率；铜熔炼采用先进的富氧闪速及富氧熔池熔炼工艺，替代反射炉、鼓风炉和电炉等传统工艺，提高熔炼强度；氧化铝发展选矿拜耳法等技术，逐步淘汰直接加热熔出技术；电解铝生产采用大型预焙电解槽，限期淘汰自焙电解槽，逐步淘汰小预焙槽；铅熔炼生产采用氧气底吹炼铅新工艺及其他氧气直接炼铅技术，改造烧结鼓风炉工艺，淘汰土法炼铅；锌冶炼生产发展新型湿法工艺，淘汰土法炼锌。目前在我国，一些先进的技术如全石墨化阴极、碳化硅和氮化硅复合内衬材料、选矿拜耳法、石灰拜耳法技术等还没有得到广泛运用。

【案例 5-5】　在自主研发 300kA 级大型预焙槽铝电解技术基础上，由中铝国际工程公司设计的 370kA 大型预焙槽已在兰州铝业 27 万 t 铝系列建成投产，成为目前世界上最大槽容量的电解系列。其中，设计建有 16 台 400kA 特大型铝电解工业试验槽，为工业化提供技术支撑。另外，中孚铝业"大型铝电解系列不停电技术及成套装置"和万基铝业的全石墨化阴极材料的推广应用，都对节电起到了重要作用。

【案例 5-6】　云南冶金集团在世界上首次将"艾萨"炉炼铅技术与自主创新的"富氧渣鼓风炉还原工艺技术"相结合，形成了具有自主知识产权的高效节能。清洁的粗铅冶炼新工艺。江铜、铜陵的闪速炉、云铜的奥斯麦特炉、金川的合成炉和西部矿业的卡尔多炉，分别加大了节能技术改造力度，采用高效富氧强化熔炼技术和余热。余能综合利用技术减少了排放，节约了能耗。宁波金田铜业自主研发的废铜熔炼精炼技术与装备，大大提高了效率，减少了排放，实现了清洁生产。

【案例 5-7】　中铝集团节能减排取得成效。

1）中铝河南分公司在 2006 年完成了气态悬浮焙烧炉燃油改燃气（西气东输天然气）和强化溶出、蒸发沉降等关键设备及重点生产瓶颈环节的大规模装备改造后，仅气态悬浮焙烧炉燃油改燃气一项，就可年创经济效益 3000 万元以上，其在简化流程、提高质量、安全环保等多个方面，均显现出了十分突出的优势。该公司达标达产的 70 万 t 氧化铝创新项目采用了低能耗的拜耳法生产工艺和高效节能的一水硬铝石管道化溶出、多效管式降膜-强制循环蒸发器、大型高效赤泥沉降槽、大型立式叶滤机等 11 项具有国际先进水平的氧化铝生产新装备，其中有 5 项达到国际领先水平，使得该公司目前的氧化铝综合能耗也降到 1000kg 标煤以下。

2）中铝国际山东铝业工程有限公司创新实施的《氧化铝行业大型立式储槽无胀圈倒装制安工法》，经过大型槽体安装多次应用，其技术稳定可靠。通过中国有色金属建设协会专家评审，并在该行业推广应用，降低了成本，提高工效。

目前建筑安装行业普遍应用的倒装法安装槽类设备，大都采用吊装柱与胀圈配合的提升工艺，该工艺在槽类设备安装存在效率低、工序间相互制约、一次性投入大、胀圈通用性差、成本高等缺陷。中铝国际山东铝业工程有限公司工程技术人员、施工人员合力攻关，针对常规倒装法因使用胀圈导致的缺陷，根据成形槽体提升的受力原理，首创实施的《大型立式储槽无胀圈倒装工法》。该工法使用沿槽体均匀分布的倒 T 形吊耳与筒体焊接，替代胀圈实现吊耳与筒体连接，解决了使用胀圈胀力无法计算、胀圈受力变形增加筒体对口的难度、每提升一节起落胀圈的问题；同时，解决了高空搭设操作平台费用高、安装工期较长的问题。该工法在中铝山东企业第二氧化铝种分槽扩建工程、氧化铝挖潜改造 φ14m × 35.6m 种分槽安装工程、拜耳法氧化铝沉降槽安装等多项工程广泛应用，体现出技术先进、方法成熟、简便快捷、经济效益显著等特点，用于平底槽每次可节约费用 5.3 万余元，用于锥底槽每次可节约费用 10.7 万余元，具有广泛的推广应用前景。

【案例 5-8】　全球首条母铝合金材料生产线在我国完成交付，母铝合金材料制造能耗、有害物排放均达到世界最低值。

由中国 STA 公司与清华大学、中南大学共同完成的"铝晶粒细化母合金制备关键技术与设备研究及其产业化"项目重大科技成果通过中国有色金属工业协会鉴定委员会八位国家级专家学者的鉴定。这是世界第一条从原矿到母铝合金材料制造的完整生产线，其多项核心技术和产品关键性技术指标均超过欧美。该项成果不仅填补了我国母铝合金炼造的技术空白，整体技术也达到了国际先进水平，对提升世界铝加工水平做出了实质性贡献，为未来控制全球产品定价创造了条件。基于多种原因，这一重大科研成果推迟了整整两年的时间才向媒体公布。

中国 STA 公司 2006 年，历经 9 年技术攻关掌握了母铝合金的核心技术，成为除英、美、荷的第四家公司，但当时的多项核心技术指标均达不到其他三家水平。在此后两年中，科技人员在熔炼及铸轧、产品能耗、废物排放等三大关键工序中颠覆传统、突破极限，于 2008 年自主研发出世界首条从原矿到母铝合金材料制造的完整生产线。所生产的母铝合金经过中国有色金属研究院、北京航空大学材料研究所等权威机构检测，其中的硼化钛、碳化钛质点的细微度、纯净度均超过了其他三家。

第五节　电力行业节能减排与能耗考核

电力是关系国计民生的重要基础产业和公用事业，是国民经济和社会发展不可或缺的生产资料和生活资料。电力的安全、稳定、可靠供应事关国民经济全面、协调、可持续发展，事关社会和谐稳定，事关人民幸福安康。

电力系统是由发电厂、电力网和供用电负荷组成的复杂系统，通常按地区和电压等级进行分区和分层调度与控制。我国的区域和省级电网是以500kV和220kV为主网架。西北地区主网电压为330kV，并正在建设750kV电压线路。系统的主力机组为300MW和600MW机组。地区和城市供电网通过220kV、110kV、35kV到10kV线路向不同电压等级的用户提供电力。国家电力网按照国家、区域、省、地区和县级电网分级管理。

电力系统的重点包括发电厂的节能减排输配电系统的合理运行和降低损耗、提高电力驱动设备效率和供用电设备的节能等方面。不同类型电厂的机组效率差别较大，现代的大型电厂发电效率高，而中小型发电厂的发电效率要低。

一、电力行业的发展与节能减排成效显著

1. 加大电力行业投入

1）电力行业涉及发电、输配电和用电，包括了电力、电网、冶金、煤炭等行业，与工业生产和居民生活紧密相关。由于其特殊地位，国家对电力、电网等行业监管严格，并出台一系列政策和规范约束企业经营行为。

行业未来五年内将集中发展智能电网（含特高压）、工业节能产品和配电网改造。

2）成熟技术将首先得到推广，如柔性输变电、变频技术、智能用电系统等；综合分析市场空间及开拓进度，特高压直流输电、柔性输变电、高性能高压和低压变频器、智能变电站和智能用电系统、农配网改造将成为"十三五"发展重点。

3）未来五年电气设备行业投资将呈现"两极化"趋势：特高压骨干网和配网改造将成为电网投资主题，"智能化"拉动二次设备占比提升，同时工业领域变频器将得到进一步普及。具体来看，特高压方面，直流建设基本符合进度，交流受示范线路验收推迟的影响有所延后，目前呈现提速趋势。2015年，全国电力工程建设完成投资8576亿元，电源工程3936亿元，电网工程4640亿元。"十二五"期间，特高压直流建设九条线路，总投资约2170亿元；特高压交流完成"三横三纵一环网"的建设，投资约2989亿元，若考虑项目推迟的影响约2092亿元。特高压直流换流站投资1014亿元，其中换流变压器、换流阀和直流保护系统占65%；特高压交流变电站投资1225亿元，主要是变压器、电抗器和GIS（气体绝缘组合电器设备）开关，占比分别为18%、16%和24%。

2. 节能减排成效显著

1）非化石能源发电量高速增长，火电发电量负增长。2015年，全国全口径发电量57399亿kWh，比上年增长1.05%。其中，水电11127亿kWh，比上年增长4.96%；火电42307亿kWh，比上年下降1.68%，是自改革开放以来首次年度负增长；核电1714亿kWh，比上年增长28.64%；并网风电1856亿kWh，比上年增长16.17%；并网太阳能发电395亿kWh，比上年增长67.92%。2015年，水电、核电、并网风电和并网太阳能发电等非化石能源发电量合计增长10.24%，非化石能源发电量占全口径发电量的比重为27.23%，比上年提高2.18个百分点。

2）能耗指标继续下降。2015年，全国6000kW及以上火电厂机组平均供电标准煤耗315g/kWh，比上年降低4g/kWh，煤电机组供电煤耗继续保持世界先进水平；全国线路损失率为6.64%，与上年持平。

3）污染物排放大幅减少。2015年，全国电力烟尘排放量约为40万t，比上年下降59.2%，单位火电发电量烟尘排放量0.09g/kWh，比上年下降0.14g/kWh。全国电力二氧化硫排放约200万t，比上年下降约67.7%，单位火电发电量二氧化硫排放量约为0.47g/kWh，比上年下降1g/kWh。电力氮氧化物排放约180万t，比上年下降约71.0%，单位火电发电量氮氧化物排放量约0.43g/kWh，比上年下降1.04g/kWh。截至2015年底，全国已投运火电厂烟气脱硫机组容量约8.2亿kW，占全国煤电机组容量的91.20%；已投运火电厂烟气脱硝机组容量约8.5亿kW，占全国火电机组容量的84.53%。全国火电厂单位发电量耗水量1.4kg/kWh，比上年降低0.2kg/kWh；单位发电量废水排放量0.07kg/kWh，比上年降低0.01kg/kWh。

4）电力需求侧节能有成效。国家电网和南方电网超额完成年度电力需求侧管理目标任务，共节约电量131亿kWh，节约电力295万kW，为促进经济发展方式转变和经济结构调整发挥了重要作用。

5）截至2015年，全国水电、核电、并网风电、并网太阳能发电等非化石能源装机容量占全国发电装机容量的比重为34.83%，比上年提高1.73个百分点。火电装机容量占全国发电装机容量的比重为65.92%，比上年降低1.69个百分点；其中煤电装机容量占全国发电装机容量的比重为59.01%，比上年降低1.73个百分点。2015年退役、关停火电机组容量1091万kW，比上年增加182万kW。

3. 电力行业发展成效

近10年来，我国电力取得了举世瞩目的辉煌成就。一是电力建设实现了跨越式发展。二是转变发展方式进展明显。新能源和可再生能源快速发展，电力能源结构逐步优化。三是技术装备水平显著提高。百万千瓦级超超临界机组建成投产97台。洁净煤发电技术得到广泛应用，1.5MW以上风电设备制造技术位居世界前列，特高压等先进输电研发应用居世界领先水平。四是电力节能降耗成效明显。

电力工业长足发展，基本保障了国家电力能源供应，满足了经济社会发展和人民生产生活对电力的需求。

今后可再生能源发电比例将大幅增加，预测到 2030 年可再生能源发电装机容量比例将达到 40%，如图 5-7 所示。

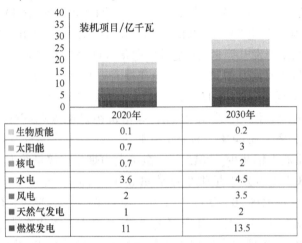

	2020年	2030年
■ 生物质能	0.1	0.2
■ 太阳能	0.7	3
■ 核电	0.7	2
■ 水电	3.6	4.5
■ 风电	2	3.5
■ 天然气发电	1	2
■ 燃煤发电	11	13.5

图 5-7　2020～2030 年我国发电装机容量预测情况

4. 未来电网发展

（1）"十三五"我国电网发展的三大方向　特高压、智能化改造和配网建设。

特高压和智能电网： 在规划建议中提到大力发展包括水电、核电在内的清洁能源，同时加强电网建设，发展智能电网。

配网建设： 规划建议要求加强农村基础设施建设和公共服务，继续推进农村电网改造。

考虑电网对安全、稳定性的要求，相对成熟的技术应首先得到推广，尚处于挂网阶段的设备或试运行线路的建设可以延后，在细分行业投资上应当有所甄别。总体来说：

1）特高压直流建设进度基本符合预期，未来高端一次设备厂商和柔性输变电企业受益明显。

2）智能化发展对应二次设备新建改造，配网和用电端智能化相对成熟，具有技术和渠道优势的龙头企业会受益。

3）配网改造，尤其是农网强调设备升级和电气化，上游的设备商数量众多、竞争激烈，区域化特点显著。

（2）特高压直流发展先行　我国电力供应长期面临远距离、高负荷、大容量的现状，这是与世界上绝大多数国家不同的发展问题，内生性需求决定了中国的电网必须在强度、广度和稳定性上超越其他所有国家和地区。

1）我国的能源分布主要在北部和西部，以火电为例，已探明的煤炭储量近80%都集中在山西、内蒙古、新疆等地区，而经济发达的东部沿海用电需求量大，过去通过铁路运输的方式输送煤既不经济也不环保，未来通过电网直接输电可以很好地解决问题。

根据新能源发展规划，预计到2020年我国新能源占一次能源消费的比重应该达到15%左右。风能、水能也存在资源分布远离负荷中心的问题。

2）在我国，特高压是指交流1000kV及以上和直流±800kV以上的电压等级。国家电网公司提供的数据显示，一回路特高压直流可以送600万kW电量，相当于现有500kV直流电网的5~6倍，送电距离也是后者的2~3倍，效率大大提高；同时输送同样功率的电量，如果采用特高压线路输电可以比采用500kV超高压线路节省60%的土地。正是因为这些优势，特高压才成为未来我国电网建设的必然方向。

3）我国正在加快建设以特高压电网为核心的坚强国家电网。经过五年的发展，目前100kV晋东南—南阳—荆门的交流示范工程完成验收，直流±800kV示范工程向家坝—上海线路投运，初步形成华北—华中—华东特高压同步电网，基本建成西北750kV主网并实现与新疆750kV互联。

4）特高压直流输电（UHVDC）目前在我国主要是±800kV，从技术上看线路中间无须落点，可点对点、大功率、远距离直接将电力输送至负荷中心，线路走廊窄，适合大功率、远距离输电，同时还能保持电网之间的相对独立性。

5）根据国家电网电展规划，有9条±800kV直流线路在"十二五"期间投运，同时有两条已在"十二五"开工，目前锦屏—苏南线路招标正有序进行。投资总量方面，2016年建成的两条线路按照70%投资在"十二五"期间确认，国家电网±800kV特高压直流投资总规模预计达2170亿元。另外，"十二五"期间，国家电网和南方电网±800kV直流特高压输电投资达2357亿元，特高压直流已全面建设启动。

5. 节能减排技术推广应用

鼓励建设高效燃气—蒸汽联合循环电站，加强示范整体煤气化联合循环技术（IGCC）和以煤气化为龙头的多联产技术。发展热电联产，加快智能电网建设。加快现役机组和电网技术改造，降低厂用电率和输配电线损。

6. 电力行业强化成本管理

2011年国家发改委终于批准上调电力价格，并于该年底实施。根据调价方案，全国销售电价每千瓦时平均提高约0.03元，其中全国燃煤电厂上网电价平均每千瓦时提高约0.026元，可再生能源电价附加标准由现行每千瓦时0.04元提高至0.08元；对安装并正常运行脱硝装置的燃煤电厂每千瓦时加价0.08元。

之所以在此时调整电价，主要是考虑到目前国内价格总水平过快上涨的势头已得到初步遏制，月度同比价格涨幅逐步回落，电价调整不会改变这个大的趋势。

电价上调对工业结构调整具有积极意义，将有助于国家对于高耗能企业严控，促使工业行业充分加强用电需求侧管理，促进工业节能，同时也促进电力行业进一步加强成本管理。

此次电价调整重点在于逐步理顺煤电关系，保障迎峰度期间电力供应。将适当控制合同电煤价格涨幅，对电煤实行临时价格干预。要求对纳入国家跨省区产运需衔接的年度重点合同电煤、产煤省（区、市）自产自用的电煤，允许 2012 年合同价格适当上浮，但涨幅不得超过上年合同价格的 5%。

二、电力行业能耗指标考核

1. 火电厂供电煤耗定额管理

我国发电总装机容量的 74.5% 为火电机组，而火电机组目前发电量占全国总发电量的 80% 以上，所以加强对火电机组的煤耗定额管理是十分重要的，某省火电厂供电标准煤耗见表 5-8。

表 5-8　火电厂供电标准煤耗　　　　　　（单位：g 标煤/kWh）

2006 年		2010 年		2015 年		2020 年	
定额	限额	定额	限额	定额	限额	定额	限额
350	400	330	380	315	365	305	330

2. 发展大容量、高参数、高效率常规燃煤火电机组

发电系统的节能减排有两个重要的发展方向：一个方向是采用先进的超临界和超超临界燃煤发电、大型循环流化床锅炉、煤气化联合循环等技术；二是采用清洁新能源发电，称为绿色电力，它具有很大的发展空间，将会占据主要的地位。

一般情况下，新型的大型燃煤电厂的效率会远远超过旧的小型电厂。不同类型电厂的效率和机组的供电煤耗见表 5-9。

表 5-9　2012 年我国 300MW 及以上机组能效对比实际供电煤耗

机 组 容 量	供电煤耗/[g/kWh]
1000MW 级超超临界机组	288.40
600MW 级超超临界机组	297.02
600MW 级超临界机组	305.27
600MW 级超临界空冷机组	324.45
600MW 级亚临界机组	316.25
300MW 级亚临界机组	331.09
300MW 级供热机组	319.62
350MW 级进口机组	321.65
300MW 级空冷机组	340.78

三、发电系统节能减排技术

目前，我国约60%的煤炭用于发电。全国发电总装机容量的74.5%为火电机组，其中绝大部分是燃煤机组。火电机组的发电量占总发电量的80%以上。由于近年来国家经济发展和对电力的需求增长迅速，电力负荷年增幅持续超过10%。

（1）强化SO_2和烟尘治理　我国自主知识产权节能减排新成果——全国首次2×600MW燃煤电厂（山西漳山电厂扩建工程）袋式除尘器成功投运，并经168h满负荷试运行后，设备运行状况良好，是目前电力行业最大袋式除尘器。该除尘器对环保节能有突出效用，目前我国电力装机容量每年以6000万kW递增，如采用该型号袋式除尘器技术每年可节省钢材20万t；节电45000万kWh，折合标准煤达15万t；减少烟尘排量可达20万t。

目前，我国电力工业能耗占全国能耗的三分之一，SO_2排放占全国一半，成为节能减排重点领域。高能耗、高排放、低效率机组比重偏高是电力工业的突出矛盾。全国6.22亿kW电力装机容量中，10万kW及以下的小火电机组占1.15亿kW，发同样的电，小火电机组煤耗比大机组高30%~50%。在污染方面，小火电机组产生的SO_2和烟尘分别占整个电力工业的1/3和50%。

（2）发展国产大型循环流化床技术　循环流化床锅炉不同于常规锅炉炉膛，它不仅有辐射传热方式，而且还有对流及热传导传热方式，大大提高了炉膛的导热系数，保证了锅炉的热效率。循环流化床锅炉具有热效率较高、可燃劣质煤、适用煤种范围广等特点，适合于我国以煤为主、要求经济、环保和煤的清洁燃烧需要。

（3）整体煤气化燃气蒸汽联合循环技术　联合循环是指一台或多台燃气轮机和一台或多台汽轮机联合工作，并使用同样的燃料。以天然气为燃料的燃气蒸汽联合循环电站发电时，从燃气轮机出来的气体温度仍在500℃以上。可以将此燃气送入锅炉燃烧，锅炉产生的蒸汽供汽轮机使用。整体煤气化燃气蒸汽联合循环是以煤气化为龙头的联合循环发电系统，整体煤气化燃气蒸汽联合循环中，燃气轮机使用的燃料是一种在气体发生器中生成的可燃气体。将煤、炼油剩余物质量比较差的燃料，在气体发生器中不完全燃烧生成CO和O_2的混合物，然后送入燃气轮机的燃烧室。联合循环装置使用传统的提取技术从燃烧气体中捕获硫，联合循环可以提高整体燃料效率到60%以上。

四、输配电系统节能降耗技术

输配电系统节能的主要目标是采用先进输、变、配电技术和设备，逐步淘汰能耗高的老旧设备；加强跨区联网，推广应用电网经济运行技术；采取有效措施，减轻电磁场对环境的影响。2012年，电网线损率下降7%左右。

1. 降低网损技术

电力网内所有设备和元器件，如线路、变压器、无功补偿装置、电压调整设备，以及测量和保护装置等，都要耗费一定的电能。通常，电力系统内各环节的总体电能损耗占总发电量的28%～33%。在输配电网的能耗中，输电线路损耗和变压器损耗占据较大的比例。由于电能需要经过数次升压和降压才到达用户，变压器的损耗占了全系统线损总量的30%～60%。降低变压器的损耗是电网降低耗损的重要内容，我国输配电系统网损为7.5%左右，比国外先进水平国家高1%～2%。如能提高1%，则可以年节约标准煤$2 \times 10^7 t$。

降低损耗时，需要对电网高线损率、不明损耗加以分析，对电量统计、实际线损、理论线损、线损分析等业务进行损耗计算及对流程的科学化管理。利用企业信息化系统，实现电力系统的日常线损管理任务、对人员进行考核、分析设备运行状况、提出运行设备改造方向的决策，提高电力部门的管理水平。

2. 降低输配电网损技术

输配电网的节能降耗措施在建设阶段的主要措施是电网的优化建设和改造，包括采用新技术、新设备（新合成材料导线、变压器等）；在运行阶段的主要措施是通过以降低设备损失、系统损失为目标的运行方式优化，提高电网及设备的经济运行水平和变压器的经济运行；输电网和变电站需要重点解决无功功率和电压的支持问题，包括提供大容量动态无功支撑、稳定输电网电压、降低系统网损、治理配电网谐波和由于系统非对称运行产生的负序电压和电流。

3. 电力电子技术

电力电子技术的核心是使用大容量的电子晶闸管，对电力进行开关控制，实现交、直流转换，在节能方面发挥重要的作用，以及电动机调速和整流、斩波变频。电力电子技术在电力系统中的应用包括：交流输电系统的背靠背连接，即交流—直流—交流变换，线路能将两个不需要同步的交流系统连接起来；风力发电装置的变频器控制和自动调频作用，使得电网侧得到频率稳定的电力；不同频率的功率转换，消除和减少电网高次谐波和电压波动的电能质量控制等。

4. 无功补偿技术

无功补偿是需要给予专门关注的问题。无功电源同有功电源一样，也是保证电力系统电能质量、电压质量、降低网络损耗及安全运行所不可缺少的部分。在电力系统中，无功要保持平衡，否则，将会使系统电压下降，严重时会导致设备损坏和系统瓦解。

5. 电能的存储和输送技术

目前，国内外正在积极开展超导输电技术的研究。由于采用超导技术的电力设备，如超导电缆、超导限流器、超导储能装置等，具有载荷量大、损耗低、响应速度快等特点，将对未来电力系统有重要影响。

常见能量的存储技术有电池储能和抽水蓄能，可以配合风能、太阳能的利用以及在峰、谷负荷的不同阶段进行能量的存储和转换，以提高发电设备的整体运行效率。

五、电力系统经济运行

电力系统短期经济运行主要指的是以日或周为周期的发电计划优化问题。在每日的运行中，电力系统负荷曲线随着用电量的变化一般呈现周期性的峰谷变化。为了满足发电和用电负荷之间的供需平衡，必须根据负荷的变化改变发电的机组的运行和退出时间，并相应调整发电机组的发电出力。

1. 降低发电成本

发电成本可分为变动成本和固定成本。变动成本主要包括燃料成本，而固定成本与发电出力无关，无论电站是否运行，其固定投资和运营成本都必须支付。

通常将发电成本低或不宜调整出力的机组优先投入运行，并承担基本负荷。如大型核电站和大容量的高效燃煤机组，其固定投资成本高，运行成本低，难以频繁起动或停机，出于安全或经济原因，被优先安排投入运行，通常连续长时间运行发电，用于满足系统的基本负荷需要。随着负荷的增加，可以将容量较小且效率较低但起停灵活的机组，按照效率从高到低依次投入到系统中。

2. 强化电力市场的发电调度

电力市场化改革在世界各国逐步展开。电力市场化改变了发电调度的方法。实行发电竞价调度、通过发电厂商的竞争报价安排发电计划，通过市场竞争实现电力系统的公平竞争，促进电力行业在竞争中寻求发展。

3. 电源结构调整促进行业优化

我国电源结构合理调整的核心是：适度增加新能源和可再生能源比例，降低火电的比重。依据我国资源利用原则，调整电源结构首当其冲就是降低火电比重。新能源开发对我国电力装备制造业的组织结构调整影响重大。国家发改委发布《可再生能源中长期发展规划》，明确要求 2010 年全国可再生能源消费量应占能源消费总量的 10% 左右，到 2020 年达到 15% 左右，为实现规划任务将需总投资约 2 万亿元。推进新能源和可再生能源项目的建设，将带来诸多新的市场需求。

风电开发加快步伐。目前，风电装机规模已超过核电。未来十多年在甘肃、内蒙古、河北、江苏等地将形成几个上千万千瓦级的风电基地，有望实现 2020 年风电装机规模达 1 亿 kW 左右的目标。

太阳能发电容量增加。2009 年开工建设国内最大的并网太阳能电站西北柴达木盆地太阳能电站，首期投资约 10 亿元，建设规模为 30MW，规划总装机容量为 100 万 kW。

核电项目扩大开工规模。发展核电是我国调整能源结构的重要方向，今后若干年将大力发展核电。目前，国家已经核准福建福清、浙江方家山、广东阳江三个核电站项目，合计 10 台百万千瓦级机组所需投资估计为 1200 亿元。

4. 强化节能减排

电力工业是我国加强节能减排工作的重点领域，通过加强节能环保发电调度和电力需求侧管理，制订并尽快实施有利于节能减排的发电调度办法，优先安排清洁、高效机组和资源综合利用发电，限制能耗高、污染重的低效机组发电。针对我国电力结构中能耗高、污染重的小火电机组比重过高的情况，多年来，国家坚持"关停小火电机组"和"上大压小"的电力结构调整政策，完成电力工业能源消耗降低和污染减排的各项任务。

"上大压小"，要求电力装备产品由高耗能、高污染、低效率的低端产品转向高效、低耗、低碳的高端产品。在发电机组结构方面，必须大力发展60万kW及以上超（超）临界机组、大型联合循环机组，以替代退役中小机组，并采用高效洁净发电技术改造现役火电机组。同时，要推进热电联产、热电冷联产和热电煤气多联供。在工业热负荷为主的地区，因地制宜建设以热力为主的背压机组；在采暖负荷集中或发展潜力较大的地区，建设30万kW等级高效环保热电联产机组；在中小城市建设以循环流化床技术为主的热电煤气三联供，以洁净能源作燃料的分布式热电联产和热电冷联供，将分散式供热燃煤小锅炉改造为集中供热。我国电力装备制造业的组织结构调整和优化，应积极适应和满足电力工业发展的要求，开创有利于强化节能减排、实现电力与能源和经济社会协调发展的新局面。

5. 实施振兴规划

2009年5月国家公布了《装备制造业调整和振兴规划》（简称《规划》），提出了一系列促进装备制造业发展的政策措施。在主要任务中，提出了"依托十大领域重点工程，振兴装备制造业"。这10大领域重点工程中，有4项涉及了电力设备，包括高效清洁发电；特高压输变电；城市轨道交通；生态环境和民生。实施这一规划，将使我国电力装备制造业得到全面提升。

为建设特高压电网，当年国家电网和南方电网安排的投资总规模达到3571亿元，这将为输变电设备行业为代表的电力装备制造业的增长提供契机。《规划》特别提到，以特高压交直流输电示范工程为依托，以交流变压器、直流换流变压器、电抗器、电流互感器、电压互感器、全封闭组合电器等为重点，推进750kV、1000kV交流和±800kV直流输变电设备自主化。这对于国内输变电设备企业来说是加快发展的机遇。《规划》还明确提出，要建立使用国产首台（套）装备的风险补偿机制。鼓励保险公司开展国产首台（套）重大技术装备保险业务。这对国内电力设备企业的发展和成熟具有很大的推动作用。

6. 使用变频技术实现节能减排

在电厂的烟气脱硫运营成本上，电耗占很大一部分费用。因此，有效降低电耗已成为所有烟气脱硫运营商的一大心病。

变频调速技术在风机、泵类节电方面的直接和间接经济效益十分明显，且设备一次性投资通常可以在 1~2 年全部收回。如以唐山国丰钢铁有限公司 132m² 烧结机烟气脱硫项目（一期）为例，按照全年 300d、每天连续 15h 连续运行的工况计算，利用变频技术后，1 台 950kW 增压风机、2 台循环泵（功率分别为 220kW 和 250kW）每年节约电量折合资金可分别达到 125 万元和 60 万元，实际减排二氧化碳 774 和 385t 左右。设备每天运行在 90% 负荷的工时设定为 7h，频率按 46Hz 计算，挡板调节时电机功耗按 98% 计算；运行在 50% 负荷的工时设定为 8h，频率按 20Hz 计算，挡板调节时电机功耗按 70% 计算。

目前已有的实践证明，变频器用于风机、泵类设备驱动控制已取得显著的节能效果，同时还能减少设备维护、维修费用，降低停产周期。

7. 电力工业自主创新取得经济、节能和环保可喜成绩

【案例 5-9】　我国全面实现水电重大装备国产化。

三峡电站机组 2012 年 7 月全部投产后，已通过高负荷运转的初步考验。依托三峡工程，我国水电重大装备制造业探索了一条引进、消化吸收、再创新，并全面实现国产化的自主创新之路。

1）三峡工程所使用的机电设备，关系到整个枢纽的安全可靠运行和综合效益的发挥。在三峡工程论证阶段，我国设备企业无法独立承担设计和制造工作。但单靠采购国外先进设备，不仅增加工程成本，也会产生对国外技术的依赖。为此，我国在三峡左岸电站机组实行国际采购，走技贸结合、技术转让、联合设计、合作生产之路。

2）1996 年，在三峡左岸电站 14 台机组国际招标中，阿尔斯通中标 8 台，与哈尔滨电机厂合作；VGS 联合体中标 6 台，与东方电机厂合作。2005 年 9 月 16 日，由我国企业自主制造的三峡左岸电站最后一台机组顺利并网发电，我国水电重大装备国产化取得阶段性成果。

3）在右岸电站 12 台机组招标采购中，东方电机厂、哈尔滨电机厂与阿尔斯通一起，分别获得 4 台机组的独立设计制造合同。2007 年 7 月 10 日，我国首台国产化 70 万千瓦水电机组投产发电，国产化水平达到 100%。

从只能设计制造 30 万~40 万 kW 的水轮发电机组，到能制造 70 万 kW 特大型机组，我国水电装备制造业实现了巨大跨越。而在地下电站建设中，设备国产化继续深入。在地下电站建设中，哈尔滨电机厂、东方电机厂从设计到制造全部是自有技术。

4）从主要采购外国厂商的技术设备，到设备国产化，我国水电重大装备摆脱了外国技术的掣肘。目前我国拥有了一批具有国际竞争力的水电装备企业，下一步要更多地参与国际市场，并把中国的技术标准推向世界。

第六节　建材及水泥行业节能减排与能耗考核

建材工业能源消耗总量在全国工业部门中位于电力、冶金、石化之后，居第 4 位。在"由大变强、靠新出强"发展战略中明确提出：建材工业要建立节能、节土、节水的节约型生产体系。

一、建材及水泥行业节约化发展

1. 建材工业能耗大幅下降

建材工业不断依靠自主创新，不断开发节约资源、能源的新技术、新工艺、新装备、新产品、新产业，并依此持续地进行技术结构的调整，加快发展节能的工艺技术，加快淘汰落后的工艺技术，将节能减排真正落到实处。

建材万元工业增加值能耗从 2000 年 9.53t 标煤降低到 2010 年的 3t 标煤，降幅达 68.5%。建材利用工业固体废弃物的利用量从 2000 年的 1.7 亿 t 增加到 2010 年的 6 亿 t，增长高达 2000 年的 3.5 倍。我国每年仅生产新型墙体材料就消纳工业固体废弃物 2 亿多 t，相当于节约资源 2 亿多 t；在节约资源的同时，也减少了因固体废物堆存而占用的土地，并有效改善了环境质量。由于新型墙体材料较实心黏土砖年生产能耗减少超过 1600 万 t 标煤，直接减少 CO_2 排放近 4200 万 t，SO_2 32 万 t。

"十二五"期间，我国水泥熟料单位产品能耗下降了 13%，这是因为新型干法工艺单位产品能耗比立窑低 20%，2009 年水泥熟料生产新型干法比例占 72%，2014 年提高到 82%。

平板玻璃生产中，浮法玻璃熔化热耗比普通平板玻璃低 18%。2009 年平板玻璃生产中，浮法工艺占比 84%，2014 年提高到 88%。浮法玻璃比例的提高，使平板玻璃单位产品能耗下降。

2. 新技术不断发展

在"由大变强、靠新出强"发展战略引导下，建材工业积极开发和生产新型墙体材料和节能型门窗、屋顶材料，推广应用建筑综合节能保温体系和技术，充分利用各种工业废弃物，大力发展节能环保的新型墙体材料产品，同时加快发展节能型门窗等建筑围护材料。

以墙材革新为例，随着在全国范围内开展"禁实限黏"政策的推动，我国黏土实心砖产量正逐年下降。新型墙体材料在引进消化吸收国外先进技术装备基础上，通过技术创新，开发了具有国际先进水平的装备技术，如以页岩、煤矸石和粉煤灰为原料的烧结空心制品成套装备及生产技术。粉煤灰、煤矸石、矿渣、脱硫石膏、磷石膏等工业固体废弃物，都可用作新型墙体材料的生产原料。

近年来，建材工业加大了节能建材产品及技术研发力度。如 LOW-e 低辐射节能玻璃取得了快速发展；节能型门窗开发应用有效解决了热桥冷桥断桥技术问题；各种新型节能保温型墙体材料如加气混凝土制品、高孔洞率烧结砖、泡沫混凝土等发展迅速；建筑防水材料质量显著提高；集成式复合多功能墙体产品填补建筑节能墙体的空白等。

实际上，建材工业涉及 20 多个行业，高耗能行业主要是水泥、平板玻璃、石灰、建筑陶瓷、轻质建材等 6 个行业。这些行业的万元增加值综合能耗高于全国工业平均水平，其能耗占建材工业总能耗的 89%。

建材工业中的玻璃纤维增强塑料、建筑用石、云母和石棉制品、隔热隔声材料、防水材料、土砂石开采、技术玻璃、水泥制品等行业万元增加值综合能耗低于全国 GDP 能耗。2009 年，建材工业中低能耗行业增加值比重达 44%，水泥制品、建筑用石、玻璃纤维、技术玻璃等低能耗行业的发展速度远远超过水泥等传统行业，水泥行业在建材工业中的比重从 2009 年的 26% 下降到 2014 年的 23%。

3. 节能减排潜力巨大

在节能减排方面，我国建材工业潜力巨大。

（1）结构调整的节能减排潜力　加快产业结构调整步伐，以先进生产工艺取代落后生产工艺，大力发展新型干法水泥工艺，加快墙体材料革新步伐，是建材工业节能降耗的重要途径之一。采用新型干法水泥生产工艺取代立窑等落后生产工艺，单位熟料的烧成热耗可降低 25% 左右。按新型干法水泥比例由 70% 提高到 95% 计算，则每年可节省燃煤消耗约 1600 万 t 标煤减排 CO_2 约 4100 万 t。墙体材料工业中，进一步加大墙体材料革新的工作力度，加快新型墙体材料的发展，逐步替代黏土实心砖，"十二五"末，新型墙体材料比重达到 65%，比 2010 年提高 7个百分点，则每年可节约能耗 460 万 t 标煤，减排 CO_2 约 1150 万 t。

（2）技术进步的节能减排潜力　技术进步是行业节能降耗的基础，我国建材工业中仍然有相当比例的落后生产工艺，成为行业节能发展的制约因素之一。我国建材工业的能耗水平不仅与国际先进水平存在较大的差距，不同规模企业间的能耗水平也不尽相同。

（3）提高产品质量的节能减排潜力　我国建筑物的使用寿命普遍低于发达国家，从建材产品质量方面分析，由于部分落后工艺生产的建材产品质量问题直接影响到建筑工程的使用寿命。如我国每立方米同等级的混凝土中的水泥用量平均高出发达国家 20～30kg，从整体上加大了建材工业的能源消耗。"十二五"期间，从工程设计、材料使用等环节入手，通过延长建筑物的使用寿命，减少材料浪费，降低建材产品的消费总量，从整体上降低建材工业的能源消耗和碳排放量。

（4）综合利用的节能减排潜力更加不可小觑　在此方面不仅可以大量节省能源，而且可以实现和社会的大循环，有效处理城市污泥和城市垃圾。"北水""海螺""越堡"等品牌水泥在利用水泥窑协同处置有毒有害废弃物、城市生活垃圾和污水处理厂污泥等各类废弃物方面取得成功。

以水泥工业为例，目前水泥不但是一个少污染不污染环境的产业，而且还是一个优化环境的产业；不但生产物质产品，同时城市周边的水泥工厂，成为城市环境的净化器。国内外实践证明，利用水泥窑协同处置和消纳城市污泥、生活垃圾和有毒有害工业废弃物，具有焚烧温度高、废弃物在窑内停留时间长、焚烧状态稳定、焚烧处置点多、适应性强、没有废渣排出，以及可以固化废弃物中的绝大部分重金属离子，且热回收和资源利用效果好，节约能源近 50%。由此在很大程度上解决垃圾填埋、焚烧处理等方式存在的投资大、二次污染等问题。在欧美发达国家利用水泥窑协同处置城市垃圾和污泥已有成熟的技术与实践。我国利用水泥窑处置城市垃圾和污泥正处于起步和快速发展阶段，目前北京、上海、广州、重庆等大城市的水泥企业，已经在水泥窑协同处置城市污泥、有毒有害废弃物、固体废弃物和生活垃圾方面做了有益的探索，并取得了一定成效。即便如此，我国水泥工业在利用可燃性废弃物方面，与欧美等发达国家的差距仍然很大。若未来几年我国能在这方面取得突破并积极推广，按两次燃料替代率达到 2% 估算，则全行业每年可节省燃煤消耗约 5003 万 t 标煤，减排 CO_2 约 750 万 t。

4. 未来依然是结构调整

建材及水泥行业在新时期主要强调坚持以满足建筑业市场需求为未来建材工业发展主要导向和服务方向，坚持结构调整是加快转变建材发展方式的主攻方向。同时，坚持推进节能减排、发展循环经济，建设资源节约型、环境友好型建材产业，坚持"靠新出强"和依靠自主创新推动行业科学发展。

"由大变强　靠新出强"跨世纪战略，在我国建材工业发展史上，具有转折性的意义，已从量的发展，转向了质的提升。即以提高经济运行质量和经济效益为中心，把我国建材工业逐步建成具有国际竞争力的现代原材料和制品工业。面临新的挑战和经济社会对建材工业提出的新要求及建材工业自身发展面临的矛盾和困难，运用科学的态度，总结经验，寻找规律，实现建材工业又好又快地发展。

5. "十三五"期间谋发展

近 10 年是新中国成立以来我国建材工业投资强度最大、发展最快、发展质量最高、全面追赶世界先进水平、发展成就最大的 10 年，这无疑得益于"由大变强、靠新出强"跨世纪发展战略的指导。"十三五"期间，我国建材工业发展将进入重大转折期。未来五年建材工业的发展思路的确定更加使人期待。

建材工业将坚持五个不变：

（1）以建筑业为主要市场的导向不变　建材工业主要用于基础建设、工程、房地产，70% 的市场在建筑行业。建材工业的科学发展，应该更多地以制品的方式供给建筑业。

（2）以产业结构调整为发展的主线不变　建材工业将以节能减排实现技术结

构调整，发展制品业实现产品结构调整，提高生产集中度、发展大集团实现组织结构调整。

（3）循环经济、节能减排的发展模式不变 未来考核建材工业发展的指标不应仅限于规模，还有能耗水平。近年来，建材工业在此方面已经取得一定成绩，2015年单位增加值能耗比2005年能耗降低40%，2020年比2015年再降低10%。

（4）抓住机遇发展新兴产业的思路不变 很长时间内，传统建材还要占有很大份额，但是建材行业新的经济增长点将依靠新兴产业。

（5）靠新出强的策略不变 未来建材工业的发展还要依靠创新。

"十三五"期间，我国建材工业发展将进入重大转折期。水泥、平板玻璃、陶瓷、烧结墙体材料等基础原材料不再有更大的市场发展空间。住房消费升级、建筑工业化的推进、战略性新型产业的发展将为建材工业发展提供更大的发展空间。建设资源节约型环境友好型社会、日益激烈的国际国内市场竞争形势要求建材行业转变发展方式。

未来我国建材工业在"五不变"的指导下，将力求实现五大转变：从传统产业到新兴产业发展的转变、从分散发展到集中发展的转变、从材料制造到制品制造的转变、从高碳生产方式到低碳生产方式的转变、从低端制造到高端制造的转变。

6. 水泥行业能耗情况

（1）我国水泥产量达世界一半以上 我国对水泥需求量很大，主要原因有两点：一是森林资源贫乏，我国森林覆盖率低，仅只有18%；二是建筑物平均寿命低，平均为30年，比发达国家要少2倍。

2010年我国水泥的产量已经达到18.68亿t，而2010年全世界水泥的产量（不包括中国）约26亿t。可以说，几乎世界水泥的一半以上在我国。全国人均水泥量为1t，而沿海地区人均水泥用量已达到2t以上，而目前世界人均水泥用量为0.27t。

水泥制造业能耗总量占建材工业的75%，因此水泥单位产品能耗对建材工业节能降耗具有举足轻重的地位。从保护环境、节约资源和能源、倡导可持续发展的角度，以及提高水泥企业的经济效益等方面看，减少水泥的产量，提高水泥和建筑物的质量应该是当务之急。

（2）水泥行业能耗情况 2010年吨水泥综合能耗比2005年下降24.6%。在水泥生产中，新型干法工艺吨水泥熟料烧成标准煤耗比立窑低20%，2005年水泥熟料生产新型干法比例为39%，2013年提高到83%，新型干法工艺平均水平下降到112kg标煤。生产规模结构的优化，降低了水泥新型干法工艺单位产品能耗整体水平。

我国的水泥产业已经成为世界上最大的水泥生产和消耗国，但与发达国家水泥工业相比，我们的水泥企业还是粗放式的，而国外最先进的在于注重细化、科学的管理，从各个环节进行节能减排。我国的企业要通过学习先进的节能方法，逐步淘汰落后的水泥生产模式，努力达到人与资源、环境的和谐。

新型干法是一种先进的水泥生产工艺，由于水泥的熟料生成是由干法烧成，这样就减少了脱水环节，从而大幅度地降低能耗。这是目前最适合的水泥生产技术，真正先进的新型干法水泥生产会比湿法生产节能 50% ~ 60%。

水泥在我国需求量很大、价格低，不适合长途运输，一般只有 200 ~ 300km 的运输半径，所以本地化生产很多。这就导致了一些落后地区的水泥生产还停留在比较老式的立窑阶段，这种生产方式工艺比较落后、排放污染多、能耗大，不符合国家的产业政策，应该予以限制和淘汰。按每年淘汰 5000 万 t 落后水泥测算，可节电 45 亿 kWh，减少粉尘排放 60 万 t，减少 CO_2 排放 4000 多万 t，节煤 700 万 t。

（3）淘汰落后产能　水泥工业在 2012 年底前，已淘汰窑径 3.0m 以下的立窑、窑径 2.5m 以下的干法中空窑（生产高铝水泥的除外）、水泥湿法窑（主要用于处理污泥、电石渣等除外），直径 3.0m 以下的水泥磨站（生产特种水泥的除外）及水泥土（蛋）窑、普通立窑等落后水泥产能。

由于水泥产能已出现严重过剩的趋势，目前我们只能按照工艺和规模相对落后的原则确定了淘汰标准。

1）近几年全国淘汰落后产能的目标、任务做了全面的安排部署，对淘汰落后产能工作提出了包括严格市场准入、强化经济和法律手段、加大执法处罚力度等 4 个方面的政策约束机制以及加强财政资金引导、做好职工安置、支持企业升级改造等 3 个方面的政策激励机制，并强调通过加强舆论和社会监督，加强监督检查，实现问责制等几个方面健全监督检查机制。

2）对未完成淘汰落后产能任务的企业，国家要求有关部门不予审批和核准新的投资项目，对未完成淘汰落后产能任务的地区严格控制国家安排的投资项目，可暂停该地区项目环评、核准和审批，实行"区域限批"措施。对未按规定期限淘汰落后产能的企业，有关部门应不予办理产品生产许可证，已颁发生产许可证、安全生产许可证的要依法吊销。对未按规定期限淘汰落后产能的企业吊销排污许可证。对不按规定淘汰落后产能，被地方政府责令关闭、撤销的企业，工商限期办理注销登记，直至依法吊销营业执照。电力供应企业根据政府相关部门要求对落后产能企业依法停止供电。

3）各地根据本地区现有水泥产能分布情况，按照水泥发展规划的要求控制好总量，淘汰落后也不局限于政府界定的范围，在产能过剩严重地区，指标落后效益差的小型新型干法窑和直径大于 3m 的立窑照样要淘汰。工信部将根据国务院确定的淘汰落后产能阶段性目标任务，结合产业升级要求及各地区实际，有关部门提出水泥行业淘汰落后产能年度目标任务和实施方案，并将年度目标任务分解落实到各省、自治区、直辖市，国家将加强监督检查，实行问责制，将淘汰落后产能目标完成情况纳入地方政府绩效考核体系。

（4）水泥行业节能减排调结构，准入制度施行　2010 年 11 月 30 日，工业和信息化部发布了《水泥行业准入条件》（以下简称《条件》），并于 2011 年 1 月 1 日起实施。工信部同时发布的公告称，为贯彻落实科学发展观，促进水泥行业节能减排、淘汰落后和结构调整，引导行业健康发展，根据国家有关法律法规和产业政策，工信部会同有关部门制定了《条件》。

有关部门在对水泥（熟料）建设项目核准、备案管理、土地审批、环境影响评价、信贷融资、生产许可、产品质量认证、工商注册登记等工作中要以本《条件》为依据。

2011 年以来，由于拉闸限电和煤炭价格的上涨使得水泥价格出现了轮番的上涨，但受制于淘汰落后产能和投资增长的影响，水泥产能增长速度目前放缓明显。在我国产业经济结构调整的背景下，《条件》延续了我国产业政策严格市场准入、节能减排、淘汰落后和结构调整的明确要求，在项目建设条件与布局、生产线工艺与装备、能耗与环境保护、产品质量与安全卫生、监督与管理等方面进行了全面的规范，将对我国水泥行业的健康发展带来长远的影响。

1）项目建设条件与布局。《条件》指出，投资新建或改扩建水泥（熟料）生产线、水泥粉磨站，要符合国家产业政策和产业规划，符合省级水泥行业发展规划及区域、产业规划环评要求。同时，和项目当地资源、能源、环境、经济发展、市场需求等情况相适应，其用地必须符合土地供应政策和土地使用标准。各地要根据水泥产能总量控制、有序发展原则，严格控制新建水泥（熟料）生产线项目。

而对新型干法水泥熟料年产能超过人均 900kg 的省份，《条件》要求原则上应停止核准新建扩大水泥（熟料）产能生产线项目，新建水泥熟料生产线项目必须严格按照"等量或减量淘汰"的原则执行。鼓励现有水泥（熟料）企业兼并重组，支持不以新增产能为目的技术改造项目。投资新建水泥（熟料）生产线项目的企业应是在国内大陆地区现有从事生产经营的水泥（熟料）企业。

此外，严禁在风景名胜区、自然保护区、饮用水保护区和其他需要特别保护的区域内新建水泥（熟料）项目。禁止在无大气环境容量的区域内新建水泥（熟料）生产项目，对该区域已有水泥（熟料）生产企业的改造项目要做到"以新代老、减排治污"。

《条件》规定，新建项目要取得土地预审、矿山开采许可、环境影响评价批复后方可立项核准，必须依法取得国有建设用地使用权后方可开工；鼓励对现有水泥（熟料）生产线进行低温余热发电、粉磨系统节能、变频调速和以消纳城市生活垃圾、污泥、工业废弃物可替代原料、燃料等节能减排的技术改造投资项目；

投资水泥（熟料）新、改、扩、迁建项目自有资本金的比例不得低于项目总投资的 35％。

2）能耗与环境保护。《条件》对能源消耗和资源综合利用也作了具体的规定，主要有：新建水泥（熟料）生产线可比熟料综合煤耗、综合电耗、综合能耗和可比水泥综合电耗、综合能耗要达到国家规定的单位水泥能耗限额标准；水泥粉磨站可比水泥综合电耗≤38kWh/t；利用工业废渣作为水泥混合材的，其废渣品种、品质和掺加量要符合国家标准；年耗标准煤 5000t 及以上的企业，应按国家《节约能源法》规定，开展能源审计和能效环保评价检验测试，提供准确可靠的能耗数据和环境污染的基本数据。

在环境保护方面，《条件》明确：新建或改扩建水泥（熟料）生产线项目，必须依法编制环境影响评价文件；严格执行环境保护设施与主体工程同时设计、同时施工、同时投入使用的环境保护"三同时"制度，严格落实各项环保措施；新建或改扩建水泥（熟料）生产线项目未经环保部门验收的不得投产。

要求严格执行《水泥工业大气污染物排放标准》和《水泥工业除尘工程技术规范》及可替代原料、燃料处理的污染控制标准。对水泥行业大气污染物实行总量控制，新建或改扩建水泥（熟料）生产线项目须配置脱除 NO_x 效率不低于 60％的烟气脱硝装置。新建水泥项目要安装在线排放监控装置，并采用高效污染治理设备。同时，要遵守《中华人民共和国清洁生产促进法》，按国家发布的《水泥行业清洁生产评价指标体系和标准》的规定，建立清洁生产机制，依法定期实施清洁生产审核。

水泥用灰岩开采应符合矿产资源规划，并严格按照业经批复的矿产资源开发利用方案进行。要分别制定矿山生态、地质环境保护方案和土地复垦方案，严格执行矿山生态恢复治理保证金制度，并按照审查通过的方案进行矿山生态、地质环境恢复治理和矿区土地复垦。

另外，原料和产品破碎、储运等过程产生的无组织排放含尘气体，要达标排放。新建或改扩建水泥（熟料）生产线项目须严格执行《水泥厂卫生防护距离标准》的要求。新建水泥粉磨站和已有水泥粉磨站除粉尘和大气污染指标应该达标外，要增设和完善噪音防治设施。

3）生产线工艺与装备。《条件》指出，新建水泥（熟料）生产线要采用新型干法生产工艺。单线建设要达到日产 4000t 级水泥熟料规模，经济欠发达、交通不便、市场容量有限的边远地区单线最低规模不得小于日产 2000t 级水泥熟料。

同时，新建水泥（熟料）生产线要配置纯低温余热发电，有可供设计开采年限 30a 以上的水泥用灰岩资源保证，并做到规范矿山勘探、设计、开采。做好资源综合利用，加强环境保护，及时复垦绿化，严防水土流失。

新建水泥粉磨站的规模要达到年产水泥 60 万 t 及以上，边远省份单线粉磨系统不得低于年产30万t规模；粉磨站的建设应靠近市场、有稳定的熟料供应源和就近工业废渣等大宗混合材的来源地，要配套70%以上散装能力；水泥（熟料）生产线项目的建设要发包给具有相应资质等级的工程勘探、设计、施工、监理等单位。

对新建水泥（熟料）项目采用先进成熟、节能环保型技术装备及系统的安全、稳定方面也做了具体的要求，主要有：采用先进的矿山安全爆破和均化开采、原料预均化、生料均化技术和设施；采用立磨、辊压机、高效选粉机等先进节能环保粉磨工艺技术和装备；采用节能降耗的窑炉、预热器、分解炉、篦冷机等煅烧工艺技术和装备；采用先进的破碎、冷却、输送、计量及烘干技术和装备；采用先进、高效及可靠的环保技术和装备；采用先进的计算机生产监视控制和管理控制系统。

二、建材及水泥行业能耗指标考核

1. 建材及水泥行业产品能耗指标

某省建材及水泥行业产品能耗指标见表5-10，主要耗能炉窑综合能耗指标见表5-11。

表5-10　建材及水泥行业产品能耗指标

序　号	指标名称	2005年	2010年	2020年
1	水泥综合能耗/(kg标煤/t)	159	148	129
2	平板玻璃综合能耗/(kg标煤/重量箱)	26	24	20
3	日用玻璃综合能耗/(kg标煤/t)	520	480	400

表5-11　主要耗能炉窑综合能耗指标

序　号	指标名称	2005年	2010年	2015年	2020年
1	机立窑水泥综合能耗/(kWh/t)	85	75	70	66
2	回转窑水泥综合能耗/(kWh/t)	105	95	90	84
3	机立窑水泥熟料煤耗/(kg标煤/t)	135	120	115	110
4	加转窑水泥熟料煤耗/(kg标煤/t)	130	120	115	110

2. 加强行业工序能耗考核

对建材及水泥行业加强产品综合能耗指标进行考核，还要加强对企业的工序能耗进行考核。由于企业间产品及加工工艺、设备炉窑差别较大，通过采用工序能耗考核对企业来讲有可比性，使企业了解本单位、本部门能耗水平。同时要找到能耗的薄弱环节，进一步采取措施使产品综合能耗和工序单耗不断地下降。

有关工序单耗要求企业每年下降率为2.0%~2.8%，个别落后地区年下降率应达到4%~4.5%。

三、"十三五"期间节能减排重点工作

1）推广大型新型干法水泥生产线。普及纯低温余热发电技术，到 2020 年水泥纯低温余热发电比例提高到 80% 以上。推进水泥粉磨、熟料生产等节能改造。推进玻璃生产线余热发电，到 2020 年余热发电比例提高到 70% 以上。加快开发推广高效阻燃保温材料、低辐射节能玻璃等新型节能产品。推进墙体材料革新，城市城区限制使用黏土制品，县城禁止使用实心黏土砖。加快新型墙体材料发展，到 2010 年新型墙体材料比重达到 75% 以上。

2）以水泥、平板玻璃和新型墙体材料为重点，大力发展预拌混凝土、预拌砂浆、混凝土制品等水泥基材料制品和中空玻璃、夹层玻璃等节能型建材产品及高性能防火保温材料、烧结空心制品和粉煤灰蒸压加气混凝土等轻质隔热墙体材料。淘汰直径 3.0m 及以下的水泥机械化立窑和直径 3.0m 以下球磨机（西部省份的边远地区除外）、平拉工艺平板玻璃生产线（含格法）等落后工艺设备，对综合能耗不达标的水泥熟料生产线、水泥粉磨站及普通浮法玻璃生产线进行技术改造，对技术改造仍不能达标的，限期关停。

3）推广玻璃窑余热综合利用、全氧燃烧、配合料高温预分解等技术，以及陶瓷干法制粉、一次烧成等工艺；重点推广水泥纯低温余热发电、立磨、辊压机、变频调速及可燃废弃物利用等技术和设备；示范推广高固气比水泥悬浮煅烧工艺及烧结砖隧道窑余热利用、窑炉风机节能变频等技术。

4）建材行业重点产品节能措施与目标。

① 水泥：大力发展生态水泥及水泥深加工产品，继续推广水泥窑纯低温余热发电技术，开展以粉磨节电为重点的设备节能改造。到 2020 年，水泥窑纯低温余热发电比例提高到 75% 以上。

② 平板玻璃：加快发展玻璃深加工，提高玻璃深加工率，推广原料优化、玻璃窑纯低温余热发电等技术，到 2020 年，玻璃窑纯低温余热发电应用比例达到 50% 以上。

③ 建筑卫生陶瓷：推广瓷砖薄型化和洁具轻型化技术，提升大型化、智能化、节能化生产装备的使用率。

④ 墙体材料：推广煤矸石烧结砖隧道窑余热发电技术和烧结砖内燃工艺，提升墙体材料能效水平，大力发展承重类新型墙体材料，替代黏土实心砖，到 2020 年，新型墙体材料产量比重达到 75% 以上。

四、水泥行业节能减排技术

开发高效、节能、环保和生态友好的技术和装备，加快淘汰落后生产工艺，使我国水泥工业整体节能和环保水平达到更高。

1. 进一步加快淘汰落后生产工艺

1）发展新型干法水泥。我国目前还有 40% 的水泥是由国际上业已淘汰的立窑

等生产的，其单位能耗比新型干法要高 30 ~ 35kg 标煤/t 水泥。就新型干法本身来说，与世界先进水平相比，单位熟料热耗高 335kJ/kg（80kcal/kg）左右，单位水泥电耗高 12kWh/t 左右。水泥行业新型干法水泥能耗指标达到中等发达国家水平，日产 4000t 以上大型新型干法水泥生产线熟料热耗小于 3100kJ/kg（740kcal/kg），吨水泥综合电耗小于 95kWh。"十三五"期间一要淘汰落后产能，用高效低能耗的大型、新型干法生产线等量替代立窑等落后生产线；二要开发推广先进的节能技术，进一步提高新型干法生产线技术装备水平。

2）由于发展新型干法水泥减少粉尘排放 500 多万 t，水泥工业年消纳工业废渣近 4 亿 t，占工业废渣总利用量一半以上。

3）加强资源节约与综合利用，发展循环经济。推动企业重组，提高产业集中度。新型干法水泥吨熟料热耗由 130kg 标煤下降到 110kg 标煤，采用余热发电生产线达 40%，水泥单位产品综合能耗下降 25%。粉尘排放量大幅度减少，工业废渣（含粉煤灰、高炉矿渣等）年利用量 2.5 亿 t 以上。石灰石资源利用率由 60% 提高到 80%。

4）加强总量控制，实施分类指导。继续支持大型新型干法水泥项目。严禁立窑等落后生产工艺新建、扩建和单纯以扩大产能为目的技术改造项目。

5）比较好的窑外分解窑可以达到 55% 的热效率，而比较差的老式干法中空窑、湿法窑和普通立窑，热效率有的甚至不到 20%。节能减排的首要任务看来是要尽快淘汰这些落后的生产能力。目前，这些落后的生产能力还占有整个国家水泥生产能力的一半左右。如水泥行业窑炉全部达到 55% 热效率，仅熟料烧成能耗一项，每年可节约 0.26 亿 t 标煤，相应减排 CO_2 为 0.62 亿 t。

2. 推行水泥工业的清洁生产

加强节能减排新技术的研发与推广。

推行水泥工业开展清洁生产，要求企业在生产中不断改进设计，采用先进工艺技术和设备，节约能源和原料。通过改善管理、综合利用等措施，从源头削减污染、降低能耗，提高资源利用率，减少或避免生产、服务和产品使用过程中污染物的产生和排放。

（1）水泥生产技术和装备　主要体现在粉磨合烧成两大领域。粉磨领域主要是料床终粉磨代替了传统的球磨，其代表是立式辊磨，大幅度降低了粉磨电耗。尤其是大型立式辊磨的国产化，将促进立式粉磨工艺的发展。其次是辊压机与球磨机组成的预粉磨系统。烧成领域的发展以无漏料新型篦冷机、二档短窑、低 NO_x 型分解炉和 6 级高效预热器系统的新技术代替了原有的系统，达到了进一步大幅度节能、生产稳定可靠、提高对原燃料适应性的效果。

（2）利用余热发电技术　纯低温余热发电技术，在不影响熟料烧成系统运行的情况下，利用熟料冷却机余风和窑尾预热器废气中的显热，设置余热锅炉，生产蒸汽进入汽轮发电机组进行发电，把余热加以充分利用。

在熟料烧成煤耗为 110kg 标煤/t 熟料以上（其热耗相对较高）原、燃料综合水分较低时，吨熟料的发电量大致为 30～40kWh，可满足水泥厂 1/3～1/4 的用电需求。

目前国内余热发电技术可达到发电 30kWh/kg 熟料，按每年 4 亿 t 熟料计算，可以相应减少 CO_2 排放 0.11 亿 t。

（3）变频技术应用　变频调速技术具有优良的软启动特性和连续的无级调速性能。装备在水泥生产线的调速生产设备上，如窑尾和粉磨系统的循环风机、窑和篦式冷却机的驱动等，不仅提高了设备的安全性、可靠性，而且节电效果显著。

3. 工业废渣与副产物的资源化

在原有传统利用工业废渣基础上，加快工业废渣、副产物及矿山尾矿资源化的研究与开发力度，拓展资源化领域。如粉煤灰活化技术、电石渣生产熟料、脱硫石膏等的应用。

水泥窑协同处置废弃物。工业废弃物的利用和无害化处理虽有多种方式。但在水泥生产过程中协同处置废弃物则有更突出的优势，如燃烧率高没有二次污染、无废渣产生等。目前国内已经开展的项目并有成功案例的项目有：工业废弃物的水泥窑焚烧处置；生活垃圾的处置和污水处理、下水污泥的处置等。粉尘治理工作取得丰硕成果。工业废弃物资源化研究与试验成效显著，尤其是粉煤灰、煤矸石、钢渣、磷渣、赤泥等利用方面。

我国目前拥有各种适合于做水泥原料和混合材的工业废弃物大约 10 亿 t。包括高炉矿渣 1.2～1.5 亿 t；粉煤灰等燃煤产品 3～4 亿 t；煤矸石 2 亿多 t；钢渣 0.5 亿 t；电石渣和赤泥等 1 亿多 t；还有其他工业废渣和尾矿等。10 年前这些工业废弃物在水泥工业上已经应用了 2.5 亿 t，进一步利用这些废弃物的潜力还相当大。

特别是和混凝土行业一起来利用这些工业废弃物，包括大力发展混合水泥，把工业废弃物从目前利用的基础上，再提高一倍，达到 5 亿 t 的水平，则水泥熟料还可以减少 2.5 亿 t 的产量，CO_2 也可以减少差不多相同的数量。

4. 提高水泥生产管理水平，大幅度降低电力消耗

水泥工业是热能和电能的消耗大户，水泥企业的电耗主要是消耗在磨机上，水泥生产过程主要是两磨一烧，生料和水泥的制备都需要通过磨机进行粉磨，磨机消耗的电力约占水泥生产全过程消耗电力的 70%。但生产管理水平先进的企业，其电力消耗较低，如广东塔牌集团有新型干法窑也有先进的立窑，其立窑水泥厂的水泥综合电耗≤60kWh/t 水泥，一般水泥企业水泥综合电耗 80～90kWh/t 水泥，相差近 30kWh/t 水泥。

生料和水泥磨的电力消耗约占水泥厂电力消耗的 2/3 以上，占水泥成本的 1/3 以上，因此要大幅度降低电耗，降低成本，提高经济效益，必须大幅度提高磨机产量，磨机产量大幅度提高后，单位产量电力消耗就会降低，从而使水泥厂电力消耗大幅度降低，经济效益明显提高，同时减少了各地电力紧张的压力。

影响磨机产、质量诸多因素中，首先是入磨物料的粒度、水分，其次是磨机的通风；而研磨体的级配和装载量及磨机操作，这两条不需要资金投入，只要提高认识水平和加强科学管理。具体包括：

一是降低入磨物料粒度。入磨物料粒度最好使 <1mm 的 >98%，最大粒度 <3mm。将物料的细碎任务全移至磨外进行，磨机内主要起研磨作用。这样不仅可大幅度提高产量，还可大幅度提高比表面积提高粉磨质量，若是水泥磨则明显提高水泥强度，由于产量的大幅度提高，使单位产量的电力消耗大幅度降低，这是最节能最科学的办法，因为细碎机的有效功一般为30%左右，而磨机的有效功仅3%左右。要降低入磨物料粒度，如何选择好的细碎机，细碎机的选择首先要考虑其工作原理与结构是否合理；出细碎机粒度要尽可能小而且要均匀；材质好、设备事故少、使用寿命长、价格合理，售后服务好。

二是降低入磨物料水分。目前选用风扫式（即将热风炉内的热风或旋窑窑尾的废气鼓入生料磨内，在粉磨的同时进行烘干）的生料较为合理，南京宇科建材技术公司的风扫式生料磨在有关企业应用后磨机产量成倍提高。或对现有回转式烘干机进行改造。提高其热交换面积，提高热效率。

三是加强通风的同时，减少通风阻力。在保证隔仓板强度的前提下增加筛孔数，增加通风面积。此外，还要在物料出口处锁好风，不要有漏风现象。

四是合适的研磨体级配和研磨体装载量。研磨体的级配及装载量合适与否，需要通过生产实践检验，新配球方案投产后，若细度符合要求、产量高，说明配球方案合适，否则需要改进或重配；一定时间后还需要进行补球、清仓等工作。

五是选择粉磨流程。圈流磨由于及时将合格品选出，减少缓冲作用，因此产量高，成品粒度较均匀，生料磨一般都用圈流磨；为使水泥早强高，强度发挥快，希望微粉含量多，而且颗粒级配要合理，因此对于短磨或小的水泥磨最好用开流磨，大的长磨由于研磨时间长，可用圈流磨，圈流磨需要选用造粉效率高、产品中微细粉多的选粉机。

六是加强科学管理。加强磨机工的技术培训，在无自动控制的情况下，磨机工应会听磨声，根据磨声调整喂料量，使其喂料量与研磨能力相匹配，同时还要会控制细度，并要加强设备的维护保养，使磨机正常安全运转。

5. 减少中国水泥工业的能耗和 CO_2 的排放的根本途径

通过制订新的国家政策，通过扩大森林覆盖率，发展木结构建筑，减少水泥的用量和产量，逐步减少到目前发达国家的人均消费量为宜，这样中国的水泥产量有 5 亿 t，熟料有 3 亿 t 就可以满足基本需求了。CO_2 在目前 8 亿多 t 的基础上，可以减排 5 亿多 t。从长远看，发展木结构建筑，不但可以少生产水泥，减少不可再生的矿产资源的消耗量，而且木结构本身是最适合人类居住的。

当前积极发展木质建材产业，不但不排放 CO_2，而且每 hm^2 森林每年还可以吸收 6.6t CO_2，有 1 亿 hm^2 的森林，一年就差不多把水泥工业排放的 8 亿 t CO_2 全部吸收掉了。

五、推广建材及水泥行业新工艺

1. 水泥行业新工艺

水泥行业是国民经济建设的重要基础原材料行业，也是建材行业的耗能大户，其能耗量占建材行业总能耗的 50% 左右，搞好水泥行业的节能是建材行业节能降耗的关键。水泥行业的能耗主要由两大部分组成：其一是熟料烧成的热耗；其二则是整个水泥生产过程中的电耗。目前全国水泥行业正处在技术结构和产品结构调整时期，调整重点是用技术先进、能耗低、产品质量好的新型干法窑外分解技术逐步代替技术落后、能耗高，产品质量较差的其他技术，以及推广余热利用等方面的节能技术。到目前为止，全国已投产多条新型干法生产线，热耗和电耗都有大幅下降，但与国外先进水平相比其能耗仍然较高，节能潜力很大。

水泥行业工艺技术的发展趋势如下：

1）熔窑全保温。

2）重油节油剂。

3）富氧燃烧。

4）全氧燃烧。

【案例 5-10】　2012 年总投资 160 亿元的煤化—盐化一体化工程，安徽淮北矿业华塑公司一期工程 2500t/d 水泥熟料生产线正式投产。该项目采取"节能减排、集约利用、一体化建设、多元化投资、循环式链接"的生产模式，实现了水、汽和固体废物的循环利用，一期工程年可减少废渣排放 120 多万 t，如图 5-8 所示。

图 5-8　安徽淮北矿业华塑公司一期工程 2500t/d 水泥熟料生产线正式投产

【案例 5-11】　某省水泥行业为了降低水泥主窑热耗采取了有效措施，且取得成效。

1）生产低热耗水泥，主要有改变熟料矿物组成，适当降低饱和比和硅酸率，提高铝氧率，并在制备生料时加适量硫酸盐（石膏或磷石膏、氟石膏等），熟料中矿物组成除有 C3S、C2S、C3A、C4AF 外。还生成高强度的硫铝酸钙（C4A3S），这不仅能降低热耗，还能提高熟料强度。同时，加复合矿化剂，利用工业废渣和金属尾矿做复合矿化剂，应用工业废渣或金属尾矿做原料、燃料，不仅能降低烧成温度、降低热耗，还能提高熟料强度和窑的产量。另外，就是利用普通水泥熟料、熟石灰和水硬性混合材，制造成混合水泥。

2）减少化学不完全燃烧，降低废气中 CO 的含量。水泥立窑化学不完全燃烧的热耗，是各种热耗中占比例最大，约占总热耗的三分之一，因此若能大幅度降低废气中 CO 的含量，便能大幅度降低热耗。同时，还要减少漏风，目前不少企业无水平料封，垂直料封管高度不足、直径偏大、角度也偏小，因此锁不住风，漏风严重。

3）降低水分蒸发热耗。水分主要由生料球带入，生料球粒度大小与加水量有关系，因此要降低水分蒸发热耗，必须将成球水分减少，使料球粒度控制在 5mm 左右的料球占 95% 以上，没有大泥球，这不仅能降低热耗，还有利于立窑产、质量的提高。

降低废气与熟料带走的热损失，加大湿料层厚度，一般湿料层厚度控制在 70cm 左右，进行暗火操作，使废气温度控制在 60℃ 以下。要稳定好底火位置，底火底的位置波动在扩大口底的上下。使出窑熟料温度控制在 40℃ 左右，杜绝出红料。这不仅有利降低热耗，对熟料质量和出料设备的安全运转，以及水泥磨的正常生产均有利。

我国现代化立窑熟料烧成热耗一般在 100kg 标煤/t 熟料左右，相当日产 5000t/d 以上新型干法窑。水泥产能先进和落后的标准是：质量、能耗、环保、安全生产，质量好符合国家标准，能耗低、环保达标。安全生产是先进的产能，否则是落后的。

2. 墙地砖坯料新工艺

近年来，采用流态化喷洒选料制取墙地砖坯料节能新工艺取得了很好的节能效果。流态化喷洒造粒每生产一成品颗料大约要消耗 0.12kg 水，其中蒸发损失大约 0.05kg 水，而能量消耗大约是喷雾干燥的 15%。设备比喷雾干燥塔的高度低很多，因此就降低了厂房高度，提高了厂房利用率并减少了厂房的投资。在具有相同生产能力的前提下，流态化喷洒造粒设备的体积是喷雾干燥塔体积的 1/10～2/10。

3. 余热发电在建材水泥行业应用

余热发电的工艺流程如下：窑头余热锅炉设置一个预热器和一个蒸发器，负责将给水从40℃加热到欠饱和状态及一部分饱和蒸汽，并入窑尾余热锅炉的过热器进行过热。窑尾余热锅炉设置一个过热器和一个蒸发器，产生压力为1.2MPa、温度为305℃的过热蒸汽。过热蒸汽进入汽轮机做功后到冷凝器凝结成水，由凝结水泵送到除氧器除氧后再由给水泵送到窑头锅炉预热器加热成欠饱和蒸汽，分别送到窑尾锅炉分离汽包和窑头锅炉分离汽包。经各自的循环热水泵循环送入各自蒸发器产生饱和蒸汽，然后进入窑尾锅炉的过热器产生过热蒸汽送汽轮机做功，以此完成一个工作循环。

水泥厂采用余热发电系统后附加的优点也是十分明显的。首先，窑尾安装了余热锅炉后，进入窑的主排风机的气体温度和含尘量均降低许多，主排风机的抽风量得以增加，如果回转窑及其他设备能够配合，可增加入窑喷煤量及喂料量，从而提高熟料的产量。此外，采用余热发电后废气的温度和含尘量均降低，风机所需电力也随之减少，节约了能源开支。如某水泥厂采用了余热发电系统后窑尾高温风机操作，风量减少23%，窑头风机操作风量减少18%，窑尾增湿塔原喷水可以省去，每年可节水6.66万t。

【案例5-12】　冀中水泥厂节能减排余热发电达3470万kWh/年。

冀中股份水泥厂在创先争优活动中，紧密结合安全生产实际，不断加强节能减排和对标工作力度，向节能减排要效益，进一步提高企业经济效益。

为把水泥生产线的余热能源最大限度的"吃干榨净"，该厂2009年利用两条新型干法水泥熟料生产线建成了9MW纯低温余热发电项目，将350℃以下的中低温热能进行再次回收，实现循环利用。自2010年10月纯低温余热发电项目并网发电以来，新型干法水泥熟料生产线的热利用效率逐步提升到7%以上，仅9MW余热发电站每天就从废气余热中"榨"出10多万kWh，年可发电5000万kWh。每年可节约2万t标煤，减少5万tCO$_2$和SO$_2$的排放，该项目不仅有良好的经济效益，还有着明显的社会和生态效益，自投产到2010年8月，已连续安全发电3470多万kWh，节约标煤达4000多t，为企业创造了良好的经济效益。

参 考 文 献

[1] 钱伯章. 节能减排：可持续发展的必由之路 [M]. 北京：科学出版社，2008.

[2] 王大中. 21 世纪中国能源科技发展展望 [M]. 北京：清华大学出版社，2007.

[3] 洪孝安，杨申仲. 设备管理与维修工作手册 [M]. 长沙：湖南科学技术出版社，2007.

[4] 杨申仲. 能源管理工作手册 [M]. 长沙：湖南科学技术出版社，2008.

[5] 中国科学院. 2007 高技术发展报告 [M]. 北京：科学技术出版社，2007.

[6] 吴鲁华，崔杰，刘丹. 工业企业实用节电措施 [J]. 设备管理与维修，2008（8）：48-50.

[7]《装备制造业节能减排技术手册》编辑委员会. 装备制造业节能减排技术手册（上册、下册）[M]. 北京：机械工业出版社，2013.

[8] 杨申仲，等. 节能减排工作成效 [M]. 北京：机械工业出版社，2011.

[9] 徐小力，杨申仲，等. 循环经济与清洁生产 [M]. 北京：机械工业出版社，2011.

[10] 杨申仲，等. 节能减排监督管理 [M]. 北京：机械工业出版社，2011.

[11] 杨申仲，杨炜，等. 行业节能减排技术与能耗考核 [M]. 北京：机械工业出版社，2011.

[12] 杨申仲，等. 现代设备管理 [M]. 北京：机械工业出版社，2012.

[13] 2016 年中国电力行业发展报告：节能减排成效显著 [R/OL] http：//ecep. ofweek. com/2016-08/ART-93000-8420-30029557 3. html.